鄂尔多斯盆地煤层典型顶板水害成因与防控技术

董书宁 等 著

科学出版社

北 京

内 容 简 介

本书通过系统分析鄂尔多斯盆地煤层赋存与水文地质条件，梳理了盆地范围内离层水害、溃水溃沙灾害、巨厚砂岩含水层水害和烧变岩水害四种典型顶板水害的主要分布范围与特征；运用水文地质学、工程地质学、采矿工程等多学科理论与方法，揭示了砂泥岩叠合离层水害形成机理、薄基岩溃水溃沙灾害发生条件、巨厚砂岩含水层“递进渗流”充水模式及侧向补给型烧变岩水害成因，建立了典型顶板水害危险性评价方法，提出了离层水害束状钻孔靶向探放技术、溃水溃沙灾害注浆加固与综合治理技术、巨厚砂岩含水层水害主动防控技术及烧变岩水害帷幕截流技术，并开展了相关的工程实践工作。

本书可供水文地质、采矿工程、环境地质等领域的专业技术人员、管理人员等参考使用，也可供相关专业的高校师生参考。

图书在版编目（CIP）数据

鄂尔多斯盆地煤层典型顶板水害成因与防控技术/董书宁等著. —北京：科学出版社，2021.11

ISBN 978-7-03-068290-1

Ⅰ. ①鄂… Ⅱ. ①董… Ⅲ. ①鄂尔多斯盆地—煤矿开采—顶板—矿山水灾—灾害防治 Ⅳ. ①TD745

中国版本图书馆 CIP 数据核字（2021）第 041321 号

责任编辑：祝 洁 / 责任校对：张亚丹
责任印制：师艳茹 / 封面设计：陈 敬

科学出版社 出版
北京东黄城根北街 16 号
邮政编码：100717
http://www.sciencep.com

北京九天鸿程印刷有限责任公司 印刷

科学出版社发行 各地新华书店经销

*

2021 年 11 月第 一 版 开本：720 × 1000 1/16
2021 年 11 月第一次印刷 印张：21
字数：420 000

定价：298.00 元

（如有印装质量问题，我社负责调换）

序　一

煤炭是我国的主体能源，2019 年，我国煤炭消费量占到能源消费总量的 57.7%。随着东部煤炭资源逐渐枯竭，我国煤炭生产重心向西部转移，西部侏罗系煤层开采顶板水害问题逐渐显现，顶板水害成为制约西部煤炭资源安全开发的主要因素。

鄂尔多斯盆地是我国最主要的能源生产基地，其侏罗纪煤炭资源储量占全国煤炭总储量的 30%左右。同时，该盆地又是一个大型含水盆地，较为丰富的地下水资源对煤层开采造成较大影响。由于各煤矿煤层顶板覆岩结构、水文地质条件、煤矿开采参数等各不相同，鄂尔多斯盆地煤层顶板水害表现出形式多样、形成机理复杂、防治难度较大的特点。由于鄂尔多斯盆地位于我国西北地区，生态环境较为脆弱，地表蒸发量为降水量的 6 倍左右，水害防治和水资源保护的矛盾较为突出。长期以来，鄂尔多斯盆地煤层开采顶板水害防治和生态环境保护问题受到广泛关注，煤层开采与水资源的相互影响问题一直是我们的研究重点。

煤层开采过程中的水害防治和水资源保护是相辅相成的，都需要在查明水文地质条件的基础上，结合煤层开采扰动影响，综合评价水害影响程度与水资源的损失情况。中煤科工集团西安研究院有限公司董书宁团队长期从事煤矿水害防治的研究和工程实践工作，在鄂尔多斯盆地顶板水害防治中积累了大量的工程经验，也取得了多项科技成果，应该说是我国对鄂尔多斯盆地煤矿水害情况掌握最全面、最系统的研发团队。最近，该团队撰写了《鄂尔多斯盆地煤层典型顶板水害成因与防控技术》一书，我欣喜地发现他们对鄂尔多斯盆地顶板水害分布、形成机理、防治措施等均开展了深入研究，且各项科学研究均有配套的现场工程实践，该书是一部理论和实际结合较强的专著。同时，书中提到的侧向烧变岩水害的帷幕截流、薄基岩溃水溃沙灾害的注浆加固等技术，对煤矿区水资源保护也起到较大的促进作用。

董书宁团队对我国鄂尔多斯盆地煤炭资源安全高效绿色开发做出了较大

贡献，该书也正是他们多年来在水害防治研究方面取得成果的综合体现，是我国第一部系统研究鄂尔多斯盆地煤层顶板水害的专著。希望该书的出版能进一步丰富我国煤矿防治水理论和技术成果，并有效指导煤矿防治水的工程实践。

彭苏萍

中国工程院院士

2020年11月10日

序　二

鄂尔多斯盆地位于我国西北地区，地跨晋、陕、蒙、甘、宁五个省(自治区)，是世界级特大型含煤盆地，也是我国现阶段煤炭开发最为集中的地区。同时，鄂尔多斯盆地为白垩系保安群陆相碎屑岩系组成的向斜储水构造，是由多个含水岩组构成的大型地下水盆地，地下水资源较为丰富。盆地内煤炭资源与地下水共存的特点，决定了煤炭资源开发过程中必然会产生较为严重的顶板水害问题。

受沉积环境和构造运动的影响，鄂尔多斯盆地侏罗系煤层上部覆盖有砂岩孔隙-裂隙含水层和第四系松散孔隙含水层，局部区域发育有烧变岩含水层，在大规模、高强度采煤的扰动下，导水裂隙带易导通含水层(体)，引发顶板水害事故。不同岩层组合和开采条件均会导致不同类型的水害，使得鄂尔多斯盆地煤层顶板水害具有多样性和复杂性的特点。

董书宁团队长期从事煤矿水害防治理论研究、技术研发和工程实践，尤其是“十一五”以来，他们扎根鄂尔多斯盆地各大主要煤矿区，对煤层顶板水害进行了深入、细致的研究，取得了多项创新性的科研成果。对于这些成果，我本人也多次参与成果鉴定，我们在部分项目中也开展了深入合作，对他们团队近年来所取得的多项水害防治成果较为熟悉。

近期，董书宁团队撰写了《鄂尔多斯盆地煤层典型顶板水害成因与防控技术》一书，书中系统总结了砂泥岩叠合离层水害、薄基岩溃水溃沙灾害、巨厚砂岩含水层水害和侧向补给型烧变岩水害等四类典型顶板水害的分布情况、地质背景、形成原因和防控技术，特别是对各类水害均提出了针对性很强的防控措施，正符合防治水工作“一矿一策、一面一策”的方针。该书是董书宁团队多年来在鄂尔多斯盆地煤层顶板水害防治研究成果的总结与梳理，理论水平较高，研究手段与方法先进，工程实践丰富，且多为原创性成果。该书将以往对鄂尔多斯盆地顶板水害的点状认知都联系起来，让读者有了更为系统和全面的认识。

希望该书的出版能够更好地指导鄂尔多斯盆地煤层顶板水害的防治工作，进一步推动我国煤矿防治水理论与技术进步。同时，也向董书宁同志及其团队表示祝贺！

中国工程院院士
2020 年 11 月 15 日

序　三

鄂尔多斯盆地是我国绿色煤炭资源的主要分布区域和国家大型煤炭生产基地聚集区，煤炭资源储量超 2 万亿吨，同时该地区也是生态环境脆弱区。由于我国资源禀赋“缺油、少气、相对富煤”的特征，煤炭作为我国主体能源的现状在短期内难以改变。煤炭资源的安全绿色开采和清洁高效利用已成为保障我国能源安全的重大需求。

鄂尔多斯盆地是在滨太平洋构造域和特提斯构造域共同影响下形成的中生代大型内陆坳陷，含有五套(组)侏罗纪煤田可采煤层，三套潜在的煤层顶板地下水储层(直罗组底部含水层、下白垩统洛河组含水层和罗汉洞组含水层)。当原有的地下水系统被人为扰动破坏后，地下水会沿采动裂隙通道进入井下而引发水害。盆地内不同矿区的水文地质条件和覆岩组合特征不尽相同，构成的地下水格架模型也因地而异，使得盆地内煤层开采受顶板含水层水害的影响程度也各不相同，因此需要区别对待和深入研究。我国盆地尺度的煤炭资源和水资源勘查均取得了较大成就，但是对于盆地内煤炭资源开采过程中面临的水害问题一直没有系统的研究成果，多是以单个煤田或矿区为研究对象，这在一定程度上制约了鄂尔多斯盆地的煤炭资源安全开发。

董书宁团队基于鄂尔多斯盆地的地质、水文地质条件，结合多年来在鄂尔多斯盆地煤层顶板水害防治工作中的创新认识和工程实践，撰写了《鄂尔多斯盆地煤层典型顶板水害成因与防控技术》一书，该书系统总结了鄂尔多斯盆地侏罗系煤层开采过程中面临的离层水害、溃水溃沙灾害、巨厚砂岩水害和烧变岩水害四种典型顶板水害的分布规律，其研究范围涵盖了东胜煤田、陕北侏罗纪煤田、宁东煤田、陇东煤田、黄陇煤田等盆地内主要的侏罗系煤层赋存区，涵盖范围广，系统性强。更重要的是，书中采用理论研究、模拟试验、工程探查等手段揭示了各类水害的形成机理，并以大量的工程实践为指导，形成了不同类型顶板水害切实有效的防控技术。

从早期的煤炭资源勘探到现阶段，鄂尔多斯盆地已经全面建成现代化矿井群，下阶段将重点关注煤炭资源的安全、高效、绿色开发。该书的出版是我国煤炭行业在鄂尔多斯盆地取得的又一项重要成果，对于指导盆地内煤矿水害防治工作开展，促进煤炭资源安全高效绿色开发具有重要意义。

王双明
中国工程院院士
2020 年 11 月 23 日

前　言

我国缺油、少气、相对富煤的资源禀赋特征，决定了煤炭在我国能源供给中具有举足轻重的地位，并且在今后较长一段时期内，煤炭作为我国主体能源的地位不会发生根本性改变。随着东部煤炭资源逐渐枯竭，我国煤炭开发重心逐步向西部转移，其中鄂尔多斯盆地的侏罗纪煤炭资源开发已经成为国民经济发展的重要保障。

鄂尔多斯盆地是我国重要的含煤盆地，其侏罗纪煤炭资源储量占全国总储量的30%左右。由于古地理环境和构造运动的共同作用，鄂尔多斯盆地侏罗系煤层上部覆盖有基岩孔隙裂隙含水层和第四系松散层孔隙含水层，局部区域烧变岩含水层发育，在大规模机械化采煤的扰动下，导水裂隙带易导通含水层(体)，引发顶板水害事故。砂泥岩叠合离层水害、薄基岩溃水溃沙灾害、巨厚砂岩含水层水害和侧向补给型烧变岩水害等四类顶板水害的隐蔽性和致灾性强，一旦发生往往会造成重大的人员伤亡和财产损失，严重制约国家能源战略的实施和西部千万吨矿井群的建设。

以往我国矿井水害研究的重点主要集中在东部矿区的底板灰岩水害，针对西部鄂尔多斯盆地煤层顶板水害缺乏持续性和系统性的研究，顶板水害发生机理不清，防治水技术多依靠经验，无法有针对性地指导煤层顶板水害防控工作的开展。为了保障鄂尔多斯盆地煤炭资源安全开发，推动矿井防治水技术的进步，针对顶板水害开展其分布特征、形成机理、判识方法与防控技术的研究势在必行。董书宁研究团队采用理论分析、室内试验与测试、数值模拟与相似材料模拟等方法，选取受顶板水害影响较大的典型矿区(矿井)作为研究对象，结合水文地质学、工程地质学、采矿学、沉积学等学科理论，较为全面地对砂泥岩叠合离层水害、薄基岩溃水溃沙灾害、巨厚砂岩含水层水害和侧向补给型烧变岩水害四类典型顶板水害的形成机理和防控技术开展研究，并取得了较好的现场应用效果，为鄂尔多斯盆地侏罗纪煤炭资源安全、高效、绿色开发提供技术支撑。

本书是中煤科工集团西安研究院有限公司在煤层顶板水害防控方面多年科学研究与工程实践成果的总结，由董书宁提出总体思路、基本框架和研究内容，在集体讨论的基础上共同撰写完成。全书共七章，各章撰写分工如下：第1章，董书宁；第2章，董书宁、郭小铭、赵宝峰、王强民；第3章，曹海东、赵宝峰、李德彬、高雅；第4章，董书宁、刘洋、姬亚东、方刚、许峰；第5章，刘英锋、郭小铭、王皓、朱世彬；第6章，董书宁、姬中奎、王世东、王强民、杨志斌；第7章，董书宁。全书由董书宁统稿并审定。

本书相关研究工作得到国家重点研发计划项目“矿井突水水源快速判识与水灾防控关键技术研究”(2017YFC0804100)的支持。本书策划和编写过程中，得到了彭苏萍院士、武强院士和王双明院士的指导，也得到了国家能源投资集团有限责任公司、中国中煤能源集团有限公司、陕西煤业化工集团有限责任公司和山东能源淄博矿业集团有限责任公司等单位的帮助，在此表示诚挚的谢意！同时，感谢本书引用文献作者的贡献。

限于作者水平和认识，书中难免有不足之处，恳请广大读者批评指正，并提出宝贵意见，以期促进我国鄂尔多斯盆地侏罗纪煤炭资源安全、高效、绿色开发的技术进步。

董书宁

2020年10月20日

目　录

第1章 绪 论

1.1 研究背景与意义

煤炭在我国一次性能源结构中占比达60%左右，且未来几十年内，煤炭仍将是我国的主体能源。鄂尔多斯盆地是我国重要的含煤盆地，其侏罗纪煤炭资源储量占全国总储量的31.9%(王双明，1996)。国家批复建设的14个亿吨级大型煤炭基地中，有神东、陕北、黄陇及宁东4个基地主采鄂尔多斯盆地侏罗纪煤炭资源。随着“一带一路”倡议的提出及我国煤炭开发的战略西移，鄂尔多斯盆地侏罗纪煤炭资源开发已成为我国煤炭工业可持续发展的重要支撑(董书宁等，2020a；虎维岳等，2010)。

煤矿水害是与火灾、瓦斯、煤尘和顶板事故并列的矿井五大灾害之一，不但影响矿井正常生产，而且会威胁矿井安全并造成人员伤亡(董书宁等，2010)。我国煤炭资源赋存条件差异较大，加之矿床水文地质条件复杂，是世界上煤矿水害最为严重的国家之一(董书宁等，2007)。2000～2019年，全国共发生煤矿水害事故182起，死亡人数达839人，直接经济损失数十亿元(董书宁等，2020b)。

长期以来，多数研究者认为鄂尔多斯盆地处于我国西北干旱缺水地区，煤层顶板含水层富水性相对较弱，顶板水害对矿井影响较小，因此对煤炭资源开发过程中顶板水害研究程度不高，矿井防治水研究的重点往往集中在受底板奥灰水威胁的华北型煤田(王双明，2017；侯光才等，2009)。鄂尔多斯盆地侏罗系煤层上覆广泛发育有基岩裂隙孔隙含水层和第四系松散含水层，由于侏罗系煤层开采条件较好，通常采用大规模机械化采煤，超大综采(综放)工作面开采后对顶板覆岩扰动强度极大，由此产生的导水通道很容易沟通上覆含水层，导致工作面顶板水害事故频繁发生(董书宁，2020；董书宁等，2020a)。顶板水害不仅造成人员伤亡事故，还给煤炭企业造成巨大的经济损失，严重制约我国煤炭工业健康发展。

迄今为止，鄂尔多斯盆地侏罗系煤层顶板水害形成机理不清，致灾判别标准难以量化，缺乏有效的顶板水害防控技术措施。为了保障鄂尔多斯盆地煤炭资源的安全开发，中煤科工集团西安研究院有限公司董书宁研究员带领研究团队针对煤层顶板水害形成机理及防控技术开展了跨区域、长周期、多学科融合的科技攻关，取得了多项创新性成果，对鄂尔多斯盆地及类似地区的煤炭工业持续健康发展具有重要意义。

1.2 国内外研究现状

煤层顶板水害是采掘扰动造成覆岩移动与断裂，影响煤层上覆含水层(体)，使得地下水或地表水集中进入井下采掘空间而引发的一种矿井灾害。其中，地下含水层所引发的顶板水害由于其形成机理复杂、表现形式多样，是防治水领域的主要研究对象。目前，我国煤矿涉及的主要顶板水害类型包括离层水害、溃水溃沙灾害、厚层砂岩含水层水害和烧变岩水害。

1.2.1 离层水害研究现状

由于煤层上覆岩层的物理力学性质不同，煤层开采过程中不同岩层的形变有所差异，会产生离层空腔并被含水层充水，在采掘扰动、静水压力和地应力等因素共同作用下，水体在短时间溃入井下造成灾害。目前，已有较多的实际案例证实，离层水害是一种特殊的顶板水害，具有瞬时涌水量大、持续时间短及形成机理复杂等特点。国内外对离层水害的主要研究进展介绍如下。

1. 离层水害机理研究

离层水害机理研究主要是应用关键层理论和覆岩移动规律，对开采过程中离层发育及其分布规律、离层空间大小、离层产生的力学条件及工作面开采速度、岩性、岩层厚度等因素进行分析。张培森等(2020)通过分析招贤煤矿水文地质条件，基于理论分析、相似材料试验等方法，预判特厚煤层开采过程中覆岩离层发育与积水层位。徐建国等(2020)揭示了离层积水载荷传递造成离层间覆岩破坏、产生次生裂隙形成突水的机理。黎灵等(2018)提出，特厚煤层综放开采离层突水为周期来压、向斜构造等多因素综合作用导致。马莲净等(2019)对老虎台特厚煤层分层综放开采工作面“两带”发育高度、断层和离层空间形成特征进行了定量化研究，提出了断层-离层耦合溃水机理。朱卫兵等(2009)通过工程探测和理论分析，认为导水裂隙带计算过程中应考虑离层区积水的载荷传递作用。孙学阳等(2017)认为，离层的形成、离层发育位置、离层补给水源和可积水离层空间持续时间四个因素决定了离层水害是否发生。娄金福等(2018)研究表明，覆岩关键层运移破断、采场矿压与离层水害存在因果关系，所控岩层组断裂下沉后在含水层底部产生离层空间，含水层持续补给造成离层出水。王经明等(2010)认为，煤层顶板的坚硬岩层能量积聚发生弹性形变，增大到临界值断裂，离层水体破裂发生突水。方刚等(2016)认为，玉华煤矿离层空间形成后，下部岩层的特殊性质导致导水裂隙二次闭合，离层空间反复充水，随着水量增加，最终失稳发生突水。孙魁等(2018)认为，当离层形成并充水后，随着顶板覆岩破坏程度增加和主关键层破断，离层水沿导水裂隙带涌入矿井，且顶板离层突水具有动态周期性特点。舒宗运等(2020)认为，离层关键层的突然破断为尖点突变模型，是一种能量跃迁方式。

2. 离层水害判别标准

离层水体发育层位和形成机理不同，导致其充水特征和判别标准各不相同，我国学者对部分矿井发生的离层水害进行了大量研究，但尚未形成统一的判别标准。李树刚等(2000)分析了综放开采条件下伏岩离层空间的发育和变化规律，提出了离层判别标准和关键层初次破断前后的理论表达式。杨庆等(2014)提出了离层水害的三点判别条件，并对顶板离层水害的危险性进行初步判别。徐建国等(2020)通过计算裂采比判别离层是否涌水，同时提出离层积水具有载荷传递作用，公式应结合实际来判别离层突水。乔伟等(2014)针对永陇矿区顶板离层水涌突水实例，分析离层水形成的基本条件，计算了可能产生离层的位置。涂敏等(2004)应用理论分析等手段，研究综放开采过程中采场上方覆岩离层裂隙发育变化规律，分析了采空区离层裂隙带的空隙渗流特性，提出了离层层位判别公式。

3. 离层水涌水量预测及水害评价

由于不同矿井地质条件差异大，离层空间发育过程、空间大小、水源补给能力、离层破断后过水通道大小与次生裂隙闭合程度等均不相同，离层水量预测难度大，准确度较低。周建军等(2018)计算了离层空间体积，并预测了离层水涌水量。杨吉平等(2012)综合理论分析、现场离层水疏放情况等，预测了离层水积水量。程新明等(2007)认为，工作面涌水为正常涌水量与离层裂隙积水引起的涌水量之和，通过经验类比法和当量径流法提出了涌水量计算理论公式。李小琴(2011)考虑卸荷作用对渗透的影响，开展了卸除围压破坏裂隙砂岩样品的渗透试验，构建了砂岩复杂裂隙网络模型，并进行了涌水量预测。Lu 等(2018)建立了离层水突水的工程地质模型，对五个影响因素进行量化数值处理后，实现了对离层水突水的危险性评价。

4. 离层水害防控技术研究

我国学者通过工程实践总结出了一些适用地区的成功经验。林青等(2016)通过分析涌突水规律，采用数值计算对崔木煤矿煤层顶板涌突水与水位联动机制、离层发育位置和覆岩导水裂隙带发育高度进行了研究，并提出了离层水害的防控方法。董书宁等(2020a)基于侏罗纪煤炭资源赋存条件、顶板含水层特征、顶板水害分布范围与防控难题，对离层水害形成机理、判识方法、主控因素和防控技术进行了系统研究，研发了离层水体精准定位探放技术。贾金凤(2020)结合导水裂隙带高度数值模拟，采用加密顶板孔对判断离层水位置积水进行疏放，保障了工作面安全回采。杨国栋(2019)基于黄陇煤田上覆岩层离层水充水水源及充水通道，提出了在工作面可能出现离层涌水的位置预先施工地面泄水钻孔防控离层水的技术。方刚等(2016)以陕西铜川玉华煤矿 1418 工作面为研究对象,分析导水裂隙带发育过程和离层空间可能发育的位置，为防治水措施制定提供了依据。许敬立(2010)对覆岩离层空间、裂隙注浆进行了研究。赵德深等(2009)在井下采用仰孔分段注水法对东滩煤矿 140308 工作面采动导水裂隙带的破坏特征进行了连续探测，并依据探测结果进行了离层注浆。曹海东(2017)针对老虎台煤矿离层水害，提出了采用地面钻孔和井下钻孔对离层水体预疏放、强径流带截流的防控方法。

1.2.2 溃水溃沙灾害研究现状

溃水溃沙灾害是神府矿区浅埋煤层薄基岩富水区域最突出的顶板水害之一，主要发生在煤层埋藏较浅、基岩较薄且基岩上部有厚富水沙层的区域。目前，针对溃水溃沙灾害的研究主要集中在形成机理和防控技术两个方面，国外此方面报道较少，我国部分专家、学者对此进行了较为深入的研究。

1. 溃水溃沙灾害形成机理与预测研究

对煤层溃水溃沙灾害的研究主要采用试验和理论分析方法，重点研究覆岩变形破坏特征，揭示灾害形成机理并计算溃沙量。

1) 溃水溃沙灾害形成机理

由于地下采掘工程具有隐蔽性，现场观测较为困难，多数学者借助室内模拟试验对溃水溃沙灾害形成机理进行研究。梁燕等(1996)开展了新近系弱胶结砂岩底板溃水溃沙室内试验，获得了不同试样溃水的临界水压力梯度。汤爱平等(1999)进行了某矿井弱胶结粉沙的溃水溃沙机理研究，并提出灾害防控的方法。张敏江等(2002)采用室内试验研究了三种弱胶结砂岩的突水、涌沙的阶段性特点。张杰等(2006)通过不同岩块端角接触面高度滤沙试验，得出了满足裂隙滤沙的合理端角接触面高度。隋旺华等(2007)提出含水层的初始水头和突沙口张开程度是控制矿井工作面突沙量的关键因素，探讨了水沙混合流在运移过程中孔隙水压力的变化规律。许延春(2008)研究了上覆含黏沙土的流动性，认为含黏沙土具有渗漏自愈性，漏斗出口直径大小是沙土是否稳定的关键因素。

研究人员不仅开展了室内模拟试验，而且从理论上对溃水溃沙现象进行了解释。王世东等(2009)以地下水动力学为基本原理，建立了以渗透破坏的临界水力坡度为条件的预防溃水溃沙发生的临界条件和预测公式，分析了溃水溃沙过程中溃沙颗粒的受力情况，并建立了以临界水力坡度判别溃沙的方法。

2) 溃水溃沙灾害预测研究

国内外学者总结了近松散层覆岩破坏高度、风化带抗渗透性能、含水沙层临界水力坡度和导水裂隙带导通产生的最大水力坡度，及其随时间的变化等多项溃水溃沙灾害预测的方法与指标。目前，可视化技术、地质建模技术和事故分析法等均被引入煤层溃水溃沙灾害预测和安全评价。

伍永平等(2004)通过建立溃沙伪结构物理力学模型，以泥沙起动理论为基础，提出了含水层高度与溃沙量关系，为预测溃沙量与溃沙范围提供了依据。王梅等(2004)基于溃水溃沙灾害模型及其因子分析，利用三维可视化技术和地质建模技术，提出了三维可视化条件下的溃水溃沙灾害预测方法。刘宏源等(2010)研究了基于地理信息系统(geographic information system，GIS)的溃水溃沙灾害实时预警和面向生产计划的预警方法。张玉君(2005)根据多元回归理论，研究得出以含水层水头为判据的溃沙发生的预测公式。张蓓等(2015)以隆德煤矿为例，探讨了地质钻孔导致突水溃沙事故的形成机理和防控对策。刘洋(2016，2015a，2015b，2011)根据浅埋煤层回采工作面不同基岩厚度所面临的溃水溃沙灾害威胁程度差异，将覆岩发育形态分为竖“两带”和横“两区”，并提出了相应的溃水溃沙灾害配套防控对策。

2. 溃水溃沙灾害防控技术研究

针对溃水溃沙的研究，提出了疏放水、预留保水煤柱和大面积跳采等防控方法。疏放水方法是通过降低水动力条件来减小溃水溃沙的可能性，但其历时较长，且对地下水影响较大，与神府矿区干旱、半干旱地区的保水采煤理念相悖。预留保水煤柱和大面积跳采方法是通过减小采煤对顶板的影响，避免全厚度切顶冒落或裂隙发育高度来阻止溃水溃沙通道的形成。

通过注浆改造煤层顶板条件是另一种新型的溃水溃沙灾害防控措施。从工程技术角度来提高煤层顶板及以上覆岩的物理力学性能，强化煤层顶板的薄弱环节，固结松散覆盖层，使其不具有溃沙的物质来源条件。通过地面注浆可加固煤层上覆松散层，但成功实行的案例较少(张文义，2004)。地面注浆存在工程量大、占地多、破坏地表植被、协调工作难度大、孔口封闭困难、费用高等众多不利因素，使得其应用范围受限。井下注浆具有不受气候、地形地貌和人为因素等条件限制的优点，势必成为今后煤矿富水区域薄顶板浅埋煤层溃水溃沙灾害防控的主要研究方向。

1) 以改变开采方式为主的防控技术

马立强等(2008)为解决浅埋煤层的保水开采难题，采用物理模拟方法，研究了浅埋煤层大采高长壁工作面采动覆岩导水通道的分布特征。潘生平(2012)以朱仙庄煤矿为研究对象，通过合理配备综采设备，成功实现了薄基岩浅埋煤层含水层下放顶煤开采。黄庆享等(2010)通过浅埋煤层局部充填开采地表移动规律模拟研究，揭示了长壁局部充填开采的顶板垮落规律，为局部充填开采提供参考依据。王双明等(2010a，2010b)提出了区域采煤方法规划方案，指出以控制地下水水位为目标，以采动隔水层稳定性分区为基础，以采煤方法规划为手段的开采方法是生态脆弱矿区煤炭资源科学开采的有效途径。师本强(2011)研究认为，从断层上盘向下盘推进，可使工作面的合理推进距离减小，为陕北浅埋煤层保水采煤的实现提供技术支持。蒋泽泉等(2011)研究了黄土和红土隔水层的隔水能力及采煤对其隔水性的影响，提出了采用回填采空区技术对地面沉降和土体围压进行控制。陈建文等(2013)通过理论分析了溃水溃沙灾害的发生机理，提出了疏水、排水、“中部超前推进，两端滞后开采”和留顶煤开采的灾害防控措施。

2) 以改变水动力条件为主的防控技术

范立民(1996)以大柳塔煤矿为例，提出采用地面强排强疏法降低水力梯度是防控溃水溃沙灾害有效、经济的方法。魏秉亮(1996)认为，采掘前疏排基岩顶部直接充水含水层中地下水，使沙失去地下水载体而无法进入矿井是溃水溃沙灾害防控的重要手段。

3) 以改变物源性质为主的防控技术

隋旺华等(2008a，2008b，2008c)认为，化学注浆是解决难灌注地层和低压条件下矿井水沙灾害防控问题的有效手段，并研究了化学浆液微观扩散机理。赵庆彪等(2002)对冒落松散体采用劈裂注浆方法，通过浆脉挤压、固化冒落松散体，对溃水溃沙灾害进行防控。

4) 综合防控技术

针对煤矿采掘溃水溃沙灾害发生的原因，在生产实践中逐步形成了一系列防控措施。研究表明，采动覆岩破坏通道和较高的初始地下水位是近松散层采掘溃水溃沙的主要诱发因素，因此减轻覆岩破坏程度和降低地下水位是预防采掘溃水溃沙的两种重要手段。从减轻采动覆岩破坏的角度，主要有留设防水防沙安全煤岩柱、条带开采、房柱开采等不完全开采措施或井下充填技术等。采前疏排上部含水层地下水，降低初始地下水位，是溃水溃沙灾害的有效防控措施。

在我国舒兰、淮南和兖州等矿区多采用井下钻孔疏放水、地面直通钻孔疏放水、巷道疏干等方式疏降松散含水层水位。此外，有些矿区还采取了注浆加固和铺设双抗网的手段来防止溃水溃沙事故的发生。刘世勋等(2004)、刘楠等(2010)、韩克勇(2012)及吕兆海等(2015)提出了地面抽排水、明渠引流、地面注浆固沙及井下疏放水相结合的灾害防控措施。“973”计划(2013CB227900)“西部煤炭高强度开采下地质灾害防治与环境保护基础研究”项目组(2017)从地质环境条件、地质灾害形成机理、预测评价方法和灾害防控理论等四个方面，揭示了大面积顶板切落突水溃沙等地质灾害的发生机理，形成了防控重大地质灾害与环境损伤的采煤理论和方法。

1.2.3 厚层砂岩含水层水害研究现状

顶板厚层砂岩水害研究属于顶板含水层水害的研究范畴，顶板含水层水害防控研究主要集中在覆岩破坏规律和导水裂隙带探查、涌水量预测方法、水害危险性评价及防控三个方面。

1. 覆岩破坏规律和导水裂隙带探查

国外对于煤层覆岩变形破坏研究有着丰富的实践经验和理论基础。比利时工程师 Gonot 提出了“垂线理论”和“法线理论”，认为采空区上下边界开采的影响范围可以利用相应的层面法线来确定。1885 年，法国学者 Fayol 提出了“圆拱理论”。1903 年，Halbaum 将采空区上方的岩层概化为悬臂梁，发现地表应变与曲率半径成反比。英国矿业局在 1968 年颁布了海下采煤条例，对覆岩的组成、厚度、煤层采厚及采煤方法等作了具体规定。俄罗斯于1973 年出版了计算导水裂隙带高度的方法指南，1981 年颁布了有关水体下采煤的规程，根据覆岩中黏土层厚度、煤厚、重复采动等条件的变化确定安全开采深度。2000 年之后，随着西方主要发达国家井工煤矿的逐渐关停，对覆岩破坏及导水裂隙带的研究成果也逐渐减少。

我国对覆岩破坏及导水裂隙带的研究成果较多，并取得了多项创新性认识。中国工程院院士刘天泉(1984)提出了覆岩破坏学说，根据顶板覆岩变形及导水性能的差异将上覆岩层分为“三带”，即垮落带、导水裂隙带和弯曲下沉带，奠定了顶板水害防控的基础理论。中国工程院院士钱鸣高等(1996)提出了“关键层”理论，认为直接顶上方的岩层中，一层至数层在覆岩层活动中起主要的控制作用，对采场上覆岩层局部或直至地表的全部岩层活动起控制作用的岩层为关键层。许家林等(2012)通过“关键层”理论对覆岩破坏进行了分析，并形成了基于关键层的导水裂隙带确定理论方法。

导水裂隙带高度的确定是顶板水害防控的核心内容。目前，常用方法有数值模拟法、相似材料物理模拟法和现场实测法等。数值模拟法主要包括有限元法和离散元法，其中应用较为广泛的模拟软件有 FLAC^{3D}、ANSYS、ADINA、UDEC 和 RFPA 等，通过建立同比例的数值模型进行计算，研究煤层开采条件下顶板覆岩破坏形态与裂隙带发育高度。相似材料物理模拟法是利用相似原理，建立小比例的相似模型，模拟不同条件下煤层开采的覆岩破坏过程、破坏形态等，并通过光学影像等进行监测，结果较为直观。现场实测法是确定导水裂隙带发育高度最直接的方法，主要包括冲洗液消耗量观测、钻孔彩色电视窥视、井下双端封堵分段注水试验、超声成像法、声波 CT 层析成像法等，不同的测试方法均有其特定的应用条件。

在大量导水裂隙带高度现场实测与室内研究基础上，我国多个研究团队及学者提出了应用于分层开采、综放开采和部分矿区的导水裂隙带高度经验公式，比较有代表性的有以下几种。煤炭科学研究院北京开采研究所(1981)在总结大量导水裂隙带高度实测成果的基础上，提出了导水裂隙带发育高度的经验公式，写入《建筑物、水体、铁路及主要井巷煤柱留设与压煤开采规范》。尹尚先等(2013)构建了基于煤层开采高度(简称采高)、埋深、倾角、工作面宽度(简称采宽)等因素的综采导水裂隙带高度经验公式。许延春等(2011)得出了综放开采工作面顶板中硬、软弱岩层条件下“两带”高度经验公式。滕永海(2011)对潞安、兖州、淮南和唐平矿区综放开采导水裂隙带高度实测成果进行分析，提出了不同顶板条件的覆岩破坏经验公式，两个公式均写入《煤矿防治水手册》，作为综放开采导水裂隙带高度计算的推荐经验公式。李超峰(2019)以黄陇煤田大量导水裂隙带高度实测资料为基础，建立了导水裂隙带高度计算经验公式。

2. 涌水量预测方法

工作面及矿井涌水量是判识矿井水文地质条件复杂程度的重要指标，决定了排水系统布设及防治水工程措施的制定。目前，涌水量预测方法可分为确定性预测方法和非确定性(随机)预测方法两大类。确定性预测方法主要包括水均衡法、解析法、数值法；非确定性预测方法主要包括水文地质比拟法、相关分析法、模糊数学方法等。

水均衡法是通过分析矿井均衡期内地下水输入、输出项之间的变化关系，建立均衡方程来预测开采地段的涌水量。郭映忠(2005)通过分析矿区岩溶水衰减动态变化，采用水均衡方法预测了重庆红岩煤矿的涌水量；彭辉才等(2013)也采用该方法对贵州绿塘煤矿涌水量进行预测。水均衡法适用于水文地质条件较为简单，地下水补径排条件明确的地区。

解析法涌水量预测是基于地下水动力学基本原理，将采掘空间进行概化，采用相关井流公式进行计算。1856 年，Darcy 根据大量实验提出了著名的达西定律，标志着地下水动力学的诞生。1863 年，Dupuit 推导了地下水向井流动的稳定流解析解计算公式，即裘布依公式，奠定了地下水稳定流理论的基础。1935 年，Theis 推导出了定流量抽水单井非稳定流计算公式。根据地下水动力学基础理论，将采掘空间等效概化为“大井”空间进行水量计算，主要计算方法包括稳定流计算和非稳定流计算，并可根据开采水文地质条件对传统井流公式进行调整。刘英锋等(2016)根据含水层部分被裂隙带波及条件下的水文地质模型进行概化，提出了改进的解析计算方法。解析法的公式是在理想条件下基于多种假设所建立的，主要应用于含水层均质、水平和边界条件简单的矿区。

20 世纪 70 年代初，数值法逐渐被引入水文地质领域，并应用于矿井涌水量预测。Ardejani 等(2003)采用有限元数值法预测了露天矿矿井涌水量。Gandy 等(2007)研究了英国南约克郡煤田部分废弃矿井涌水量随时间变化的规律，并进行了地下水位恢复与反弹的预测研究。Surinaidu 等(2013)使用 MODFLOW 2000 建立了印度马德雅省卡特尼地区的水文地质模型，并对该区开采石灰石的矿井涌水量进行了预测。薛禹群等(1979)进行了大量地下水数值模拟研究工作。数值法预测矿井涌水量多采用成熟的商业软件，主要包括基于有限差分的 Visual MODFLOW 软件和 GMS 软件，以及基于有限元法的 FEFLOW 软件。武强等(2000)在煤矿涌水量预测中采用 Visual MODFLOW 软件，实现了涌水量随开采周期来压动态过程的预测。郭小铭(2020)、张保建(2015)、骆祖江等(2010)等采用 Visual MODFLOW 软件进行了矿井涌水量预测，并在工作面回采、边界条件处理等问题上进行了深入研究。陈琳(2011)利用 GMS 软件建立了朔南煤田的数值模型，并预测不同开采情况下的矿井涌水量。董东林等(2010)、宋志钢(2019)采用基于有限元法的 FEFLOW 软件进行涌水量预测。数值法考虑了含水层非均质特征与开采扰动影响，可动态模拟采掘过程中水量变化，理论上可无限接近真实的水文地质条件，是涌水量预测方法的主要发展方向。

根据工作面回采过程中顶板周期性垮落的过程，虎维岳(2016)提出了顶板含水层充水水量由脉冲式静储水量释放与渐增式动态补给水量共同组成，并给出了随矿井采掘过程进行的渐进式矿井涌水量时空动态预测方法。周振方等(2018)以动静储量释放为基础，基于系统动力学理论，建立了工作面回采过程中采空区涌水双指数衰减动力学模型，预测了工作面回采过程中涌水量变化情况。

随着各学科间的交叉融合，有学者提出了多种非确定性预测涌水量的方法。朱愿福等(2014)提出了用于预测涌水量的 GM(1,1)-Markov-新陈代谢组合模型，较好地解决时间跨度下采空区残留涌水。Wang 等(2015)利用灰色系统理论预测了孟巴矿的涌水量。汤琳等(2007)、齐跃明(2009)运用混沌时间序列的全域预测法对矿井涌水量进行了预测。高召宁等(2010)把小波分析算法引入矿井涌水量的分析中，进行了孙疃矿和海孜矿的涌水量预测。

3. 水害危险性评价及防控

目前，顶板水害防控的研究内容主要包括水害形成机理、水害预防和水害治理等方面。

在顶板水害形成机理研究方面，中国工程院院士武强等(2016)提出了煤层顶板涌(突)水条件定量评价的“三图-双预测法”，在开滦荆各庄矿和东欢坨矿得到成功应用，并改进推广到全国多个矿井。伊茂森等(2008)采用理论分析和工程测试相结合的方法进行研究，认为补连塔煤矿四盘区顶板突水主要是由于覆岩主关键层距离煤层较近，导水裂隙带发育高度偏高而发生顶板突水。

在顶板水害预防方面，采用特殊开采工艺可减弱煤层开采对顶板含水层的扰动程度，从而实现顶板水害预防。Booth(1986)在长壁开采和房柱式开采对顶板含水层影响的水文地质概念模型研究基础上，认为房柱式开采可以明显减弱对顶板浅部含水层的扰动。我国在此方面的研究成果较为丰富，形成了一系列导水裂隙带高度控制开采方法，主要包括充填开采、条带开采、限高开采和采充并行等方法。另外，含水层超前疏放是实现水害防控的主要技术。赵宝峰(2013a)利用灰色关联方法，分析了含水层厚度、钻孔孔深、方位角和仰角对钻孔疏放水效果的影响程度。陈实等(2016)研究了倾斜钻孔的疏放水井流计算方法。王庆等(2017)在色连二矿采用井下定向钻孔对砂岩含水层进行疏放。刘爽(2017)对顶板水探放定向钻孔成孔工艺进行了研究。同时，王洋等(2019)提出了“上行开采低位截流”、“工作面单侧截流”、“工作面双侧截流”与“工作面方向调整截流”四种地下水源头预防的水害截流治理模式。

总体而言，国内外在导水裂隙带发育规律、顶板含水层水害危险性评价及治理等方面研究成果丰富，但大多针对厚度有限的含水层，未对巨厚含水层进行专项研究。

1.2.4 烧变岩水害研究现状

烧变岩是由煤层自燃烘烤或烧熔围岩而导致围岩变质形成的一类特殊岩石，在世界各地广泛分布(黄雷，2008)。烧变岩裂隙和孔隙发育，为地下水储存和径流提供了良好的空间条件。因此，烧变岩水往往是西部矿区重要的生态水资源(范立民，2002)。同时，烧变岩特殊的成因及物理力学性质，对其水文地质和工程地质特征有着显著影响，常发生烧变岩特殊储水构造突水等灾害，威胁煤矿安全生产，甚至造成严重的人员伤亡和经济损失(陈凯等，2020)。

国外部分学者从地球物理的磁性特征角度对烧变岩进行了研究(Jones et al., 2013；Foit et al., 1987；Hooper, 1987；Lindqvist et al., 1985)。1984年，美国地球物理协会学者Jones等依据古地磁场信息的特有性质，对美国保德河盆地烧变岩进行研究。1985年，新西兰地质调查科工研究院学者Lindqvist等通过新西兰南部磁性异常等地质特征对烧变岩性质进行研究。1987年，美国采矿学者Foit等从矿物学角度对烧变岩的性质进行研究。1987年，美国威斯康星大学学者Hooper研究了美国怀俄明州烧变岩的磁化率特征。但是，国外学者较少研究煤矿区烧变岩的水文地质特征。

我国众多学者围绕烧变岩特征及其水文地质特征开展了相关研究。目前，热点问题主要集中在以下三个方面。

1. 烧变岩特征及其成因

刘志坚(1959)首次针对烧变岩特征及其成因进行了分析研究，认为烧变岩的各类特征与原岩的物质成分、围岩特征及与火烧区距离有着密切联系。陈练武等(1991)对神府煤田新民区的烧变岩进行研究，认为烧变岩在平面和剖面上呈分带性，火烧区范围主要受当时侵蚀基准面、煤层出露高度、厚度及范围影响。孙家齐等(2001)对新疆乌鲁木齐西山煤矿的烧变岩进行了研究，根据岩石学特征将烧变岩划分为烧变岩和烧熔岩两类。黄雷(2008)对鄂尔多斯盆地北部烧变岩的特征及形成环境进行了深入研究，并将研究区的烧变岩分为“开放型”烧变、“封闭型”烧变和“叠加型”烧变三类。范立民(2010)

认为，烧变岩在垂向上从下至上可以划分为熔岩带、烧结岩带和烘烤岩带。

2. 烧变岩水文地质特征

韩树青(1989)首次指出陕北火烧区裂隙发育，含水极其丰富，若在该区域采矿将造成大量水资源浪费。范立民(1996)提出，烧变岩含水层富水性主要受地层产状、底板形态、补给条件和地形特征等因素控制，有成为良好的储水构造及富水区的可能。杜中宁等(2008)系统地分析了陕北能源基地烧变岩分布区的水文地质条件，并简要论述了烧变岩的富水性及水文地质意义。侯恩科等(2017)提出，烧变岩含水层的富水性主要受补给、排泄和储水条件控制，其中储水构造对烧变岩含水层的静储量起决定因素。李明星(2018)利用矿井瞬变电磁探测方法对天山南麓某煤矿火烧区烧变岩富水性进行探测，获得了较好的结果。

3. 烧变岩水害防控

贺卫中(2002)采用钻孔泄水方式将烧变岩裂隙水引入矿区供水系统，既保证了矿井的安全生产，又取得了显著的环境效益与经济效益。王宏科等(2009)基于火烧区分布范围、烧变岩物性特征和矿井涌水特征，采取井下注浆和地面注浆相结合的方法，实现了巷道出水量的大幅衰减。赵宝峰(2013b)认为，通过在火烧区与工作面之间留设防隔水煤柱和进行井下疏水降压两种措施，可实现工作面的安全回采。孙德全等(2014)运用 MODFLOW 软件建立了火烧区地下水数值模型，并模拟计算了火烧区地下水储存量，为矿坑疏排水设计提供依据。侯恩科等(2017)运用数值模拟方法，预测了榆神府矿区煤层开采引起的烧变岩水量损失。宋业杰等(2019)应用物探、钻探等综合探查手段，查明烧变岩弱含水区和积水区的范围，指出烧变岩微裂隙孔隙弱含水区，提出了基于含水层空间结构和积水情况的“综合探查、以防为主、分区防控”的烧变岩水害防控技术。姬中奎等(2019)按照水库、烧变岩、泉点的地质关系分析了水库补给泉水的通道，认为 4^{-2} 煤烧变岩与水库存在水力联系。董书宁等(2019)采用“集水廊道法”预测了张家峁井田 15207 和 15208 工作面 4^{-2} 煤烧变岩充水量，并以保水开采为目的，提出了烧变岩注浆帷幕截流保水开采新技术，实现了煤矿安全开采与水资源保护的协调。

1.3 本书研究内容

本书以鄂尔多斯盆地煤层典型顶板水害为研究对象，对顶板水害的特征、形成机理、判识方法、防控技术与现场应用进行研究，主要内容包括以下几个方面：

(1) 鄂尔多斯盆地水文地质条件及顶板水害特征。研究鄂尔多斯盆地煤田分布与水文地质条件，结合矿井开采实际分析水害的影响要素，系统论述各类水害分布区域及主要特征。

(2) 砂泥岩叠合离层水害成因与防控技术。采用计算机数值模拟、相似材料物理模拟和理论分析等方法，研究典型煤矿离层水害形成机理，并总结出水害影响的主控因素，构建离层水害影响分区评价模型；同时，以工程实践为指导，提出离层水害防控技术。

(3) 薄基岩溃水溃沙灾害成因与防控技术。构建浅埋煤层溃水溃沙物理模型，采用理论计算、物理模拟等手段分析溃水溃沙通道的发育规律，揭示溃水溃沙灾害形成机理并给出相关参数阈值的计算方法；基于理论认识和工程实践，提出溃水溃沙灾害的防控技术。

(4) 巨厚砂岩含水层水害成因与防控技术。开发巨厚砂岩含水层水文地质条件精细探查技术，研究含水层非均质特征；采用导水裂隙带高度探查方法，结合数值模拟和物理模拟，查清导水裂隙带发育规律；概化开采水文地质模型，研究地下水渗流规律，揭示巨厚砂岩含水层充水机理。以现场实践为指导，建立巨厚砂岩含水层水害防控技术体系。

(5) 侧向补给型烧变岩水害成因与防控技术。以受烧变岩水害威胁的典型矿井为研究实例，探查烧变岩分布规律及水文地质特征；查清烧变岩水与其他水源的补给、径流和排泄关系，基于现场工程实践，研发侧向补给型烧变岩含水层注浆帷幕截流保水开采新技术。

第 2 章　鄂尔多斯盆地水文地质条件及顶板水害特征

鄂尔多斯盆地位于我国西北地区，横跨山西省、陕西省、甘肃省、宁夏回族自治区和内蒙古自治区五省(自治区)，该盆地形成于古生代-中生代时期，是世界级特大型多能源赋存盆地，煤炭资源丰富，同时也是一个巨大而复杂的含水盆地。鄂尔多斯盆地煤炭资源和地下水资源同时赋存的特点，决定了其在煤炭资源开发过程中受到较为严重的地下水影响。本章通过分析鄂尔多斯盆地的自然地理条件、煤矿区分布及地下水系统展布规律，系统概括盆地典型顶板水害的类型与分布特征，并详细论述各类典型水害的地质及水文地质条件。

2.1　自然地理条件

鄂尔多斯盆地是我国最主要的大型能源盆地之一，位于东经 106°20′～110°30′、北纬 35°0′～40°30′，呈南北长、东西窄的矩形，南北长约 640km，东西宽约 400km，总面积约 250000km^2。盆地整体为向斜构造，东西两翼极不对称，轴部偏西，东翼为一向西缓倾的单斜，宽度超过 300km，西翼则由数条近南北向延伸向东或向西逆冲的断褶带组成，宽度不足 100km。盆地四周被山地环绕，南为秦岭，西为贺兰山-六盘山，北为阴山，东为吕梁山。

1. 地形地貌

鄂尔多斯盆地地貌受新构造运动控制，形成了沙漠高原、黄土高原、山地和断陷盆地四种主要地貌形态。以白于山为界，可分为南北两大地貌单元：北部为波状沙漠高原，包括库布齐沙漠、毛乌素沙漠、乌兰布和沙漠，地形较为平缓，呈波状起伏，海拔 1100～1500m；南部属黄土高原，是我国黄土高原的主体部分，包括黄土梁峁和黄土塬，地表沟壑纵横，切割强烈，黄土厚度一般为 100～200m，局部地区可达 300m 以上。盆地周边由于断裂拉伸形成一系列断陷盆地，包括银川平原、河套平原、土默特平原和关中平原等。

盆地周边和内部局部地区还分布有大面积的山地，其中周边以中山宽谷山地为主，内部多为低中山宽谷山地，南部的秦岭属于高山峡谷山地。总之，鄂尔多斯盆地总体表现出以现代高原为主、断陷盆地镶嵌、四周山地围绕的地貌形态。

2. 气候水文

鄂尔多斯盆地地处内陆腹地，距离海洋较远，属温带大陆性季风气候带，年降水量少，蒸发强烈，气温、降水季节性变化差异较大。区域内降水量、气温、蒸发量南北向变化规律明显：年平均降水量为 150～700mm，自东南向西北逐渐递减，且年内分配不均，降水多集中于 6～9 月；年平均气温也由南向北呈逐渐降低趋势，从西安—延安—榆林—呼和浩特年均气温由 13.3℃逐渐降低到 5.6℃；蒸发量自东南向西北逐渐增大，年平均蒸发量为 1000～3500mm，且 2000mm 蒸发量等值线与黄土高原和沙漠高原的分界线基本一致。

鄂尔多斯盆地属黄河水系。黄河在区域内呈“几”字形，自青铜峡附近流入本区，向北穿过银川平原，在磴口折向东，流经河套平原，在托克托向南拐，穿过晋陕大峡谷，至龙门进入汾渭盆地，最终由潼关向东流出本区域。区域内黄河全长 1722km，汇水面积 374725km^2，主要支流有渭河、泾河、北洛河和无定河等。黄河及其主要支流形成鄂尔多斯盆地地下水的定水头补给或排泄基准面，对地下水补给、排泄有较大的控制作用。北部沙漠高原区的内流区分布着众多小型河流，多来自地下水的排泄补给，注入相应的小型湖泊，由于蒸发强烈，地下水矿化度高且水质差。盆地边缘分布大量的岩溶泉和裂隙泉，比较典型的岩溶泉主要有位于保德的天桥泉，位于柳林的柳林泉和位于合阳的瀵泉。裂隙泉主要出露于侏罗系延安组煤系地层烧变岩的空洞中，与第四系潜水的水力联系密切，如青草界泉和榆阳泉。

2.2　区域地质及水文地质条件

鄂尔多斯盆地位于华北地台西部，是在古生代华北克拉通基础上发育起的中生代沉积盆地，前中生代地层沉积与华北地台一致，中、新生代之后发生多次板内动力学演化，形成独立盆地并逐渐接受沉积与改造，导致其地质条件的独特性。受地层、构造及水文条件控制，盆地内可划分为多个地下水系统，影响其中煤炭资源的安全开采。

2.2.1 区域地层

鄂尔多斯盆地地层由老到新依次为前寒武系、寒武系、奥陶系、石炭系、侏罗系、白垩系、古近系、新近系和第四系。盆地的向斜构造使老地层呈环带状出露于盆地周边，盆地内主要出露中生代地层，表层多为第四系沉积。

1. 前寒武系

前寒武系主要出露于盆地周边的构造隆起区，包括太古宇、古元古界、中元古界长城系及蓟县系、新元古界青白口系和震旦系。太古宇主要为黑云母片麻岩、花岗片麻岩等；古元古界为浅变质绿片岩；长城系为海陆交互的砂页岩和火山岩组合，不整合覆于前长城系地层之上；蓟县系为深灰、灰白色中厚层硅质条带或硅质团块白云岩，下部偶见砾岩透镜体，最大厚度超2000m，与下伏前长城系的砂页岩及火山岩，以及上覆寒武系均呈角度不整合接触；新元古界青白口系为一套滨浅海相的石英岩状砂岩、石英岩、粉砂岩、含硅质条带及结核的白云岩，夹少量板岩，呈角度不整合覆于太古宇之上；震旦系在南部陇县、千阳一带，为灰白色、浅灰色厚层状含燧石条带白云质灰岩、白云岩等，与下伏中元古界为不整合接触。

2. 寒武系

(1) 下寒武统(ϵ_1)：包含辛集组(ϵ_1xj)、朱砂洞组(ϵ_1zs)和馒头组(ϵ_1m)，以紫灰色、灰白色、深灰色白云岩与白云质灰岩组成，角度不整合或平行不整合在前震旦系之上，与上覆地层张夏组呈整合接触。

(2) 中寒武统(ϵ_2)：在盆地中部、东部、南部和西北部称为张夏组(ϵ_2z)，而在西南部则称为陶思沟组(ϵ_2t)和呼鲁斯台组(ϵ_2h)。下部张夏组(ϵ_2z)以灰色中厚层鲕状灰岩为主，中部陶思沟组为灰白色、灰黄色薄层细粒石英砂岩、白云岩、灰岩和页岩，上部陶思沟组(ϵ_2t)和呼鲁斯台组(ϵ_2h)为紫红色页岩与薄-中层灰岩、泥质条带灰岩不等厚互层。

(3) 上寒武统(ϵ_3)：在盆地西缘称为炒米店组(ϵ_3ch)和阿不切亥组(ϵ_3-O_1)，在东部地区为三山子组(ϵ_3-O_1)。岩性以薄层泥质条带灰岩为主，夹白云质灰岩、白云岩、竹叶状及鲕状灰岩透镜体，少量页岩。

3. 奥陶系

奥陶系总体呈“U”字形，主要出露于盆地周边，包含下奥陶统(O_1)、中奥陶统(O_2)和上奥陶统(O_3)。

(1) 下奥陶统(O_1)：主要为马家沟组(O_1m)，在盆地内广泛分布。大体以泾河为界，东、西两部分岩性有差异，岩性以灰色、深灰色中厚层白云质灰岩、灰岩为主，部分地区与层位有泥灰岩、页岩等，与下伏寒武系呈整合接触。

(2) 中奥陶统(O_2)：主要为峰峰组(O_2f)和平凉组(O_2p)，分布于盆地东缘、富平以东和渭北地区。峰峰组(O_2f)下段为灰黄色、褐黄色薄层泥灰岩、深灰色白云质灰岩与厚层灰岩互层，局部夹石膏，上段为灰色中厚层白云质灰岩、灰岩及褐灰色白云岩，与下伏地层整合接触；平凉组(O_2p)在富平一带以多层凝灰岩、混杂角砾岩和薄板状灰岩为主，渭北西部为黄绿色页岩夹紫红色粉砂岩、泥灰岩，东部富平一带底部夹燧石条带灰岩。

(3) 上奥陶统(O_3)：主要为盆地西缘分布的背锅山组(O_3b)，岩性为灰色、肉红色中厚层块状灰岩，夹少量黄绿色页岩。

4. 石炭系—侏罗系

(1) 石炭系：加里东运动时期，本区域抬升，遭受剥蚀，缺失了志留纪、泥盆纪和早石炭世。到晚石炭世开始出现海陆交互相沉积，主要有本溪组(C_2b)、羊虎沟组(C_2y)和太原组(C_2t)。地层岩性为深灰色、黑色泥岩和页岩，煤层夹白色砂岩、薄层泥灰岩等，厚 200～700m，平行不整合在奥陶系之上。

(2) 二叠系：是一套碎屑岩夹煤系建造，主要有山西组(P_1s)、石盒子组(P_2sh)和孙家沟组(P_3s)，大部分埋于地下，出露于桌子山地区和东部的沟谷中。岩性为中、细砂岩与泥岩互层，夹数层可采煤层，厚 300～500m，其中山西组和石盒子组是鄂尔多斯盆地的主要含煤地层。

(3) 三叠系：为一套内陆河流、湖泊、沼泽相的碎屑建造，大面积出露于东部沟谷中，全盆地均可钻遇，厚度超过 5000m，主要有刘家沟组(T_1l)、二马营组(T_2e)、延长组(T_3y)和瓦窑堡组(T_3w)。刘家沟组(T_1l)为一套砾岩、砂岩、粉砂岩、泥岩组成的完整沉积旋回；二马营组(T_2e)以中粗粒长石砂岩、砂质泥岩、粉砂岩为主，上部夹炭质页岩、油页岩；延长组(T_3y)和瓦窑堡组(T_3w)以砂岩为主，夹泥岩、炭质页岩、油页岩及煤层，是盆地主要的产油层和含煤地层。

(4) 侏罗系：为河湖相碎屑岩夹煤层沉积，全盆地均有发育，主要有富县组(J_1f)、延安组(J_2y)、直罗组(J_2z)、安定组(J_2a)和芬芳河组(J_3f)，平行不整合在三叠系之上，厚度超过 2000m。早期富县组(J_1f)为河流-河流湖沼沉积，以泥岩、砂岩沉积为主，夹少量泥灰岩、砾岩、薄层煤；中期包含延安组(J_2y)、直罗组(J_2z)、安定组(J_2a)，为河流-湖沼沉积，以砂岩、泥岩不等厚沉积为主，夹煤层、页岩、煤线；晚期仅在盆地西缘的桌子山地区有山麓相的砂砾岩出露。侏罗系是盆地内煤、石油及砂岩型铀矿的主要产层。在煤层浅埋区和出露区有煤层自燃形成的烧变岩，厚度不稳定，常成为地下水的补给通道。

5. 白垩系

鄂尔多斯盆地在白垩纪时为完全封闭的统一湖盆。碎屑沉积物埋藏浅，成岩程度较低，较为松散，孔隙发育，最大沉积厚度大于1300m，主要包含保安群和六盘山群。

1) 保安群

主要由宜君组(K_1y)、洛河组(K_1l)、环河组(K_1h)和罗汉洞组(K_1lh)组成，分布于盆地的大部分地区，主要出露于伊盟隆起北部，在白于山以北为毛乌素沙地覆盖，仅在地形较高处有小面积出露。地层厚度自两翼向盆地中心逐渐增大，翼部为300～800m，中心则大于1000m。

(1) 宜君组(K_1y)：为一套山前洪冲积物，岩性主要为杂色砾岩、砂砾岩，厚0～320m，呈扇状、丘状、透镜状产出，从盆地边缘向盆地内尖灭，或相变为河湖相的洛河组，主要出露在盆地南缘的千阳县、彬州市、旬邑县及东缘的宜君县、甘泉县、耀州区等地。

(2) 洛河组(K_1l)：为一套近源冲积扇、辫状河、沙漠相的沉积组合，岩性以砖红色、棕红色、紫红色长石砂岩和石英砂岩为主，砂岩占比较高，具有巨型交错层理和板状层理，分布稳定，盆地内均可钻遇，一般厚度为250～350m，最厚可达800m以上。地层结构松散，孔隙发育，连通性好，延伸距离长，分布广，有巨大的储水空间。

(3) 环河组(K_1h)：分布范围比洛河组向西收缩，一般厚度为200～600m，在向斜核部厚度最大，达800～900m，东部边缘厚度较薄，为0～100m。该组岩性变化较大，以白于山北—盐池—靖边为界，北部多以辫状河和曲流河沉积为主，岩性为紫灰色、棕红色、青灰色长石砂岩和砂砾岩，夹棕红色泥岩和泥质粉砂岩，底部为粗砾岩；南部以湖相沉积为主，岩性为青灰色、灰色细粒砂岩和粉砂岩、泥岩、少量膏岩等，属细粒沉积物，与下伏洛河组呈整合接触。

(4) 罗汉洞组(K_1lh)：主要分布在盆地北部的杭锦旗、伊克乌素，以及西部定边、环县、庆阳、泾川一线，一般厚度为0～150m，北部主要为洪积扇和辫状河沉积，由棕红色、黄色砂岩、含砾砂岩、砾岩夹泥岩透镜体组成；南部以辫状河与沙漠相沉积为主，为棕红色、紫红色中粒、不等粒岩屑长石砂岩、长石砂岩、钙质细砂岩夹紫红色泥岩，与下伏环河组呈侵蚀接触，超覆在奥陶系—三叠系之上。

2) 六盘山群

六盘山群主要分布在陇县和平凉地区，呈南北向展布，是一套紫红色、灰绿色山麓相、河流相和湖相碎屑沉积建造，自下而上分为三桥组(K_1s)、和尚铺组(K_1hs)、李洼峡组(K_1lw)等，各组间均为整合接触。

(1) 三桥组(K_1s)：分布于宁夏的西吉、同心、固原和泾源等县。岩性为山麓相的浅棕黄色、灰紫色块状砾岩，局部夹透镜状砂岩，钙质胶结，局部含灰岩质的砾石较多，易溶蚀成岩溶孔隙，成为良好的含水地段。

(2) 和尚铺组(K_1hs)：分布于宁夏的同心、固原等县，甘肃的华亭、庄浪等县，以及陕西的陇县、千阳等县，岩性为紫红色、棕红色、棕紫色砂砾岩、砂岩、粉砂岩、泥岩，还有少量白色长石、石英砂岩，有底砾层，属湖相沉积。该层厚度变化较大，在华亭厚度最大，可达 1216m。

(3) 李洼峡组(K_1lw)：分布在宁夏的同心、固原、西吉、彭阳等县，以及甘肃华亭和陕西陇县，岩性为一套紫色、灰绿色灰白色砂岩、泥岩、泥灰岩的湖相沉积，与和尚铺组为同层相变关系，厚度为 90～618m。

6. 古近系—新近系

古近系—新近系在地表广泛出露于盆地中、西部，底部与下伏老地层呈不整合接触，发育地层有渐新统、中新统和上新统。

(1) 渐新统清水营组(E_3q)：分布于盆地西部，岩性为褐红色、砖红色泥岩、粉砂岩夹灰绿色砂岩、泥岩和石膏，局部夹灰白色石英砂岩、砂质泥岩，厚度变化大，从几十米到数百米。

(2) 中新统红柳沟组(N_1h)：分布在桌子山、同心、固原等县，岩性为橘红色、橘黄色黏土、黏土质沙土夹灰白色石英砂岩、砂砾岩透镜体，厚 73～956m。

(3) 上新统保德组(N_2b)和静乐组(N_2j)：呈残片状分布在盆地边缘。保德组为洪积、冲洪积、湖积相的棕红色、棕黄色砂砾石、黏土、亚黏土、层状钙质结核，以及灰绿色黏土、泥灰岩，厚 2～70m；静乐组为河湖相的红色、灰绿色黏土夹砂砾石透镜体、泥灰岩和钙质结核层，厚 10～25m。

7. 第四系

第四系在盆地范围内广泛分布，按成因类型主要分为洪积层、风积黄土层、冲-湖积层、冲-洪积层、风积沙层等。

(1) 洪积层(Qp-Qh)：主要分布在阴山、贺兰山、六盘山等山前地带，岩性为灰色或杂色砾卵石、砂砾石夹黏质砂土透镜体，厚 5～130m。

(2) 风积黄土层(Q*p*)：包括下更新统的午城黄土、中更新统的离石黄土和上更新统的马兰黄土，主要分布在盆地的东部、西部和南部，其余地区零星分布。午城黄土下部为淡肉红色亚黏土(石质黄土)，夹数层至数十层棕红色古土壤层，上部为浅肉红色石质黄土层，夹 10～20 层钙质结核层，厚 2～84m。离石黄土为灰黄色、浅褐黄色粉砂质黄土，夹数层褐红色古土壤层和白色钙质结核层，柱状节理发育，厚 2～235m。马兰黄土为浅黄色粉砂质黄土，夹钙质结核，柱状节理发育，较为松散，厚 5～70m。

(3) 冲-湖积层(Q*p*)：包括上更新统萨拉乌苏组、全新统冲-湖积层。萨拉乌苏组主要分布在盆地中东部和南部，为河湖相及风积相沉积，底部为泥砂层，中部为浅棕黄色细粉砂土、粉砂、砂质黏土及中粗砂互层，上部浅灰色黏土质含钙质粉砂层，厚 5～90m，是第四系的主要含水层。全新统冲-湖积层主要分布在黄河两岸和银吴盆地、卫宁盆地、清水河谷等，以及其他较大支流流域内，属湖沼河流向河流泛流相的过渡沉积，由灰黄、灰黑色细砂、粉砂、黏土、淤泥组成，厚 1～30m。

(4) 冲-洪积层(Q*h*)：主要分布在各地山前扇形平原和冲-洪积扇，各大河流和阶地中，土黄色含卵砂砾石、含砾中粗砂，夹薄层黏砂土，具水平及交错层理，属主要含水层位。冲-洪积层分布于各大冲沟和河漫滩及各级阶地之上，包括具水平层理的灰黄、灰绿色次生黄土和其他冲积砂土，底部夹砾石透镜体和钙质结核及黄土块。

(5) 风积沙层(Q)：主要分布在盆地北部及边缘，构成库布齐、毛乌素及乌兰布和沙漠，其他地段均为零星分布，以浅黄色细沙为主，中、粉沙次之，厚 0～15m，是主要的含水层。

2.2.2 区域构造

鄂尔多斯盆地地处华北地台西南缘，在区域构造上处于阴山—天山、秦岭—昆仑两大复杂纬向构造带之间，新华夏系第三沉降带与祁连山、吕梁山、贺兰山字型构造体系之伊陕盾地复合部位。盆地整体为向斜构造，轴部偏西，东西两翼极不对称，东翼为一向西缓倾的单斜，宽度超过 300km，西翼则由数条近南北向延伸向东或向西逆冲的断褶带组成，宽度不足 100km。

根据鄂尔多斯盆地现今构造发育形态及时空分布特征，其盆地内部主要由伊盟隆起、伊陕斜坡、天环坳陷三大部分组成(图 2-1)，构造性质长期稳定，盆地内部整体上升或沉降，斜坡平缓、构造简单微弱、地层水平、接触关系

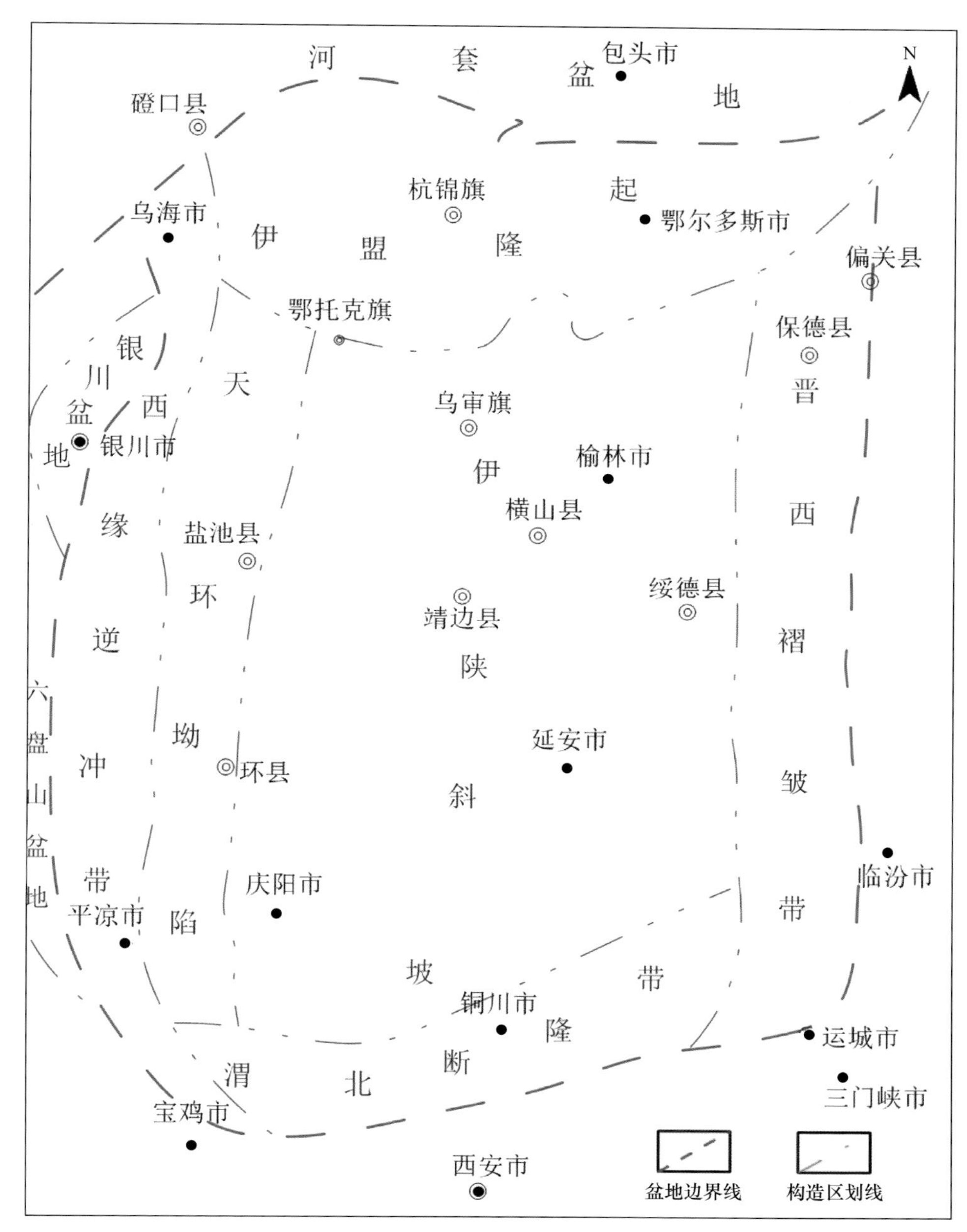

图 2-1　鄂尔多斯盆地区域构造区划图(张泓等，2005)

平合，主要表现为隆起、坳陷、宽缓褶皱等构造形式。盆地边缘有西缘逆冲带、晋西褶皱带和渭北断隆带，表现为断裂、褶皱密集发育，活动性较强，构成稳定地块被活动构造带环绕的格局。

2.2.3 区域水文地质条件

鄂尔多斯盆地是一个轴向近南北的大型向斜式沉积盆地，盆地南缘为渭北断隆带，北缘为伊盟隆起，西缘为逆冲带，东缘为晋西褶皱带，基底为前寒武系的变质岩沉积。在区域构造的控制下，寒武系—奥陶系碳酸盐岩因构造隆起或断层翘起，仅在盆地周边(东、南、西缘)呈带状出露或相对浅埋，岩性以石灰岩为主，夹有白云岩，岩溶发育区富水性较好；石炭系、侏罗系碎屑岩主要在盆地东、南部缓倾出露，在西部多呈条带状陡倾出露，盆地中、北部深埋，以砂岩和泥岩互层为主，总厚度在3000m以上；白垩系碎屑岩主要分布在盆地中西部，东部为宽缓的向斜一翼，西部为被一系列逆冲断层破坏的陡倾翼，盆地南部翘起，北部被断裂切断下陷，中西部厚度最大超1200m，岩性主要为巨厚层砂岩(含砾岩)、泥岩及砂岩与泥岩互层；新生界不连续超覆在所有老地层之上，以第四系冲-湖积、风积沙和黄土为主，局部发育新近系泥岩。

1. 含水系统划分

与含水介质相类似的含水岩系构成一个相对独立的含水层系统。由中国地质调查局牵头开展的“鄂尔多斯盆地地下水勘查项目”中，将鄂尔多斯盆地的含水岩系划分为五个含水层系统：前寒武系基岩裂隙含水层系统、寒武系—奥陶系碳酸盐岩岩溶含水层系统、石炭系—侏罗系碎屑岩裂隙水与上覆第四系松散层孔隙水系统、白垩系碎屑岩裂隙孔隙含水层系统、新生界断陷盆地松散岩类含水层系统(图 2-2)。本书主要针对后四个含水层系统进行分析。不同地下水系统呈现出不同程度的上下叠置，平面侧向对接，局部地段被地表水所切割而与地表水有一定水力联系，综合使得鄂尔多斯盆地构成一个既相互独立，又有一定水力联系的巨大半开启型含水盆地(图 2-3)。

1) 寒武系—奥陶系碳酸盐岩岩溶含水层系统

鄂尔多斯盆地碳酸盐岩地层中赋存的地下水属岩溶-裂隙水类型(以下简称岩溶水)，下伏前寒武系结晶岩和上覆石炭系铝土质页岩是其区域性隔水层。区内碳酸盐岩的含水空间以构造和溶蚀作用形成的溶隙、溶孔及小溶洞为主，大溶洞较少。而岩石的构造断裂及裂隙、层面裂隙在地下水运移方面起重要作用。由于盆地中部碳酸盐岩埋藏深度超过4000m，盆地内又无大的区域性构造断裂贯通，碳酸盐岩中赋存的岩溶水不会从盆地西部通过深部循环向盆地的东部运移。因此，尽管鄂尔多斯盆地是一个比较完整的构造沉积盆地，碳酸盐岩在盆地内部连续分布，但由于盆地中部巨厚的地下水滞流封

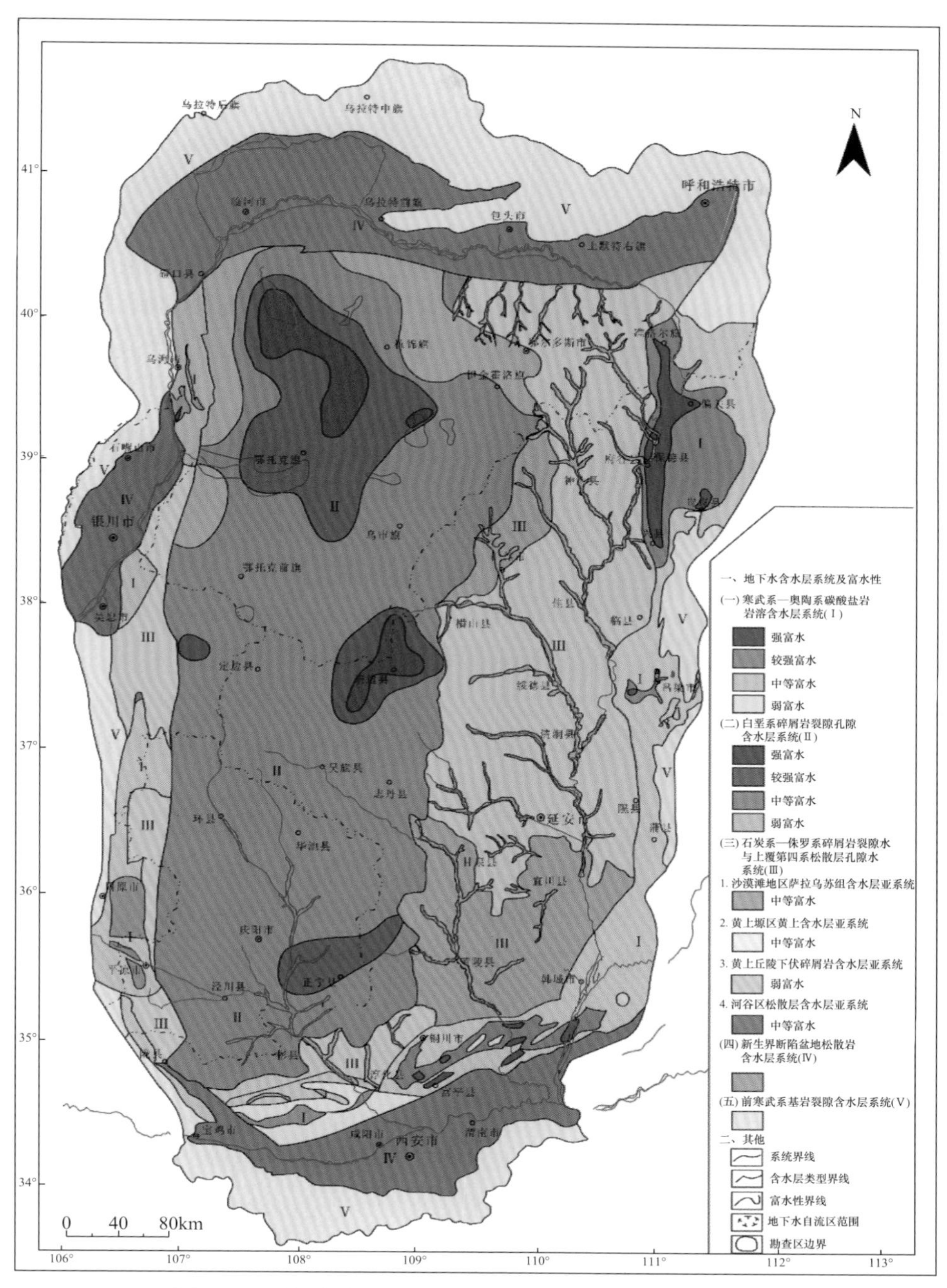

图 2-2 鄂尔多斯盆地区域水文地质图(侯光才等，2008)

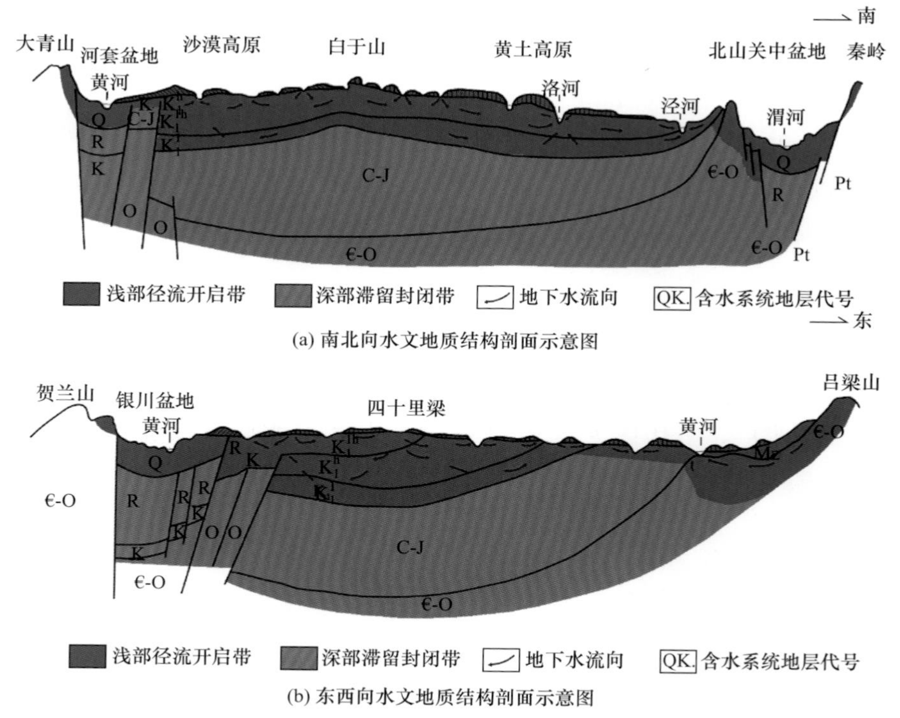

(a) 南北向水文地质结构剖面示意图

(b) 东西向水文地质结构剖面示意图

图 2-3 鄂尔多斯盆地地下水系统结构剖面图(侯光才等，2008)

闭带，碳酸盐岩盆地不是一个具有统一水力联系的岩溶地下水盆地，现代岩溶水的循环交替仅发生在盆地周边一定深度(一般埋深 800～1800m)的岩溶体内。受气候、地形、岩性岩相、构造、埋藏深度和岩溶发育等因素的控制，盆地东缘、南缘和西缘的岩溶水赋存特征有明显差别，形成各自独立的岩溶水系统，地下水富集规律也各不相同。鄂尔多斯盆地周边碳酸盐岩一定埋藏深度内的岩溶水在有利部位富集，尤其在东缘和南缘，水量大、水质好，可建成大型和特大型水源地。

2) 石炭系—侏罗系碎屑岩裂隙含水层系统

石炭系—侏罗系碎屑岩裂隙含水层系统空间上位于下伏碳酸盐岩类岩溶含水层系统和上覆白垩系碎屑岩裂隙孔隙含水层系统之间，以石炭系底部铝土质页岩和侏罗系顶部泥岩为其区域性隔水层。岩性以砂、泥岩互层为主，砂岩一般成岩胶结较好，原生孔隙少，其储水导水作用有限，通常以各种裂隙(包括构造、层面、风化等裂隙)及次生孔隙储水导水为主。随地层从新到老，埋藏从浅到深，孔隙的储水导水作用渐弱，裂隙的储水、导水作用更加突出，地下水赋存极不均匀。石炭系—侏罗系在鄂尔多斯盆地内部分布连续，但由于受地层岩性和埋藏深度等条件的制约，该含水层系统总体上构成非径流型盆地形态。在盆地中西部，石炭系—侏罗系碎屑岩被白垩系(保安群)覆盖，地层埋藏深(盆地中央顶面埋深最深超过1200m)，无现代大气降水和地表水补给，加之石油、煤炭沉积环境影响，水量小、水质差，一般无开采价值。在盆地东部该碎屑岩层出露于浅埋区，含水层多被地表水系切穿，地下水可以接受大气降水和地表水的补给，在陕北局部地区由于侏罗系煤层自燃形成烧变岩带，空洞和裂隙发育，具备地下水补给和储存的有利条件，水量相对丰富，水质较好。

3) 白垩系碎屑岩裂隙孔隙含水层系统

白垩系(保安群)为未完全胶结的砾岩、砂岩夹粉砂岩、泥岩，其中砂砾岩为主要含水层，下伏侏罗系顶部泥岩为区域性隔水底板。白垩系可划分为洛河组(K_1l)、环河组(K_1h)和罗汉洞组(K_1lh)三个含水岩组，不同地区各含水岩组中砂岩和泥岩的比例不同，其间相对隔水的泥岩厚度及隔水性也不相同，但各含水岩组间多存在不同程度的水力联系。受白垩系沉积环境和岩相控制，未完全胶结的砂岩原始孔隙保存完好，成为主要储水和导水空间，富水性相对均一。白垩系中的岩石裂隙不很发育，但在厚层砂岩中，尤其在南部地区，部分裂隙的贯通性较好，在导水方面起一定作用。

白垩系碎屑岩类裂隙孔隙含水层系统构成一个东西不对称、南北不统一的半开启型自流盆地，大致以中部白于山以北近东西向的基底构造隆起为界，分为南北两部分。盆地北部为沙漠高原，地形起伏较小，白垩系主体并没有被地表水系切穿，上覆以风成沙为主，有利于大气降水补给，局部还能得到凝结水的补给。盆地北部的白垩系由于沉积环境以沙漠相和河流相为主，砂岩比例较高，泥岩不发育，加上补给条件较好，因此北部白垩系实际上构成巨厚的垂向不均一的统一含水体，自流盆地的特征并不显著。北部白垩系地下水总体水量较丰富、水质较好，各含水岩组间的水位、水量和水质的差异不大。一般在补给区上层水位稍高于下层，水质略好于下层，排泄区则相反。

盆地南部为黄土高原，地形十分破碎，上覆厚层黄土及上新统泥岩，地表水系切割强烈，白垩系仅在深切沟谷中出露。除在白垩系出露的周边基岩及黄土浅覆盖的山地可以接受大气降水补给外，其余地区补给条件较差。盆地南部的白垩系除部分沙漠相外，以河湖相为主，各层位砂岩比例不一，泥岩比较发育，在垂向上由多个相对独立的含水岩组构成，各含水岩组间的水力联系较小。由于补给来源和地层岩性的差异，盆地南部白垩系各含水岩组地下水的水位、水量和水质差别较大，洛河组水量较大、水质较好，成为区域内煤矿开采的主要充水含水层。

4) 新生界断陷盆地松散岩含水层系统

新生界松散岩主要含水层包括第四系风积和冲-湖积砂层、冲-(洪)积砂砾石层，还包括部分黄土。这些岩层的孔隙(包括黄土中的孔洞-裂隙)在储水和导水方面均起主导作用，含水介质比较均匀，地下水赋存相对均一，在盆地浅部总体构成一个南北差异明显的不完全连续的高原型孔隙含水层系统。大致以中部长城一线为界，盆地西北部新生界松散岩孔隙水(包括风积沙层水、冲积层水和冲-湖积层水)除局部地区构成单独含水层(如萨拉乌苏组冲-湖积层)外，多与下伏中、古生界碎屑岩风化裂隙带地下水融为一体，水量较大，水质较好。盆地东南部为黄土覆盖区，由于地形切割强烈，多形成各自相对独立的水文地质单元，除黄土塬区(如董志塬、洛川塬)构成比较连续的含水层，具有一定开采价值外，广大黄土梁峁区黄土层地下水多较贫乏。另在区内的一些宽谷河段，分布有厚度不一的冲积砂砾石层，地下水相对丰富。

2. 地下水循环特征

鄂尔多斯盆地现代为高原地貌，地面标高多为1000～1700m，盆地东、南和西缘三边多被以碳酸盐岩为主的标高为1000～2800m的中山环绕，黄河呈“几”字形，沿盆地周边的西、北、东三面环绕流过。黄河从青铜峡进入本区的河水面的标高为1120m左右，在关中盆地东部的潼关流出本区域的河水面标高为320m左右，水位总落差达800m。降水是盆地内地下水的主要补给来源，各含水层系统之间存在一定水力联系，地下水和地表水之间在局部地段发生相互转化，除了北部沙漠高原的中部内流区浅层地下水以蒸发排泄为主，区内地下水总体向盆地周边方向流动，黄河及其主要支流在盆地周边及盆地内切穿各含水层，成为盆地地下水的区域性直接或间接的排泄渠道。

鄂尔多斯盆地总体上是一个半开启型的地下水盆地，盆地内地下水的首要补给来源是大气降水入渗，其次是地表水的渗漏，还有灌溉回归水和凝结水的补给等。补给方式从地域讲，包括面状补给(大气降水、凝结水和灌溉回归水入渗)和带状或点状补给(河流、湖泊和水库的渗漏等)。盆地周边及盆地内基岩裸露或浅覆盖，植被发育较好的山区补给量较大，其次为盆地北部的沙漠高原区，盆地南部的黄土高原区补给量较小。凝结水的补给局限在北部沙漠区。灌溉回归水在农牧业灌溉区有一定意义。地表水的渗漏主要发生在流经周边岩溶区的黄河及其支流泾河、洛河部分河段和流经白垩系的泾河，以及洛河的支流上游河段，也包括当地的一些水库和湖泊，地表水渗漏在部分岩溶水区可成为主要补给来源。

鄂尔多斯盆地内地下水总体从各自的补给区向当地排泄基准面方向径

流。盆地内地下水除东部吕梁山区和西南部六盘山区的岩溶水从山区向盆地方向运移外，其余总体上从盆地中部向周边方向运动，除局部向盆地外围的新生界断陷盆地排泄外，多在盆地周边及盆地内的黄河及其支流切穿含水层部位以泉、渗水及谷坡蒸发等方式排泄。盆地内不同含水岩类地下水的径流通道并不相同，松散岩类多以孔隙为主，含水层似层状；碎屑岩类有以裂隙为主和以孔隙为主之分，前者呈脉网状，后者似层状；碳酸岩盐类多以岩溶和裂隙为主，视岩溶和裂隙的发育程度可分为似层状和脉网状几种。盆地地下水通常以顺层径流为主，运动过程中在同一含水层系统内发生地下水与地表水的转换，也可在不同含水层系统之间发生水的交换。但是，在白垩系自流盆地内，尤其在其北部沙漠地区，地下水的越层径流比较突出，形成补给区(或补给期)部分浅层地下水可以向下越流补给深层地下水，排泄区(或排泄期)部分深层地下水可以向上越流通过浅层地下水蒸发排泄。此外，随着盆地内地下水开发利用程度的提高，人工开采、工矿排水等已经成为盆地地下水的重要排泄方式。

2.3　煤层顶板水害分布特征

鄂尔多斯盆地独特的内陆沉积盆地形态造就其成为世界级的超大型含煤盆地。在盆地范围内的山西、陕西、内蒙古、甘肃、宁夏 5 个省(自治区)均有煤炭资源赋存，且资源赋存量极为丰富，是我国现阶段最主要的煤炭生产区。由于不同区域地质、水文地质、开采条件的差异，顶板水害影响各不相同。

2.3.1　煤炭储量及矿区建设

根据中国煤炭地质总局对全国煤炭资源勘察现状与潜力研究成果，截至 2015 年底，鄂尔多斯盆地共探查大型煤田 12 个，探获煤炭资源储量 521.19 亿 t，保有资源储量 427.19 亿 t，已利用资源储量 209.75 亿 t，未利用资源储量 311.41 亿 t(表 2-1)(曹代勇等，2019)。

表 2-1　鄂尔多斯盆地煤炭资源分布(曹代勇等，2019)　(单位：亿 t)

煤田	累计探获资源储量	保有资源储量	已利用资源储量	尚未利用资源储量
贺兰山煤田	6.96	6.96	2.84	4.12
桌子山煤田	24.82	21.87	1.42	23.40
宁东煤田	35.62	33.27	27.47	8.15

续表

煤田	累计探获资源储量	保有资源储量	已利用资源储量	尚未利用资源储量
宁南煤田	4.58	4.58	1.12	3.46
陇东煤田(除正宁矿区、邵寨矿区)	8.65	8.40	4.77	3.88
准格尔煤田	38.68	38.68	13.30	25.38
东胜煤田	13.93	13.93	0.07	13.86
陕北侏罗纪煤田	205.82	154.90	91.03	114.78
陇东煤田(正宁矿区、邵寨矿区)	11.59	11.59	—	11.60
黄陇侏罗纪煤田	17.91	17.82	13.15	4.75
渭北石炭纪—二叠纪煤田(除韩城矿区)	8.09	8.09	4.29	3.79
渭北石炭纪—二叠纪煤田(韩城矿区)	3.66	3.66	2.17	1.49
陕北石炭纪—二叠纪煤田	1.63	1.63	—	1.63
河东煤田	139.25	101.81	48.12	91.14
合计	521.19	427.19	209.75	311.41

鄂尔多斯盆地是我国近年来重点开发建设的煤炭基地，目前已经探明的各大煤田均有不同程度的开发，主要开采煤层为石炭纪—二叠纪煤田、侏罗纪煤田，部分矿区双纪煤田均有赋存。根据各矿区开发现状(双纪煤田按现阶段主要开发煤层统计)，将鄂尔多斯盆地各矿区煤炭开采分为侏罗纪、石炭纪—二叠纪两类，其中陕北侏罗纪煤田、东胜煤田、黄陇侏罗纪煤田、陇东煤田等主要开采侏罗纪煤田，准格尔煤田、陕北石炭纪—二叠纪煤田、河东煤田、渭北石炭纪—二叠纪煤田等主要开采石炭纪—二叠纪煤田。鄂尔多斯盆地煤田及矿区分布如表 2-2 和图 2-4 所示。

表 2-2　鄂尔多斯盆地煤田及矿区分布表

时代	煤田	规划矿区
侏罗纪	桌子山煤田	上海庙矿区
	宁东煤田	红墩子矿区、横城矿区、鸳鸯湖矿区、灵武矿区、马家滩矿区、积家井矿区、石沟驿矿区、韦州矿区、萌城矿区、正宁矿区、邵寨矿区
	陇东煤田	甜水堡矿区、沙井子矿区、峡门矿区、华亭矿区、安口-新窑矿区

续表

时代	煤田	规划矿区
侏罗纪	宁南煤田	炭山矿区、王洼矿区
	黄陇侏罗纪煤田	永陇矿区、彬长矿区、旬耀矿区、焦坪矿区、黄陵矿区
	陕北侏罗纪煤田	神府矿区、榆神矿区、榆横矿区
	东胜煤田	塔然高勒矿区、高头窑矿区、万利矿区、东胜矿区、新街矿区、呼吉尔特矿区、纳林河矿区
石炭纪—二叠纪	贺兰山煤田	石嘴山矿区、石炭井矿区、汝箕沟矿区、二道岭矿区、呼鲁斯太矿区
	桌子山煤田	乌海矿区、乌达矿区
	渭北石炭纪—二叠纪煤田	铜川矿区、蒲白矿区、澄合矿区、韩城矿区
	陕北石炭纪—二叠纪煤田	古城矿区、府谷矿区、吴堡矿区
	河东煤田	河保偏矿区、离柳矿区、石隰矿区、乡宁矿区
	准格尔煤田	准格尔矿区

由图2-4可知，由于鄂尔多斯盆地整体呈内陆沉积盆地特征，内部侏罗系、石炭系地层埋深大，不再有成煤条件和开采条件，其煤炭资源主要分布于盆地边缘。其中，东缘及东南缘以石炭纪—二叠纪煤田为主，北部伊盟隆起、南部渭北隆起和西南部有大规模侏罗纪煤田，同时西部逆冲带及周边出现双纪煤田，但煤田范围相对较小，且北部主采石炭系—二叠系煤层，南部主采侏罗系煤层。

结合鄂尔多斯盆地地质构造及水文地质条件分析可知，石炭纪—二叠纪煤田系—地层岩溶发育，富水性好，矿井开采主要面临底板系—岩溶裂隙含水层、石炭系灰岩含水层突水威胁，而煤层顶板多缺失(或厚度较小)侏罗系、白垩系地层，对煤层开采影响相对较小，因此不作为本书的研究对象。

侏罗系煤层多赋存在延安组，少量赋存在直罗组，煤层顶板侏罗系直罗组、白垩系保安群、第四系等均为区域性的主要富水层位，加之延安组局部地区烧变形成烧变岩、风化形成风化岩等，使得区域内煤层开采顶板水害极为复杂，本书的主要研究内容多集中于侏罗系煤层，研究其顶板水害分布、机理、特征及防控技术。

为了便于叙述，根据煤田位置及水文地质特征，将鄂尔多斯盆地侏罗纪煤田分为三个区：北区(陕北侏罗纪煤田、东胜煤田)、西区(桌子山煤田、宁

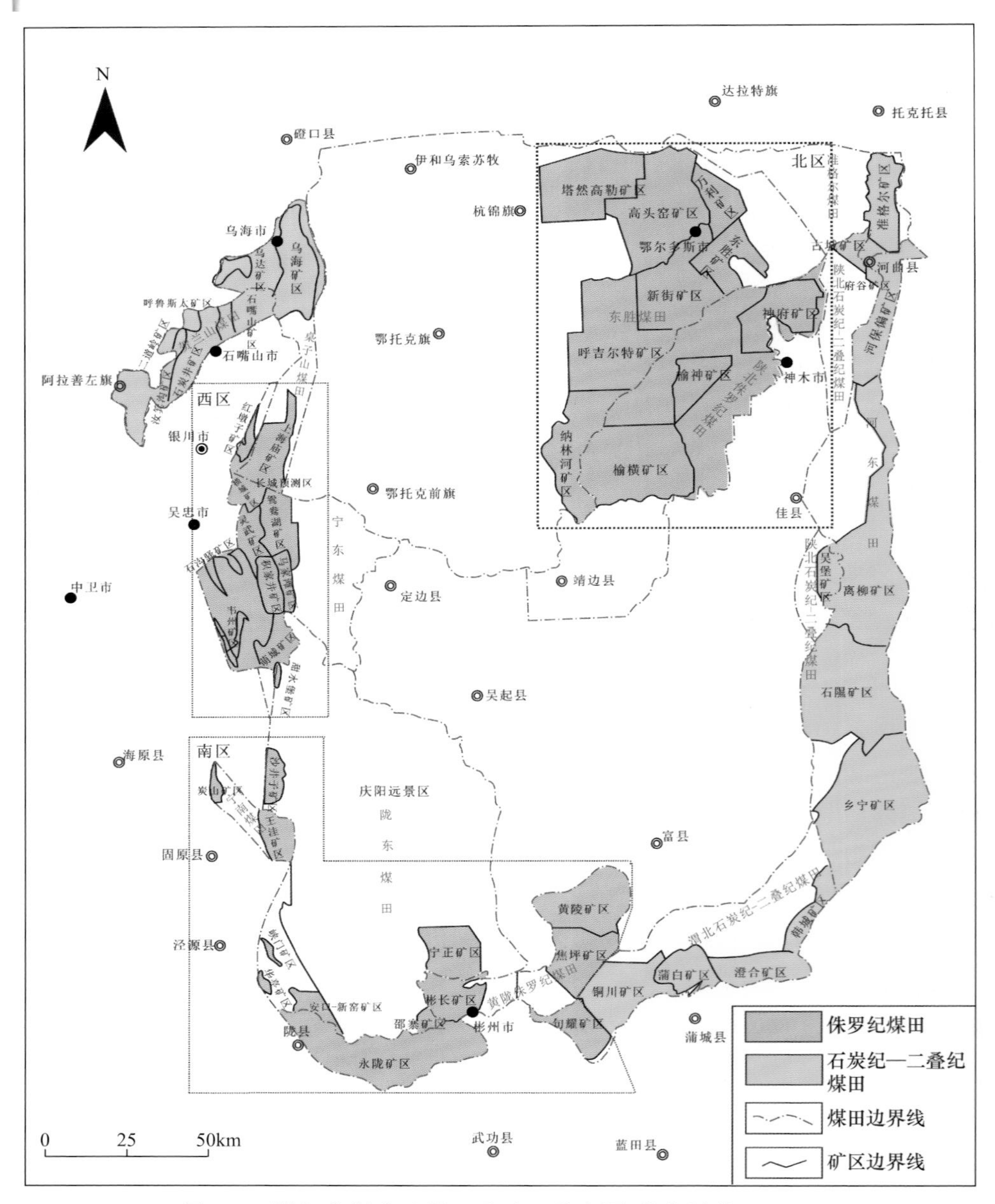

图 2-4　鄂尔多斯盆地煤田及矿区分布图(曹代勇等，2019)

东煤田)和南区(陇东煤田、黄陇煤田)。

2.3.2　煤层典型顶板水害及分布

在鄂尔多斯盆地煤炭资源大规模开发以前，我国学者多认为鄂尔多斯盆地位于干旱、半干旱地区，降水量小，煤层顶板砂岩含水层以孔隙和裂隙为主，地下水向矿井充水形式以渗流为主，矿井开采受顶板含水层水害影响较弱，水文地质条件简单。

但是，通过近 30 年的煤炭资源大规模开发，发现由于鄂尔多斯盆地聚水作用和含水层系统的复杂性，加之高强度开采条件下岩层移动剧烈，覆岩破坏较为明显，煤层开采过程中面临不同程度、不同类型和不同条件顶板水害影响，给矿井安全造成较大威胁。主要表现为以下几个方面：

(1) 由于侏罗系、白垩系、第四系含水层在部分区域富水性好，加之含水层非均质特征明显等，部分矿区煤层顶板砂岩含水层发生高强度涌水，给矿井造成极大的排水负担，且常发生淹没工作面等现象。该类型水害可分为砂岩含水层水害和松散沙层含水层水害两种类型。

(2) 侏罗系地层为砂岩、泥岩互层结构，使得煤层顶板覆岩移动较为特殊，极易形成离层空间并被含水层充水形成离层积水，在矿压、水压影响下，积水短时间溃入井下造成离层突水。

(3) 盆地北部伊盟隆起区的部分矿区煤层埋深较浅，上覆白垩系地层缺失，侏罗系基岩地层较薄且上部有风化富水层，煤层开采垮落带极易直接扰动影响到第四系松散沙层含水层，从而形成水沙集中溃入的溃水溃沙灾害。

(4) 盆地北部神府、榆神矿区沟谷煤层露头处由于煤层自燃烧变形成空洞、裂隙发育的烧变岩，受大气降水、地表水等补给，富水性较好，形成与煤层伴生的特殊含水体。在采掘扰动条件下，含水层水进入井下而造成烧变岩局部积水区水害事故。

通过系统分析鄂尔多斯盆地水文地质特征，结合近 30 年来区域内水害事故及其影响，概括出鄂尔多斯盆地侏罗系煤层开采面临的五种主要顶板水害类型：离层水害、溃水溃沙灾害、巨厚砂岩含水层水害、沙层含水层水害和烧变岩水害。以各类型水害形成的水文地质条件为基础，结合防治水技术发展，对各类水害的充水含水层、分布范围、顶板覆岩组合、防控难点及存在问题进行分析(表 2-3)。

表 2-3　鄂尔多斯盆地煤层顶板水害类型及防控

水害类型	充水含水层	分布范围	顶板覆岩组合	防控难点及存在问题
离层水害	直罗组、洛河组	盆地西部、南部	砂岩与泥岩互层	形成控制因素不清，缺乏判识标准，探放难度大
溃水溃沙灾害	萨拉乌苏组	盆地东北部煤层浅埋区	薄基岩上覆厚松散沙层	缺少薄基岩划分标准，松散沙层固结难度高

续表

水害类型	充水含水层	分布范围	顶板覆岩组合	防控难点及存在问题
沙层含水层水害	萨拉乌苏组	盆地东北部煤层浅埋区	基岩上覆厚松散沙层	常规钻孔疏放为主，结合特殊开采工艺控制，手段常规
巨厚砂岩含水层水害	直罗组、洛河组	盆地内广泛分布	隔水层较薄，上覆厚层砂岩	厚层砂岩条件探查难度大，充水强度难以预测，不合理的防控手段浪费煤炭资源
烧变岩水害	烧变岩	盆地东北部煤层浅埋区	烧变岩与煤层直接接触或位于煤层上部	疏放烧变岩水或留设防隔水煤岩柱，浪费水资源及煤炭资源

分析可知，鄂尔多斯盆地煤炭开采面临的五种水害类型中，离层水害、烧变岩水害是该盆地独特的水文地质结构和开采条件形成的突发性强、影响严重的水害类型;位于盆地东北部的陕北侏罗纪煤田和东胜煤田的部分浅埋、中埋区同时面临溃水溃沙灾害和沙层含水层水害，两类水害分布区的地层结构及水文地质条件一致，且沙层水害防控手段较为常规，部分溃水溃沙灾害的防控手段也可用于沙层水害影响区；同时，常规条件下巨厚砂岩含水层水害防控手段较为成熟，但是盆地内部分矿区分布有厚度大于80m的厚层砂岩含水层，富水性较好，重力释水能力强，但其垂向非均质特征探查难度较高，对矿井充水影响极大。

本书未对沙层含水层水害作重点介绍，对砂岩含水层水害重点研究条件较为复杂的巨厚砂岩含水层，由此总结提出鄂尔多斯盆地较为典型的四种煤层顶板水害：离层水害、溃水溃沙灾害、巨厚砂岩含水层水害、烧变岩水害。根据盆地水文地质特征和各类型水害发生现状进行统计，得出各煤田水害类型分布，如图2-5所示。

由图2-5可知，鄂尔多斯盆地各煤田中，北区东胜煤田主要受到巨厚砂岩含水层水害影响；由于煤层埋深的不同，陕北侏罗纪煤田同时受到溃水溃沙灾害、烧变岩水害和巨厚砂岩含水层水害影响。西区桌子山煤田主要受到离层水害威胁，宁东煤田同时受到离层水害和巨厚砂岩含水层水害影响。南区陇东煤田和黄陇侏罗纪煤田整体水文地质条件较为相似，全区多数矿区均受到巨厚砂岩含水层水害和离层水害影响，仅在黄陇煤田东部的黄陵矿区未见离层水害；宁南煤田煤层开采主要受到巨厚砂岩含水层水害影响。

本书以各类水害中最为典型的矿区(矿井)为研究对象，重点分析水害形成机理，并提出先进的水害防控技术，为盆地内侏罗系煤层开采提供技术支撑与参考。

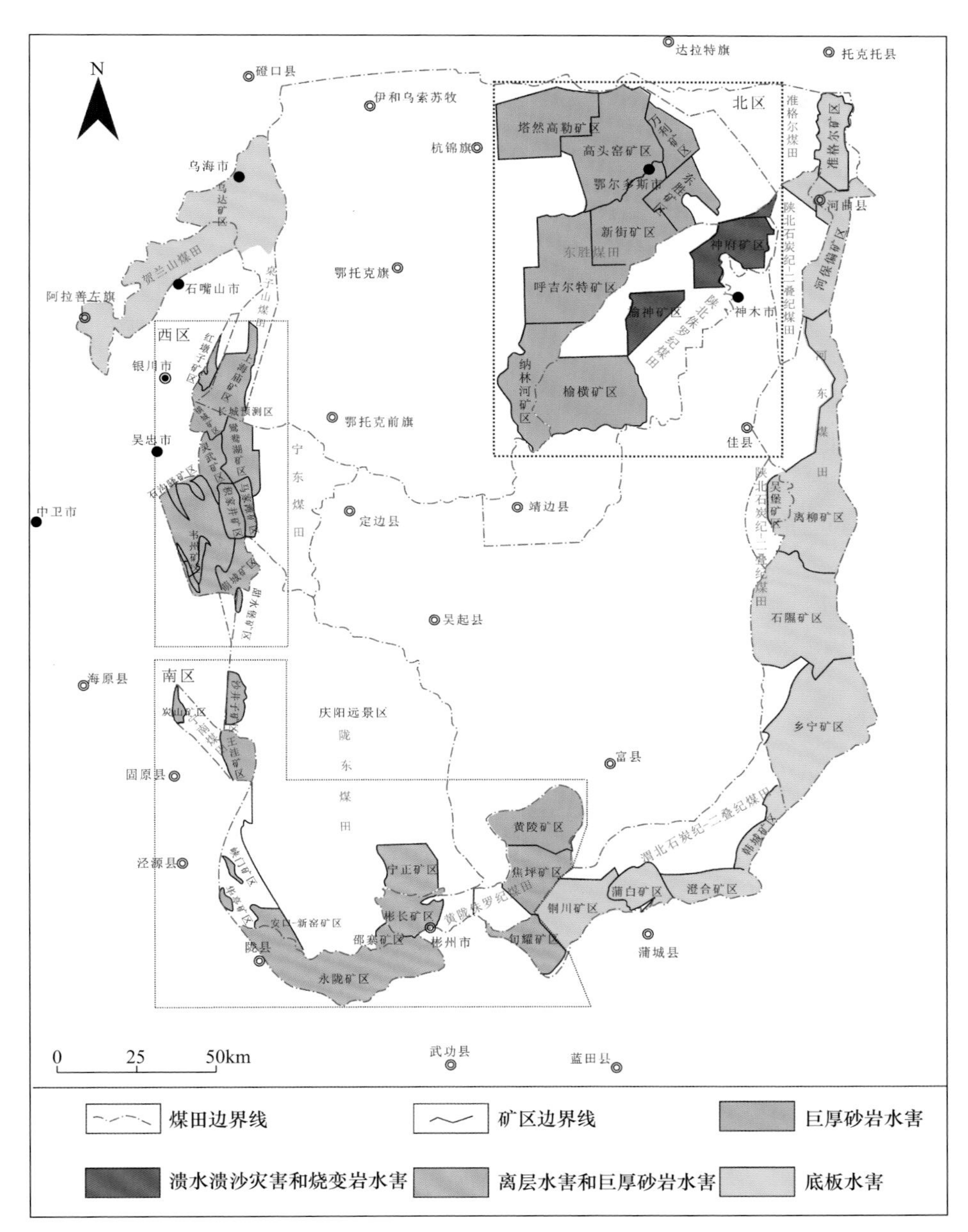

图 2-5　鄂尔多斯盆地各煤田水害类型分布图

2.4　煤层典型顶板水害及其形成条件

本书通过总结离层水害、溃水溃沙灾害、巨厚砂岩含水层水害、烧变岩水害四种典型水害对矿井造成的影响，并以各类水害发生的典型矿区(矿井)地质、水文地质条件为基础，论述水害的形成条件。

2.4.1 离层水害

1. 水害概况

鄂尔多斯盆地煤层离层水害主要分布在盆地西缘和南缘的红柳煤矿、玉华煤矿、大佛寺煤矿、火石咀煤矿、郭家河煤矿、崔木煤矿和大柳煤矿等，一般离层涌水量为 430～2000m^3/h，最大涌水量达 3000m^3/h，主采煤层均为侏罗系煤层，补给水源包括直罗组下段含水层、洛河组砂岩含水层和宜君组砂岩含水层(表 2-4)。

表 2-4 鄂尔多斯盆地离层水害概况

序号	矿区	矿井名称	工作面或位置	涌水量/(m^3/h)	水源	水害影响程度
1	鸳鸯湖矿区	红柳煤矿	010201 工作面	3000	直罗组下段含水层	工作面被淹
2	焦坪矿区	玉华煤矿	1421 和 1418 工作面	2000	宜君组和洛河组砂岩含水层	工作面停产
3	彬长矿区	大佛寺煤矿	40106、40110 和 41103 工作面	600	宜君组和洛河组砂岩含水层	—
4		火石咀煤矿	8714 和 8506 工作面	500	宜君组和洛河组砂岩含水层	—
5	上海庙矿区	新上海一号煤矿	111084 工作面	2000	直罗组含水层	工作面被淹
6	永陇矿区	郭家河煤矿	1306 工作面	1200	宜君组和洛河组砂岩含水层	工作面被淹
7		崔木煤矿	21301、21302、21303 和 21305 工作面	1100	宜君组和洛河组砂岩含水层	工作面多次被淹
8	安口-新窑矿区	大柳煤矿	1402 工作面	430	宜君组和洛河组砂岩含水层	工作面被淹

根据前期分析和表 2-4 可知，离层水害在宁东煤田(鸳鸯湖矿区)、黄陇煤田(焦坪矿区、彬长矿区、永陇矿区)、桌子山煤田(上海庙矿区)和陇东煤田(安口-新窑矿区)广泛分布，不同区域水害发生均有突发性强、瞬时涌水量大、涌水持续时间有限的特点，但各矿区离层水害也有其各自的特点，受离层水

害的威胁程度有一定差异。本小节以宁东煤田鸳鸯湖矿区红柳煤矿发生的典型离层水害为例，论述离层水害形成的地质条件及水文地质条件。

2. 地质条件

根据区域地质资料，鸳鸯湖矿区属晋冀鲁豫地层区(V_4)、华北西缘地层分区(V_4^1)、桌子山-青龙山地层小区(V_4^{1-2})，为中生代坳陷区，以中生代地层最为发育。古生代地层被广泛发育的中、新生代地层所掩盖，埋藏较深，仅在矿区西北部的横城和西南部的韦州煤田有零星出露，新生界地层普遍发育(表2-5)。

表2-5 鸳鸯湖矿区地层简表

地层				厚度/m	岩性描述及接触关系	分布情况
界	系	统	组			
新生界Cz	第四系Q	—	—	9.74	由风积砂、砂土组成	全区广泛发育
	新近系R	—	—	100.00	紫红色黏土、砂质黏土，泥质为主，局部夹砂质，与下伏地层呈不整合接触	主要发育在横城地区，其他区域零星分布
中生界Mz	白垩系K	下统K_1	洛河组K_1lh	217.00	棕红色块状，粗、中粒砂岩夹泥岩、粉砂岩、细粒砂岩透镜体，与下伏地层呈整合接触	区内东南部零星分布
			宜君组K_1y	887.00	灰紫色砾岩为主，砾石大小悬殊，成分复杂，主要以灰岩、砂岩、石英岩为主，与下伏地层呈不整合接触	横城以东，碎石井、鸳鸯湖以北未发育
	侏罗系J	中统J_2	安定组J_2a	230.50	棕褐色、灰绿色、紫红色、土黄色泥岩、沙质泥岩、粉砂岩、细粒砂岩为主，与下伏地层呈整合接触	鸳鸯湖矿区、灵武矿区及马家滩矿区
			直罗组J_2z	448.60	以紫红色、灰绿色、蓝灰色泥岩、粉砂岩、细粒砂岩为主，向下粒度变粗，底部为一层灰白色含小砾石粗砾砂岩，与下伏地层呈整合接触	
			延安组J_2y	326.00	灰白色砂岩、灰色及深灰色粉砂岩，泥岩为主，含编号及未编号煤层三十余层，与下伏地层呈假整合接触	

续表

地层				厚度/m	岩性描述及接触关系	分布情况
界	系	统	组			
中生界Mz	三叠系T	上统T_3	上田组T_3s	1270.00	深灰色微带绿色、黄绿色、灰白色砂岩、粉砂岩，下部色调以绿色、黄绿色为主，粒度变粗，与下伏地层呈整合接触	鸳鸯湖矿区、灵武矿区及马家滩矿区
		中统T_2	二马营组T_2e	650.00	灰紫色、紫红色、黄绿色中厚层状砂岩，砂岩中含紫红色泥岩，粉砂岩砾块，且具独特的“沙球状”构造，与下伏地层呈假整合接触	
古生界Pz	二叠系P	上统P_3	孙家沟组P_3sj	226.00	中上部为棕红色、紫红色中粗粒砂岩、粉砂岩，底部为砾状砂岩，与下伏地层呈整合接触	横城矿区及韦州矿区
		中统P_2	石盒子组P_2sh	219.50	上部以紫色、灰紫色泥岩为主，中部以灰绿色泥岩为主，夹薄层砂岩，下部含植物化石，与下伏地层呈整合接触	
				170.50	上部以灰紫色、紫色、灰绿色，粉砂岩为主，下部以灰白色砂岩为主，夹1～2层薄煤，并含植物化石，与下伏地层呈整合接触	—
		下统P_1	山西组P_1s	77.00	灰白色、深灰色砂岩，深灰色、灰黑色粉砂岩，其中夹可采煤层1～3层及薄煤层，与下伏地层呈整合接触	
	石炭系C	上统C_3	太原组C_3t	78.00	灰色、灰黑色砂岩、粉砂岩、泥岩、煤层2～4层及薄层灰岩组成，本组旋回结构清晰，与下伏地层呈整合接触	
			土坡组C_3tp	286.00	灰黑色砂岩，粉砂岩夹薄层泥岩，灰岩含较丰富的腕足类等化石，底部主要为黑灰色泥岩，夹数层薄煤层，与下伏地层呈不整合接触	
	奥陶系O	下统O_1	马家沟组O_1m	682.50	灰色、灰褐色隐晶灰岩，含白云质隐晶灰岩，有红绿色藻、腕足、介形虫及海绵骨针等化石碎片	

宁夏以青铜峡-固原断裂为界将境内划分两个一级大地构造单元，其东北

侧为华北地台，西南侧属秦祁褶皱带。鸳鸯湖矿区则处于东临鄂尔多斯台拗、西接六盘山弧形构造带的南北向狭长区内。自西部的青铜峡-固原断裂至东部的马家滩-柳条井断裂(简称马柳断裂)之间，由西向东共发育四个逆冲带，分别为罗山、韦州、石沟驿和烟墩山逆冲席，它们共同构成了该区的推覆系统。四个逆冲席呈叠瓦状自西向东依次推覆，马儿庄断裂与马柳断裂之间则属前缘带。

区域构造总体特征表现为一系列走向为近南北向褶皱群，以及与之相伴的逆冲断层发育，褶皱呈舒缓波状展布，断层多表现为高角度逆冲断层，说明该区曾受到较强烈的近东西向挤压，有关的构造运动简史见表 2-6。

表 2-6　区域构造运动简史一览表

构造旋回	地质时代	沉积地层	构造运动
	第四系(Q)	—	
喜山亚旋回	古近系(E)	清水营组(E_3q)等	局部地区强烈沉降
晚燕山亚旋回	早白垩统(K_1)	宜君组(K_1y)等	轻微褶皱、断裂 上升隆起、褶皱、断裂
中燕山亚旋回	晚侏罗统(J_3)	安定组(J_3a)等	全区褶皱、隆起、断裂
	中侏罗统(J_2)	直罗组(J_2z)等	升降运动
早燕山亚旋回	早、中侏罗统(J_{1-2})	延安组(J_2y)等	
印支亚旋回	晚三叠统(T_3)	上田组(T_3s)	
	早、中三叠统(T_{1-2})	二马营(T_2e)	上升隆起
	晚二叠统(P_2)	石盒子组($P_{1-2}sh$)	升降运动
华力西旋回	早二叠统(P_1)	山西组(P_1s)	沉降运动
	晚石炭统(C_2)	太原组(CP_2t) 土坡组(C_2t)	上升隆起
加里东旋回	中奥陶统(O_2)	—	沉降运动
	早奥陶统(O_1)	—	

区内东侧以马柳断裂为界，从东往西主要有三叠系、侏罗系组成的背、向斜 9 个(背斜 5 个和向斜 4 个)，即鸳鸯湖冯记沟背斜、长梁山马家滩向斜、尖儿庄子背斜、周家沟于家梁背斜、海子湖贺家窑向斜、积家井甜水堡背斜、

叶庄子小沙湾子向斜、杨庄背斜、沈家庄和烟筒山向斜。马柳断裂和区外相邻西部发育的烟筒山断层是区域两条主干逆断层，控制了西缘坳陷褶皱断裂带中段地区的总体构造特征，而且还控制了本区构造的发展。

3. 水文地质条件

红柳煤矿含水层按岩性组合特征、地下水水力性质及埋藏条件等，由上而下划分为五个主要含水层：第四系孔隙潜水含水层(Ⅰ)、侏罗系中统直罗组裂隙孔隙含水层(Ⅱ)、2 煤～6 煤砂岩裂隙孔隙承压含水层(Ⅲ)、6 煤～18 煤砂岩裂隙孔隙承压含水层(Ⅳ)、18 煤以下至底部分界线砂岩含水层组(Ⅴ)，各含水层水文地质剖面见图 2-6。

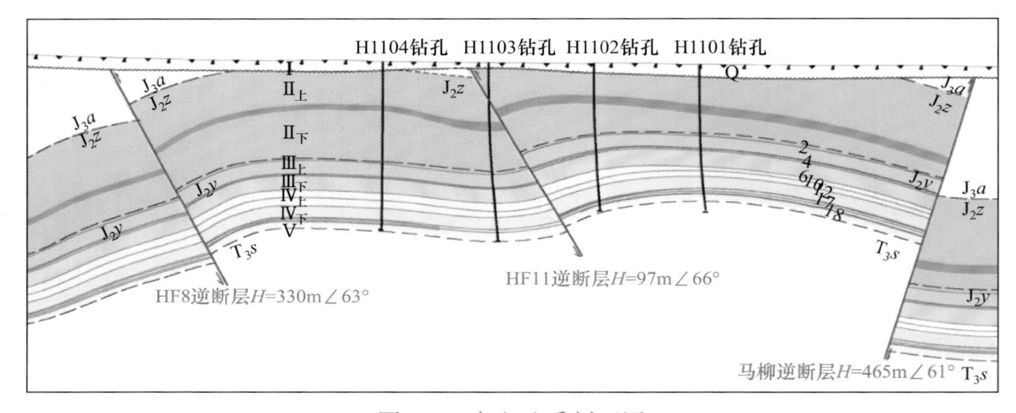

图 2-6　水文地质剖面图

根据红柳煤矿 2 煤与各含水层之间的空间结构关系，离层水害产生的充水水源为直罗组下段含水层，该含水层在全井田广泛分布，属干旱条件下的河流相沉积。岩性以灰色、灰绿色细、中、粗粒砂岩为主，泥、钙质胶结，胶结程度较差，局部地段裂隙发育。该层底部砂岩较稳定，以粗粒砂岩为主，富水性中等偏弱，遇水冲击呈松散状，是影响本井田的主要充水含水层。含水层水位标高为+1306～+1388m，厚度为 9.32～587.59m，平均厚度为 152.25m，沿马家滩背斜轴南部抬升使得南部厚度较小，自南而北厚度逐渐增大(图 2-7)。

根据地层沉积旋回、岩性特征及水文地质特征，直罗组底部粗粒砂岩为主要标志层，将含水层划分为上段及下段(七里镇砂岩含水层)。

1) 直罗组上段含水层

直罗组上段含水层包括底部砂岩含水层隔水顶板以上各含水层，在井田范围内广泛分布，下伏于侏罗系安定组，局部隐伏于第四系及古近系之下。据首采区补勘资料，本段地层厚度为 159.00～271.20m，平均厚度为 227.76m，

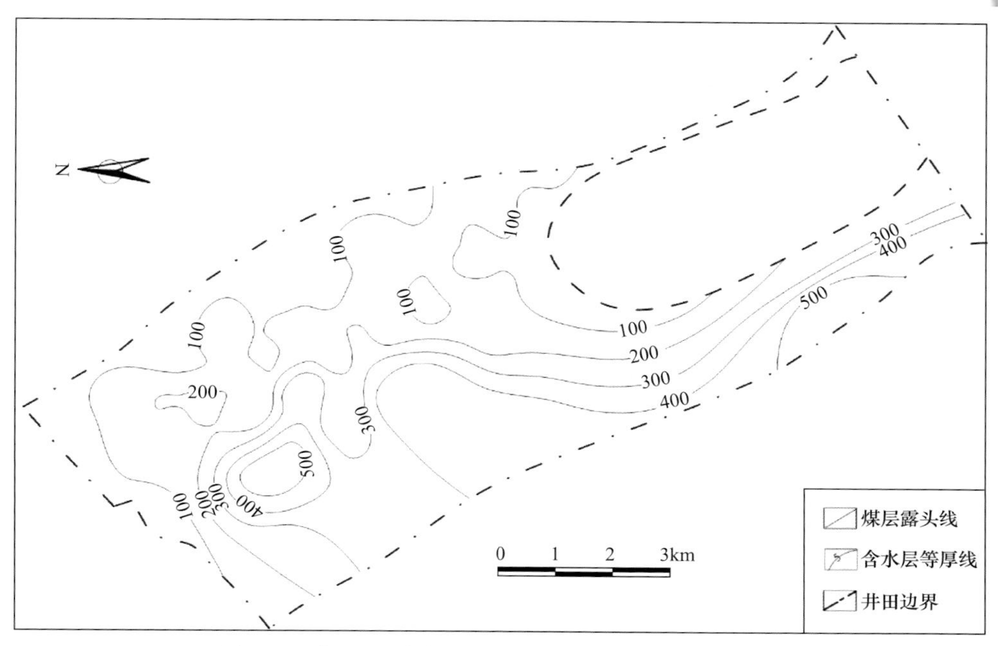

图 2-7　直罗组裂隙孔隙含水层等厚线图(单位：m)

顶界埋深为 31.35～108.55m，平均埋深为 68.31m，由一套砂质泥岩、粉砂岩与中细粒砂岩等互层组成，但局部含有泥岩及粗砂岩。其中，含水层以其碎屑岩中的中粗粒砂岩为主，砂质结构，块状构造，矿物成分以石英、长石为主，质量分数约为 80%。

从地层组合结构看，直罗组上段含水层层次繁多，为泥质、粉砂岩、砂质泥岩、细粒砂岩及中粒砂岩组成的互层状结构，且泥质岩类隔水层所占比例较大，这种地层组合结构不利于地下水对砂岩的溶蚀，也不利于在垂向上地下水补给。据井筒揭露，该含水层承压水头较高，初始涌水量较大，但随着持续疏排，承压水头降低，涌水量衰减很快。例如，红柳北部石槽村，主斜井掘进至该段含水层时，初始涌水量为 $60m^3/h$ 左右，时隔 50h，涌水量衰减到 $20 \sim 30m^3/h$。由此可见，该含水层裂隙孔隙水以静储量为主，动态补给量不足，地下水补给来源不充沛。

据首采区水文地质补充勘探简易水文地质观测资料，红柳煤矿各钻孔直罗组上段含水层段冲洗液消耗量一般为 $0.08 \sim 0.82m^3/h$，未见明显漏失层段(表 2-7)。

表 2-7　红柳煤矿各钻孔直罗组上段含水层段冲洗液消耗量统计表

钻孔	冲洗液消耗量/(m^3/h)
Z1	0.17～0.40
Z2	0.14～0.24
Z3	0.08～0.24
Z4	0.08～0.20
Z5	0.17～0.31
Z6	0.20～0.40
Z7	0.20～0.82

据红柳煤矿及邻近麦垛山煤矿以往水文孔直罗组上、下段混合抽水试验资料，抽水水位降深为 7.10～54.48m，涌水量为 0.153～3.239L/s，标准单位涌水量为 0.013～0.0986L/(s · m)，渗透系数为 0.004～0.0985m/d，富水性弱。水化学类型为 Cl · SO_4-Na，矿化度为 10320～13050mg/L。

综上所述，直罗组上段含水层普遍为弱富水含水层。从所处构造条件分析，受褶皱构造的影响，局部形成了较发育的构造裂隙，并且部分相互连通，因此该含水层富水性有不均一性特征。

2) 直罗组下段含水层

煤矿主要充水含水层之一，分布于全井田，含水层厚度为 9.32～288.66m，平均厚度为 98.33m，岩性主要为灰绿色、蓝灰色、灰褐色夹紫斑的中、细粒砂岩和粉砂岩，夹少量的粗粒砂岩和泥岩，局部含砾岩。砂岩的成熟度较低，分选性差，以接触式胶结为主。地层底部为一厚层灰白色、黄褐色或红色含砾石英、长石粗砂岩，俗称“七里镇”砂岩。砂岩底部含石英小砾石，泥质胶结、颗粒支撑，胶结程度较差，松散或较松散，锤击易碎。根据直罗组含水层下段等厚线图分析，该层厚度稳定，岩性完整程度随埋藏深度自浅而深增高，为影响井田的主要充水含水层(图 2-8)。

据首采区水文地质补充勘探抽水试验资料，该含水层厚度为 66.75～153.33m，水位标高为+1196.4～+1286.0m，单位涌水量为 0.00093～0.31640 L/(s · m)，渗透系数为 0.00521～0.44594m/d，富水性一般较弱，局部富水性中等(表 2-8)。据水化学分析资料，水化学类型以 Cl · SO_4-Na 型为主，其次为 Cl · SO_4-Na · Ca 型，矿化度较高，一般为 14545.8～23439.0mg/L，pH 为 7.01～8.78，属于弱碱性水。

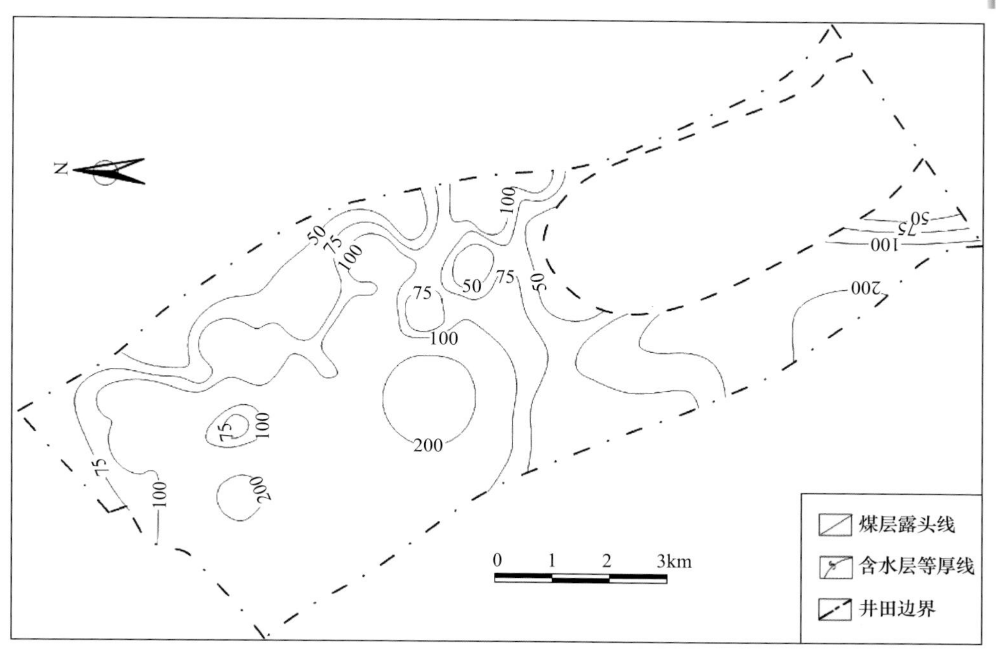

图 2-8　直罗组下段含水层等厚线图(单位：m)

表 2-8　直罗组下段至 2 煤顶板含水层抽水试验成果

钻孔	试验段深度/m	抽水层位	含水层厚度/m	水位标高/m	抽水试验			水文地质参数	
					水位降深/m	涌水量/(L/s)	单位涌水量/[L/(s·m)]	渗透系数/(m/d)	导水系数/(m²/d)
Z1	322.00～488.20	J_2z^{-2}煤顶	116.07	+1286.0	99.02	2.320	0.02340	0.02281	2.6476
					69.06	1.700	0.02460	0.02158	2.5048
					35.82	0.912	0.02540	0.01933	2.2426
Z3	227.85～463.30		153.33	+1215.5	29.29	2.100	0.07170	0.05833	8.9437
					19.66	1.638	0.08030	0.05443	8.3458
					9.46	0.828	0.08750	0.04719	7.2356
Z4	368.80～527.00		66.75	+1265.8	96.94	0.828	0.00850	0.01209	0.8070
Z5	364.05～537.95		100.85	+1215.7	55.43	0.869	0.01570	0.01884	1.9000
					36.26	0.654	0.01780	0.01751	1.7559
					17.40	0.325	0.01860	0.01520	1.5329
Z6	249.45～445.55		132.05	+1243.3	32.42	0.303	0.00093	0.00521	0.6880
Z7	264.25～430.05		90.35	+1196.4	21.33	5.122	0.24010	0.44594	40.2907
					12.36	3.332	0.26960	0.41270	37.2874
					4.44	1.405	0.31640	0.34966	31.5918

据红柳煤矿相邻煤矿地质及水文地质勘探资料，对直罗组下段含水层水文地质特征阐述如下：

(1) 裂隙发育程度与地质构造条件关系密切。例如，马家滩背斜西翼 Z7 钻孔构造裂隙发育，有利于地下水补给、运移和聚集，单位涌水量为 0.24010～0.31640L/(s · m)，属于中等富水含水层；位于张家庙背斜东翼、大羊其向斜西翼的 Z3 钻孔，单位涌水量为 0.07170～0.08750L/(s · m)，张家庙背斜西翼 Z6 钻孔、大羊其向斜东翼的 Z4 钻孔单位涌水量分别为 0.00093L/(s · m)、0.00850L/(s · m)，富水性弱，表明该含水层非均质特征明显。

(2) 孔隙发育程度与含水介质有关，含水介质碎屑粒度小，胶结物性质为泥质及钙质，分选性及胶结程度差，结构松散，经地下水溶解后形成的溶蚀孔隙发育，有利于地下水的贮存与聚集。

(3) 含水层富水性在平面分布不均一，井田东北部富水性强，而西南部富水性较弱。

(4) 地下水补给来源不充沛，调节能力差。巷道涌水及邻近矿井资料表明，初始阶段，矿井涌水以消耗煤层顶板之上的静态储存量为主，涌水量衰减很快，随着静态储存量的不断消耗，水位不断下降，矿井涌水量逐渐趋于稳定。

根据红柳煤矿 I06 采区生产补充勘探资料，在 I06 采区针对 BK1 和 BK6 钻孔进行了抽水试验。试验表明，含水层厚度为 87.16～127.96m，水位标高为+1098.50～+1200.32m，抽水水位降深为 6.43～57.45m，涌水量为 0.325～0.995L/s，单位涌水量为 0.0166～0.0504L/(s · m)，渗透系数为 0.0112～0.0420m/d，富水性弱(表 2-9)。水化学类型以 Cl · SO_4-Na 型为主，其次为 Cl · SO_4-Na · Ca 型，矿化度较高，为 9150.0～19767.0mg/L，pH 为 8.03～9.32，属于弱碱性水。

表 2-9　直罗组下段含水层抽水试验成果表

钻孔	试验段深度/m	抽水层位	含水层厚度/m	水位标高/m	抽水试验			水文地质参数	
					水位降深/m	涌水量/(L/s)	单位涌水量/[L/(s · m)]	渗透系数/(m/d)	导水系数/(m^2/d)
BK1	580.94～732.00	J_2z^{-2} 煤顶	87.16	+1098.50	19.76	0.869	0.0440	0.0420	3.6600
					12.89	0.610	0.0473	0.0420	3.6600
					6.43	0.325	0.0504	0.0390	3.4000
BK6	345.35～519.81		127.96	+1200.32	57.45	0.995	0.0166	0.0116	1.4843
					39.16	0.680	0.0174	0.0113	1.4460
					19.28	0.374	0.0194	0.0112	1.4332

2.4.2 溃水溃沙灾害

1. 灾害概况

溃水溃沙灾害主要分布在鄂尔多斯盆地东北部的神东煤炭基地，发生最早的是瓷窑湾煤矿，1990 年，该矿在一采区皮带运输巷发生过一起特大冒顶溃水溃沙事故，溃水量最大为 200m^3/h，总溃沙量达 4000m^3 以上。同年，在大巷北侧残采区二号切眼处又发生了一起恶性冒顶溃水溃沙事故，溃水量达 50m^3/h，溃沙量达 6000m^3。大柳塔煤矿 1203 工作面发生溃水溃沙事故，溃水量最大为 408m^3/h，溃沙量高达 23000m^3。哈拉沟煤矿 22402 工作面发生溃水溃沙事故，造成支架及溜槽无法进行正常移动，工作面机尾段无法正常推进，溃水量达 310m^3/h，溃沙量达 7000m^3。中煤 63 处林南仓项目部 650 新风井工程施工至 475.6m 时，锁口部位风硐预留口突然溃沙，井筒内有 7 人被困，初期溃水量达 120m^3/h，溃沙量达 1800m^3。上湾煤矿 2^{-2} 煤辅运一中掘进工作面发生一起特大冒顶溃水溃沙事故，溃水量达 175m^3/h，溃沙量达 4000m^3，造成矿井停产。隆德煤矿在水仓上方打钻时发生溃水溃沙事故，溃水量最大为 675m^3/h，溃沙量达 370000m^3，经济损失过亿。袁大滩煤矿主斜井在开凿期间，于 320m 处左帮墙角与底板交界处发生了溃水溃沙事故，溃水量为 1400m^3/h，溃沙量达 20000m^3(表 2-10)。

表 2-10 鄂尔多斯盆地溃水溃沙灾害概况

矿区	矿井名称	工作面或位置	溃水量/(m^3/h)	溃沙量/m^3	水源和沙源	灾害影响程度
神府矿区	瓷窑湾煤矿	一采区皮带运输巷	200	4000	浅部风积沙及潜水	一采区 306m 运输巷全部被水沙淹没，副井、风井的大部分巷道被淹没
		大巷北侧残采区二号切眼处	50	6000	浅部风积沙及潜水	报废巷道 100m，引起恶性冒顶涌水溃沙事故
	大柳塔煤矿	1203 工作面	408	23000	浅部风积沙及潜水	四天内淹没工作面，停产时间达十天
	哈拉沟煤矿	22402 工作面	310	7000	浅部风积沙及潜水	支架及溜槽无法移动，工作面停产
东胜矿区	上湾煤矿	辅运一中掘进工作面	175	4000	浅部风积沙及潜水	淹没巷道 420m，矿井停产
榆神矿区	隆德煤矿	中央水仓上口	675	370000	浅部风积沙及潜水	井下设备掩埋，车辆被透水，全矿井被淹

续表

矿区	矿井名称	工作面或位置	溃水量/(m^3/h)	溃沙量/m^3	水源和沙源	灾害影响程度
榆横矿区	袁大滩煤矿	主斜井320m处	1400	20000	浅部风积沙及潜水	主斜井被淹

根据前期分析和表 2-10 可知，溃水溃沙灾害在陕北侏罗纪煤田(神府矿区、榆神矿区、榆横矿区)、东胜煤田(东胜矿区)较为普遍，发生位置包括掘进巷道和回采工作面，其中以回采工作面为主，具有继发性、灾难性和破坏性等特点。一旦事故发生，将导致矿井排水系统无法正常工作而陷入瘫痪状态，进而迫使生产中断、通风系统破坏，瓦斯扩散，并可能造成人员伤亡。此外，工作面在发生溃水溃沙灾害过程中，将使上面覆盖的松散层结构失稳，大大增加了支架的附加载荷，发生压架事故。鉴于陕北侏罗纪煤田的神府矿区溃水溃沙灾害最为严重，本小节以神府矿区为例，论述溃水溃沙灾害形成的地质条件及水文地质条件。

2. 地质条件

1) 地层

神府矿区地层属于鄂尔多斯沉积盆地中生代含煤构造——陕蒙侏罗纪煤田的一部分，地层区划属于华北区陕甘宁盆地分区。区域地层包括：三叠系上统延长组(T_3y)，侏罗系下统富县组(J_1f)，侏罗系中统延安组(J_2y)、直罗组(J_2z)、安定组(J_2a)，白垩系上统志丹群(K_1zh)，新近系上新统保德组(N_2b)，第四系下更新统三门组(Q_1s)，中更新统离石组(Q_2l)，上更新统萨拉乌苏组(Q_3s)、马兰组(Q_3m)、全新统(Q_4)。神府矿区地层情况见表 2-11。

表 2-11　神府矿区地层情况

地层单位			厚度/m	岩性描述
系	统(群)	组		
第四系	全新统	(Q_4eol) (Q_4al)	0～60	以现代风积沙为主，主要为中细沙及沙壤土，在河谷滩地和一些地势低洼地带为冲击层、冲-洪积层
	上更新统	马兰组(Q_3m)	0～30	灰黄色亚砂土(马兰黄土)，大孔隙，含钙质结核，具柱状节理
		萨拉乌苏组(Q_3s)	0～160	灰黄色、褐黑色粉细沙、亚砂土、沙质黏土，底部有砾石

续表

地层单位			厚度/m	岩性描述
系	统(群)	组		
第四系	中更新统	离石组(Q_2l)	0～165	离石黄土，浅棕黄色、黄褐色亚黏土、砂壤土，夹粉土质沙层、古土壤层、钙质结核层，底部有砾石层
	下更新统	三门组(Q_1s)	0～50	褐红色、浅肉红色亚黏土、砾石层，夹钙质结核层
新近系	上新统	保德组(N_2b)	0～175	棕红色、紫红色黏土或砂质黏土，夹钙质结核层，含脊椎动物化石
白垩系	志丹群	东胜组(K_1zh^2)	0～230	上部为浅红色、棕红色含砾砂岩与砾岩互层，下部为黄、黄绿色砾岩
		伊金霍洛组(K_1zh^1)	0～80	上部为深红色泥岩与褐红色细粒砂岩，中部具有大型交错层理的中、粗砂岩，底部为灰绿色、褐红色砾岩
侏罗系	中统	安定组(J_2a)	0～114	紫红色、灰紫色砂质泥岩，粉砂岩、中、细粒砂岩不等厚互层。底部为灰黄色，浅紫红色，中粗粒含砾长石砂岩、巨厚层、透镜状、微含钙质
		直罗组(J_2z)	0～278	灰绿色，局部紫杂色泥岩、砂质泥岩、粉砂岩与灰黄绿色细粒砂岩互层，泥岩多具水平层理，含铁质结核。局部为巨厚层状，灰白色灰黄色中、粗粒含砾长石砂岩
		延安组(J_2y)	20～311	灰白色细、中粒长石砂岩，深灰色泥岩，砂质泥岩及煤层组成的含煤岩系，泥岩中多含菱铁矿结核，泥灰岩透镜体，蒙脱质黏土岩。含丰富瓣鳃化石，煤系自下而上分Ⅰ、Ⅱ、Ⅲ、Ⅳ、Ⅴ段，各含一个煤组，自上而下编号1～5组
	下统	富县组(J_1f)	0～142	上部为浅黄色、灰绿、紫红色泥岩，夹砂岩；下部以砂岩为主，局部为砂岩与泥岩互层；底部为浅黄色砾岩。与下伏地层呈平行不整合
三叠系	上统	延长组(T_3y)	35～312	黄色、灰绿色、紫色、灰黑色块状中粗粒砂岩，夹灰黑色、灰绿色泥岩和煤线

2）构造

神府矿区位于鄂尔多斯大型聚煤盆地的东北翼，大地构造属于华北地台鄂尔多斯台向斜，东胜隆起东南部，构造简单，煤层赋存稳定，属近水平煤层。基本构造形态为一向南西倾斜单斜构造，地层走向北西西，倾向南西，倾角多在5°以下，断层发育程度低，仅在局部发育有宽缓的波状起伏，较大的断层多发育在煤田浅部的东南地区，如大柳塔井田正断层较为发育，最大落差可达30m以上，多为东西走向的高角度正断层地质构造，煤田中深部地质结构简单。

3）主采煤层

研究区各矿井含煤地层为侏罗系中下统延安组，共包含5个煤组，可采煤层19层，1号煤组4层，即1^{1}、$1^{2上}$、1^{2}、$1^{2下}$；2号煤组3层，即$2^{2上}$、2^{2}、$2^{2下}$；3号煤组3层，即$3^{1上}$、3^{1}、$3^{1下}$；4号煤组6层，即$4^{2上}$、4^{2}、$4^{3上}$、4^{3}、4^{4}、$4^{4下}$；5号煤组3层，即$5^{2上}$、5^{2}、$5^{2下}$。区内重要可采煤层包括$1^{2上}$、1^{2}、$2^{2上}$、2^{2}、3^{1}、4^{2}、4^{3}、$5^{2上}$、5^{2}共9层。

3. 水文地质条件

1）第四系孔隙含水层水文地质特征

萨拉乌苏组是区域内最主要的含水层之一，分布广泛，厚度一般为30～80m，但在不同的矿区，萨拉乌苏组含水层差异也较大。大柳塔、石圪台、哈拉沟、乌兰木伦煤矿均发育有萨拉乌苏组含水层，大部分被风积沙所覆盖，一般厚度 10～30m，水位埋深一般为 0～10m；大部分地区岩性为粉细沙，结构疏松，孔隙发育，有利于大气降水的入渗补给和潜水的水平向渗流，水循环交替积极，水化学类型主要以HCO_3-Ca型，矿化度一般小于500mg/L，水质普遍较好。

2）白垩系碎屑岩裂隙孔隙含水层水文地质特征

白垩系碎屑岩裂隙孔隙含水层岩性为粗粒砂岩，交错层理、斜层理发育，结构疏松，孔隙较发育，为地下水的储存、运移提供了介质条件，其厚度由西向东变大，为 9.77～20.0m，沙漠区多覆于松散层下，水位浅，局部地段具承压性。由于该含水层岩组上部为风积黄土，没有稳定的隔水层，水力性质多为潜水，矿化度为200～500mg/L。

3）直罗组裂隙孔隙含水层水文地质特征

侏罗系中统直罗组裂隙潜水-承压水主要分布于矿区西部，厚度为45.17～137.54m。该含水层上部岩性以灰绿色粉砂岩为主，夹黄绿色、紫灰色泥岩和细粒砂岩，具水平及缓波状层理；下部为绿灰色、白色巨厚层状中粗粒长石、石英砂岩，夹灰色细粒砂岩、粉砂岩和砂质泥岩，局部夹灰绿色厚层状泥岩，为一套黄绿色、灰黄色中粗粒砂岩、粉细砂岩和泥岩组成，假整合于延安组之上。该含水层为灰白色、灰绿色中粗粒长石砂岩，厚度为 10～30m，岩石风化强烈，裂隙发育，渗透系数为 0.037～0.111m/d，富水性弱。

2.4.3 巨厚砂岩含水层水害

1. 水害概况

对鄂尔多斯盆地煤层开采影响较大的巨厚砂岩含水层主要包括白垩系碎屑岩裂隙孔隙含水层、石炭系—侏罗系碎屑岩裂隙含水层。根据白垩系含水层、侏罗系含水层展布规律，结合鄂尔多斯盆地主要煤炭区的资源开发情况，煤层开采受顶板巨厚砂岩含水层影响区域主要有宁东煤田、东胜煤田、黄陇煤田、陇东煤田，煤田内多个矿区受顶板巨厚砂岩含水层水害影响较为严重，矿井普遍充水强度较高，频繁发生工作面和采区等淹没事故，甚至出现深埋条件下的溃水溃沙事故，矿井排水负担较重。鄂尔多斯盆地顶板巨厚砂岩含水层水害概况如表 2-12 所示。

表 2-12　鄂尔多斯盆地巨厚砂岩含水层水害概况

矿区	煤矿	主采煤层	含水层及特征	水害影响程度
彬长矿区	高家堡煤矿	侏罗系延安组 4 煤	白垩系洛河组砂岩含水层，厚度为 301～518m，单位涌水量为 0.2312～2.2880L/(s · m)	高强度涌水，矿井正常涌水量为 3500m³/h，最大涌水量为 5000m³/h 以上，排水负担重，排水系统故障时淹没采区泵房
	胡家河煤矿	侏罗系延安组 4 煤	白垩系洛河组砂岩含水层，厚度为 265～389m，单位涌水量为 0.0543～0.7484L/(s · m)	高强度涌水，矿井正常涌水量达 1400m³/h 以上，排水负担重且费用高
	亭南煤矿	侏罗系延安组 4 煤	白垩系洛河组砂岩含水层，厚度为 220～340m，单位涌水量为 0.0543～0.7484L/(s · m)	高强度涌水，矿井正常涌水量达 1865m³/h，排水负担重且费用高
旬耀矿区	照金煤矿	侏罗系延安组 4⁻² 煤	白垩系洛河组砂岩含水层，厚度为 0～522m，单位涌水量为 0.0014～0.0073L/(s · m)	洛河组含水层水进入煤层顶板厚层泥岩，发生顶板溃水溃砂事故，死亡 11 人
鸳鸯湖矿区	麦垛山煤矿	侏罗系延安组 2 煤	侏罗系直罗组含水层，厚度为 27.33～148.67m，单位涌水量为 3.74～5.83L/(s · m)	2 煤大巷掘进时水害事故频发，最大涌水量为 1000m³/h
呼吉尔特矿区	门克庆煤矿	侏罗系 2⁻² 中煤、3⁻¹ 煤	侏罗系直罗组砂岩含水层，厚度为 7.4～88.2m，单位涌水量为 0.0608～0.2068L/(s · m)	高强度涌水，工作面最大涌水量超过 1200m³/h，矿井正常涌水量达 1500m³/h 以上，排水负担重
	母杜柴登煤矿	侏罗系 3⁻¹ 煤	侏罗系延安组和直罗组砂岩含水层，厚度为 35.6～117.6m，单位涌水量为 0.0056～0.1668L/(s · m)	高强度涌水，工作面最大涌水量超过 1000m³/h，矿井正常涌水量达 1500m³/h 以上，排水负担重
	巴彦高勒煤矿	侏罗系延安组 3⁻¹ 煤	侏罗系延安组和直罗组砂岩含水层，厚度为 26.00～129.61m，单位涌水量为 0.0030～0.0589L/(s · m)	高强度涌水，矿井正常涌水量 1500m³/h，最大涌水量 2000m³/h，排水负担重

续表

矿区	煤矿	主采煤层	含水层及特征	水害影响程度
纳林河矿区	纳林河二号煤矿	侏罗系延安组 3^{-1} 煤	侏罗系延安组和直罗组砂岩含水层，厚度为37.11～100.36m，单位涌水量为0.0273～0.1205L/(s·m)	高强度涌水，工作面最大涌水量超过400m³/h，矿井正常涌水量达1000m³/h以上，排水负担重
	营盘壕煤矿	侏罗系延安组2煤	侏罗系延安组和直罗组砂岩含水层，厚度为6.10～76.49m，单位涌水量为0.0047～0.0419L/(s·m)	高强度涌水，工作面最大涌水量超过700m³/h，矿井正常涌水量达1200m³/h以上，排水负担重

根据前期分析和表2-12可知，巨厚砂岩含水层水害在黄陇煤田(彬长矿区、旬耀矿区等)、宁东煤田(鸳鸯湖矿区)、东胜煤田(呼吉尔特矿区、纳林河矿区)普遍分布，不同区域均表现出矿井/工作面涌水强度高的总体特征，但由于不同区域巨厚砂岩含水层水文地质条件差异，充水强度也各不相同。总体而言，受巨厚砂岩含水层水害影响最为严重的是黄陇煤田彬长矿区(郭小铭等，2019)，区内高家堡煤矿矿井正常涌水量达3500m³/h，是我国正常涌水量最大的矿井之一。本小节以黄陇煤田彬长矿区为例，论述巨厚砂岩含水层水害形成的地质条件及水文地质条件。

2. 地质条件

黄陇煤田位于鄂尔多斯盆地中南部，其构造单元为华北地台鄂尔多斯台坳渭北隆起带。井田内含煤地层延安组直接或间接沉积基底为三叠系胡家村组，其起伏形态与三叠系大致相当，并受三叠系基底控制。根据地质填图及钻孔揭露，区内地层由老到新有：三叠系上统胡家村组(T_3h)，侏罗系下统富县组(J_1f)，侏罗系中统延安组(J_2y)、直罗组(J_2z)、安定组(J_2a)，白垩系下统宜君组(K_1y)、洛河组(K_1l)、环河组(K_1h)，上第三系(N)及第四系(Q)，具体厚度及岩性简述如表2-13所示。

表2-13 黄陇煤田地层一览表

地层			代号	厚度/m	岩性简述
系	统	组			
第四系	全新统	—	Q_4	0～20	砾石、砂土及冲积层

续表

地层			代号	厚度/m	岩性简述
系	统	组			
第四系	上更新统	—	Q_3	7～15	土黄色粉砂质黄土、松散状；质均，大孔隙度
	中更新统	—	Q_2	60～130	黄色亚黏土，夹15～18层古土壤层；致密，较Q_3坚硬，含蜗牛化石
	下更新统	—	Q_1	0～45	黏土质黄土，下部有5～7层古土壤层，并夹有钙质结核层；为冰积物形成
上第三系	—	—	N	40～100	棕红色黏土，富含大量海绵状钙质结核
白垩系	下统	环河组	K_1h	0～185.8	紫红色泥岩夹同色细粒砂岩，井田主要沟谷有出露
		洛河组	K_1l	75～500	紫红色中、细粒砂岩夹泥岩及砂砾岩，巨厚层状，具大型斜层理及交错层理
		宜君组	K_1y	28～76	棕红色块状砾岩，成分主要为石英岩、花岗岩及少量的变质岩块
侏罗系	中统	安定组	J_2a	0～103	紫红色、灰绿色杂砂岩夹砂质泥岩及泥灰岩透镜体
		直罗组	J_2z	10～67	蓝灰色、灰绿色粗砂岩，上部夹暗紫色泥岩，蓝灰色为该层的主色调，底部有一层灰白色中、粗粒长石砂岩
		延安组	J_2y	0～139	分为三段：第一段灰色泥岩含4煤层，底部为灰褐色铝质泥岩富含植物根系化石；第二段浅灰色砂泥岩互层，含$4^{上}$煤；第三段含1、2、3煤层
	下统	富县组	J_1f	0～82	下部为中粗砂岩、角砾岩，上部为紫红色铝土质泥岩

续表

地层			代号	厚度/m	岩性简述
系	统	组			
三叠系	上统	胡家村组	T_3h	35～67	灰绿色中细砂岩夹泥岩，含灰质结核；泥岩为黑色、黑灰色质细、致密，水平层理极其发育，稍微风化即成"镜片"

黄陇煤田内地表大面积被黄土层所覆盖，沟谷中出露的白垩系地层产状较为平缓，整体为一向北西倾斜的大型单斜构造，地层倾角 3°～10°，个别地段可达 15°左右，发育北东、北西两向次级宽缓褶皱，总体特征为以北东向褶皱为主，北西向褶皱次之，两个方向的褶皱构造互相交织，形成一种典型的斜向交织构造格局，北向西南形成黄陵坳陷、建庄隆起、焦坪坳陷、旬耀隆起、彬长坳陷。区域内断层较为稀少，断距较小，且以正断层为主，无区域性大型断裂构造，因此区内洛河组含水层不存在明显的隔水边界(图 2-9)。

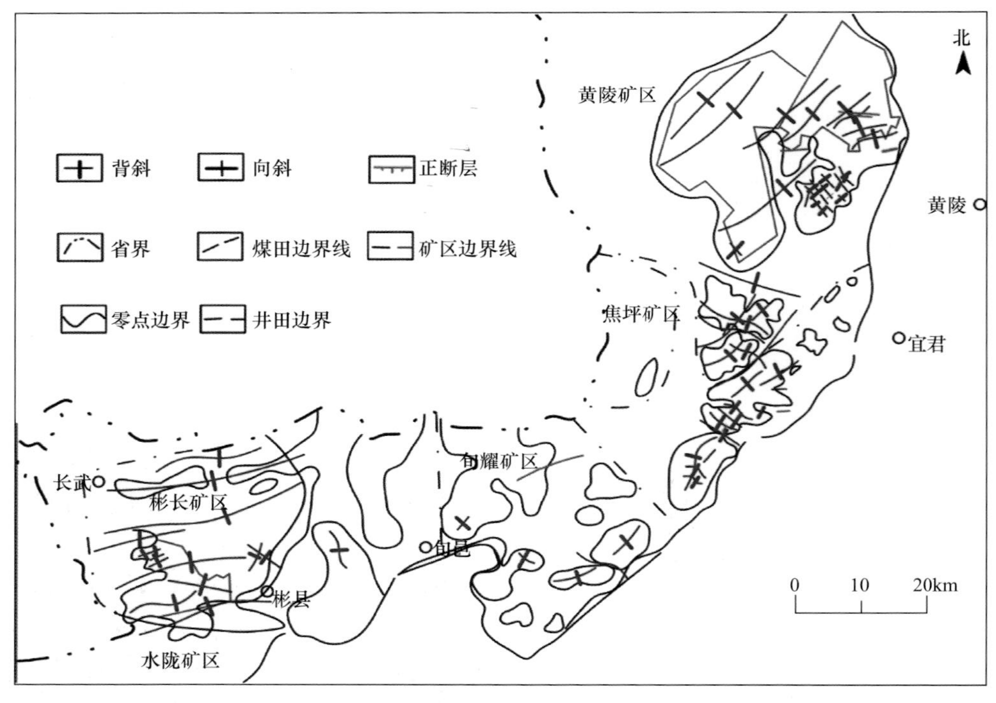

图 2-9　黄陇煤田黄陵-彬长矿区构造纲要示意图(穆鹏飞，2012)

3. 水文地质条件

黄陇煤田位于泾河-马莲河地下水系统,其水害影响程度整体受到地下水系统的补径排条件以及洛河组砂岩含水层综合控制。

1) 区域水文地质条件

(1) 边界条件。

泾河-马莲河地下水系统中白垩系洛河组地层以侏罗系为基底,呈北西向单斜构造，倾向南东。在区域内大部分被第四系、环河组地层覆盖，为典型的黄土塬地貌，局部沟谷部分受侵蚀、剥蚀而出露地表。

顶底边界：白垩系洛河组地层上覆环河组砂泥岩地层、新近系和第四系泥岩类地层，多数顶部地层具有一定的隔水性能，仅在局部沟谷和东部子午岭区域出露。地下水动态监测结果表明，多数区域洛河组含水层水位低于含水层顶板，顶部为自由水面。因此，泾河-马莲河地下水系统中，顶部边界主要概化为子午岭影响区域的受大气降水补给边界和多数上覆地层覆盖区的隔水边界。

白垩系地层直接底板为侏罗系安定组、直罗组煤系地层，受侏罗纪时期夷平作用的影响，整体相对平缓，与上覆宜君组地层为假整合接触。基底地层以侏罗系安定组为主,仅东南部旬耀矿区、焦坪矿区和黄陵矿区为直罗组。安定组以泥岩、砂岩为主，呈砂泥岩互层结构，泥岩胶结致密，隔水性能较好且有一定膨胀性能,使得整个地层富水性极弱,渗透系数多小于 0.005m/d。直罗组砂岩含量略多于安定组地层，但整体结构仍为砂泥岩结构，受层状泥岩地层影响砂岩补给条件极弱，富水性较差，渗透性弱，渗透系数多小于 0.025m/d,也具备一定的隔水性能。因此,地下水系统底部边界为隔水边界。

侧向边界:泾河-马莲河地下水系统的西部边界为鄂尔多斯盆地西缘冲断带，由多条主要的逆冲断层组成，断面西倾东冲，断裂以西出露奥陶系、侏罗系及白垩系六盘山群，东侧对接巨厚的白垩系地层，垂直断距达 1500m 以上。逆冲带使得西部六盘山奥陶系灰岩含水层地下水直接侧向补给白垩系洛河组、环河组砂岩含水层，形成地下水系统的西部补给边界。水文地质单元西部边界对接关系如图 2-10 所示。

地下水系统北部为鄂尔多斯盆地最主要的分水岭——白于山，但是由于该区环河组砂泥岩互层结构，地表水对洛河组含水层直接补给程度较弱。洛河组含水层内分水岭位于白于山北部，子午岭位于地下水系统东部，对区域地表水和浅部环河组含水层地下水流向控制作用明显，但由于环河组泥岩地层的阻隔作用，基本对洛河组含水层无控制作用，子午岭不作为区域洛河组

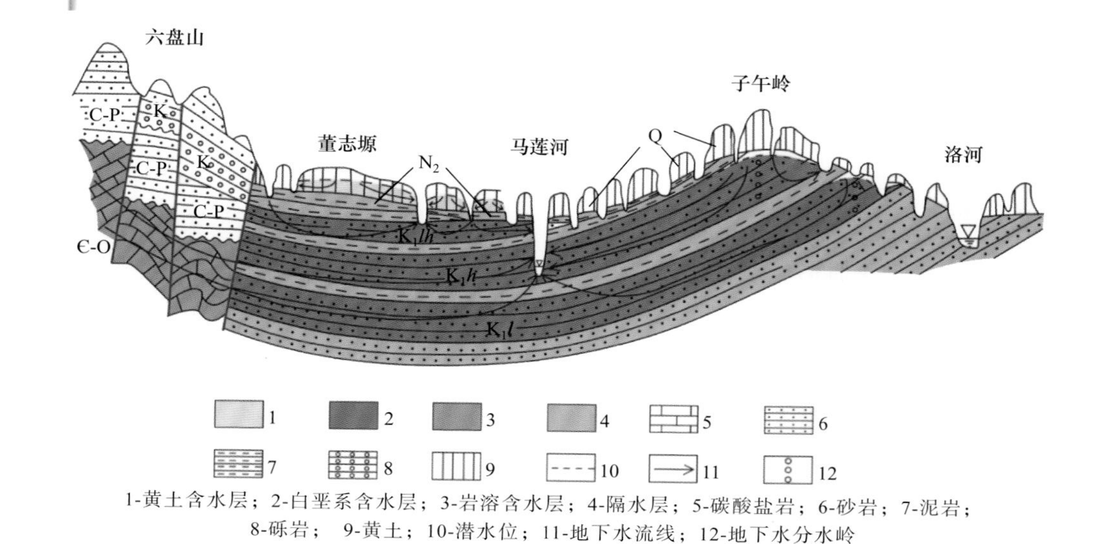

图 2-10 水文地质单元西部边界对接关系示意图(侯光才等，2008)

含水层的分水岭。洛河组含水层东部控制边界位于咀河以东，洛河组地层出露区域，广大的裸露洛河组砂砾岩地层直接受大气降水和局部地表水补给，形成地下水系统东南部的出露补给边界。

该地下水系统分布于鄂尔多斯盆地南部，北部为白于山分水岭边界，分界线位于白于山以北，东部到子午岭东部洛河组地层尖灭线，为大气降水补给边界，西部与平凉—泾阳和太阳山岩溶子系统相接，南部为侏罗系隔水边界，总面积 34500km^2。

(2) 补径排条件。

区域洛河组地下水系统范围略大于地表水泾河流域分布范围，主要表现在系统东部子午岭地表分水岭对洛河组含水层水的控制作用较弱。整个地下水系统四周中低山环绕，总地势特点为西北高东南低，为典型的高原盆地，发育有泾河扇状水系，地下水从东、北、西三侧向马莲河下游汇集，最终于彬州市水帘洞一带以泉和沟谷侧向排泄形式排泄，泾河扇状水系构成该区的侵蚀基准面。

地下水补给：地下水系统范围内白垩系含水层大部分被第四系、新近系覆盖，一般厚度为 100～200m，黄土层中上部孔隙较为发育，黄土层含水层以大气降水入渗补给为主。黄土层直接覆盖在白垩系含水层等基岩之上，白垩系上部发育有环河组多为隔水层但非全区发育分布，洛河组含水层接受松散含水层的补给，松散层补给为白垩系含水层主要补给水源。

泾河地表水系呈扇状发育，分布广泛，切割较深，在洛河组含水层多直接出露河谷，尤其是在区域地表水系中上游，地表河流多直接流经白垩系含水层之上，形成良好的补给接触关系，从而地表河流的入渗补给成为白垩系含水层的主要补给水源。泾河为黄河的二级支流，流域面积为 45400km²，支流众多，主要有马莲河、蒲河、黑河、马栏河和汭河等。地表河流与白垩系基岩含水层接触关系见图 2-11。

(a) 甘肃省庆城县环河

(b) 陕西省彬州市泾河

图 2-11　地表河流与白垩系基岩含水层接触关系

区域地下水单元西侧为六盘山山脉，为泾河的发源地，由奥灰系、石炭系、二叠系老地层组成山脉，白垩系含水层与西部灰岩含水层形成对接关系，接受区外地下水侧向补给。延安组承压裂隙水的补给在区域内以侧向补给为主，井田外的补给源较远，主要通过区外的深层断裂构造导水带补给，由于地层岩性以粉砂岩、细砂岩和煤层为主，其补给量很小，含水量也很微弱。

总体而言，区域白垩系洛河组含水层具备良好的补给条件，具备较丰富的补给水源。

区域地下水径流：地下水单元内黄土松散含水层受地形地貌影响较大，多被切割成独立块段，松散层地下水多自塬面中心向塬周围沟谷方向径流。受边界条件控制，区域地下水自东、北、西向南部径流，受地形影响东部较西部水力坡度大，北部白垩系地下水水位约+1400m，最南部地下水排泄点地下水水位约+850m。

侏罗系直罗组、延安组含水层埋深较大，处于白垩系含水层之下，以泥岩、砂质泥岩及砂岩互层组成，上部安定组泥岩段总体发育稳定，具备较好的隔水能力，在天然条件下较好地阻隔了上部白垩系与下部侏罗系含水层之间的水力联系。区域内侏罗系地层仅少量出露，在水文地质单元边界有出露，总体补给条件较差。矿井生产实际揭露资料显示，侏罗系含水层径流条件较差，井下顶板探查钻孔多无水或水量较小且不持续，水质矿化度多大于 8000mg/L，水质类型为 SO_4 · Cl-Na，处于径流滞缓状态。

总体上，区域地下水径流受东、北、西边界条件控制，整体向南部彬长矿区附近汇集。

地下水排泄：区内松散含水层排泄方式主要为在沟谷以泉形式排泄，松散含水层泉水是地表河水的主要补给水源，也是区内主要生活供水水源。

在天然条件下，白垩系含水层地下水位高于沟谷高程，白垩系含水层主要以泉水形式向地表河流进行排泄，主要排泄点集中在陕西省彬州市泾河两岸及部分沟谷。据调查，在彬长矿区开发后，洛河组含水层地下水位显著下降，2007～2017 年，矿区南部 8 对矿井范围内 34 个露头泉水总流量下降了 286.48L/s，下降率达 46.95%，且多处泉已经消失(Sun，2020)。由此可见，受黄陇煤田各对矿井生产影响，用水量与矿井排水量逐渐增加，矿井排水、工业用水成为地下水主要排泄形式，形成多处降落漏斗，白垩系地下水流场在局部区域发生较大变化。

总之，黄陇煤田由东、西向中部彬长矿区，依次位于泾河-马莲河地下水系统补给区、径流区和排泄区，白垩系含水层为其主要富水层位，含水层厚度大、富水性好，区域补给条件较好，使得矿区水文地质条件较为复杂。

2) 洛河组含水层特征

洛河组地层是一套近源冲积扇-辫状河-沙漠相沉积组合，以中、粗砂岩为主，局部有裂隙，形成孔隙和裂隙含水结构，厚度为 0～600m，在鄂尔多斯盆地广泛分布。盆地范围内总体受伊陕斜坡影响，地层走向近南北，盆地西部底板标高逐渐减小，地层厚度逐渐增大。黄陇煤田位于鄂尔多斯盆地白垩系地层南缘，以冲积扇、辫状河沉积为主，受渭北隆起东南弧形构造带影响，地层走向呈北东向，孔隙发育，富水性相对较强，是黄陇煤田侏罗系煤层开采的主要影响含水层。

(1) 洛河组地层厚度展布规律：鄂尔多斯盆地南部洛河组地层广泛分布，东部到安塞区、宜君县西部，南以到彬州市周边和千阳县北部，地层厚度在边界处较薄并逐渐尖灭，在环县及西北部为沉积中心，最大厚度可达 800m 左右。黄陇煤田位于鄂尔多斯盆地南部洛河组地层分布边缘，在东南弧形构造带影响下地层边界呈弧形展布，地层走向以北东向为主。煤田范围内洛河组含水层厚度由东南向西北部盆地中心方向，厚度由 0m 逐渐增大到 500m 左右。洛河组地层边界在彬长矿区受弧形构造影响，地层分布西北厚、东南薄，且在下沟煤矿东部逐渐尖灭。旬耀矿区照金煤矿东部、焦坪矿区柴家沟煤矿东部、黄陵矿区黄陵一号煤矿东部和店头镇附近以往小煤矿均为洛河组地层缺失区。以彬长矿区为例，洛河组含水层厚度由东南向西北逐渐增大，位于西北部的高家堡煤矿最大钻孔揭露的洛河组含水层厚度达 500m 以上，井田洛河组平均厚度为 398.80m(图 2-12)。

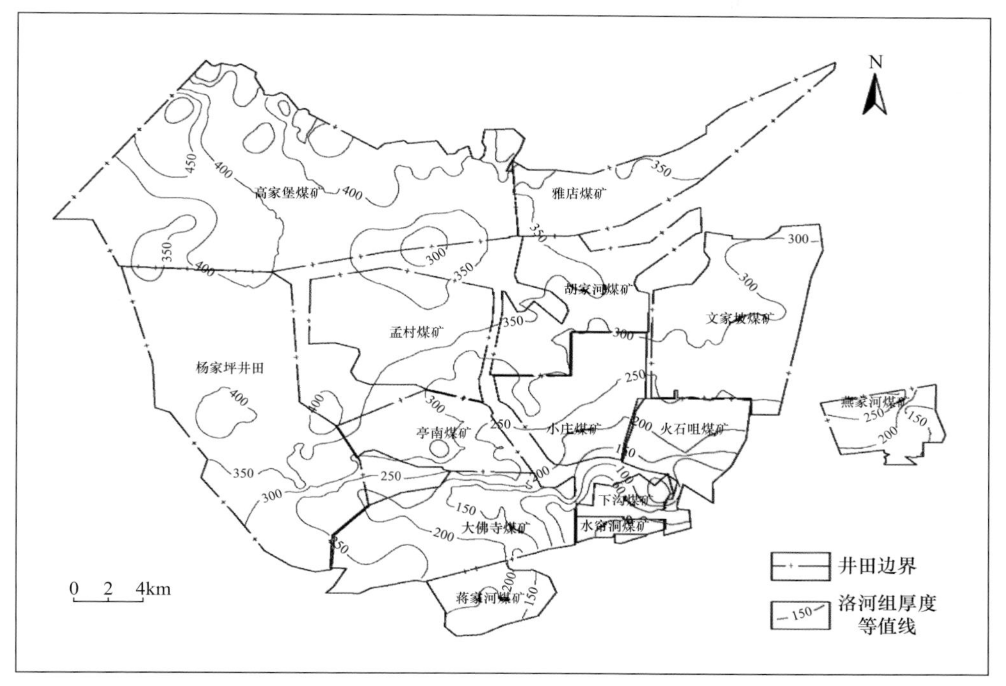

图 2-12　彬长矿区洛河组地层厚度等值线图(单位：m)

(2) 洛河组地层岩性特征：黄陇煤田范围洛河组地层为河流相沉积，并经过后期风沙改造地层，发育大型板状和楔形交错层理，与下伏宜君组地层连续沉积为整合接触。整个洛河组地层主要分为两段，上部岩性以紫灰色、紫红色粗砾岩为主，夹有棕红色中粒砂岩薄层，俗称“凤凰山砾岩”。上段砾岩段中砾石以灰岩、花岗岩和变质岩为主，含少量石英岩，砂质充填(图 2-13)。黄陇煤田旬耀矿区东部、焦坪矿区上段砾岩较为发育且厚度较大，尤其是照金煤矿、白石崖煤矿、西川煤矿附近均有大量洛河组巨厚砾岩形成的陡峭山崖，西部彬长矿区、永陇矿区上段砾岩厚度减小，部分矿井甚至缺失。下段砂岩段在黄陇煤田普遍发育，岩性以棕红色中、粗粒砂岩为主(图 2-14)，分选良好，泥质胶结，较疏松，孔隙率可达 15%～20%，具板状交错层理或斜层理，夹数层紫红色、棕红色粗、细砾岩层，砾石磨圆度好，为典型的河流相沉积特征。

图 2-13　照金煤矿洛河组上段砾岩岩心照片

图 2-14　照金煤矿河组下段砂岩岩心照片

分别对彬长矿区亭南煤矿和旬耀矿区照金煤矿洛河组地层岩性组成进行统计，结果如图 2-15 所示。由图 2-15 可以看出，黄陇煤田范围内由彬长矿区亭南煤矿到旬耀矿区照金煤矿，洛河组地层砾岩占比逐渐增大，中、粗砂岩占比逐渐减小。彬长矿区亭南煤矿中、粗砂岩占比达 75%，旬耀矿区照金煤矿中、粗砂岩占比仅有 42%，且地层中所夹的泥岩、粉砂岩等相对较少。

(3) 含水层富水性特征：洛河组含水层富水性与含水层厚度、补径排条件有较大关系。以彬长矿区为例，由东南向西北方向，洛河组含水层单位涌水量逐渐增大，与含水层厚度变化较为一致(图 2-16)。

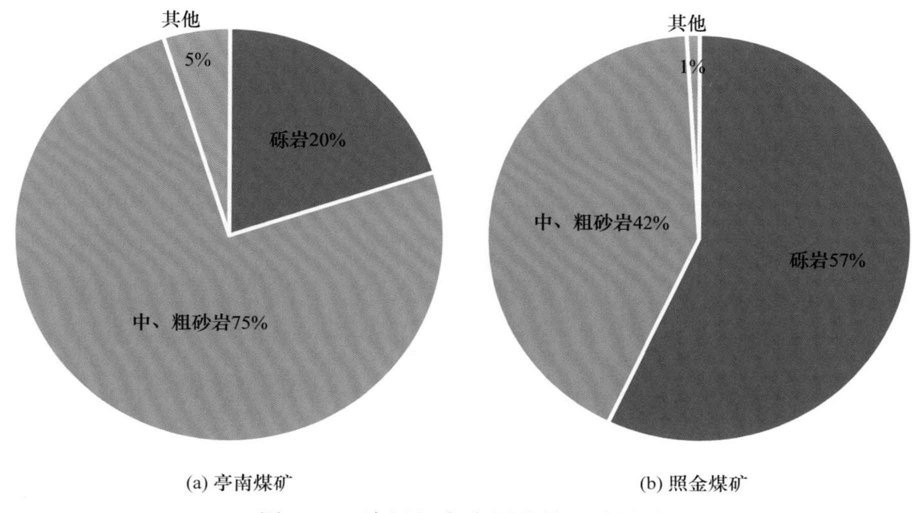

图 2-15　洛河组含水层岩性组成统计

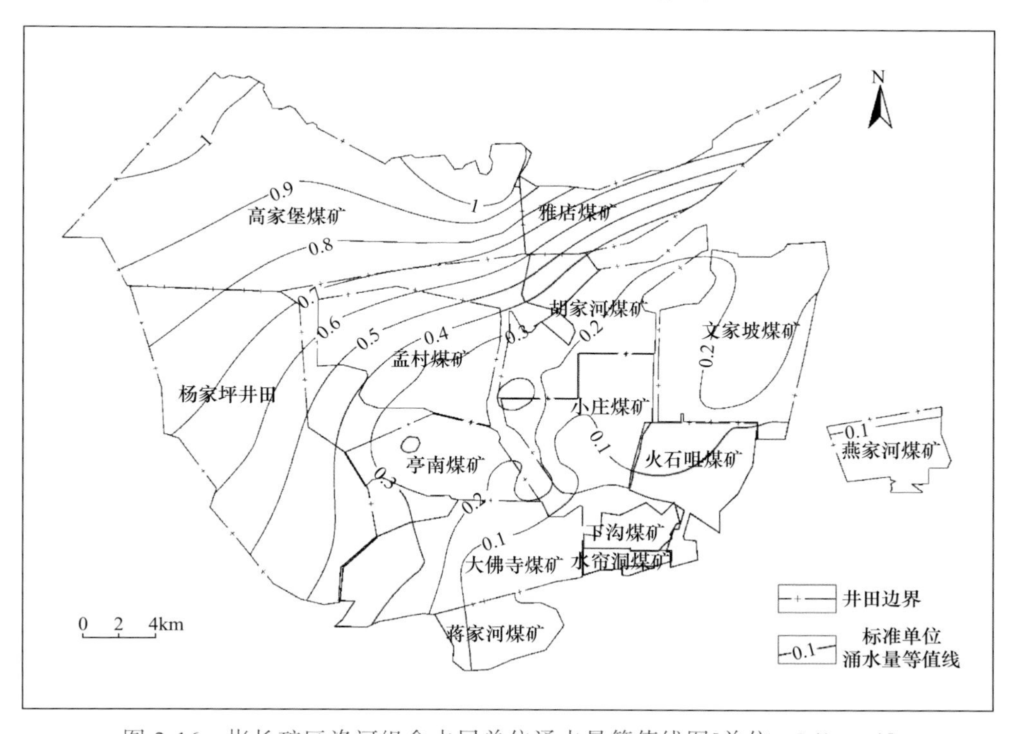

图 2-16　彬长矿区洛河组含水层单位涌水量等值线图[单位：L/(s · m)]

(4) 地下水化学特征：洛河组含水层为裂隙孔隙含水介质，水化学成分不仅与含水介质的成分相关，同时也与补给源的化学成分息息相关。黄陇煤田以彬长矿区为中心，向东洛河组含水层矿化度由旬耀矿区、黄陵矿区、焦坪矿区逐渐减小，向西部永陇矿区洛河组含水层水矿化度也明显小于彬长矿区(表 2-14)。地下水矿化度变化规律与地下水东部边界控制补径排条件较为一致，进一步验证了补径排条件的分析结果。以彬长矿区亭南煤矿为例，洛河组含水层地下水中阳离子以 Na^{+}为主，浓度为 596.00～950.00mg/L，其次为 Ca^{2+}；阴离子以 SO_4^{2-} 为主，浓度为 1118.69～2412.81mg/L，其次为少量 HCO_3^- 和 Cl^-，水化学主要成因是沉积岩经风化水解或因交代作用、混合作用及阳离子交替作用而形成，矿化度多集中于 2216～3962mg/L。

表 2-14　黄陇煤田洛河组砂岩含水层水质化学特征

矿区	厚度/m	矿化度/(mg/L)	水质类型
黄陵矿区	150.00～348.15	282～571	$HCO_3 \cdot SO_4$-$Na \cdot Ca$、HCO_3-$Ca \cdot Mg$
焦坪矿区	43.07～196.44	179～500	HCO_3-$Ca \cdot Mg$
旬耀矿区	70.26～430.00	308～659	$HCO_3 \cdot SO_4$-$Na \cdot Ca$、HCO_3-$Ca \cdot Mg$
彬长矿区	0～567.81	660～5700	SO_4-Na、$SO_4 \cdot Cl$-Na
永陇矿区	0～337.10	350～1055	HCO_3-$Mg \cdot Na \cdot Ca$、HCO_3-$Na \cdot Mg$

2.4.4　烧变岩水害

1. 水害概况

烧变岩在我国鄂尔多斯盆地西北部、新疆侏罗纪煤田等区域广泛发育。烧变岩在自燃过程中，会产生大量的气孔、裂隙，其导水性强，储水空间开阔，补泄通畅，是煤矿发生水害事故的主要危险源。烧变岩在陕北地区主要分布在窟野河、秃尾河及相邻水系交汇的舌状部分，烧变岩水害主要发生在该区域的柠条塔、张家峁、何家塔和活鸡兔等煤矿。鄂尔多斯盆地烧变岩水害概况见表 2-15。

表 2-15　鄂尔多斯盆地烧变岩水害概况

矿区	煤矿名称	煤层开采情况	涌水水源	涌水量(实际/预测)/(m^3/h)	备注
神府矿区	柠条塔	侏罗系延安组 2^{-2}煤，厚度为 4m	$1^{-2上}$煤烧变岩含水层	1200(实际)	—
	张家峁	侏罗系延安组 5^{-2}煤，厚度为 6m	4^{-2}煤烧变岩含水层	1064(预测)	帷幕截流

续表

矿区	煤矿名称	煤层开采情况	涌水水源	涌水量(实际/预测)/(m^3/h)	备注
神府矿区	何家塔	侏罗系延安组 5^{-2} 煤，厚度为 5m	4^{-2} 煤烧变岩含水层	750(预测)	预留防隔水煤柱
	活鸡兔	侏罗系延安组 2^{-2} 煤，厚度为 5m	1^{-2} 煤烧变岩含水层	1200(预测)	预留防隔水煤柱
榆神矿区	河兴梁	侏罗系延安组 3^{-1} 煤，厚度为 1.34m	2^{-2} 煤烧变岩含水层	—	预留防隔水煤柱
	方家畔	侏罗系延安组 3^{-1} 煤，厚度为 2m	2^{-2} 煤烧变岩含水层	2882(预测)	预留防隔水煤柱
	牛梁	侏罗系延安组 3 煤，厚度为 3m	2 煤烧变岩含水层	—	充填开采，帷幕截流
	榆卜界	侏罗系延安组 3 煤，厚度为 5.2m	3 煤烧变岩含水层	4000(实际)	淹井

根据前期分析和表 2-15 可知，烧变岩水害主要分布在陕北侏罗纪煤田的神府矿区和榆神矿区，其柠条塔煤矿的涌水量可达 1200m^3/h，其他多数矿井在采取留设煤柱、充填开采、帷幕截流等措施条件下尚未有明显的突水事故发生。位于神府矿区的张家峁煤矿由于烧变岩与地表水库沟通，使得烧变岩不仅作为矿井的充水水源，而且成为地表水导入的侧向导水通道，在该区域较为典型。本小节以张家峁煤矿烧变岩含水层为例，论述烧变岩含水层水害形成的地质条件及水文地质条件。

2. 地质条件

1) 烧变岩的剖面发育特征

煤的自燃过程是自上而下进行的，因此只有当煤层燃烧殆尽时，煤层下伏地层才受到热辐射的作用。但是煤层自燃产生的热传导主方向是垂直向上的，下伏岩层所受烘烤烧变作用很小。总体来讲，根据岩石不同类型及受煤层自燃的程度不同，在垂向上可大致将烧变岩分为三个带(夏斐等，2008)。

(1) 烧熔岩带：厚、特厚煤层燃烧时释放出巨大热量，使其围岩发生塑变甚至熔化，产生“熔岩”现象。由于塌陷下来的岩块混入“熔岩”内，生成混杂型“岩石”，类似冶炼炉渣状物质。这种情况下，岩石的原生沉积特征和化学、物理、力学性质完全改变了，呈紫灰色、蓝灰色、灰色、紫色等杂色，岩石多气孔，表面粗糙，质地坚脆，不能分清岩石的沉积类型。由于“熔岩”冷却收缩，裂隙甚为发育，岩石沿裂隙碎裂，在重力作用下，坍塌严重，甚至形成小型滑坡，地貌突出，在沟谷两侧易形成悬崖或陡壁。

(2) 烧结岩带：煤层自燃时，其围岩发生强烈的烘烤，但围岩未发生或轻微发生塑性变形，未发生熔化现象，岩石基本保持原生沉积结构和构造特征，其粒度、层理清晰，硬度增大，可分清岩石的沉积类型。泥岩及粉砂岩烧结后一般呈浅红色、深红色，不含铁质时明显陶土化。砂岩烧变后一般呈浅红色、暗红色，硬度大而脆。煤层底板根土岩烧结后呈乳白色团块状，致密坚硬，植物根土化石多被铁质侵染。

(3) 烘烤岩带：围岩距自燃煤层较远，煤层自燃时辐射热量小，或煤层缓慢自燃时，围岩只受到轻微烘烤，岩石基本保持其原生沉积特征，结构和层理不变，其硬度略有增加，一般为浅红色、浅砖红色，与未烧变的岩层常呈相间过渡。

野外实地观察的烧变岩露头如图 2-17～图 2-23 所示。

图 2-17　常家沟水库西南山顶处 1^{-2} 煤烧变岩露头

图 2-18　乌兰不拉沟 q08 泉处 2^{-2} 煤烧变岩露头

图 2-19　乌兰不拉沟北侧支沟水坝处 3^{-1} 煤烧变岩露头

图 2-20　陈家塔沟东坡 4^{-2} 煤烧变岩露头

图 2-21　陈家塔沟东坡 4^{-3} 煤烧变岩露头

图 2-22　赵仓峁沟 4^{-4} 煤烧变岩露头

图 2-23　张家峁煤矿周边 5^{-2} 煤烧变岩露头

2) 张家峁煤矿烧变岩发育特征

张家峁煤矿烧变岩位于自燃烧变煤层之上，两者之间常以灰白色、灰褐色薄层条带相隔，该薄层条带具有密度小、质地疏松、半固结状等特点，厚度一般在 5cm 左右，该层为煤层完全燃烧后的煤灰。煤灰以上为烧变岩，自下往上其烧变程度由强变弱，一般下部烧变岩由于靠近自燃煤最近，烘烤温度最高而出现部分或全部熔融后又迅速冷却，而呈熔融状或蜂窝状，使原岩的沉积构造不复存在，向上随着所接受烘烤温度的逐渐变低，烧变程度也依次降低，而由红色、浅红色逐渐过渡到与围岩(原岩)色调一致，原岩的沉积构造也未被破坏(黄雷等，2008)。

根据野外观测和资料分析，张家峁煤矿各煤层烧变岩有以下特点：①有烧变煤残存的剖面与无烧变煤残存的剖面相比，其烧变岩厚度要小，如 3^{-1}、4^{-2} 煤层厚度接近，3^{-1} 煤层露头可见煤燃烧后的白色煤灰，而 4^{-2} 煤层可见未燃烧的黑色片煤，3^{-1} 煤层烧变岩厚度较大。②煤层出露高度越高，自燃深度越大。例如，2^{-2} 煤层出露高，自燃面积和自燃深度都很大。③节理裂隙越密集的地带，通风越好，煤层自燃深度越大。

张家峁井田内 7 层可采煤层中有烧变岩发育的为 2^{-2}、3^{-1}、4^{-2}、4^{-3}、4^{-4}、5^{-2} 煤，各煤层烧变岩发育深度各异。2^{-2} 煤层烧变岩区(煤层露头到火烧边界的封闭区间)主要分布在井田西部风沙滩地区，宽度为几百米到几千米不等，最宽处可达 3km；3^{-1} 煤层烧变岩区分布于井田一盘区西北部和二盘区东南部，宽度为几百米到几千米，较 2^{-2} 煤层烧变岩区窄，最宽处达 2km；4^{-2} 煤层烧变岩区分布于一盘区常家沟水库两侧及一盘区东部黄土沟壑区，宽度均为几百到近千米，最宽可达 1km；4^{-3} 煤层烧变岩区主要分布于常家沟支流和李家沟两侧，宽度为 0～250m；4^{-4} 煤层烧变岩区主要分布于常家沟水库东侧，宽度为 0～200m；5^{-2} 煤层烧变岩区主要分布于井田的东北角井田边界处，一般宽度为 200～500m，最宽可达 700m 左右。

3. 水文地质条件

1) 泉

张家峁井田发现泉点 85 处，主要分布在沟谷地带，分布较集中，全部为下降泉，流量一般为 0.001～5L/s，补给来源包括烧变岩含水层、沙层含水层、风化基岩裂隙孔隙含水层和基岩裂隙含水层等。研究区的 71 处泉点调查统计结果如表 2-16 所示。

表 2-16　研究区泉点调查统计结果

编号	地理位置	地貌单元	含水层	流量/(L/s)	水温/℃	气温/℃	调查日期
q01	煤干山南	沟谷	Q_4	0.02	1	−10	2013.11.30
q02	煤干山南	沟谷	Q_4	0.02	1	−10	2013.11.30
q03	西燕渠西南	沟谷	Q_3	0.15	1	−3	2013.11.25
q05	东燕渠西南	沟谷	Q_2	0.35	1	−2	2013.11.25
q06	吃开沟井田西	沟谷	J_2y	2.00	1	−3	2013.11.25
q08	乌兰不拉村庙西	沟谷	J_2y	5.00	1	−10	2013.11.30
q09	乌兰不拉村西沟	沟谷	J_2y	0.02	1	−10	2013.11.30

续表

编号	地理位置	地貌单元	含水层	流量/(L/s)	水温/℃	气温/℃	调查日期
q10	乌兰不拉村西沟	沟谷	N_2b	0.05	1	−10	2013.11.30
q11	乌兰不拉村西沟	沟谷	Q_4	0.02	1	−10	2013.11.30
q12	乌兰不拉村西沟	沟谷	Q_4	0.02	1	−10	2013.11.30
q14	燕渠村	沟谷	J_2y	0.05	1	−10	2013.11.29
q26	单家峁东南	沟谷	J_2y	0.02	1	−7	2013.12.02
q27	单家峁东南	沟谷	J_2y	2.00	1	−7	2013.12.02
q28	单家峁东南	沟谷	Q_4	0.30	1	−7	2013.12.02
q29	东燕渠西南	沟谷	Q_3	0.15	1	−3	2013.11.25
q30	老来沟	沟谷	J_2y	0.02	1	−6	2013.11.26
q31	吃开沟公路旁	沟谷	J_2y	0.10	1	−7	2013.11.26
q32	柳稍沟	沟谷	J_2y	0.02	1	−7	2013.11.26
q33	柳稍沟	沟谷	J_2y	0.01	1	−7	2013.11.26
q34	黑圪蛋村北	沟谷	J_2y	0.02	1	−10	2013.11.27
q35	黑圪蛋村北	沟谷	J_2y	0.10	1	−9	2013.11.27
q36	黑圪蛋村南	沟谷	J_2y	0.50	1	−9	2013.11.27
q37	常家沟水库西南	沟谷	J_2y	0.01	1	−7	2013.11.29
q38	常家沟水库西南	沟谷	J_2y	0.01	1	−7	2013.11.29
q39	常家沟水库西南	沟谷	J_2y	0.02	1	−7	2013.11.29
q40	乌兰不拉沟	沟谷	J_2y	0.01	1	−10	2013.11.30
q41	乌兰不拉沟	沟谷	J_2y	0.01	1	−10	2013.11.30
q42	乌兰不拉沟	沟谷	Q_4	0.02	1	−10	2013.11.30
q43	乌兰不拉沟	沟谷	J_2y	0.01	1	−10	2013.11.30
q44	乌兰不拉沟	沟谷	J_2y	0.50	1	−10	2013.11.30
q45	石岩畔	沟谷	J_2y	0.02	1	−7	2013.12.02
q46	石岩畔	沟谷	J_2y	0.04	1	−7	2013.12.02
q47	石岩畔	沟谷	J_2y	0.15	1	−7	2013.12.02
q48	石岩畔	沟谷	J_2y	0.05	1	−7	2013.12.02
q49	石岩畔	沟谷	J_2y	0.02	1	−7	2013.12.02

续表

编号	地理位置	地貌单元	含水层	流量/(L/s)	水温/℃	气温/℃	调查日期
q50	石岩畔	沟谷	J_2y	0.20	1	−7	2013.12.02
q51	石岩畔	沟谷	J_2y	0.10	1	−7	2013.12.02
q52	石岩畔	沟谷	J_2y	0.50	1	−7	2013.12.02
q53	石岩畔东南	沟谷	J_2y	2.00	1	−7	2013.12.02
q54	石岩畔东南	沟谷	J_2y	0.02	1	−7	2013.12.02
q55	石岩畔东南	沟谷	J_2y	0.02	1	−7	2013.12.02
q56	单家峁西	沟谷	J_2y	0.20	1	−7	2013.12.02
q57	单家峁西	沟谷	J_2y	0.80	1	−7	2013.12.02
qz01	流水壕东 1900m	沟谷	Q_{2-3}	0.014	10	9	2006.10.30
qz02	流水壕东 1900m	沟谷	Q_{2-3}	0.014	10	9	2006.10.30
qz03	西燕渠沟	沟谷	J_2y	0.014	14	10	2006.10.30
qz04	西燕渠西沟	沟谷	Q_{2-3}	0.014	13	9	2006.10.30
qz05	西燕渠南沟	沟谷	Q_{2-3}	0.220	14	10	2006.10.30
qz06	东燕渠后沟	沟谷	Q_4	0.020	15	10	2006.10.30
qz07	烂渠西沟	沟谷	Q_{2-3}	0.014	9	10	2006.10.31
qz08	乌兰不拉村西南	沟谷	Q_3S	14.500	10	10	2006.10.31
qz09	乌兰不拉村北沟	沟谷	N_2b	0.014	14	10	2006.10.31
qz10	乌兰不拉村北沟	沟谷	Q_{2-3}	0.020	14	10	2006.10.30
qz11	乌兰不拉村北沟	沟谷	Q_3S	0.014	15	9	2006.10.31
qz12	乌兰不拉村北沟	沟谷	Q_{2-3}	0.030	14	10	2006.10.31
qz13	贺家也西北沟	沟谷	N_2b	0.020	16	9	2006.10.31
qz14	东黑圪塔	沟谷	J_2y^4	0.030	14	12	2006.10.31
qz15	西黑圪塔	沟谷	N_2b	0.020	15	9	2006.10.30
qz16	前姚家峁	沟谷	Q_3	0.050	15	10	2006.11.01
qz17	乔家圪崂	沟谷	J_2y	0.001	14	10	2006.11.01
qz18	乔家圪崂东	沟谷	J_2y	0.020	17	10	2006.11.01
qz19	高言德伙盘西沟	沟谷	N_2b	0.240	16	10	2006.11.01
qz20	神树圪崂北沟	沟谷	Q_3	0.030	11	9	2006.11.03

续表

编号	地理位置	地貌单元	含水层	流量/(L/s)	水温/℃	气温/℃	调查日期
qz21	神树圪崂北沟	沟谷	Q_{2-3}	0.030	12	10	2006.11.03
qz22	东伙盘西沟	沟谷	J_2y	0.020	13	8	2006.11.03
qz23	后姚家峁北沟	沟谷	Q_{2-3}	0.001	16	10	2006.11.03
qz24	赵苍峁南沟	沟谷	J_2y	0.001	10	8	2006.11.04
qz25	关老庙北沟	沟谷	J_2y	0.040	11	9	2006.11.04
qz26	石岩畔	沟谷	Q_{2-3}	0.020	12	9	2006.11.05
qz27	石岩畔东 1100m	沟谷	J_2y	0.020	13	10	2006.11.05
qz28	石岩畔东 1100m	沟谷	J_2y	0.001	13	10	2006.11.05

注：表中编号 q 和 qz 中的部分水泉为同一处水泉。

由表 2-16 可知，张家峁煤矿泉水均出露在沟谷。总体而言，井田内的泉流量大于 1L/s 有 5 处，主要位于在南部和西部大面积风沙滩地区边缘，可见张家峁煤矿内萨拉乌苏组潜水含水层富水性较好。其中，流量最大的是乌兰不拉村西南(qz08)泉点，其补给来源为 2^{-2} 煤层烧变岩和上覆萨拉乌苏组潜水含水层，该泉点 2006 年调查时流量为 14.500L/s，而 2013 年调查时流量为 5.00L/s，表明泉水补给区富水性有所下降。中西部的黄土梁峁地区，沟壑纵横，泉水出水量均小于 0.3L/s。

2) 抽水试验

截至 2015 年 6 月，张家峁煤矿泉点和抽水钻孔分布如图 2-24 所示，抽水地层包括沙层、风化基岩、火烧区和煤层上覆未风化基岩，单位涌水量为 0.00002～14.7306L/(s · m)，渗透系数为 0.000026～197.7087m/d。

火烧区内的 16 个抽水钻孔抽水试验成果及参数见表 2-17，其中，抽水地层为烧变岩的钻孔有 6 个。由表 2-17 可知，火烧区内含水层富水性不均一，2^{-2} 煤火烧区内的抽水钻孔主要表现为中等富水性和强富水性，3^{-1} 煤火烧区内的抽水钻孔主要表现为中等富水和弱富水性，4^{-2} 煤火烧区内的抽水钻孔以弱富水性为主。除 $B_{火8水}$ 钻孔外，抽水层位为烧变岩的其他钻孔的单位涌水量均大于 0.1500L/(s · m)。由此可知，张家峁煤矿 2^{-2}、3^{-1}、4^{-2} 煤烧变岩富水性总体较好。

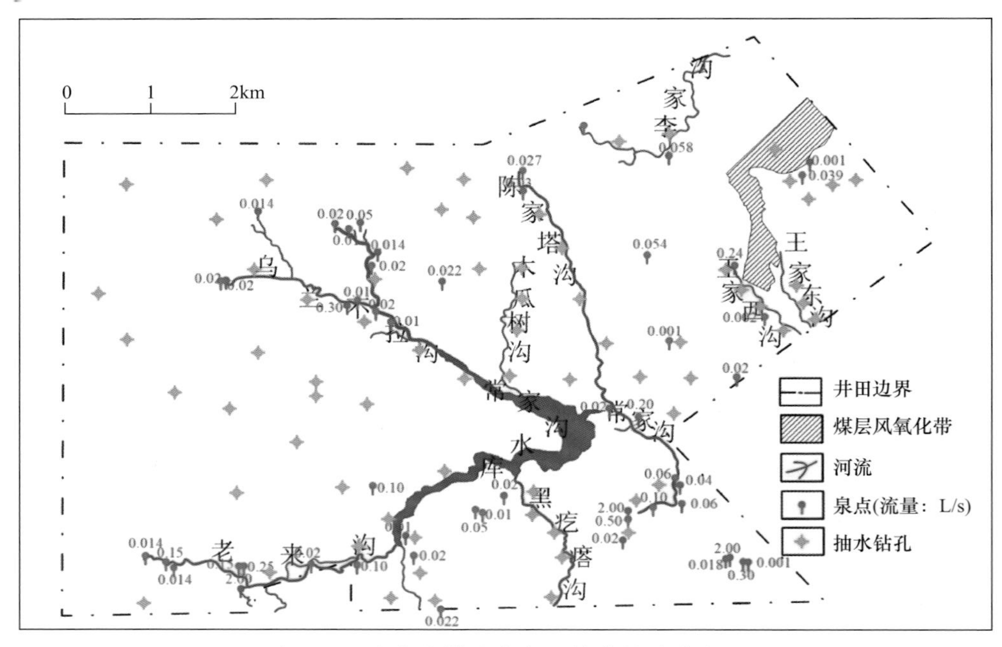

图 2-24 张家峁煤矿泉点和抽水钻孔分布图

表 2-17 火烧区内抽水钻孔抽水试验成果及参数

孔号	抽水地层	含水层厚度/m	静水位标高/m	水位降深/m	涌水量/(L/s)	单位涌水量/[L/(s·m)]	渗透系数/(m/d)	所处火烧区
$B_{21水}$	2^{-2}煤烧变岩	1.45	+1186.29	9.53	1.7000	0.1783	2.7028	2^{-2}煤
$B_{5水}$	2^{-2}煤烧变岩	3.10	+1185.31	9.00	21.8730	2.4300	11.3350	2^{-2}煤
$B_{6水}$	2^{-2}煤烧变岩	5.05	+1184.74	9.00	21.3010	2.3670	55.4500	2^{-2}煤
H_{05}	J_2y	126.35	+1190.61	21.61	0.3739	0.0173	0.0126	2^{-2}煤
SK_5	风化基岩	18.10	+1190.00	8.00	0.0058	0.0007	0.0050	2^{-2}煤
$B_{火8水}$	3^{-1}煤烧变岩	2.40	+1168.91	12.74	0.0540	0.0042	0.0408	3^{-1}煤
$B_{20水}$	3^{-1}煤烧变岩	4.95	+1182.21	10.98	2.2450	0.2045	0.4461	3^{-1}煤
$B_{30水}$	J_2y^3	3.80	+1160.28	18.32	0.7940	0.0433	0.3876	3^{-1}煤
风检 1	J_2y^1-J_2y^2	41.18	+1137.97	65.01	0.0300	0.0005	0.0009	4^{-2}煤
318	J_2y^2-J_2y^3	32.21	+1130.69	11.76	0.1700	0.0145	0.0448	4^{-2}煤
318	J_2y^1-J_2y^2	42.41	+1088.28	10.69	0.0029	0.0003	—	4^{-2}煤
H_{17}	4^{-2}煤烧变岩	3.85	+1137.34	3.00	1.5188	0.5063	11.9700	4^{-2}煤
ZK_{11}	J_2y	45.87	+1127.50	28.65	0.0190	0.0007	0.0012	4^{-2}煤
ZK_2	J_2y	36.28	+1144.30	30.36	0.0240	0.0008	0.0016	4^{-2}煤

续表

孔号	抽水地层	含水层厚度/m	静水位标高/m	水位降深/m	涌水量/(L/s)	单位涌水量/[L/(s·m)]	渗透系数/(m/d)	所处火烧区
ZK_5	J_2y	54.38	+1134.24	28.55	0.0230	0.0008	0.0010	4^{-2}煤
ZK_8	J_2y	6.02	+1133.38	0.62	9.1330	14.7310	197.7100	4^{-2}煤

3) 井下探放水

井下探放水是防止矿井水害发生的重要方法。矿井开采过程中要坚持“预测预报、有疑必探、先探后掘、先治后采”的原则，对可能发生突水的地点，应详细探明基岩裂隙的发育程度、含水层富水性、富水位置、断裂破碎带的分布位置及其富水性，并针对性地进行井下探放水，以减轻煤层顶部水压，减小初次垮落时的矿井涌水量及回采过程中矿井涌水量。

张家峁煤矿在一盘区进行过多次探放水工作。在15203工作面进行了4^{-2}煤层14201工作面采空区探放水工程，共施工钻孔4个，累计放水159.63m^3。结果表明，15203工作面范围内的5^{-2}煤层至4^{-2}煤层间富水性较弱。

4) 烧变岩含水层结构

由于张家峁煤矿二盘区2^{-2}煤和3^{-1}煤煤层重叠燃烧，煤层底板由东向西变低，使其底板埋藏在侵蚀基准面以下，地下水不易排泄，形成储水构造。又由于有萨拉乌苏组潜水的充足补给，且局部保德红土缺失，常常形成了强富水区。一盘区由于沟壑发育，地形起伏大，切割强烈，火烧区纵深小，是不利的储水构造，地下水不易赋存。

5) 烧变岩含水层补径排特征

张家峁煤矿烧变岩含水体除在露头地段接受大气降水的直接入渗补给外，还在其上部离石黄土和保德红土缺失地段接受上覆松散沙层潜水的垂直渗透补给，若烧变岩位于侵蚀基准面以下时，在局部地段还接受地表水的侧向补给，位于常家沟水库附近的4^{-2}、4^{-3}煤烧变岩接受水库水补给。烧变岩含水层地下水总的径流方向是由西向东，其间还受局部地形地貌条件控制，从分水岭地带向周围沟谷移动，在沟壑区以泉或潜流的形式排泄。

6) 烧变岩含水层富水性

张家峁煤矿富水区位于井田西部风沙滩地，地表被松散沙层覆盖，地势相对比较平坦，宜于降水入渗，降水易形成地下水，且赋存条件好，沟流宽缓，泉水出露较多；贫水区位于东部黄土丘陵沟壑区，遭受侵蚀作用强烈，冲沟密布，地形破碎，坡陡沟深，地表覆盖较厚的黄土层，利于地表径流及地下水的排泄，大气降水对含水层的补给较少。

第3章　砂泥岩叠合离层水害成因与防控技术

3.1　砂泥岩叠合离层水害及其特征

3.1.1　离层水害发生过程

红柳煤矿010201工作面为矿井01采区的首采工作面，位于井田中东部，大致平行于一号回风立井进场道路，位于路东204～514m，距离一号回风斜井井口512～1911m。工作面开采侏罗系延安组2煤，埋深为150～350m，走向长1379m，平均倾斜长306m，煤层厚度为4.3～5.8m，平均为5.3m，倾角为5.3°～15.5°，平均为8.5°，可采储量278万t。010201工作面采掘工程平面布置见图3-1。

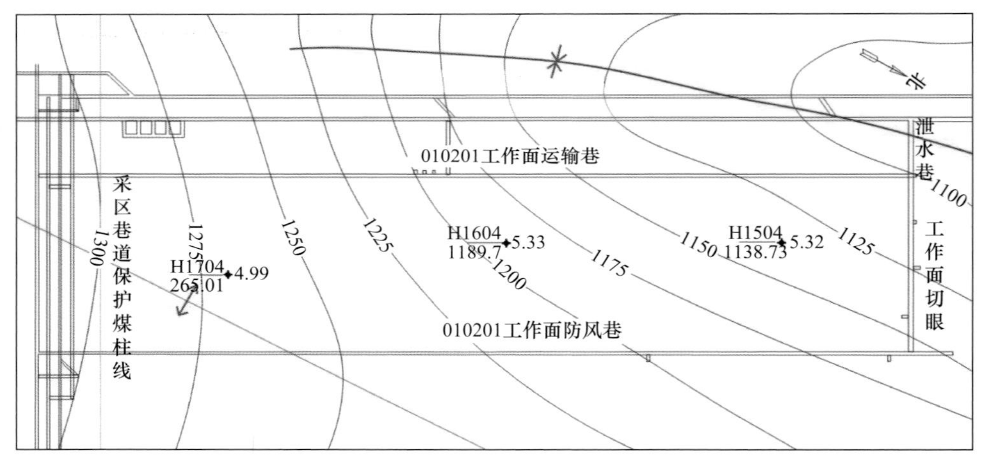

图3-1　010201工作面采掘工程平面布置图

010201工作面直接顶为粉砂岩，厚度为8～10m，老顶为直罗组粗砂岩，厚度为14.66m，其上部为15m的粉砂岩和10m的泥岩，再向上为40.6m的粗砂岩。010201工作面于2009年9月30日开始回采，根据水文地质资料，预测工作面涌水量为57～150m³/h(不包括设备冷却等用水)。但是，工作面回采过程中实际涌水量与预测涌水量出现较大差异：①工作面回采10m左右，直接顶陆续垮落，采空区涌水量为 10～15m³/h；②11 月 2 日，工作面平均回采至 42.5m 处时，采空区涌水量增加到 35m³/h；③11 月 3 日 2:00，工作面平均回采至 46.5m 处时，采空区涌水量突然增加到 80m³/h，持续时间约 7h，9:00 时涌水量逐渐增加到 175m³/h，之后趋于稳定，持续时间约 37h；④11 月 4 日 22:00～11 月 5 日 2:00，涌水量增加到 195m³/h，9:00 时最大涌水量达 212m³/h，20:00 后涌水量稳定在 195m³/h 左右，持续时间约 90h；⑤11 月 9 日 15:00～24:00，涌水量逐渐减小并稳定在 135m³/h 左右；⑥11 月 21 日 12:30，工作面平均回采至 56m，泄水巷密闭处涌水量突然增大，实测涌水量为 460m³/h；13:18 之后，水位快速上涨，密闭墙内水压不断增加，13:18～14:00，工作面涌水量达到 1817m³/h，14:20～次日 3:00，涌水量为 310m³/h，之后涌水量逐渐减小并稳定在 120m³/h；⑦工作面于 2010 年 3 月 3 日和 3 月 25 日分别发生两次规模较大的顶板集中涌水，其涌水量峰值分别达到 793m³/h 和 3000m³/h，导致工作面被淹。

由此可见，010201 工作面回采过程中表现出明显的离层突水特征，瞬时最大涌水量达 3000m³/h，并淹没工作面，给正常生产造成较大影响。

3.1.2 离层水害周期性特征

010201 工作面历次顶板水害情况见表 3-1。从表 3-1 可以看出，工作面历次顶板水害具有明显的周期性。

表 3-1 010201 工作面历次顶板水害情况

序号	回采日期	工作面回风巷回采距离/m	工作面运输巷回采距离/m	平均回采距离/m	之前涌水量/(m³/h)	最大涌水量/(m³/h)	稳定涌水量/(m³/h)	总涌水量/m³
1	2009.11.03	39.0	54.0	46.5	15	212	135	31800
2	2009.11.21	47.5	64.5	56.0	135	1817	120	5670
3	2010.03.03	100.7	124.3	112.5	90	793	108	55700
4	2010.03.25	172.0	200.0	186.0	108	3000	178	121880

3.1.3 工作面覆岩结构特征

010201 工作面范围内自北西向南东依次有 H1504、H1604 和 H1704 钻孔。根据其柱状资料，2 煤直接顶为粉砂岩，平均厚度为 10m；基本顶为直罗组下段下分层粗砂岩，厚度为 14.66～47.17m，平均厚度为 22m；之上为 7.0～25.5m 厚的粉砂岩、泥岩，平均厚度为 20m，为隔水层；再向上厚度为 29.07～41.76m，平均厚度为 40m 的直罗组下段上分层粗砂岩含水层(表 3-2)。

表 3-2　010201 工作面覆岩结构特征

序号	岩性	平均厚度/m	岩性特征	备注
1	表土	4	第四系黄沙	—
2	黏土	45	红色，块状，泥质胶结，含少量砂粒，松散	—
3	泥岩	76	浅灰、灰绿、杂色，团块状，含包体，局部含砂量较高，岩石细腻，胶结致密	—
4	细砂岩	32	灰白色，以石英、长石为主，含大量云母，夹粉砂岩条带，局部见少量植物化石，岩石坚硬	—
5	粉砂岩	14	黑灰色，薄层状，泥质胶结	—
6	细砂岩	12	灰白色，以石英为主，含大量云母，层面富集暗色矿物，具波状水平层理	—
7	粗砂岩	40	灰白色，巨厚层状，以石英、长石为主，见泥质结核，泥质胶结为主，局部钙质胶结，松散易碎	上分层含水层
8	粉砂岩、泥岩	20	蓝灰、褐红、灰绿色，团块状，含包体，泥质成分较高，夹粉砂岩条带，局部泥粉互层，岩石细腻，胶结致密	隔水层
9	粗砂岩	22	灰白色，巨厚层状，以石英、长石为主，富含云母，粒径自上而下变大，泥质胶结	下分层含水层
10	粉砂岩	10	深灰色，泥质胶结，富含炭屑及炭化的植物茎叶化石，岩心破碎，半坚硬	直接顶
11	2 煤	5	深灰色，泥质胶结，富含炭屑及炭化的植物茎叶化石，岩心破碎，半坚硬	开采煤层
12	粉砂岩	20	深灰色，泥质胶结	直接底

3.2　砂泥岩叠合离层水害形成机理

通过对 010201 工作面顶板岩层组合和涌水情况进行综合分析，其涌水表现为砂泥岩叠合型离层水害的特征。为了避免水害再次发生，需要查明砂泥岩叠合离层水害的形成机理，进而制订相应的防控措施。首先，利用灰色关联度法、语气算子比较法、三角形隶属度函数和模糊综合评判法对工作面充水含水层进行富水性分区；其次，利用 RFPA 和 $FLAC^{3D}$ 数值模拟软件研究工作面开采覆岩破坏规律；最后，利用莫尔-库仑准则、数值模拟和相似材料物理模拟对离层发育的层位进行判别，从而揭示砂泥岩叠合离层水害的形成机理，利用数值模型对离层形成空间及地下水渗流速度进行分析，提出离层水害的主控因素，为水害防控提供依据。

3.2.1　含水层富水性研究

1. 含水层富水性评价指标的确定

影响直罗组下段含水层富水性的因素是多方面的，如含水层的砂地比、砂岩厚度、粗砂岩厚度和砂岩层数等，其中砂岩厚度是影响地下水赋存的重要因素，厚度大则储水空间大，砂岩如果层数较多，就会限制砂岩含水层中构造裂隙的延展和不同砂体之间的水力联系，降低含水层的富水性。这些因素也是相互作用、相互影响的，如地层的砂地比较大，则相应的砂岩和粗砂岩厚度较大，砂岩层数就会较少，这时含水层的富水性就较好。

直罗组下段含水层往往存在大量裂隙，富水性受裂隙发育的影响。裂隙发育与构造发育有密切联系。构造发育主要取决于断裂构造和褶皱构造的发育程度，与断裂构造的规模、密集程度和褶皱构造特征等有关。

综上所述，直罗组下段含水层同时受到沉积控水和构造控水作用的影响，因此将含水层的沉积特征参数和构造特征参数作为富水性评价指标。结合红柳煤矿首采区的具体情况，选取直罗组下段含水层的砂地比、砂岩厚度、粗砂岩厚度、砂岩层数、断层分维值和褶皱分维值作为评价富水性的指标。

1) 含水层沉积特征的富水性评价指标

(1) 砂地比：在大区域刻画直罗组含水层沉积相的重要指标，同时反映地层中砂岩的含量。根据井田水文地质条件可知，直罗组下段含水层主要为中、粗砂岩，其含量较大时含水层的储水空间和渗透性能相对较好。

(2) 砂岩厚度：指粗砂岩、中砂岩和细砂岩等含水介质的累计厚度，砂岩厚度作为决定含水层富水性的先决条件，是地下水主要的赋存空间，也是影响地下水赋存的重要因素。厚度大的区段单位面积上静储量较大，富水性较好；反之，厚度小，则富水性较差。

(3) 粗砂岩厚度：直罗组下段含水层粗砂岩主要为辫状河河道砂体沉积，是构成直罗组下段含水层的主体，并且孔隙度相对中砂岩和细砂岩较大，根据对不同岩性的岩石的物理测试，粗砂岩的给水度和渗透性都较大，因此其厚度可以有效表征直罗组下段含水层的富水性。

(4) 砂岩层数：在含水层厚度一致的条件下，砂岩层数较多意味着单层砂岩较薄，含水层中地下水的水力联系被减弱，导致含水层富水性变差；反之，如果砂岩层数较少，相应的单层砂岩厚度增加，在平面上易形成连通砂体，使含水层的富水性增强。

2) 含水层构造特征的富水性评价指标

(1) 断层分维值：一般来说，在断层附近构造裂隙较为发育，成为地下水储存的主要空间和径流的主要通道。根据分析已有的涌水资料和矿井防治水经验可知，一般在断层发育、密度大的地方容易发生涌水；为了定量评价井田某一范围内断层和褶皱的复杂性，必须要求相应的评价指标既便于获取，又具有客观性。近年来的研究成果表明，断层和褶皱构造网络是一种具有分形结构的复杂系统。定量描述分形结构不规则性的分维值可以作为定量评价断层、褶皱复杂程度的一种指标，比其他指标(如断层密度)更客观、更准确，能反映构造网络的复杂变化。

相似维度是应用最多的一种分维值，设 $F(r)$是 R_n 上任意非空有界子集，$N(r)$为覆盖 $F(r)$所需的分形基元 B 的相似集 r_B 的最小个数集合。如果 $r\to 0$ 时，$N(r)\to\infty$，则定义集合 $F(r)$的相似维度为

$$D_s = \dim F(r) = \lim_{r\to 0}\frac{\lg N(r)}{-\lg r} \tag{3-1}$$

式中，D_s 为 $F(r)$的相似维度，无量纲；$\dim F(r)$为 $F(r)$的维度，无量纲；$F(r)$为任意非空有界子集，无量纲；$N(r)$为覆盖 $F(r)$所需的分形基元 B 的相似集的最小个数集合，无量纲。

本小节首先将研究区按照经纬网格划分为若干个 500m×500m 的正方形块段，在每个块段内，对研究区内所有的断层进行统计，记录有断层迹线穿过的网络数目 $N(r)$，然后不断缩小网格，依次得到 r 为 250m、125m 和 62.5m 的 $N(r)$值，将其投放在 $\lg N(r)$-$\lg r$ 的双对数坐标系中，所得拟合直线斜率的绝对值即为该块段的相似维度 D_s。

$$D_s = \left|\frac{N * \sum_{i=1}^{n} N(r)_i r_i - \sum_{i=1}^{n} N(r)_i \sum_{i=1}^{n} r_i}{n * \sum_{i=1}^{n} r_i^2 - \left(\sum_{i=1}^{n} r_i\right)^2}\right| \tag{3-2}$$

式中，D_s 为断层的相似维度；r 为正方形块段的边长，m；$N(r)$为断层迹线穿过的网格数目，个；N 为划分网格的次数。

把各块段的分维值赋给该块段的中心点，采用克里格插值法绘制红柳煤矿首采区断层分维值等值线图(图 3-2)。

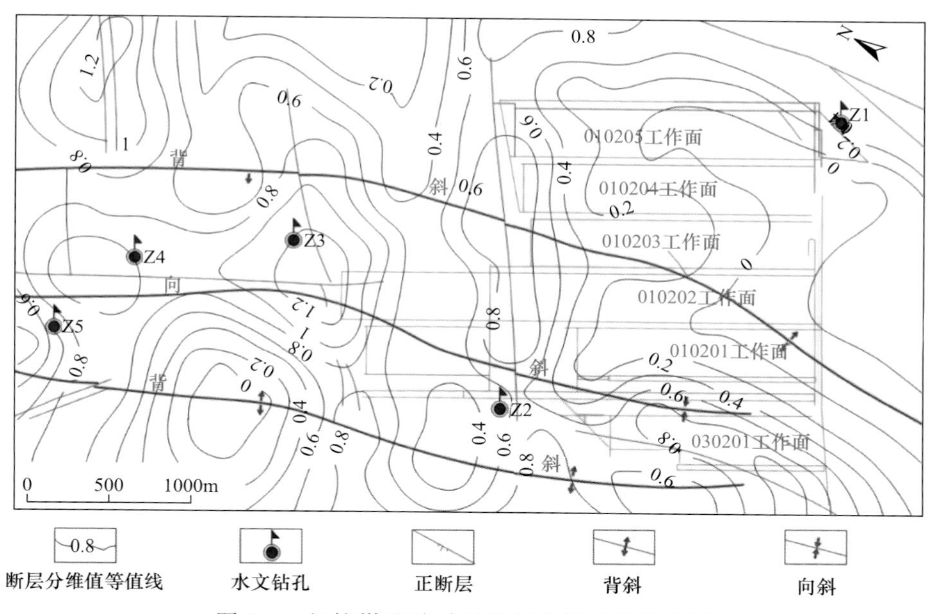

图 3-2　红柳煤矿首采区断层分维值等值线图

(2) 褶皱分维值：褶皱轴部受力集中，裂隙往往比较发育，背斜通常表现为拉张作用，向斜轴部通常表现为挤压作用。因此，在不同地应力的作用下，褶皱轴部及附近的裂隙较为发育，一定程度上成为地下水的储存场所和径流通道。同断层分维值研究类似，将研究区按照经纬网格划分为 500m×500m 的块段，计算得到各个块段的分维值。由于褶皱的紧闭程度影响其对岩石的破坏程度，应该根据褶皱的紧闭程度对褶皱的分维值进行修正，然后绘制等值线，以便更准确地表达褶皱对岩石的破坏程度。褶皱的紧闭程度可由翼间角 α 来反映，翼间角是褶皱两翼相交的二面角，在煤层底板等高线图上可以近似获得。根据翼间角的大小，可以将褶皱分为极平缓褶皱、平缓褶皱、开阔褶皱、中常褶皱、紧闭褶皱和等斜褶皱，并且赋予相应的修正系数(表 3-3)。

表 3-3　基于翼间角的褶皱类型及修正系数

翼间角	褶皱类型	修正系数
$180°>\alpha\geqslant170°$	极平缓褶皱	1.0
$170°>\alpha\geqslant120°$	平缓褶皱	1.1
$120°>\alpha\geqslant70°$	开阔褶皱	1.2
$70°>\alpha\geqslant30°$	中常褶皱	1.4
$30°>\alpha\geqslant5°$	紧闭褶皱	1.6
$5°>\alpha>0°$	等斜褶皱	1.8

用褶皱的分维值乘以相应的修正系数可以得到修正后的分维值。把块段修正后的分维值赋给该块段的中心点，采用克里格插值法绘制出修正后的红柳煤矿首采区褶皱分维值等值线图(图 3-3)。

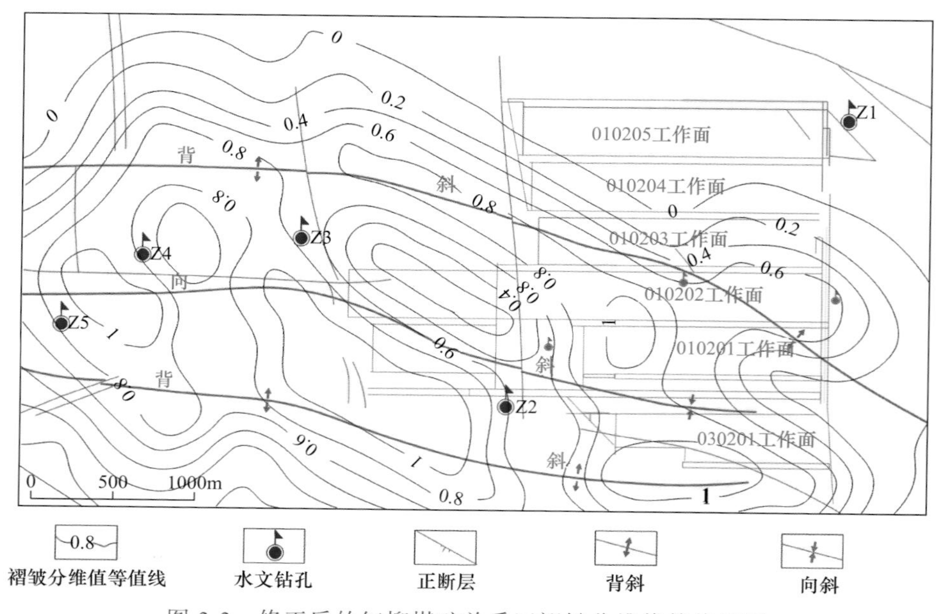

图 3-3　修正后的红柳煤矿首采区褶皱分维值等值线图

2. 含水层富水性评价体系

影响富水性的指标主要有含水层的砂地比、砂岩厚度、粗砂岩厚度、砂岩层数、断层分维值和褶皱分维值，对直罗组下段含水层富水性进行评价，结合各水文地质钻孔抽水试验数据及研究区的具体情况，建立含水层富水性评价标准，从一级富水区至五级富水区的富水性依次增强(表 3-4)。

表 3-4　红柳煤矿首采区直罗组下段含水层富水性评价标准

富水性分区	砂地比	砂岩厚度/m	粗砂岩厚度/m	砂岩层数	断层分维值	褶皱分维值
一级富水区	0.80～0.84	0～30	0～24	8～10	0.0～0.2	0.0～0.2
二级富水区	0.84～0.88	30～60	24～48	6～8	0.2～0.4	0.2～0.4
三级富水区	0.88～0.92	60～90	48～72	4～6	0.4～0.6	0.4～0.6
四级富水区	0.92～0.96	90～120	72～96	2～4	0.6～0.8	0.6～0.8
五级富水区	0.96～1.00	120～150	96～120	0～2	0.8～1.0	0.8～1.0

以往研究确定富水性评价指标的权重基本上采用了专家评分法或者与之类似的方法，主观性较强。为了更加客观合理地确定富水性评价指标的权重，本小节先采用灰色关联度法确定出各指标与富水性之间的关联度，在此基础上，采用语气算子比较法确定各评价指标的权重。

3. 含水层富水性及各评价指标的关联度

红柳煤矿首采区水文地质补充勘探中的钻孔资料和各评价指标统计见表 3-5。

表 3-5　红柳煤矿首采区水文地质勘探钻孔资料和各评价指标统计表

钻孔	单位涌水量 /[L/(s · m)]	砂地比	砂岩厚度/m	粗砂岩厚度/m	砂岩层数	断层分维值	褶皱分维值
Z1	0.0245	0.91	62.65	30.60	2	0.42	0.00
Z2	0.0085	0.87	77.15	53.00	2	0.52	0.65
Z3	0.0798	0.92	219.94	57.03	3	1.25	0.75
Z4	0.0085	0.79	123.83	73.34	4	0.95	0.70
Z5	0.0174	0.97	166.33	89.25	3	0.60	0.80

根据灰色关联度计算结果，各评价指标关联度 a 的大小为 $a_{\text{砂岩厚度}}>a_{\text{断层分维值}}>a_{\text{砂地比}}>a_{\text{粗砂岩厚度}}>a_{\text{褶皱分维值}}>a_{\text{砂岩层数}}$。

4. 语气算子比较法确定各评价指标的权重

采用语气算子比较法确定各评价指标的权重向量。设有 6 项含水层富水性评价指标组成的指标集：

$$D=(d_1,d_2,\cdots,d_j,\cdots,d_6)$$

式中，d_j 为指标集中的指标，$j=1,2,\cdots,6$。

首先研究指标集 D 对重要性的二元比较定性排序。指标集 D 中的元素 d_k 与 d_l 就“重要性”作二元比较，包括三种情况：①d_k 比 d_l 重要，记定性标度 $e_{kl}=1$，$e_{lk}=0$；②d_k 与 d_l 同样重要，记 $e_{kl}=0.5$，$e_{lk}=0.5$；③d_l 比 d_k 重要，记 $e_{kl}=0$，$e_{lk}=1$；$k=1,2,\cdots,6$；$l=1,2,\cdots,6$。矩阵

$$E=\begin{bmatrix} e_{11} & e_{12} & \cdots & e_{16} \\ e_{21} & e_{22} & \cdots & e_{26} \\ \vdots & \vdots & & \vdots \\ e_{61} & e_{62} & \cdots & e_{66} \end{bmatrix}=(e_{kl})$$

为指标集 D 对重要性作二元比较的定性排序标度矩阵。在二元比较过程中要求判断思维不出现矛盾，即要求逻辑判断的一致性，其一致性检验条件为：①若 $e_{hk}>e_{hl}$，有 $e_{kl}=0$；②若 $e_{hk}<e_{hl}$，有 $e_{kl}=1$；③若 $e_{hk}=e_{hl}=0.5$，有 $e_{kl}=0.5$，$h=1,2,\cdots,6$。

若定性排序标度矩阵 E 通不过一致性检验条件，则说明判断思维过程自相矛盾，需重新调整排序标度 e_{kl}；若 E 通过一致性检验条件，则可计算 E 的各行元素之和，其排序给出了指标集重要性的定性排序。

为了在二元定量对比中更便于我国的语言习惯，大连理工大学的陈守煜(1998)给出了语气算子与相对隶属度(权重)之间的对应关系，见表 3-6。

表 3-6 语气算子与相对隶属度(权重)关系表

语气算子	同样	稍稍	略为	较为	明显	显著	十分	非常	极其	极端	无可比拟
相对隶属度(权重)	1.000	0.818	0.667	0.538	0.429	0.333	0.250	0.176	0.111	0.053	0.000

根据灰色关联度计算结果，结合研究区的具体情况，认为砂岩厚度比断层分维值稍稍重要，比砂地比略为重要，比粗砂岩厚度较为重要，比褶皱分维值明显重要，比砂岩层数显著重要。构造一致性标度矩阵 F 为

$$F=\begin{bmatrix} 0.5 & 0 & 1 & 1 & 0 & 1 \\ 1 & 0.5 & 1 & 1 & 1 & 1 \\ 0 & 0 & 0.5 & 1 & 0 & 1 \\ 0 & 0 & 0 & 0.5 & 0 & 0 \\ 1 & 0 & 1 & 1 & 0.5 & 1 \\ 0 & 0 & 0 & 1 & 0 & 0.5 \end{bmatrix}\begin{matrix} E_i & 排序 \\ 3.5 & (3) \\ 5.5 & (1) \\ 2.5 & (4) \\ 0.5 & (6) \\ 4.5 & (2) \\ 1.5 & (5) \end{matrix}$$

将一致性标度矩阵 F 每行元素值之和 E_i 作为每个因子的得分，并且根据得分的高低确定每个指标的排序，在确定了指标重要性定性排序以后，将定性排序的最重要指标与其他指标逐一进行二元对比，可应用表中提出的语气算子与对重要性的相对隶属度的对应关系，根据经验知识，逐一判断最重要指标与其他指标语气算子间的比较关系。按确定的比较关系，可以得到二元比较矩阵 C。

$$C=\begin{bmatrix} 1 & 0.667 & 1.222 & 1.859 & 0.818 & 1.499 \\ 1.499 & 1 & 1.859 & 3.003 & 2.331 & 2.331 \\ 0.818 & 0.538 & 1 & 1.499 & 0.667 & 1.222 \\ 0.538 & 0.333 & 0.667 & 1 & 0.429 & 0.818 \\ 1.222 & 0.818 & 1.499 & 2.331 & 1 & 1.859 \\ 0.667 & 0.429 & 0.818 & 1.222 & 0.538 & 1 \end{bmatrix}$$

用 MATLAB 可以计算出矩阵 C 的最大特征值 λ_{max}=6.1455，对应的特征向量 W=(0.3790, 0.6638, 0.3081, 0.2012, 0.4688, 0.2500)，归一化为 A=(0.167, 0.293, 0.136, 0.089, 0.206, 0.110)。

由于含水层富水性的复杂性和对其认识的片面性，需要对所构造的判断矩阵求出的特征向量(权值)是否合理进行一致性和随机性检验，检验公式为

$$\mathrm{CR}=\mathrm{CI}/\mathrm{RI} \tag{3-3}$$

式中，CR 为判断矩阵的随机一致性比率；RI 为判断矩阵的平均随机一致性指标；CI 为判断矩阵一致性指标，计算公式如下：

$$\mathrm{CI}=\frac{1}{m-1}(\lambda_{max}-m) \tag{3-4}$$

式中，λ_{max} 为最大特征值；m 为判断矩阵阶数。RI 由大量试验给出，对于低阶判断矩阵，RI 的取值见表 3-7。

表 3-7 RI 的取值

m	1	2	3	4	5	6	7	8	9	10	11
RI	0.00	0.00	0.58	0.90	1.12	1.24	1.32	1.41	1.45	1.49	1.51

当 CR<0.10 时，即认为判断矩阵具有满意的一致性，说明权数分配是合理的；否则，需要调整判断矩阵，直到达到一定的一致性为止。

在确定了权重集后，对其进行一致性检验。m=6，由表 3-7 可以查出 RI=1.24，故有

$$\mathrm{CI}=\frac{\lambda_{max}-m}{m-1}=\frac{6.1455-6}{6-1}=0.0291$$

$$\mathrm{CR}=\frac{\mathrm{CI}}{\mathrm{RI}}=\frac{0.0291}{1.24}=0.023<0.10$$

由此可见，所构造的判断矩阵具有较好的一致性，说明权数分配合理。

5. 建立模糊评判矩阵

红柳煤矿首采区地质勘探钻孔较多，不能全部参与分析，选取 H8、H10、

H12、H14、H16 和 H18 勘探线上的 H801、H803、H805、H806、H1001、H1003、H1005、H1006、H1201、H1203、H1205、H1206、H1401、H1403、H1405、H1406、H1601、H1603、H1605、H1801、H1802 和 H1805 钻孔，以砂地比、砂岩厚度、粗砂岩厚度、砂岩层数、断层分维值和褶皱分维值作为含水层富水性评价的指标，建立模糊关系矩阵。

$$R=\begin{bmatrix} r_{11} & r_{12} & \cdots & r_{1n} \\ r_{21} & r_{22} & \cdots & r_{2n} \\ \vdots & \vdots & & \vdots \\ r_{m1} & r_{m2} & \cdots & r_{mn} \end{bmatrix}$$

式中，R 为 $U\times V$ 上的模糊子集，通常称为模糊关系矩阵，由各单因素评判结果得到；r_{mn} 为第 m 个因素对第 n 个评语的隶属度。

隶属函数的建立是用来刻画模糊集合的，即用来计算 r_{mn}。对模糊对象只有给出切合实际的隶属函数，才能应用模糊数学方法进行计算。三角形隶属度函数是最常见最简单的一种模糊隶属度函数，在此 $r_{ij}(x)$ 均选取三角形隶属度函数。

$$r_{ij}(x)=\begin{cases} (x-x_{i-1})/(x_i-x_{i-1})\, x\in[x_{i-1},x_i], i=1,2,\cdots,m \\ (x_{i+1}-x)/(x_{i+1}-x_i)\, x\in[x_i,x_{i+1}], j=1,2,\cdots,n \\ 0, \qquad\qquad \text{其他情况} \end{cases} \tag{3-5}$$

将 H801 钻孔的砂地比代入式(3-5)，可得到 H801 钻孔的砂地比隶属度向量 r=(0.75, 0.25, 0, 0, 0)。

同理，可以求出 H801 钻孔其他评价指标相应的隶属度向量，下面仅列出结果，不再详述。

$$R_{\mathrm{H801}}=\begin{bmatrix} 0.75 & 0.25 & 0 & 0 & 0 \\ 0 & 0.90 & 0.10 & 0 & 0 \\ 0 & 0.57 & 0.43 & 0 & 0 \\ 0 & 0 & 0 & 1 & 0 \\ 0 & 0 & 0 & 0.25 & 0.75 \\ 1 & 0 & 0 & 0 & 0 \end{bmatrix} \quad R_{\mathrm{H803}}=\begin{bmatrix} 0.25 & 0.75 & 0 & 0 & 0 \\ 0.24 & 0.76 & 0 & 0 & 0 \\ 0.75 & 0.25 & 0 & 0 & 0 \\ 0 & 0 & 0.50 & 0.50 & 0 \\ 0 & 0 & 0 & 0.50 & 0.50 \\ 0 & 0 & 1 & 0 & 0 \end{bmatrix}$$

$$R_{\mathrm{H805}}=\begin{bmatrix} 0 & 0 & 0 & 0 & 1 \\ 0 & 0 & 0.42 & 0.58 & 0 \\ 1 & 0 & 0 & 0 & 0 \\ 0 & 0 & 0 & 1 & 0 \\ 0 & 0 & 0 & 0.50 & 0.50 \\ 0 & 0 & 0.10 & 0.90 & 0 \end{bmatrix} \quad R_{\mathrm{H806}}=\begin{bmatrix} 0 & 0 & 0 & 0 & 1 \\ 0 & 0 & 0.83 & 0.17 & 0 \\ 0 & 0 & 0.43 & 0.57 & 0 \\ 0 & 0 & 0 & 1 & 0 \\ 0 & 0 & 0 & 0.75 & 0.25 \\ 1 & 0 & 0 & 0 & 0 \end{bmatrix}$$

$$R_{H1001}=\begin{bmatrix}0.25&0.75&0&0&0\\0&0.85&0.15&0&0\\0.15&0.85&0&0&0\\0&0&0&0.50&0.50\\0.75&0.25&0&0&0\\1&0&0&0&0\end{bmatrix}\quad R_{H1003}=\begin{bmatrix}0.50&0.50&0&0&0\\0&0.68&0.32&0&0\\0&0.22&0.78&0&0\\0&0&0&0.50&0.50\\0&0&1&0&0\\0&0&0&0.75&0.25\end{bmatrix}$$

$$R_{H1005}=\begin{bmatrix}0&0&0&0&1\\0&0&0&0.81&0.19\\0&0&0&0&1\\0&0&0&0&1\\1&0&0&0&0\\0&0.10&0.90&0&0\end{bmatrix}\quad R_{H1006}=\begin{bmatrix}0&0&0&0&1\\0&0&0&0.35&0.65\\0&0&0&0.53&0.47\\0&0&1&0&0\\0&1&0&0&0\\1&0&0&0&0\end{bmatrix}$$

$$R_{H1201}=\begin{bmatrix}0&0&0&0&1\\0&0.64&0.36&0&0\\0&0.17&0.83&0&0\\0&0&0&0&1\\1&0&0&0&0\\1&0&0&0&0\end{bmatrix}\quad R_{H1203}=\begin{bmatrix}0&0&0&0&1\\0&0.06&0.94&0&0\\0&0.65&0.35&0&0\\0&0&0&0.50&0.50\\0&0&0&1&0\\0&0&0.40&0.60&0\end{bmatrix}$$

$$R_{H1205}=\begin{bmatrix}0&0&0&0&1\\0&0&0.67&0.33&0\\0&0&0.86&0.14&0\\0&0&0&0&1\\0&0&0.25&0.75&0\\0&0&0&0&1\end{bmatrix}\quad R_{H1206}=\begin{bmatrix}0&0&0&0&1\\0&0&0&0&1\\0&0&0.29&0.71&0\\0&1&0&0&0\\0&0&0&0.50&0.50\\0&0.15&0.85&0&0\end{bmatrix}$$

$$R_{H1401}=\begin{bmatrix}0&0&0&0&1\\0&0.12&0.88&0&0\\0&0.86&0.14&0&0\\0&0&0&0.50&0.50\\0&0&0.10&0.90&0\\1&0&0&0&0\end{bmatrix}\quad R_{H1403}=\begin{bmatrix}0&0&0&0&1\\0&0.26&0.74&0&0\\0&0&0.99&0.01&0\\0&0&0&0.50&0.50\\0&0&0&0.40&0.60\\0&0&0.90&0.10&0\end{bmatrix}$$

$$R_{H1405}=\begin{bmatrix}0&0&0.50&0.50&0\\0&0&0.96&0.94&0\\0&0&0.32&0.68&0\\0&0&0&0.50&0.50\\0&0&0.35&0.65&0\\0&0&0.95&0.05&0\end{bmatrix}\quad R_{H1406}=\begin{bmatrix}0&0&0.75&0.25&0\\0&0.06&0.94&0&0\\0.03&0.97&0&0&0\\0&0&0&1&0\\0&0&0&0&1\\0&0&1&0&0\end{bmatrix}$$

$$R_{H1601}=\begin{bmatrix}0&0&0&0&1\\0&0.50&0.50&0&0\\0.16&0.84&0&0&0\\0&0&0&1&0\\1&0&0&0&0\\1&0&0&0&0\end{bmatrix}\quad R_{H1603}=\begin{bmatrix}1&0&0&0&0\\0&0.62&0.38&0&0\\0.20&0.80&0&0&0\\0&0&0&0.50&0.50\\0&0&1&0&0\\0&0&0.50&0.50&0\end{bmatrix}$$

$$R_{H1605}=\begin{bmatrix}0&0&0&0.75&0.25\\0&0.04&0.96&0&0\\0&0&0.42&0.58&0\\0&0&0&0.50&0.50\\0&0.60&0.40&0&0\\0&0&0&0.75&0.25\end{bmatrix}\quad R_{H1801}=\begin{bmatrix}0&0&0&0&1\\0&0&0.93&0.07&0\\0&0.96&0.04&0&0\\0&0&0&0.50&0.50\\1&0&0&0&0\\1&0&0&0&0\end{bmatrix}$$

$$R_{H1802}=\begin{bmatrix}0&0&0&0&1\\0.56&0.44&0&0&0\\0.33&0.67&0&0&0\\0&0&0&0&1\\0.85&0.15&0&0&0\\0&0.85&0.15&0&0\end{bmatrix}\quad R_{H1805}=\begin{bmatrix}0&0&0&0&1\\0&0&0.89&0.11&0\\0.69&0.31&0&0&0\\0&0&1&0&0\\1&0&0&0&0\\1&0&0&0&0\end{bmatrix}$$

6. 基于模糊综合评价的含水层富水性评价

模糊综合评判数学模型的基本形式为 $B=A\circ R$。其中，$A=(a_1, a_2, \cdots, a_n)$，为 n 个参与模糊综合评判因素的权重；R 为模糊综合评判矩阵；B 为对象的综合评判结果，$B=(b_1, b_2, \cdots, b_m)$；$\circ$ 为合成运算算子。加权平均算子对所有因素权重大小均衡兼顾，因此在这里采用了加权平均算子。

$$B_{\text{H801}} = A \circ R_{\text{H801}}$$

$$= (0.167, 0.293, 0.136, 0.089, 0.206, 0.110) \circ \begin{bmatrix} 0.75 & 0.25 & 0 & 0 & 0 \\ 0 & 0.90 & 0.10 & 0 & 0 \\ 0 & 0.57 & 0.43 & 0 & 0 \\ 0 & 0 & 0 & 1 & 0 \\ 0 & 0 & 0 & 0.25 & 0.75 \\ 1 & 0 & 0 & 0 & 0 \end{bmatrix}$$

$$= (0.24,\ 0.38,\ 0.09,\ 0.14,\ 0.15)$$

根据最大隶属度原则，H801 钻孔所揭露含水层属于二级富水区。同理，计算所有钻孔的隶属度向量，在此基础上得到所揭露含水层的富水性分区，计算结果见表 3-8。

表 3-8　模糊综合评判结果及含水层的富水性分区

钻孔	对各级富水性的隶属度					分区结果	钻孔	对各级富水性的隶属度					分区结果
	一级	二级	三级	四级	五级			一级	二级	三级	四级	五级	
H801	0.24	0.38	0.09	0.14	0.15	二级	H1206	0.00	0.11	0.13	0.20	0.56	五级
H803	0.21	0.38	0.15	0.15	0.10	二级	H1401	0.11	0.15	0.30	0.23	0.21	三级
H805	0.14	0.00	0.13	0.46	0.27	四级	H1403	0.00	0.08	0.45	0.14	0.33	五级
H806	0.11	0.00	0.30	0.37	0.22	四级	H1405	0.00	0.00	0.58	0.37	0.04	三级
H1001	0.33	0.54	0.04	0.04	0.04	二级	H1406	0.00	0.15	0.51	0.13	0.21	三级
H1003	0.08	0.31	0.40	0.13	0.07	三级	H1601	0.34	0.26	0.15	0.09	0.17	一级
H1005	0.21	0.01	0.10	0.24	0.45	五级	H1603	0.30	0.25	0.30	0.10	0.04	三级
H1006	0.11	0.21	0.09	0.17	0.42	五级	H1605	0.00	0.13	0.42	0.33	0.11	三级
H1201	0.32	0.21	0.22	0.00	0.26	一级	H1801	0.32	0.13	0.28	0.06	0.21	一级
H1203	0.00	0.10	0.37	0.32	0.21	三级	H1802	0.38	0.34	0.02	0.00	0.26	一级
H1205	0.00	0.00	0.36	0.27	0.37	五级	H1805	0.41	0.04	0.35	0.03	0.17	一级

根据对红柳煤矿首采区各钻孔所揭露含水层的富水性分区结果，绘制富水性分区图(图 3-4)。

010201 综采工作面作为整个矿井的首采工作面，在回采过程中发生过集中涌水现象，因此涌水量较大，为 202.92m^3/h；010202、010203 和 010204 综采工作面涌水量依次为 83.29m^3/h、78.40m^3/h 和 57.34m^3/h；020201 和 030201 综采工作面涌水量分别为 261.29m^3/h 和 103.56m^3/h。基于含水层沉积和构造特征的富水性分区结果与实际井下工作面涌水量较为一致。

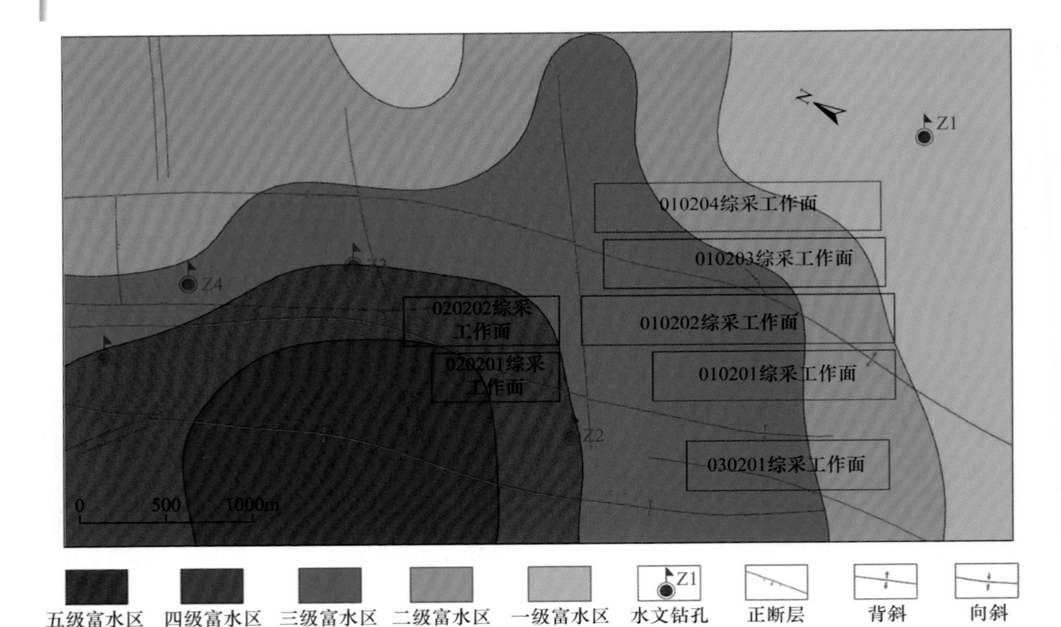

图 3-4　红柳煤矿首采区直罗组下段含水层富水性分区图

3.2.2　工作面覆岩破坏规律研究

1. 基于 RFPA 软件的覆岩破坏规律研究

1) RFPA 软件简介

010201 工作面覆岩破坏的数值模型基于以下基本假设：①岩石材料介质中的流体遵循 Biot 渗流理论；②岩石介质为带有残余强度的弹脆性材料，其加载和卸载过程的力学行为符合弹性损伤理论；③最大拉伸强度准则和莫尔-库仑准则作为损伤阈值对单元进行损伤判断；④在弹性状态下，材料的应力-渗透系数关系按负指数方程描述，材料破坏后，渗透系数明显增大；⑤材料细观结构的力学参数按韦伯分布进行赋值，以引入非均匀性。

(1) Biot 渗流耦合作用的基本方程由以下几个方程组成。

平衡方程：

$$\sigma_{ij,j}+\rho X_j=0 \qquad (i,j=1,2,3) \tag{3-6}$$

几何方程：

$$\varepsilon_{ij}=\frac{1}{2}\left(u_{i,j}+u_{j,i}\right) \tag{3-7}$$

$$\varepsilon_{\mathrm{v}}=\varepsilon_{11}+\varepsilon_{22}+\varepsilon_{33} \tag{3-8}$$

本构方程：

$$\sigma'_{ij} = \sigma_{ij} - ap\delta_{ij} = c\delta_{ij}\varepsilon_{\text{v}} + 2G\varepsilon_{ij} \tag{3-9}$$

渗流方程：

$$K\nabla^2 p = \frac{1}{Q}\frac{\partial p}{\partial t} - \alpha\frac{\partial \varepsilon_{\text{v}}}{\partial t} \tag{3-10}$$

式中，$\sigma_{ij,j}$ 为应力张量；ρ 为体力密度；X_j 为特征长度；ε_{ij} 为应变张量；$u_{i,j}$、$u_{j,i}$ 为单元位移；ε_{v} 为体积应变；$\varepsilon_{ii}(i=1,2,3)$ 为单元正应变；σ'_{ij} 为有效应力张量；σ_{ij} 为总应力张量；a 为等效孔隙压系数；p 为孔隙水压力；δ_{ij} 为 Kronecker 常量；c 为拉梅常数；G 为剪切模量；K 为渗透系数；∇^2 为拉普拉斯算子；Q 和 α 为 Biot 常量；t 为时间。

式(3-6)～式(3-10)是基于 Biot 经典渗流理论的表达式，在经典的 Biot 渗流耦合方程中，在渗流非稳定流方程增加了应力对渗流方程的影响项，是 Biot 固结理论的特征项，反映了应力对流体质量守恒的影响。在稳定流计算时，渗流方程的右端项为零，忽略了总应力和孔隙水压力相互作用的时间过程。按有效应力原理，由于岩体变形中增加了孔隙水压力项，反映了岩体变形特性参数受孔隙水压力的影响，同时把引起孔隙变形的介质应力和孔隙水压力分开讨论。当考虑应力对渗流的影响时，需要补充耦合方程，如式(3-11)所示。

$$K(\sigma, p) = \xi K_0 \mathrm{e}^{-\beta(\sigma_{ii}/3 - \alpha p)} \tag{3-11}$$

式中，K_0 和 K 为渗透系数初值和渗透系数；p 为孔隙水压力；ξ、α、β 分别为渗透系数突跳倍数、孔隙水压力系数、耦合系数。

式(3-11)表明了应力对渗透系数的影响。渗透系数不仅是应力的函数，而且随着应力诱发损伤破裂发生显著变化。

(2) 损伤耦合方程。当单元的应力状态或者应变状态满足某个给定的损伤阈值时，单元开始损伤，损伤单元的弹性模量为

$$E_1 = (1 - D)E_0 \tag{3-12}$$

式中，D 为损伤变量；E_1 和 E_0 分别是损伤单元和无损单元的弹性模量。这些参数假定都是标量。

采用莫尔-库仑准则作为单轴压缩单元破坏准则。

$$F = \sigma_1 - \sigma_3\frac{1+\sin\phi}{1-\sin\phi} \geqslant f_{\text{c}} \tag{3-13}$$

式中，σ_1 为最大主应力；σ_3 为最小主应力；ϕ 为内摩擦角；f_c 为单轴抗压强度。

当剪应力达到莫尔-库仑损伤阈值时，损伤变量 D 为

$$D=\begin{cases}0, & \varepsilon<\varepsilon_{c0}\\ 1-\dfrac{f_{cr}}{E_0\varepsilon}, & \varepsilon\geqslant\varepsilon_{c0}\end{cases} \tag{3-14}$$

式中，f_{cr} 为单轴抗压残余强度；ε_{c0} 为最大压应变；ε 为残余应变。

单元渗透系数为

$$K=\begin{cases}K_0\mathrm{e}^{-\beta(\sigma_1-\alpha P)}, & D=0\\ \xi K_0\mathrm{e}^{-\beta(\sigma_1-\alpha P)}, & D>0\end{cases} \tag{3-15}$$

当单元达到单轴抗拉强度 f_t 损伤阈值时

$$\sigma_3\leqslant -f_t \tag{3-16}$$

损伤变量 D 为

$$D=\begin{cases}0, & \varepsilon_{t0}\leqslant\varepsilon\\ 1-\dfrac{f_{tr}}{E_0\varepsilon}, & \varepsilon_{tu}\leqslant\varepsilon\leqslant\varepsilon_{t0}\\ 1, & \varepsilon\leqslant\varepsilon_{tu}\end{cases} \tag{3-17}$$

式中，f_{tr} 为单轴抗拉残余强度；ε_{t0} 为弹性极限时拉伸应变；ε_{tu} 为单元极限拉伸应变。

单元渗透系数为

$$K=\begin{cases}K_0\mathrm{e}^{-\beta(\sigma_3-\alpha p)}, & D=0\\ \xi K_0\mathrm{e}^{-\beta(\sigma_3-\alpha p)}, & 0<D<1\\ \xi' K_0\mathrm{e}^{-\beta(\sigma_3-p)}, & D=1\end{cases} \tag{3-18}$$

RFPA 软件是基于真实破裂过程分析方法研发的一个能够模拟材料渐进破坏的数值试验工具。其计算方法基于有限元理论和统计损伤理论，该方法考虑了材料的非均质性和缺陷分布的随机性，并把这种材料性质的统计分布假设结合到数值计算方法(有限元法)中，对满足给定强度准则的单元进行破坏处理，从而实现非均质性材料破坏过程的数值模拟。RFPA 软件是一个以弹性力学为应力分析工具，以弹性损伤理论及其修正后的库仑破坏准则为介质变形和破坏分析模块的真实破裂过程分析系统，是一个数学上相对简单，但能充分研究岩石介质复杂性的方法。其基本思路为：①把材料介质模型离

散化成由细观基元组成的数值模型，材料介质在细观上是各向同性的弹-脆性介质；②假定离散化后的细观基元的力学性质服从某种统计分布规律，由此建立微观与宏观介质力学性能之间的联系；③按弹性力学中的基元线弹性应力、应变求解方法、分析模型的应力、应变状态，RFPA 将线弹性有限元方法作为应力计算器；④引入适当的基元破坏准则(相变准则)和损伤规律，基元的相变临界点用修正的库仑破坏准则；⑤基元的力学性质随演化的发展是不可逆的；⑥基元相变前后均为线弹性体；⑦材料介质中的裂纹扩展是一个准静态过程，忽略因快速扩展引起的惯性力的影响。

RFPA 软件程序工作流程主要由以下三部分工作完成：①实体建模和网格划分，用户选择基元类型，定义介质的力学性质，进行实体建模及网格剖分；②应力计算，依据用户输入的边界条件和加载控制参数，以及输入的基元性质数据，形成刚度矩阵，求解并输出有限元计算结果；③基元相变分析，首先，根据相变准则对应力计算器产生的结果进行相变判断，其次，对相变基元进行弱化或重建处理，最后形成迭代计算刚度矩阵所需的数据文件。

对于每个给定的位移增量，先进行应力计算，然后根据相变准则来检验模型中是否有相变基元，如果没有相变基元，继续加载增加一个位移分量，进行下一步应力计算；如果有相变基元，则根据基元的应力状态进行刚度弱化处理，然后重新进行当前步的应力计算，直至没有新的相变基元出现。重复上述过程，直至所施加的载荷、变形或整个介质产生宏观破裂。在 RFPA 系统执行过程中，对每一步应力、应变的计算采用全量加载，计算步之间是相互独立的。RFPA-Flow 渗流版是继 RFPA 基本版推出的，利用该版本既可进行岩石(体)基本渗流特性的模拟研究，又可进行水工中岩石(体)流固耦合问题的数值计算分析。

2) 模拟试验方案

红柳煤矿 010201 工作面范围内有钻孔 H1504、H1604 和 H1704，结合矿井综合柱状图，以 H1604 钻孔为主，适当合并地层，建立试验模型。

整个模型由 12 层煤岩层组成，其中 2 号煤层上方第 4 层为主要的砂岩含水层，第 3 层泥岩为关键隔水层。当该关键隔水层厚度为 7m 时，模型走向长度为 500m，高为 287m，划分为 143500 个单元(500×287)，岩体只承受自重应力和水压力。边界条件为两端水平约束，底端固定，设定周边为隔水边界。为得到更好的垮落效果，每层之间增加横向节理。通过分步开挖模拟导水裂隙发育的过程：模型计算沿走向自左侧 100m 开始开挖，共推进 300m，采高 5m，每步开挖 10m，共分 30 步。RFPA 数值计算模型如图 3-5 所示。

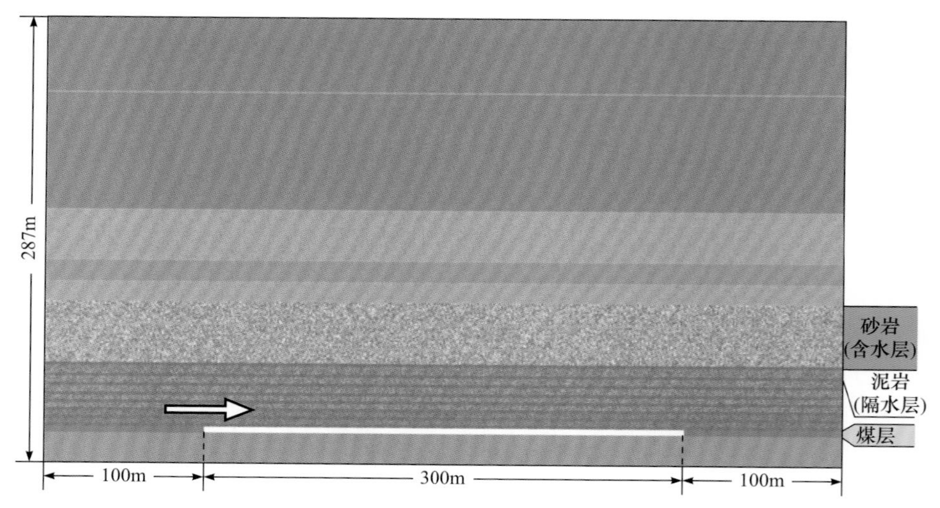

图 3-5 RFPA 数值计算模型(I-1 模型)

含水层的水压力在之前的研究中往往被忽略，导致试验结果与实际有较大出入。为了克服该因素的影响，根据实际情况建立数值模型，在模型中考虑了含水层的水压力在开采过程中对导水裂隙带发育的影响，建模时给含水层赋 50m 的水压力，研究导水裂隙带发育规律及煤层开采对覆岩砂岩含水层的影响。

3) 导水裂隙带发育过程

覆岩破裂后，导水能力将发生改变，可以根据覆岩破裂后的渗流迹线判断导水裂隙带的形态和高度，如图 3-6 所示，图中的绿色渗流迹线即代表导水裂隙。

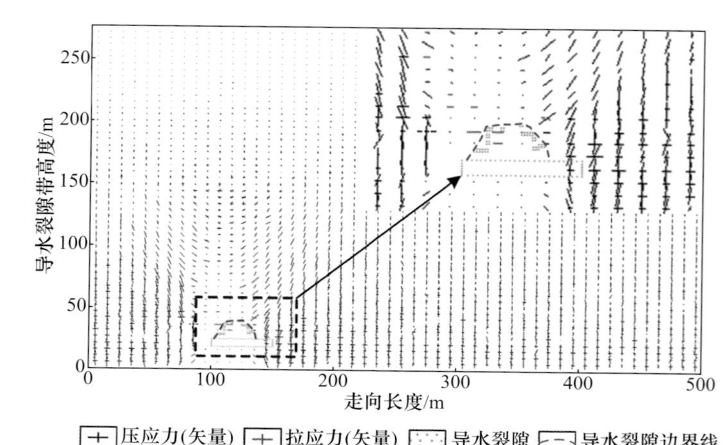

(a) 工作面推进50m

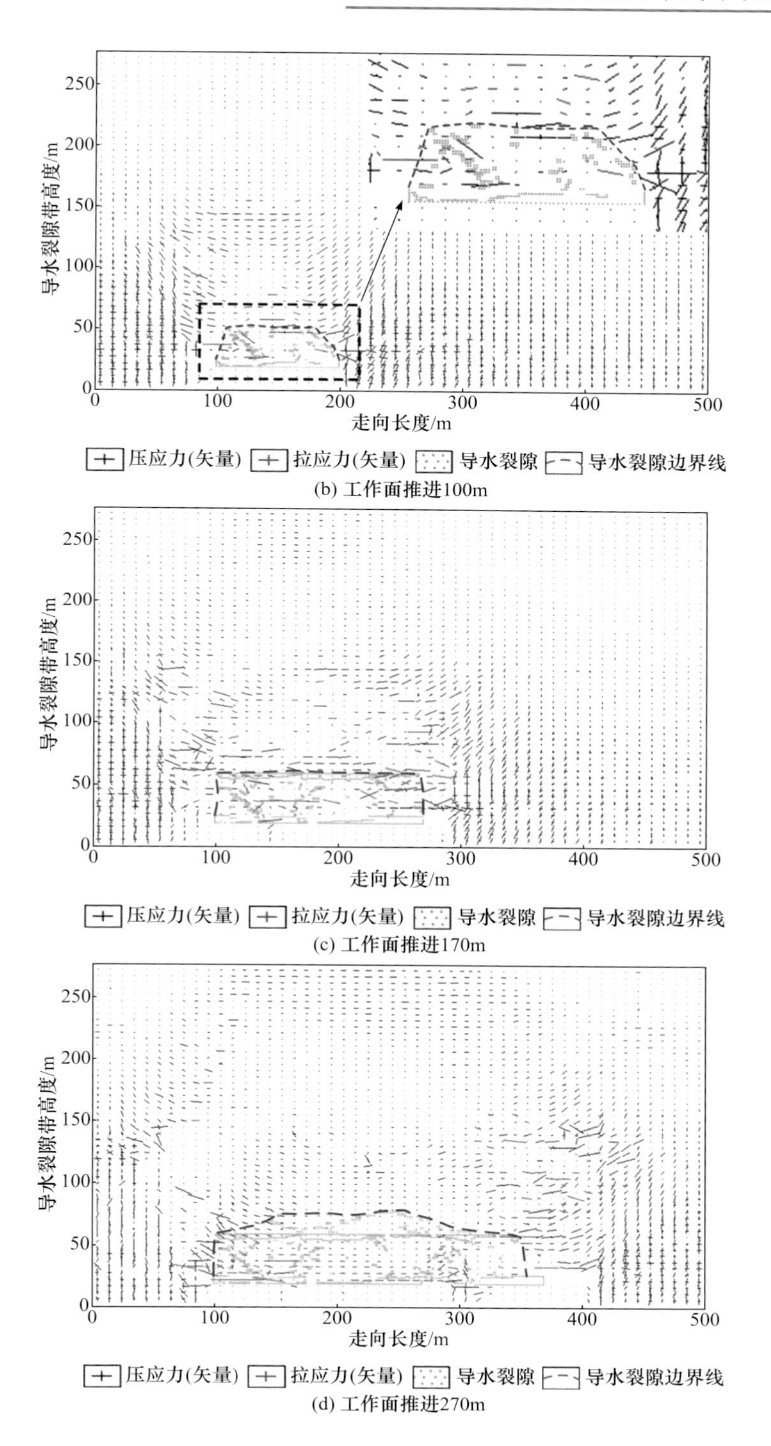

(b) 工作面推进100m

(c) 工作面推进170m

(d) 工作面推进270m

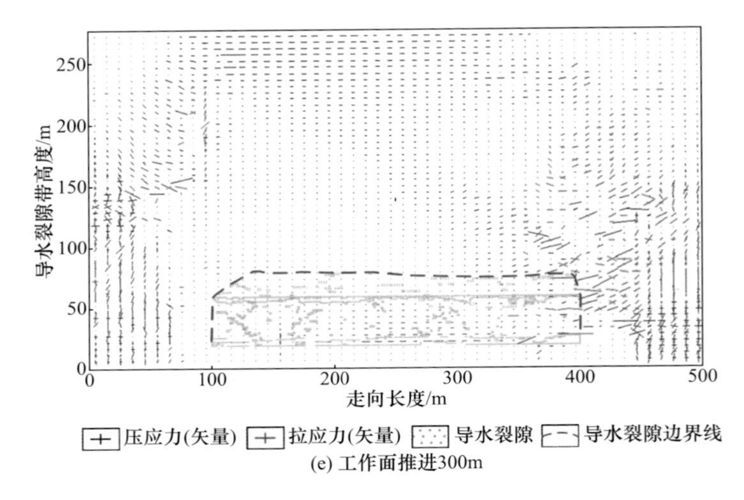

(e) 工作面推进300m

图 3-6　导水裂隙带高度与工作面推进距离关系

当工作面推进 50m 时，拉应力的延伸方向与工作面方向近平行，较大的拉应力主要分布在采空区中部的岩层中；压应力的最大主应力矢量方向则可分为三类，即垂直方向、水平方向和倾斜方向[图 3-6(a)]。其中，倾斜方向的最大主应力主要分布在采空区两端上部的岩层内，呈“V”字形，表明采空区两端附近的岩体已经产生了向采空区内的移动变形，而稍远于此的岩体则具有向采空区移动变形的趋势，水平方向的最大主应力则主要分布在采空区上方的覆岩中，其发育高度最大，表明此处的岩体主要受到水平方向岩体的夹持挤压作用，垂直方向的最大主应力则表示自然重力作用。

当工作面推进 100m 时，拉应力的分布范围在横向和纵向上均有所扩大，较大的拉应力仍主要分布在采空区中部；压应力的分布范围则主要在横向上扩大，此时在采空区中部拉应力分布区域的下方出现了水平方向的最大主应力，但导水裂隙带并没有发育到这一位置，表明此处岩体受力主要受控于出现储水空间的岩层[图 3-6(b)]。此时，导水裂隙带继续向上发育，并在工作面推进方向上扩大范围，其高度增加到 31.5m。

当工作面推进 170m 时，在采空区两端出现了较大的拉应力，且较大的拉应力主要发育在停采线附近的岩层中；采空区中部水平方向的最大主应力主要发育在受较大拉应力作用的岩层中[图 3-6(c)]。值得注意的是，此时在地表一定深度的松散层中，出现了一定范围水平方向的最大主应力。此时，导水裂隙主要沿工作面推进方向范围扩大，而垂向向上增加的高度有限，但此时主要含水层中的水体已经穿透关键隔水层进入采空区内。

当工作面推进 270m 时，在采空区两端出现了较大的拉应力、压应力，此时在地表一定深度的松散层中，出现了一定范围水平方向的压应力[图 3-6(d)]。导水裂隙在横向、纵向上均扩大了分布范围，在靠近开切眼上方的岩层中导水裂隙主要沿垂向分布，而在采空区中部的导水裂隙则主要在横向分布，停采线附近则很少有导水裂隙的分布。

当工作面推进 300m 时，应力的分布范围在采空区的不同部位差异较大，在停采线上覆岩层中的应力以倾斜方向为主，而在开切眼附近则分布较稀疏，此时停采线上方覆岩中的应力分布密度较大[图 3-6(e)]。结合覆岩破裂情况来看，此时开切眼附近的岩层已基本被压实，而停采线附近岩层则未完全被压实。导水裂隙在靠近开切眼一侧的采空区分布较密集，在采空区中部分布较稀疏，而在停采线附近则分布很少。

为了更好地研究导水裂隙带发育规律，提取每一步的导水裂隙带发育数据，绘制Ⅰ-1 模型导水裂隙带高度发育过程图，如图 3-7 所示。从图 3-7 可以看出，工作面推进距离直接影响导水裂隙带高度发育，随着煤层的开采、覆岩的沉降与破坏，导水裂隙带历经发生、发育(上升)、高度最大和稳定，这一过程符合导水裂隙带高度的发育规律。本次数值模拟可以看出，导水裂隙带高度出现两次跳跃发育过程。工作面推进 30m 时，导水裂隙带逐渐显现，高度为 8.5m；工作面推进到 60m 之前，覆岩破坏范围虽然逐渐扩大，但是导水裂隙带高度仍发育缓慢；工作面推进 60～120m，导水裂隙带高度急剧上升，由 12.5m 跳跃式上升到 42m，此阶段导水裂隙带高度几乎和工作面推进距离呈线性正比关系，为第一次跳跃发育过程。此后，导水裂隙带暂时稳定在该高度。当工作面推进距离从 180m 增加到 240m 时，导水裂隙带高度急剧上升，由 42m 跳跃式上升到 60m，此阶段导水裂隙带高度几乎和工作面推进距离呈线性正比关系，为第二次跳跃发育过程。

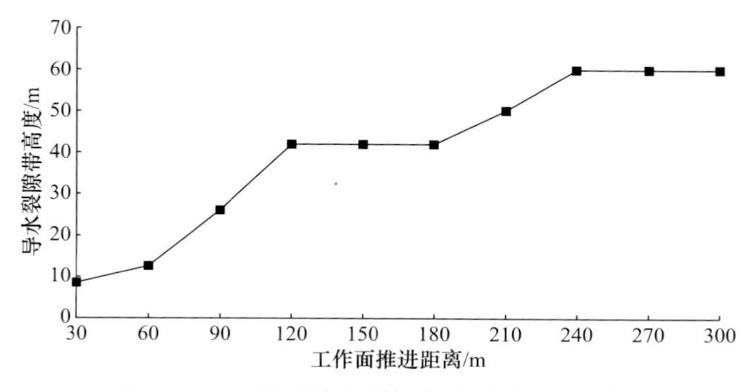

图 3-7　I-1 模型导水裂隙带高度发育过程图

2. 基于 $FLAC^{3D}$ 软件的覆岩破坏规律研究

1) $FLAC^{3D}$ 软件简介

$FLAC^{3D}$ 软件是由美国 Itasca Consulting Group Inc.开发，应用有限差分方法建立了单元应力应变和结点位移等计算方程，使 $FLAC^{3D}$ 软件能够在使用较小内存、保证较高精度和保持较快运算速度的条件下建立大规模的复杂数值模拟，因此 $FLAC^{3D}$ 软件在包括采矿工程在内的大型岩土工程中得到了较为广泛的应用。$FLAC^{3D}$ 软件采用拉格朗日算法，该算法是研究每个流体质点随时间而变化的情况，即着眼于某一流体质点，研究它在任意一段时间内走出的轨迹、所具有的速度和压力等。$FLAC^{3D}$ 软件考虑了变形对结点坐标的影响，适用于建立大变形非线性模型，这也是其能在采矿工程中得到广泛应用的一大原因。$FLAC^{3D}$ 软件在采矿工程中更具有优势的一个特点是它以运动方程为基本差分方程。$FLAC^{3D}$ 软件能够模拟材料和结构逐渐稳定，进而发生塑性破坏，最后又逐渐稳定的动态过程，基本接近采矿工程中岩体受采动影响发生的破坏和稳定情况。

$FLAC^{3D}$ 软件作为数值模拟软件的一种，同样具有以下特点：

(1) 具有良好的操作界面，可以通过操作菜单进行模拟文件的输入，模拟结果的显示、修改和输出。

(2) 内含多种本构模型，其中弹性本构模型共三种，分别为各向同性弹性模型、横向同性弹性模型和正交异性弹性模型；塑性本构模型共七种，分别为德鲁克-普拉格模型、莫尔-库仑模型、多节理模型、应变硬化/软化模型、双线性应变硬化/软化多节理模型、双屈服模型和修正的剑桥模型。

$FLAC^{3D}$ 软件作为一种广泛应用的岩土工程数值模拟软件，更重要的是拥有以下几个独特优点：

(1) 内含 NULL 单元，这种单元可以用来模拟岩土工程包括采矿工程中的开挖作业，还可以通过重新赋予本构模型模拟回填作业。

(2) 拥有多种支护结构的模拟单元，其中的 BEAM 单元可以用于模拟单体支柱、液压支柱、架棚和架梁等；CABLE 单元可以模拟锚杆和锚索等；PILE 单元可以模拟地桩；SHELL 单元可以模拟支架的顶梁等；LINER 单元可以模拟喷浆。$FLAC^{3D}$ 软件所拥有的结构单元基本可以模拟任何一种支护结构。

(3) 拥有 INTERFACE 单元，这种单元可以较好地模拟采矿工程中需要处理的层理、节理和断层等弱面结构；INTERFACE 单元还可以模拟顶底板的接触问题。

(4) 具有良好的与用户交互的结构，用户可以通过编写自己的本构模型，应用到 FLAC^{3D} 软件建立的模型中，使得 FLAC^{3D} 软件功能能够得到不断的扩展，可以模拟的材料及其行为更加广泛。用户通过使用 C++语言建立自己的本构模型之后，则可以通过 FLAC^{3D} 软件本身所带的 FISH 语言将用户本构模型嵌入到其程序中。

FISH 语言为用户提供了极大的灵活性，是 FLAC^{3D} 软件所有功能中的一大亮点。FISH 语言本身包含许多系统变量，可以直接让用户使用，极为方便地获取关于系统、模型、单元和网格的诸多信息；同时，用户可以根据需要建立自己的变量和函数，为划分网格、分配属性、建立单元、模拟作业等方面提供了最大方便。FLAC^{3D} 软件具有强大的前后处理功能，在计算过程中的任何时刻用户都可以用分辨率的彩色或灰度图或数据文件输出结果，以对结果进行实时分析图形；可以表示网格、结构以及有关变量的等值线图、矢量图和曲线图等；可以给出计算域的任意截面上的变量图或等值线图，计算域可以旋转以从不同的角度观测结果。使用者还可根据需要，将若干个变量合并在同一幅图形中进行研究分析。FLAC^{3D} 软件的一般求解流程见图 3-8。

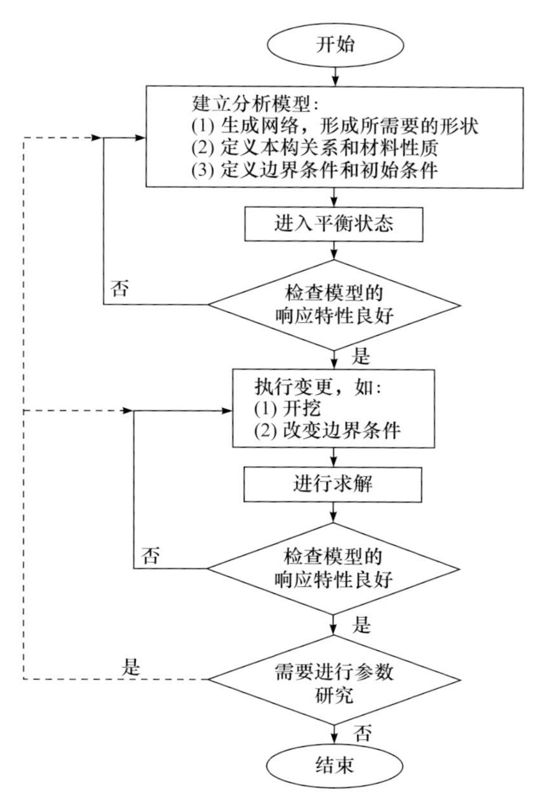

图 3-8 FLAC^{3D} 软件的一般求解流程

FLAC^{3D}软件中材料破坏的基本准则是莫尔-库仑准则，此准则假定破坏面是直线型的，用式(3-19)、式(3-20)表示。

$$f_s = \sigma_1 - \sigma_3 N_\phi + 2c\sqrt{N_\phi} \tag{3-19}$$

$$N_\phi = (1+\sin\phi)/(1-\sin\phi) \tag{3-20}$$

霍克-布朗准则表达式为

$$\sigma_1 = \sigma_3 + \sqrt{m\sigma_c\sigma_3 + s\sigma_c^2} \tag{3-21}$$

式中，σ_1、σ_3 分别为岩体破坏时的最大、最小主应力；ϕ 为内摩擦角；c 为内聚力；σ_c 为岩块单轴抗压强度；m、s 为经验参数，m 反映岩石的坚硬程度，取值范围为 0.0000001～25，s 反映岩体破坏程度，取值范围为 0～1。

大量的岩石力学试验证实,岩石破坏后强度有所降低,产生强度弱化,这是莫尔-库仑准则所不能反映的。霍克-布朗准则能较为准确地反映煤岩体在采动后强度有所降低这一力学特性，但是在 FLAC^{3D} 软件计算程序中没有明确给出霍克-布朗计算模型。通过分析式(3-19)和式(3-21)可以发现，霍克-布朗准则能动态考虑岩体的内聚力和内摩擦角，符合开采过程中，岩体的内聚力和内摩擦角因受到采动破坏影响而动态变化的实际情况，在 FLAC^{3D} 计算中用到的莫尔-库仑准则没有动态地考虑岩体的内聚力和内摩擦角。因此，用霍克-布朗准则中动态变化的内聚力和内摩擦角来代替莫尔-库仑准则中的内聚力和内摩擦角，采用经上述变化修订后的莫尔-库仑准则作为本书的破坏准则应用于 FLAC^{3D} 中，弥补莫尔-库仑准则的不足。

2) 覆岩破坏数值模拟

010201 工作面覆岩破坏的数值模型走向长度为 600m,倾向长度为 500m。为了消除边界效应，走向和倾向两侧分别留有 100m 的煤柱。本小节采用 FLAC^{3D} 软件模拟煤层开采。

一般来说，处于垮落带的岩层破碎严重，失去了对应力的抵抗作用，垮落稳定后由于压力拱的存在，岩体仍处于低应力区，此区域即为垮落带；裂隙带岩层虽然处于塑性破坏状态，裂隙发育，但基本上保持原有的连续性，在采空区中部岩层仍具有一定承受压力的能力；裂隙带上方直至上边界，普遍分布着双向压应力区，岩土层基本上未遭破坏(仍处于弹性状态)。而在采空区边缘，由于边界煤柱的存在，岩体处于应力区，裂隙得到充分发育，裂隙带常在此发育最高。

依据上述原理，对数值模拟结果进行提取，得出在采宽为 300m 时，随工作面走向长度不同时导水裂隙带及储水空间的发育过程。

当工作面推进60m时，仅煤层直接顶出现了拉破坏，此时垮落带高度为14.4m[图3-9(a)]。当工作面推进90m时，采空区中部岩层以拉破坏为主，在两端则主要是剪切破坏，发生破坏的岩层高度约为27.6m[图3-9(b)]。随着工作面继续向前推进，采空区两端的破坏程度逐渐明显强于采空区中部岩层。从基岩层的破坏类型来看，当工作面推进距离大于100m后，采空区直接顶的岩层主要为拉张-剪切破坏类型，采空区两端基岩岩层则主要受剪切破坏作用，采空区上方岩层中的拉破坏区则不断向上扩展。当工作面推进120m时，其高度约为37m[图3-9(c)]。而对于近地表的松散岩层而言，当工作面推进150m时，就出现了剪切破坏区；随着进一步的推进，采空区在地表垂直投影区域的外围，破坏程度要强于中部，但从破坏类型来看，主要以剪切破坏为主，在采空区开切眼和停采线在地表的投影点处则出现了小范围的拉张-剪切破坏类型[图3-9(d)]。工作面两侧拉张应力向上发育(绿色)，导水裂隙带高度发育至38.3m。当工作面推进190m时，采空区中部岩层拉破坏严重，在两端则主要是剪切破坏，发生破坏的岩层高度约为45m[图3-9(e)]。当工作面推进210m时，采空区塑性变形区持续增大，模型下山边界已经出现剪切变形。塑性变形区呈现出马鞍形，且下山方向鞍形凸起相对于上山方向的要大一些，表现为向下山方向应力增大的趋势，此时导水裂隙带已经发育至46m[图3-9(f)]。当工作面推进270m时，采空区塑性变形区持续增大，模型下山边界出现的剪切变形范围继续扩展，采空区上方塑性变形区呈现出马鞍形，马鞍形态有消失的趋势，此时导水裂隙带已经发育至58m[图3-9(g)]。当工作面推进330m时，采空区塑性变形区持续增大，模型下山边界出现的剪切变形范围与采空区上方塑性变形区的马鞍形交汇、联合和贯穿，模型右上方也出现剪切应力破坏区，此时导水裂隙带高度保持在58m[图3-9(h)]。当工作面推进360m时，采空区塑性变形区持续增大，模型下山边界出现的剪切变形范围与采空区上方塑性变形区联合在一起，采空区上方的马鞍形基本消失，表现为整体向下山移动[图3-9(i)]。同时，在采空区底板也出现剪切破坏，模型右上方出现的剪切应力破坏区继续扩展，此时导水裂隙带高度仍然保持在58m。当工作面推进400m时，采空区塑性变形区持续增大，模型下山边界出现的剪切变形范围与采空区上方塑性变形区联合在一起，采空区上方的马鞍形消失，表现为整体向下山移动，采空区底板也出现剪切破坏[图3-9(j)]。模型右上方出现的剪切应力破坏区继续扩展，有同采空区上方塑性区联合的趋势，此时导水裂隙带高度仍然保持在58m。

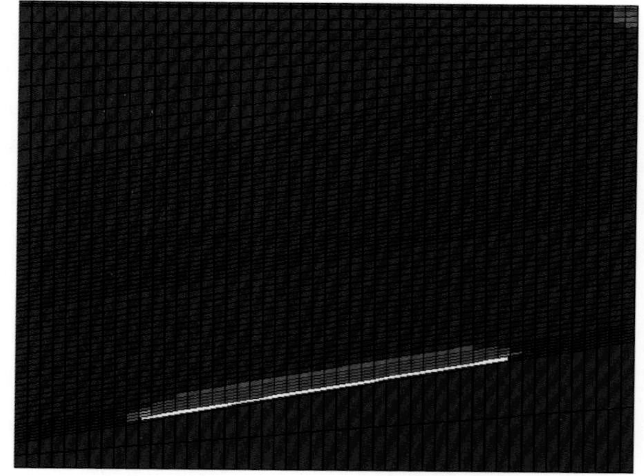

(a) 工作面推进60m

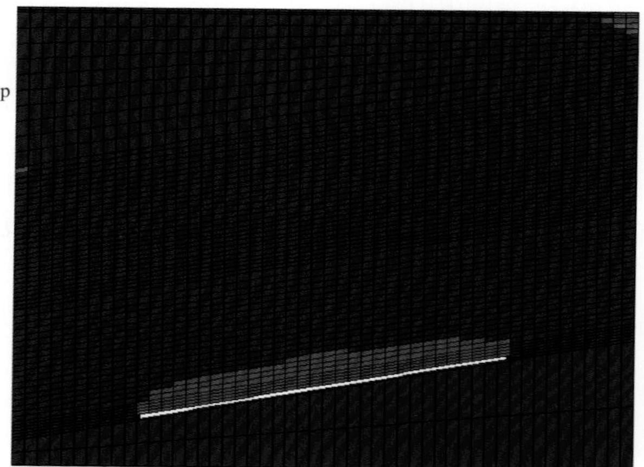

(b) 工作面推进90m

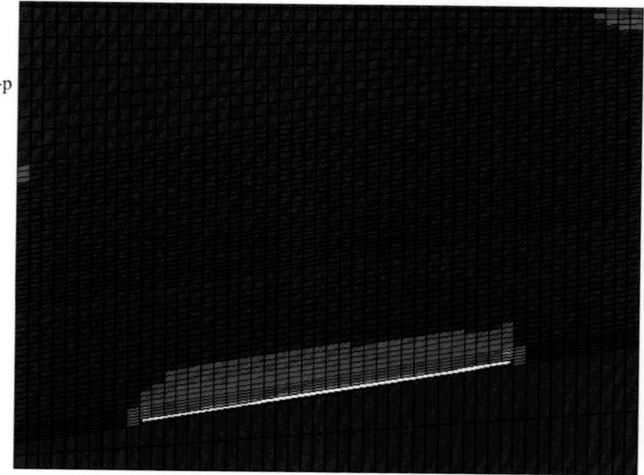

(c) 工作面推进120m

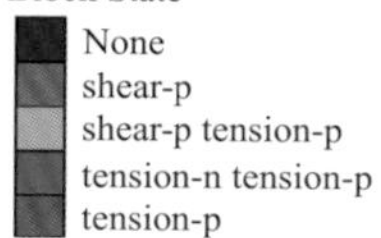

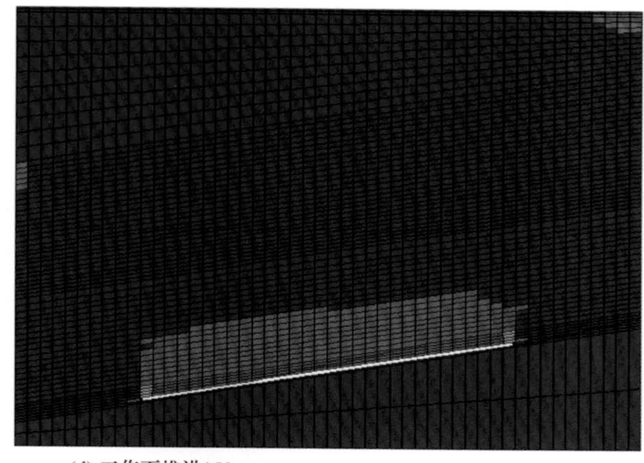

(d) 工作面推进150m

Block State
None
shear-n shear-p
shear-n shear-p tension-p
shear-p
shear-p tension-p
tension-n shear-p tension-p
tension-n tension-p
tension-p

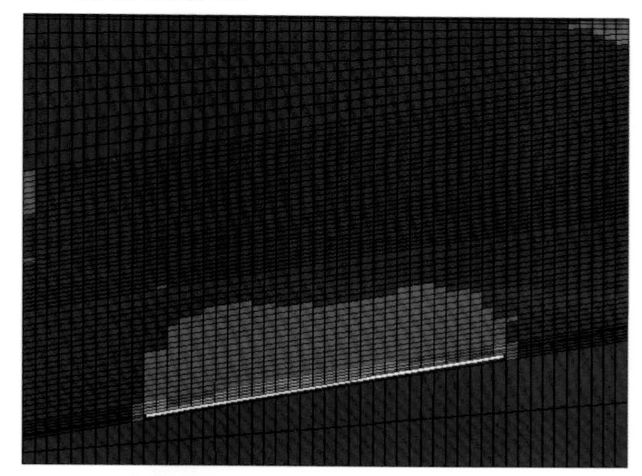

(e) 工作面推进190m

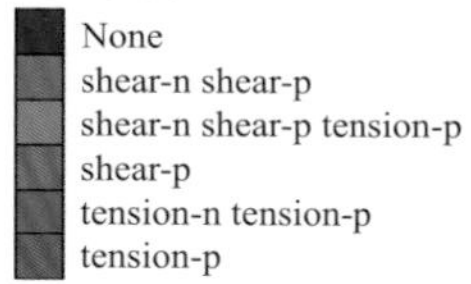

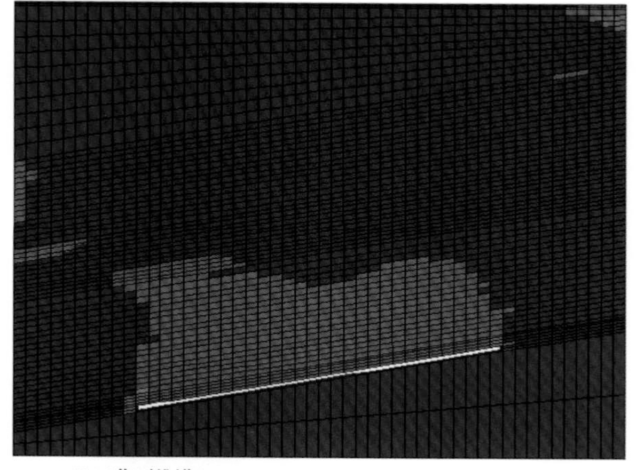

(f) 工作面推进210m

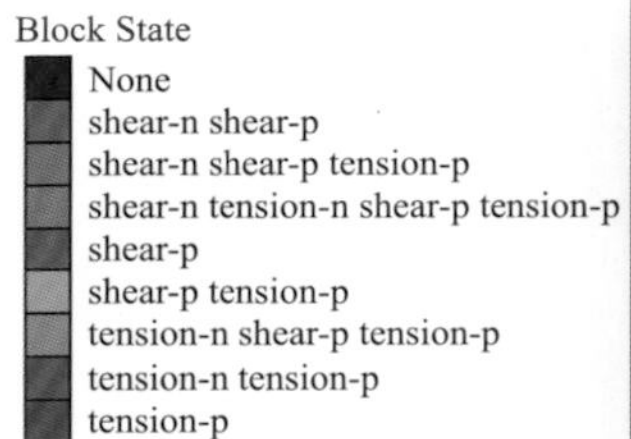

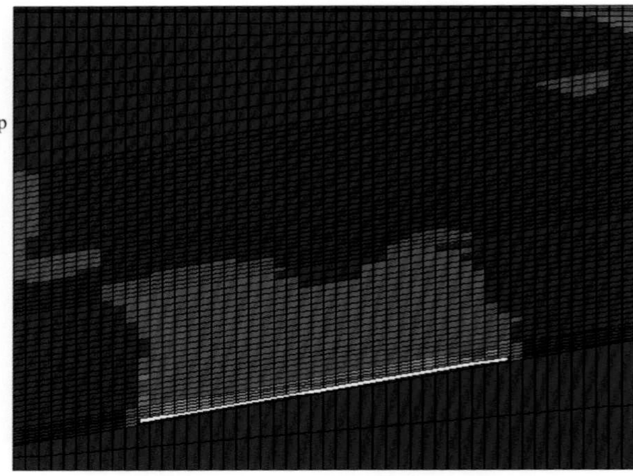

(g) 工作面推进270m

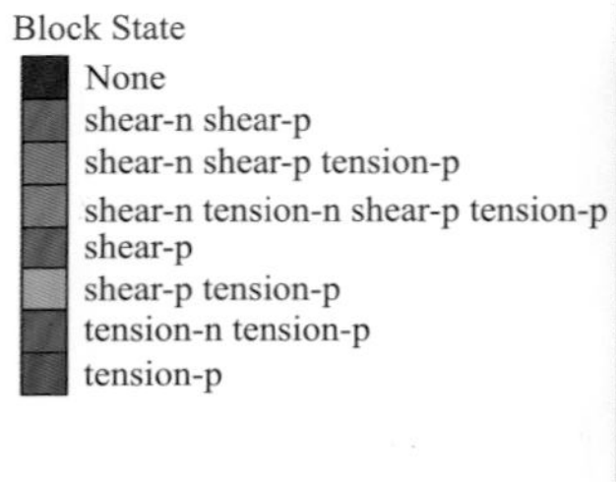

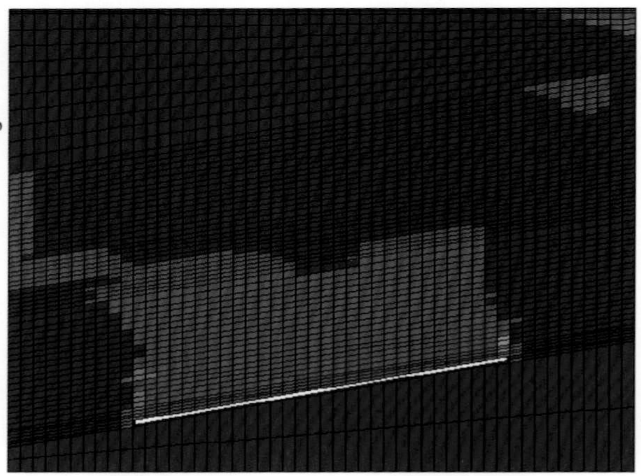

(h) 工作面推进330m

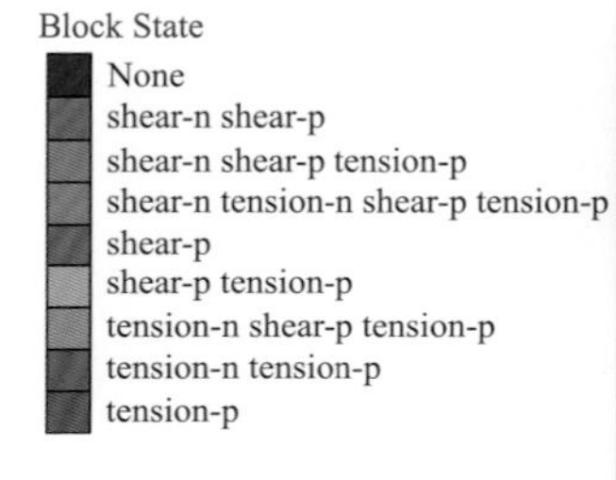

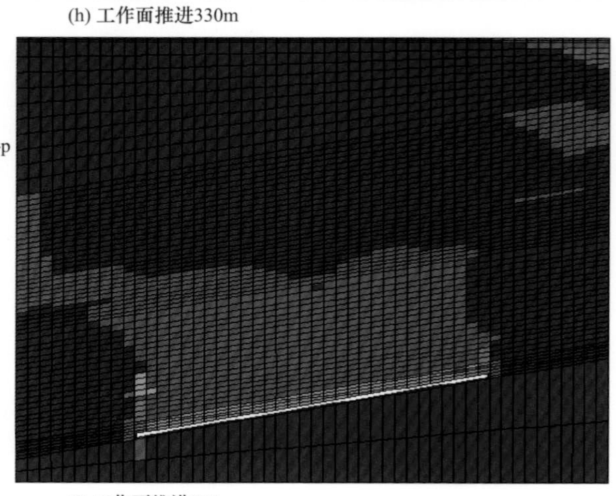

(i) 工作面推进360m

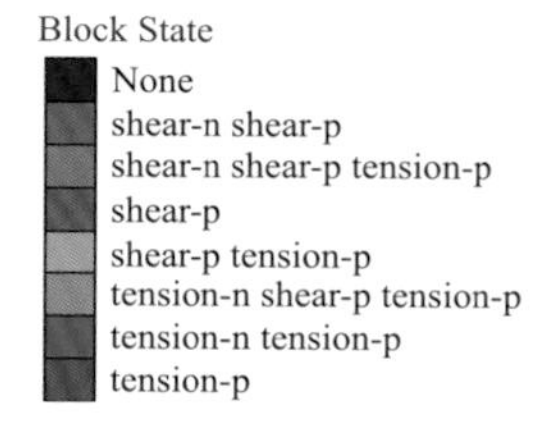

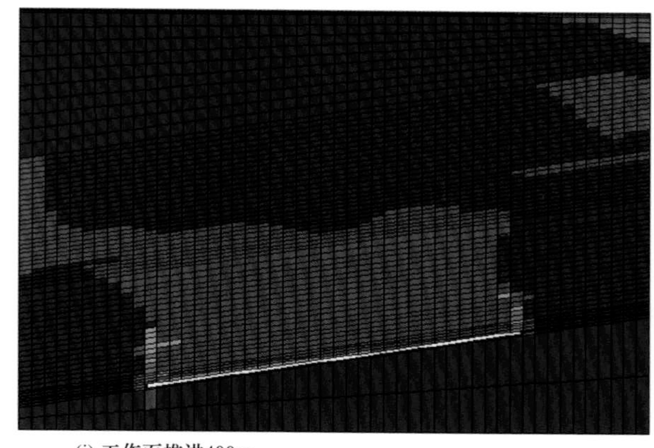

(j) 工作面推进400m

图 3-9 模型开挖时塑性变形区图

None 为未破坏区域；shear-n shear-p 为正在/已经发生剪切区域；shear-n shear-p tension-p 为现在/已经发生剪切区域和已经发生拉张区域；shear-p 为已经发生剪切区域；shear-n tension-n shear-p tension-p 为正在/已经发生剪切区域和正在/已经发生拉张区域；shear-p tension-p 为已经发生剪切/拉张区域；tension-n shear-p tension-p 为现在/已经发生拉张区域和已经发生剪切区域；tension-n tension-p 为现在/已经发生拉张区域；tension-p 为已发生拉张区域

3) 导水裂隙带发育过程

数值模拟显示的导水裂隙带高度发育过程如图 3-10 所示，其整体表现为“快速增加—缓慢增加—趋于稳定”的特点。当工作面推进 30～120m 时，导水裂隙带高度快速增加，由 8.5m 增加到 37.0m；当工作面推进 120～210m 时，导水裂隙带高度缓慢增加至 45.9m；当工作面推进距离大于 210m 时，导水裂隙带高度跳跃式增加至 58.2m，之后不再随着工作面的推进而发生变化。

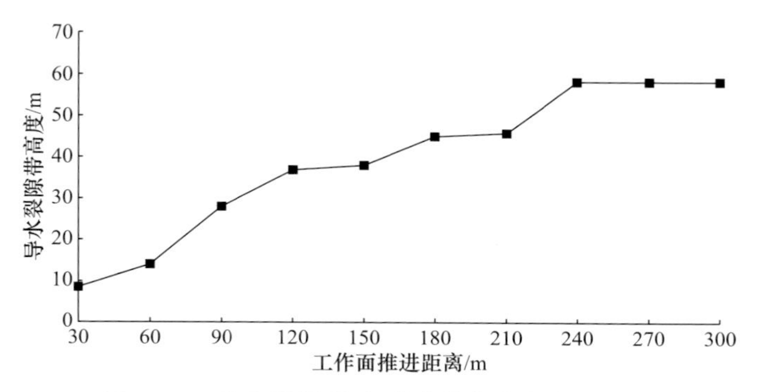

图 3-10 数值模拟导水裂隙带高度发育过程图

3.2.3 砂泥岩叠合离层水害形成

1. 离层形成位置的理论分析

1) 离层形成位置的判别方法

利用莫尔-库仑准则判断产生离层的位置。煤层开采后，覆岩在垂向移动弯曲过程中产生离层，离层的下部岩体不承受上覆地层荷载，只在自身重力作用影响下发生垂向移动，两岩层之间产生拉应力σ。

$$\sigma=\rho M \tag{3-22}$$

式中，ρ为岩体的密度(g/cm^3)；M为下位岩体的厚度(m)。

当$\sigma \geqslant S_t$(S_t为两岩体层间抗拉强度)，上部岩体抗弯刚度大于下部岩体时，产生离层，则上下位岩体一起以组合梁的形式发生垂向移动。

组合梁的垂向移动使得梁弯曲并在两岩体之间产生剪应力τ，大小为

$$\tau=\frac{Q}{2I_z}\left(\frac{h^2}{4}-d^2\right) \tag{3-23}$$

式中，I_z为整个截面对中性轴的惯性矩；Q为横截面上的剪应力；d为层面至中性轴的距离；h为两岩层的厚度之和。

两岩层沿层面的抗剪强度S_s为

$$S_s=c+\sigma \text{tg}\phi \tag{3-24}$$

式中，c为接触面的内聚力；ϕ为接触面的内摩擦角。

在组合梁的垂向移动过程中，当两岩体之间产生剪应力大于抗剪强度时，即$\tau>S_s$，上部岩体抗弯刚度大于下部岩体时产生离层，否则不会产生离层。

在重力作用下，离层下部岩体发生拉伸变形，离层裂隙在两岩体之间形成后，拉应力集中在其底端，岩体的单向抗拉强度小于拉应力时，会使离层裂隙不断扩大。单向受拉破坏满足

$$\sigma=S_t \tag{3-25}$$

对于组合板来说，当平面尺寸、边界类型相同时，相邻岩层的力学参数和各岩层的厚度是离层产生的必要条件。因此，简单以岩层的软硬或薄厚不能科学判断是否出现离层，必须综合考虑岩性、岩层厚度及其组合结构，薄的坚硬岩层挠度可能小于厚的软岩层，这时尽管上硬下软，其岩层间也不一定出现离层。

应用关键层理论判断离层产生的位置，煤层顶板覆岩中最下一层坚硬厚岩层称为主关键层，该岩层对最大离层形成的时间及其平面位置起到非常重要的控制作用。当同时考虑多个坚硬厚岩层时，可将此类组合关键层概化为单一岩层。

综上，可将煤层开采后覆岩这种有序、薄厚不均的层状结构的变形移动理解为多组组合板的弯曲变形。如果挠度不同，就会在组合板之间产生离层。根据岩层的弹性模量、密度和厚度可计算每一组组合板的岩层构成。厚的软岩层、薄的坚硬岩层、多层薄的硬岩层都有可能组成组合板。在每一组组合板中，最下面的第1层岩层承受第 n 层岩层的载荷为

$$q_{n,1} = E_1 h_1^3 \sum_{i=1}^{n} \rho_i h_i \Big/ \sum_{i=1}^{n} E_i h_i^3 = \frac{E_1 h_1^3 (\rho_1 h_1 + \rho_2 h_2 + \cdots + \rho_n h_n)}{E_1 h_1^3 + E_2 h_2^3 + \cdots + E_n h_n^3} \tag{3-26}$$

式中，E_1、E_2、…、E_n 分别为各岩层的弹性模量；n 为该组岩层数；h_1、h_2、…、h_n 分别为各岩层的厚度；ρ_1、ρ_2、…、ρ_n 分别为各岩层的密度。

当 $q_{n,1} > q_{n+1,1}$ 时，上部岩层对下部岩层无载荷，可判别在这两层之间产生离层。

离层产生的判别式为 $q_{n,1} > q_{n+1,1}$，即

$$E_1 h_1{}^3 \sum_{i=1}^{n} \rho_i h_i \Big/ \sum_{i=1}^{n} E_i h_i^3 > E_{n+1} h_{n+1}{}^3 \sum_{i=1}^{n+1} \rho_i h_i \Big/ \rho_{n+1} \sum_{i=1}^{n+1} E_i h_i^3$$

整理后得

$$E_{n+1} h_{n+1}^2 \sum_{i=1}^{n} \rho_i h_i > \rho_{n+1} \sum_{i=1}^{n} E_i h_i^3 \tag{3-27}$$

综上，利用式(3-27)即可判断离层是否产生。

2) 离层空间形成位置

计算次生储水空间高度要用到岩层的载荷计算方法，用关键层理论来判断有一定的局限性，式(3-27)中主要考虑了岩层厚度与弹性模量，忽略了岩层节理及采动过程中岩层移动的时空效应等其他影响因素。一般情况下，主关键层破断后，上位岩层并不是立即全部跟随主关键层的破断而整体下沉，主关键层之上岩层的破断往往存在滞后性，次生储水空间的产生是各岩层之间不连续移动而形成的。

考虑岩层移动的时空效应，判断红柳煤矿010201工作面覆岩可能产生次生储水空间的位置，2煤层及各层覆岩物理力学参数见表3-9。利用式(3-27)逐层判别是否存在储水空间。

表 3-9　2 煤覆岩主要物理参数(曹海东，2017)

序号	岩性	岩层厚度/m	饱水密度/(kg/m³)	抗压强度/MPa	抗拉强度/MPa	内聚力/MPa	内摩擦角/(°)	弹性模量/10⁴MPa	泊松比
10	表土	4	1.60	—	—	—	—	—	—
9	黏土	45	2.00	—	—	—	—	—	—
8	泥岩	76	2.46	15.2	0.82	1.92	35	0.80	0.20
7	细砂岩	32	2.30	23.9	1.94	3.51	34	1.33	0.17
6	粉砂岩	14	2.31	23.5	1.29	3.18	34	1.05	0.16
5	细砂岩	12	2.30	23.9	1.94	3.51	34	1.33	0.17
4	粗砂岩	40	2.18	19.8	1.38	3.07	34	1.43	0.17
3	泥岩	20	2.46	15.2	0.82	1.92	35	0.80	0.20
2	粗砂岩	22	2.18	19.8	1.38	3.07	34	1.43	0.17
1	粉砂岩	10	2.31	23.5	1.29	3.18	34	1.05	0.16
11	2 煤	5	1.45	—	—	—	—	—	—
12	粉砂岩	20	2.66	23.5	1.29	3.18	34	1.05	0.16

(1) 计算第 2 层与第 1 层之间：式(3-27)左式为 $1.43\times22^2\times2.31\times10=15987.97$，式(3-27)右式为 $2.18\times1.05\times10^3=2289$，可见左式>右式，说明第 2 层对第 1 层之间在采动过程中会有一段时间产生储水空间。由于第 1 层会随工作面的推进而垮落，该储水空间没有任何实际意义，事实上该空间会很快消失。

(2) 计算第 3 层与第 2 层之间：由于第 2 层与第 1 层已经有储水空间，将第 2 层作为本组合层的第 1 层。此时，式(3-27)左式为 $0.8\times20^2\times2.18\times22=15347.2$，右式为 $2.46\times1.43\times22^3=37457.53$，左式<右式，因此第 3 层与第 2 层之间不会产生储水空间。

(3) 计算第 4 层与第 3 层之间：由于第 3 层岩层较厚，厚度为 20m，其下位岩层破断后，该岩层并不会立即跟着破断，将会有一个时间效应，在此段时间内将有可能产生储水空间，因此考虑时间效应及岩层之间的不连续移动与变形。将第 3 层作为组合层的第 1 层，此时式(3-27)左式为 $1.43\times40^2\times2.46\times20=112569.6$，右式为 $2.18\times0.8\times20^3=13952$，左式>右式，因此在第 4 层与第 3 层间可能产生储水空间。

(4) 计算第 5 层与第 4 层之间：第 4 层为组合层的第 1 层，此时式(3-27)左式为 $1.33\times12^2\times2.18\times40=16700.54$，右式为 $2.30\times1.43\times40^3=210496$，左式<右式，因此在第 5 层与第 4 层间不会产生储水空间。

(5) 计算第 6 层与第 5 层之间：第 4 层仍然为组合层的第 1 层，此时式(3-27)

左式为 $1.05\times14^2\times(2.18\times40+2.30\times12)=23625.84$，右式为 $2.31\times(1.43\times40^3+1.33\times12^3)=216720.1$，左式<右式，因此在第 6 层与第 5 层间不会产生储水空间。

(6) 计算第 7 层与第 6 层之间：第 4 层仍然为组合层的第 1 层，此时式(3-27)左式为 $1.33\times32^2\times(2.18\times40+2.30\times12+2.31\times14)=200392.9$，右式为 $2.30\times(1.43\times40^3+1.33\times12^3+1.05\times14^3)=222408.2$，左式<右式，因此在第 7 层与第 6 层间不会产生储水空间。

(7) 计算第 8 层与第 7 层之间：现将第 7 层作为组合层的第 1 层，此时式(3-27)左式为 $0.8\times76^2\times2.30\times32=340090.9$，右式为 $2.46\times1.33\times32^3=107210.2$，左式>右式，因此在第 8 层与第 7 层间可能产生储水空间。

综上，将产生储水空间的位置有第 1 层与第 2 层、第 3 层与第 4 层、第 7 层与第 8 层之间。

2. 离层形成位置的数值模拟分析

1) 数值分析过程

煤层地下开采过程中，随着回采工作面的推移，覆岩体的自然应力平衡状态被破坏，采空区上覆岩层次生应力场重新分布，为达到新的应力平衡，岩层内部应力也随之重新分布。上覆岩层发生断裂、冒落、弯曲和下沉，这些运动变化由下向上逐步发育，直至地表，最终形成地表沉陷。受岩层性质、岩层厚度及上覆岩层距离采空区位置影响，各岩层的运动变化并不完全同步，从而出现了覆岩运动在垂向上的位移差，形成次生储水空间。

本小节研究工作面开采过程中关键隔水层(泥岩层)厚度为 7m 时，覆岩次生储水空间发育特征及导水裂隙带高度发育规律。图 3-11 为工作面开采覆岩中离层形成过程图。

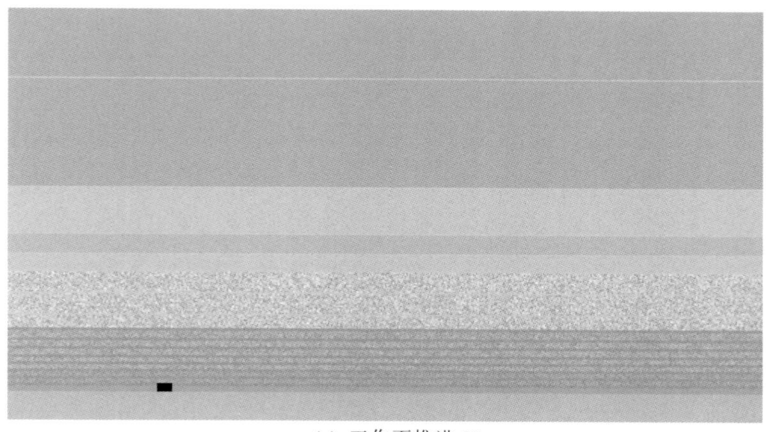

(a) 工作面推进 10m

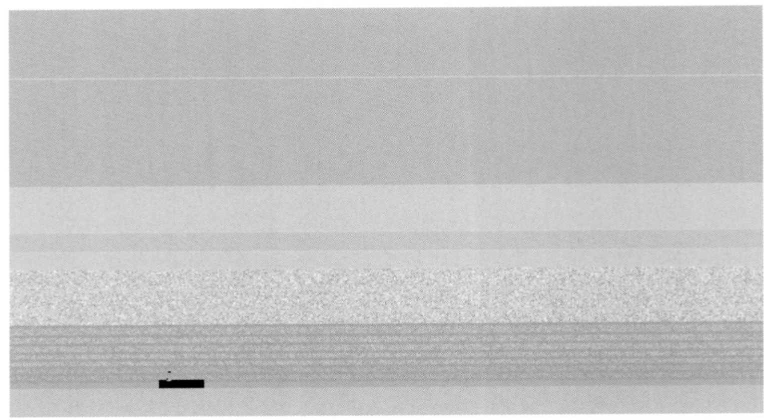

(b) 工作面推进 30m

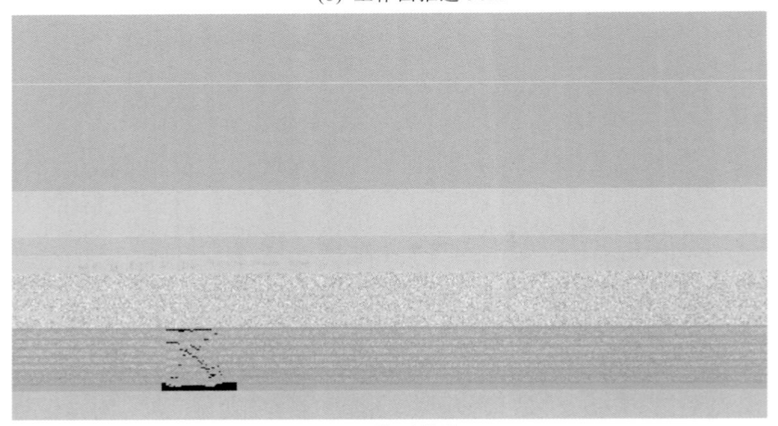

(c) 工作面推进 50m

(d) 工作面推进 70m

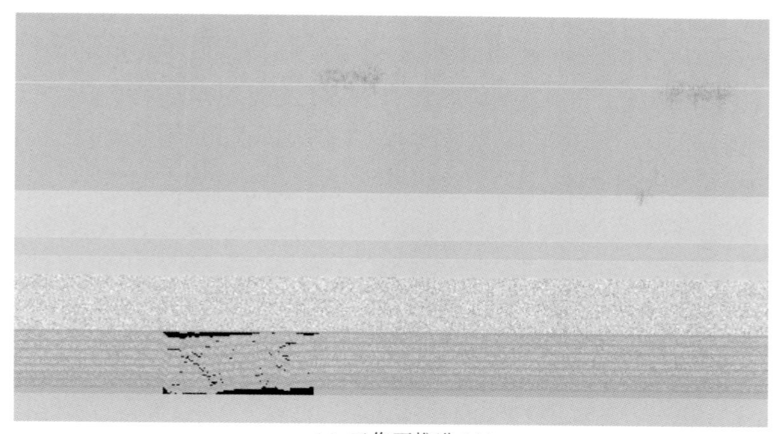

(e) 工作面推进 100m

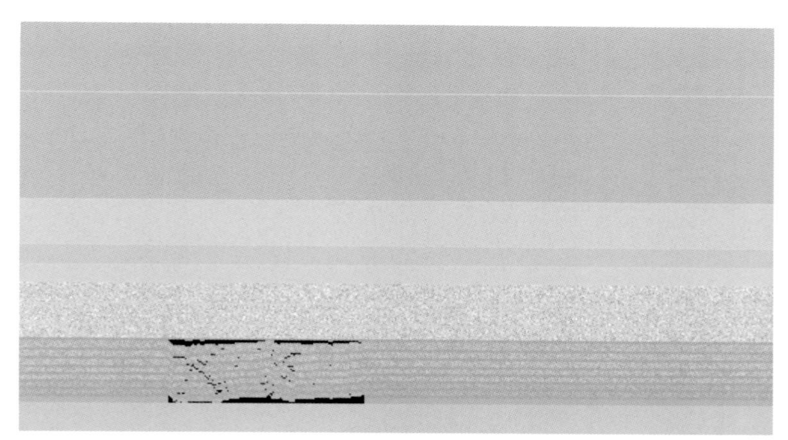

(f) 工作面推进 130m

(g) 工作面推进 170m

(h) 工作面推进 230m

(i) 工作面推进 270m

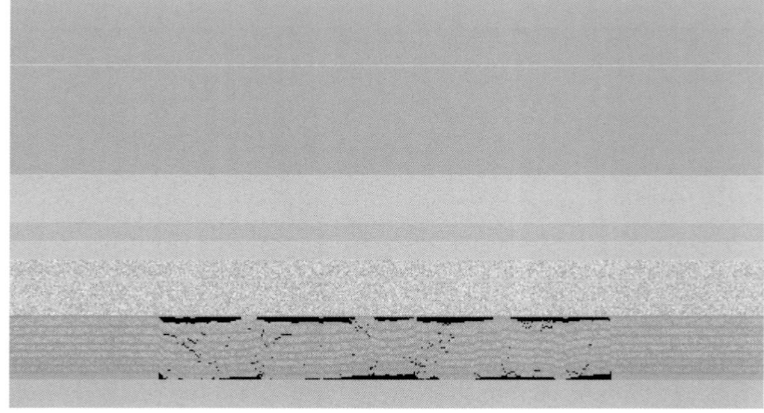
(j) 工作面推进 300m

图 3-11　工作面开采覆岩中离层形成过程图

为了消除边界效应，在距离模型左右两侧各留 100m 煤柱。当开挖第 1 步，即工作面推进 10m 时，工作面上覆岩层并没有出现垮落。

当开挖第 3 步，即工作面推进 30m 时，上覆岩层悬露，在重力作用下弯曲岩梁悬露的跨度达到一定跨度后，弯曲沉降发展到临界值，在岩梁的端部开裂，煤层直接顶中的粉砂岩出现储水空间现象，并伴随着部分砂岩第一次垮落，覆岩中的裂隙有向上发育的趋势，此时垮落带高度约为 8.5m。

当开挖第 5 步，即工作面推进 50m 时，顶板来压较为猛烈，出现第二次大范围的垮落。储水空间快速向上发育，第 3 层岩层关键隔水层(泥岩层)与第 4 层岩层主要含水层(岩性为粗砂岩)之间第一次出现储水空间。储水空间裂隙距离煤层顶板约为 37m，储水空间裂隙在工作面推进方向上的长度约为 18.3m，储水空间高度约为 1.9m，储水空间距工作面开切眼距离约为 13.1m。垮落角为 54°，垮落带高度约为 12.5m。此时覆岩中第 2 层岩层中的地下水将导入采空区，即Ⅱ$_{下}$含水层被导通，而Ⅱ$_{上}$含水层未被导通。

当开挖第 7 步，即工作面推进 70m 时，第 3 层关键隔水层与第 4 层主要含水层之间的储水空间沿工作面推进方向增长，储水空间高度进一步增大。此时储水空间沿工作面推进方向的长度约为 57.8m，高度约为 2.8m。储水空间的形态表现为非对称状，沿工作面推进方向，储水空间高度表现为由大到小的变化过程，最大储水空间位于靠近开切眼一侧的覆岩中。垮落带继续向上扩展发育，高度约为 25.8m，垮落角为 60°。第 3 层内部靠近工作面推进方向拉张裂隙持续扩大，有同垮落带贯通的迹象，可能形成储水空间。

当开挖第 10 步，即工作面推进 100m 时，第 3 层关键隔水层与第 4 层主要含水层之间第一次形成的储水空间形态相对工作面推进 70m 时无明显变化。第一次储水空间沿工作面推进方向的长度约为 62.8m，高度约为 3.1m，空间形态仍表现为非对称状，在靠近工作面推进方向上的储水空间表现出闭合压缩减小的现象。此时，在第 3 层与第 4 层之间出现第二次储水空间，沿工作面推进方向的储水空间长度约为 15.2m，高度约为 2.1m，空间形态表现为对称状。第一次储水空间与第二次储水空间之间的距离约为 24.4m。从覆岩的垮落情况看，垮落带继续向上扩展发育，已经发育到第 3 层泥岩层即关键隔水层的底部，高度约为 31.5m，在第一次储水空间的下方岩层中，裂隙由开采煤层直接顶向上发育至关键隔水层下方的泥岩层中，且上下贯通。

当开挖第 13 步，即工作面推进 130m 时，第 3 层关键隔水层与第 4 层主要含水层之间第二次形成的储水空间增加，其在工作面推进方向上增长，储水空间高度增大。此时储水空间沿工作面推进方向的长度约为 55.7m，高度约为 2.1m，储水空间的形态表现为对称状。第二次储水空间与第一层储水空间之间的距离仅为 6.5m，相对工作面推进 100m 时明显缩小。垮落带继续向上扩展发育，高度达到 42.0m，垮落角为 58°。裂隙已经发育到第 3 层泥岩层即关键隔水层的底部，在第一次储水空间下方的裂隙密度相对第二次储水空间下方的情况要大。

当开挖到第 17 步，即工作面推进为 170m 时，出现第三次储水空间。沿工作面推进方向储水空间长度约为 22.8m，高度约为 1.2m。与第二次储水空间距离约为 17.1m。开切眼至采空区中部的开采工作面被垮落岩层充填压实。垮落带高度继续增加，接近 50.0m。

当开挖到第 23 步，即工作面推进 230m 时，第三次储水空间增大，形态表现为“哑铃”状，即两端储水空间大，而中间小。沿工作面推进方向的长度达到约 84.1m，高度最大约为 3.7m，一般约为 2.1m，最大储水空间出现在靠近停采线上方的覆岩中。与第二次储水空间的距离略有缩小，约为 15.1m。采空区大部分被覆岩所充填，靠近开切眼一侧采空区的压实程度大，而靠近停采线一侧的压实程度则较小，垮落带高度继续增加。

当开挖到第 27 步，即工作面推进 270m 时，出现第四次储水空间，形态表现为对称状。沿工作面推进方向储水空间长度约为 21.2m，高度约为 2.3m。与第二次储水空间距离约为 19.9m，垮落带高度达到约 60m。

当开挖到第 30 步，即工作面推进 300m 时，第四次储水空间沿工作面推进方向长度约为 65.5m，高度约为 3.1m，呈对称状，垮落带高度仍约为 60m。

2) 离层空间形成位置

根据上述分析可知，在模拟开采过程中，第 3 层关键隔水层与第 4 层主要含水层间共出现了四次储水空间，形态一般呈对称状，沿工作面推进方向各空间最大长度为 55.7～84.1m，平均为 67.03m；最大高度为 2.1～3.7m，平均为 3.0m。第一次储水空间出现时工作面推进 50m，储水空间达到最大时工作面推进 100m；第二次储水空间出现时工作面推进 100m，储水空间达到最大时工作面推进 130m；第三次储水空间出现时工作面推进 170m，储水空间达到最大时工作面推进 230m；第四次储水空间出现时工作面推进 270m。可见，工作面推进 50m 时即出现第一次储水空间，周期出现时对应的工作面推进距离间隔一般在 50～100m，空间形态达到最大时对应的工作面推进距离间隔则一般为 30～100m。

3. 离层形成位置的物理模拟分析

1) 相似材料物理模拟试验方案

工作面采宽 300m，几何相似比 1∶100，在 3m 长的平面模型架进行物理相似模拟试验。模型满足的相似条件包括几何相似，采动岩土体变形、破坏、运移过程的相似和单值条件相似。

几何相似条件：$\alpha_l=\frac{l_m}{l_p}=\frac{1}{100}$；重力相似条件：$\alpha_\gamma=\frac{\gamma_m}{\gamma_p}=\frac{2}{3}$；重力加速度相似条件：$\alpha_g=\frac{g_m}{g_p}=\frac{1}{1}$；时间相似条件：$\alpha_t=\frac{t_m}{t_p}=\sqrt{\alpha_l}=\frac{1}{10}$；速度相似条件：$\alpha_v=\frac{v_m}{v_p}=\sqrt{\alpha_l}=\frac{1}{10}$；位移相似条件：$\alpha_s=\alpha_l=\frac{1}{100}$；强度、弹性模量、内聚力相似条件：$\alpha_R=\alpha_E=\alpha_c=\alpha_l\alpha_\gamma=\frac{1}{150}$；内摩擦角相似条件：$\alpha_\phi=\frac{R_m}{R_p}=\frac{1}{1}$；作用力相似条件：$\alpha_f=\frac{f_m}{f_p}=\alpha_s\alpha_\gamma\alpha_l^3=0.08\times10^{-6}$。

其中，α为相似比；l为几何尺寸；γ为岩层容重；t为运动时间；v为运动速度；s为位移；g为重力加速度；R为岩层强度；E为弹性模量；c为内聚力；ϕ为内摩擦角；f为作用力；p表示原型；m表示模型。

根据煤层顶板基岩工程地质特征和力学指标，结合相似原理可以确定相似材料物理模拟试验相应层位相似材料配比，详见表3-10。

表3-10　相似材料物理模拟试验相应层位相似材料配比

模拟地层	材料配比质量/g									铺设高度/cm
	河沙	重钙粉	石膏粉	粉煤灰	黏土	水泥	石蜡	黄油	水	
煤层	28200	1400	400	—	—	—	—	—	3000	5.0
粗粒砂岩层	900	—	9	200	—	—	—	—	70	4.5
粉砂岩层	900	100	—	—	30	5	—	—	75	7.0
粗砂岩层	7200	2250	—	—	—	—	45	645	—	15.0
粉砂岩层	900	—	20	250	—	—	—	—	76	15.0
泥岩层	900	250	—	—	20	3	—	—	80	10.0
粗粒砂岩层	900	—	3	200	—	—	—	—	60	40.0
细砂岩层	900	—	3	100	—	—	—	—	60	30.0

2) 模拟试验及开挖方式

测线布置方案主要以观测离层发育情况为目的。

(1) 测线布置方案：①为了观测模型中导水裂隙带顶部发育位置附近岩层下沉量，在煤层上方73cm处布置测线；②为了观测模型中预计离层发育部位岩层下沉量，在煤层上方 96cm 处布置测线；③为了观测模型顶部岩层下沉量，在煤层上方 116cm 处布置测线。

(2) 开挖方式：在模型的两边共留设 110cm 的边界，以消除边界影响，模拟实际推进距离为 200m，使其达到充分采动，采空区采用垮落法处理。010201 工作面覆岩离层发育相似材料模拟初始模型如图 3-12 所示。

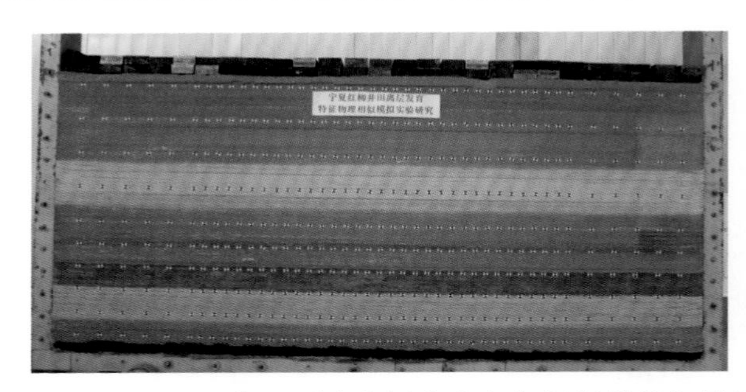

图 3-12　010201 工作面覆岩离层发育相似材料模拟初始模型

3) 岩石物理力学参数

相似材料模拟试验研究对象为红柳煤矿 010201 工作面覆岩，采宽为 300m，开采方式为综采一次采全高。表 3-11 中列出了 010201 工作面顶板覆岩破坏相似材料模拟岩石物理力学参数。

表 3-11　010201 工作面顶板覆岩破坏相似材料模拟岩石物理力学参数

序号	岩性	密度/(kg/m^3)	弹性模量/MPa	变形模量/MPa	泊松比	抗拉强度/MPa	内聚力/MPa	内摩擦角/(°)	岩层厚度/m
1	2 煤	1350	2381	1536	0.29	0.30	1.30	30.9	5.0
2	粗粒砂岩	2450	9790	21490	0.22	0.90	2.01	32.3	4.5
3	粉砂岩	2630	10670	8780	0.44	0.55	1.04	36.1	7.0
4	粗粒砂岩	2450	9790	21490	0.22	0.90	2.01	32.3	15.0
5	粉砂岩	2630	10670	8780	0.44	0.55	1.04	36.1	15.0
6	泥岩	2660	6900	8540	0.39	1.60	0.68	35.4	10.0
7	粗粒砂岩	2450	9790	21490	0.22	0.90	2.01	32.3	40.0
8	细粒砂岩	2330	6740	3020	0.17	0.34	2.06	35.4	30.0

4) 相似材料模拟结果

从相似材料模拟试验可以看出，当工作面推进距离为 5～55m 时，覆岩中无明显离层出现；当工作面推进距离为 60m 时，覆岩中直罗组下段粗砂岩中夹层泥岩层出现小规模离层空间；当工作面推进距离为 70m 时，夹层泥岩层与直罗组下段含水层上分层之间出现规模较大的离层空间(图 3-13)。

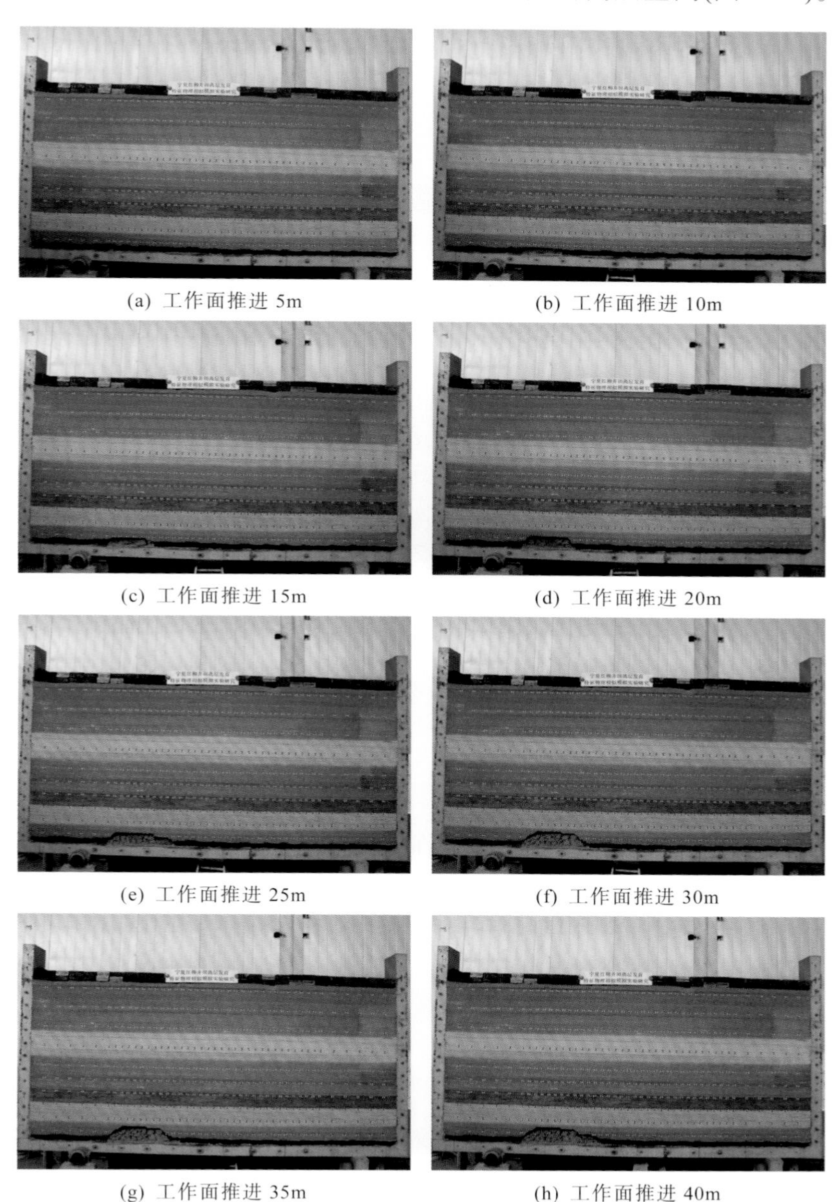

(a) 工作面推进 5m
(b) 工作面推进 10m
(c) 工作面推进 15m
(d) 工作面推进 20m
(e) 工作面推进 25m
(f) 工作面推进 30m
(g) 工作面推进 35m
(h) 工作面推进 40m

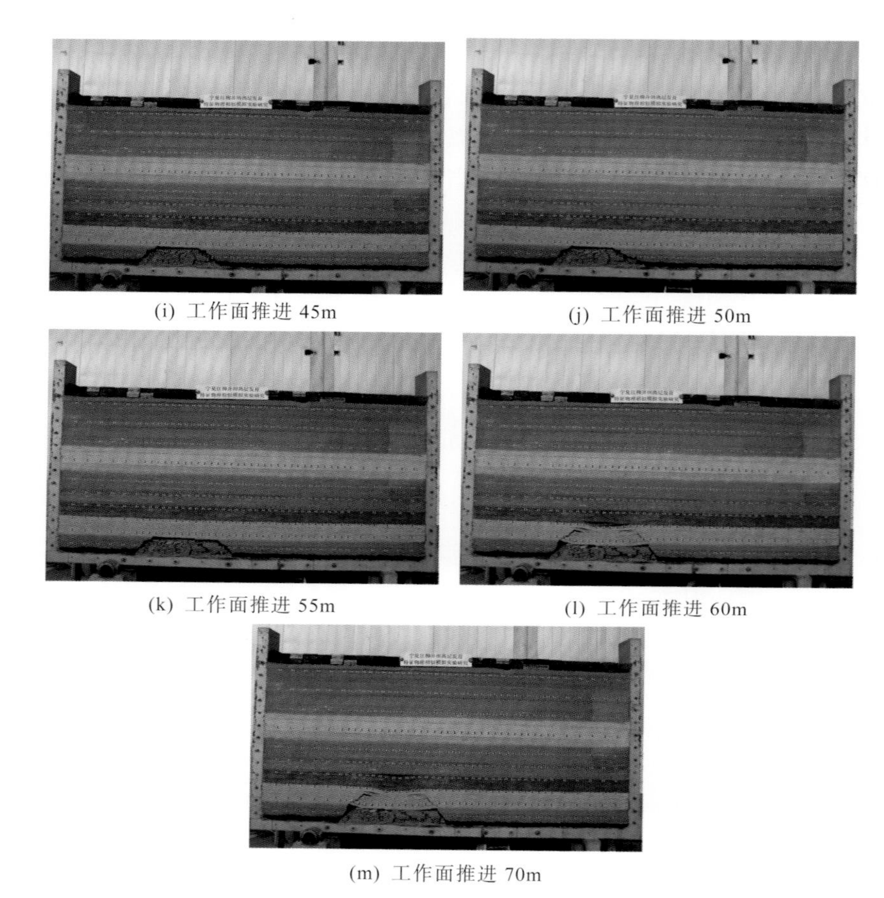

(i) 工作面推进 45m
(j) 工作面推进 50m
(k) 工作面推进 55m
(l) 工作面推进 60m
(m) 工作面推进 70m

图 3-13　不同工作面推进距离的离层发育过程

4. 离层空间充水条件分析

1) 数值模拟方案

通过计算机数值模拟试验，确定在采高和覆岩结构不变的条件下：

(1) 确定走向方向上，关键隔水层从 7m 增加到 22m，每增加 1m，建立一个模型，研究煤层开采引起上覆岩层移动破坏的形式、范围、规律(垮落带、裂隙带两带的高度、范围)。

(2) 确定倾向方向上，关键隔水层从 7m 增加到 22m，每增加 1m，建立一个模型，研究煤层开采引起上覆岩层移动破坏的形式、范围、规律(垮落带、裂隙带两带的高度、范围)。

(3) 研究覆岩中关键控制层移动破坏形式，确定控制关键隔水层破坏的临界宽度。

以红柳煤矿综合钻孔柱状图为原型，以钻孔岩石力学性质测试数据(饱水状态)为依据设计试验模型。设计并计算走向和倾向两大类模型，且关键隔水层厚度从 7m 增加到 22m，每增加 1m 建立 1 个数值模型，共计建立 32 个模型，计算机数值模型统计表见表 3-12。

表 3-12 计算机数值模型统计表

序号	模型类别	模型代号	关键隔水层厚度/m	序号	模型类别	模型代号	关键隔水层厚度/m
1	Ⅰ	Ⅰ-1	7	17	Ⅱ	Ⅱ-1	7
2		Ⅰ-2	8	18		Ⅱ-2	8
3		Ⅰ-3	9	19		Ⅱ-3	9
4		Ⅰ-4	10	20		Ⅱ-4	10
5		Ⅰ-5	11	21		Ⅱ-5	11
6		Ⅰ-6	12	22		Ⅱ-6	12
7		Ⅰ-7	13	23		Ⅱ-7	13
8		Ⅰ-8	14	24		Ⅱ-8	14
9		Ⅰ-9	15	25		Ⅱ-9	15
10		Ⅰ-10	16	26		Ⅱ-10	16
11		Ⅰ-11	17	27		Ⅱ-11	17
12		Ⅰ-12	18	28		Ⅱ-12	18
13		Ⅰ-13	19	29		Ⅱ-13	19
14		Ⅰ-14	20	30		Ⅱ-14	20
15		Ⅰ-15	21	31		Ⅱ-15	21
16		Ⅰ-16	22	32		Ⅱ-16	22

2) 泥岩层渗流过程分析

提取第 3 层关键隔水层(泥岩层)底板、煤层顶板的垂向渗流速度数据，不同工作面推进距离下泥岩层底板的渗流情况如图 3-14 所示。

当工作面推进 50m 时，泥岩层底板的垂向渗流速度在采空区范围内显著大于其他区域，垂向渗流速度在采空区两侧的数值要大于采空区中部，最大垂向渗流速度接近 2.0m/d。煤层顶板的垂向渗流速度的分布特征与泥岩层底板的情况基本相同，在采空区两侧的垂向渗流速度最大，约为 4.5m/d [图 3-14(a)]。结合此时的储水空间发育特征可见，第一次储水空间形成后，泥岩层底板就出现了较大的垂向渗流速度，而此时煤层顶板的垂向渗流速度要大于泥岩层顶板，这表明此时导水裂隙并没有将主要含水层的承压水与采空区相导通，采空区的渗流水源主要来自关键隔水层下方的砂岩岩层。

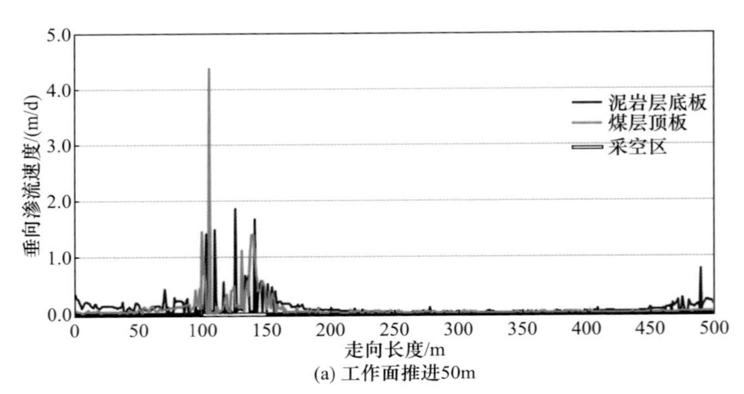

(a) 工作面推进50m

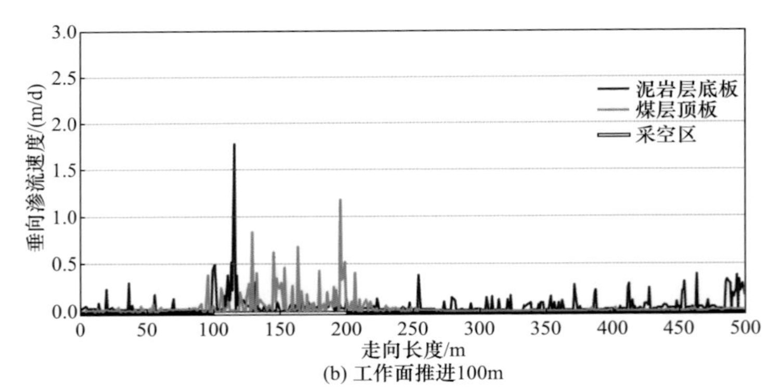

(b) 工作面推进100m

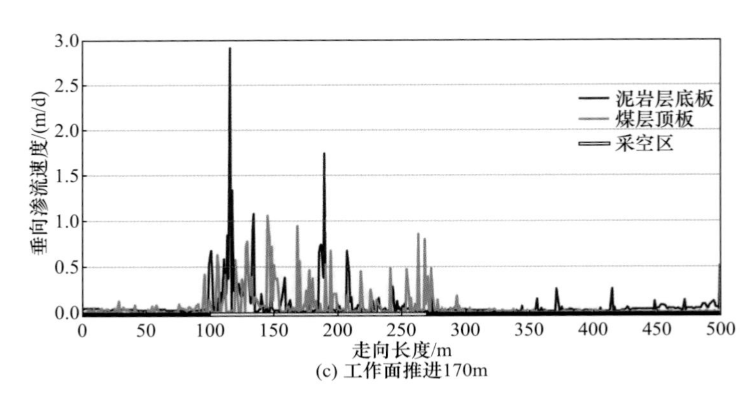

(c) 工作面推进170m

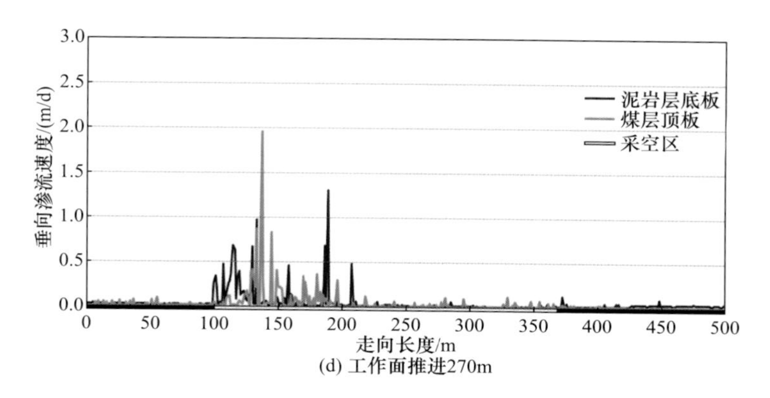

(d) 工作面推进270m

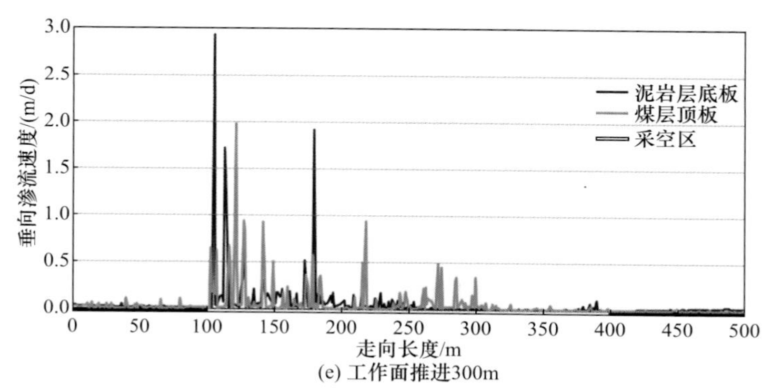

(e) 工作面推进300m

图 3-14　不同工作面推进距离下泥岩层底板的渗流情况

当工作面推进 100m 时，泥岩层底板的垂向渗流速度在靠近开切眼一侧的采空区范围内显著大于其他区域，最大垂向渗流速度约为 1.8m/d[图 3-14(b)]。煤层顶板的垂向渗流速度在采空区范围内显著大于其他区域，泥岩层底板和煤层顶板垂向渗流速度在采空区范围内的数值大致相同，最大渗流速度出现在靠近停采线一侧的采空区内，约为 1.2m/d。结合此时的次生储水空间发育特征可见，伴随着第二次储水空间的形成，关键隔水层中的裂隙使得主要含水层的水下渗，进入采空区，导致整个采空区内出现了大范围的垂向渗流。

当工作面推进 170m 时，泥岩层底板的垂向渗流速度在采空区范围内显著大于其他区域，较大的垂向渗流速度位于靠近开切眼的采空区一侧、采空区中部，最大垂向渗流速度为 2.9m/d[图 3-14(c)]。煤层顶板的垂向渗流速度在采空区范围内显著大于其他区域，垂向渗流速度在采空区范围内的数值大致相当，最大垂向渗流速度出现在靠近开切眼一侧的采空区内，约为 1.1m/d。结合此时的储水空间发育特征可见，伴随着第三次储水空间的形成，主要含水层穿透关键隔水层进入采空区的裂隙数量有所增加，整个采空区内渗流范围仍很大。

当工作面推进 270m 时，泥岩层底板的垂向渗流速度在靠近开切眼一侧的采空区范围内显著大于其他区域，最大垂向渗流速度约为 1.3m/d[图 3-14(d)]。煤层顶板的垂向渗流速度在靠近开切眼一侧的采空区范围内显著大于其他区域的情况，最大渗流速度约为 1.9m/d。结合此时储水空间的发育特征可见，伴随着第四次储水空间的形成，主要含水层穿透关键隔水层进入采空区的裂隙数量有所减少；采空区内渗流范围显著缩小，主要分布在靠近开切眼一侧的采空区范围内。

当工作面推进 300m 时，泥岩层底板的垂向渗流速度在采空区中部至开切眼的范围内显著大于其他区域，最大垂向渗流速度约为 2.9m/d[图 3-14(e)]。煤层顶板的垂向渗流速度在采空区中部至开切眼的范围内显著大于其他区域，最大垂向渗流速度约为 2.0m/d。结合此时储水空间的发育特征可见，主要含水层穿透关键隔水层进入采空区的裂隙数量有所增加；采空区内垂向渗流范围显著扩大，主要分布在采空区中部至开切眼范围内。

5. 离层水害形成过程

离层水害形成过程模型示意图如图 3-15 所示。随着工作面回采，煤层直接顶板垮落，泥岩层因失去支撑发生蠕变而弯曲下沉，砂岩含水层作为较坚硬岩体，其下沉量小于泥岩层，因此在砂岩层和泥岩层之间形成离层空间[图 3-15(a)]，上部的砂岩含水层水体集聚到离层空间[图 3-15(b)]；随着悬顶范围进一步扩大，泥岩层在自身重力、水体重力和静水压力作用下持续变形达到极限时，泥岩破断，离层水体溃出[图 3-15(c)]；随着离层水体

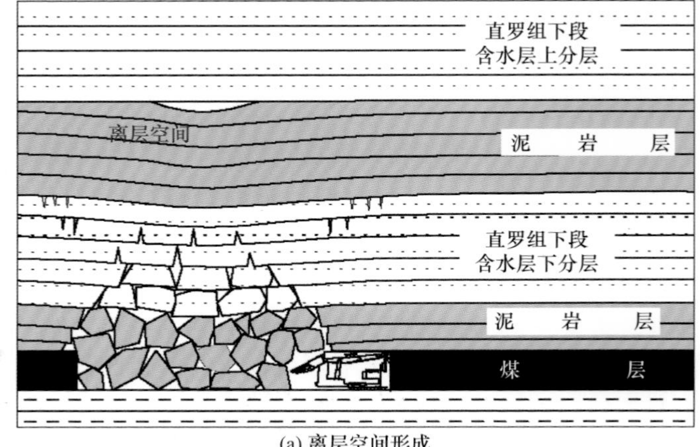

(a) 离层空间形成

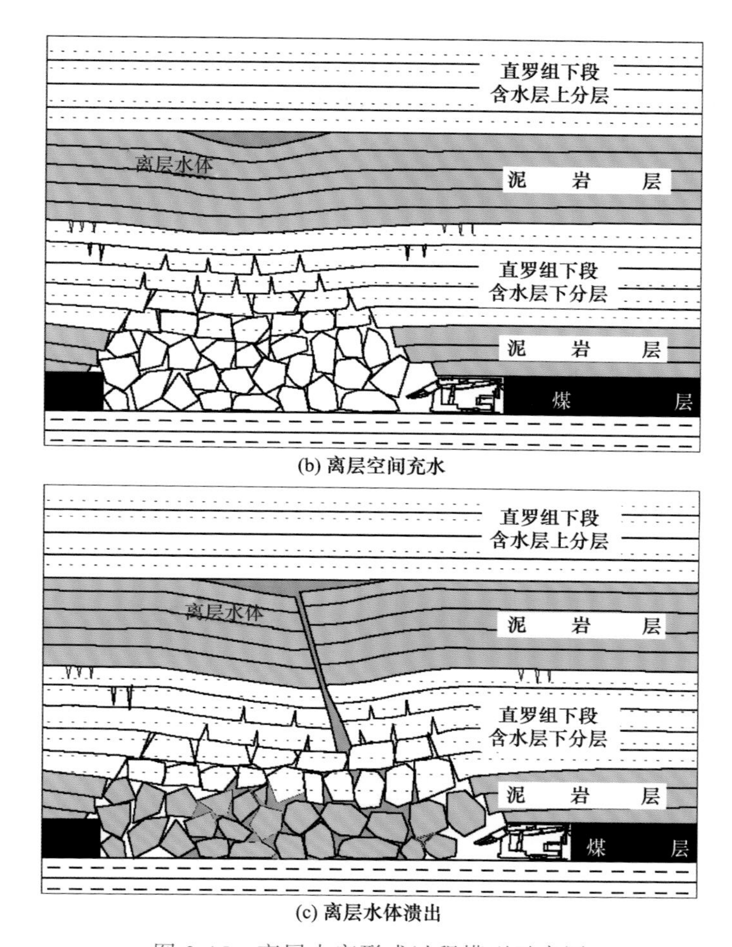

图 3-15　离层水害形成过程模型示意图

水量减小，泥岩层在水理作用下发生膨胀，其裂隙空间逐步缩小直至自闭合，继而再次形成封闭的储水空间，再次循环，泥岩层破裂位置前移，导致周期性涌水。隔水能力再生过程对顶板离层水体周期性涌水起到了控制作用，该涌水形式具有次生性、滞后性和周期性的特征。

6. 离层水害形成的主控因素

1) 泥岩层对离层空间形成的影响

红柳煤矿 010201 工作面关键隔水层为厚度 7～25.5m 的泥岩层，平均厚度为 20m。该隔水层对 010201 工作面的侏罗系中统直罗组裂隙孔隙含水层(Ⅱ)能否导入采空区，离层水能否形成等均具有重要意义。针对数值模拟的结果进行分析，确定该隔水层的临界厚度。

限于篇幅，此处只给出模型Ⅰ-12(泥岩层厚度为 18m)(图 3-16)和模型Ⅰ-15(泥岩层厚度为 21m)的覆岩破裂图(图 3-17)。

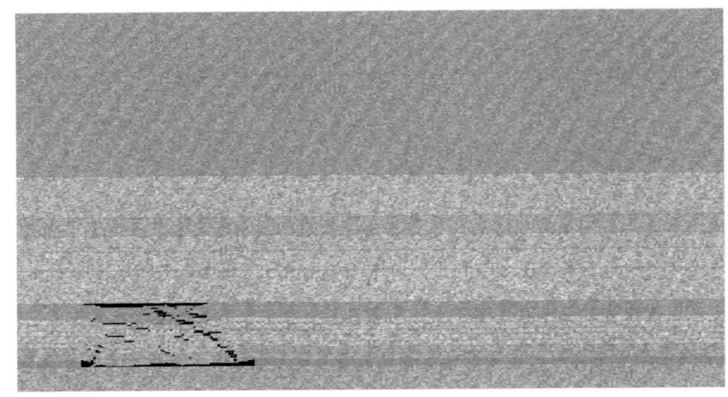

(a) 工作面推进100m

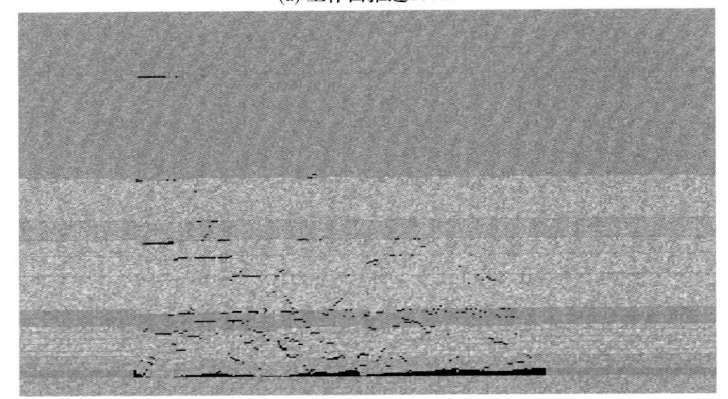

(b) 工作面推进250m

图 3-16 泥岩层厚度为 18m 时覆岩破裂图

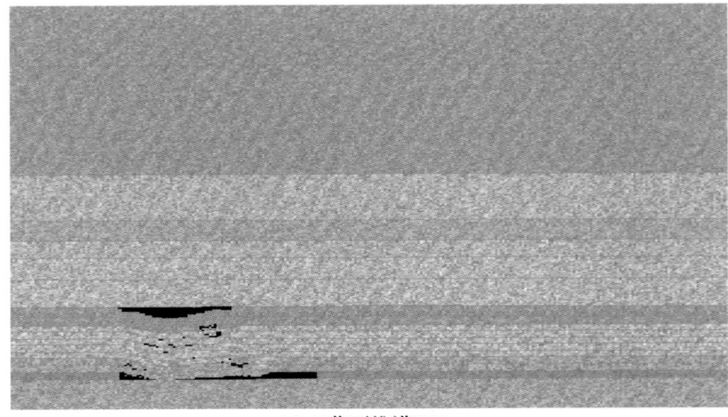

(a) 工作面推进100m

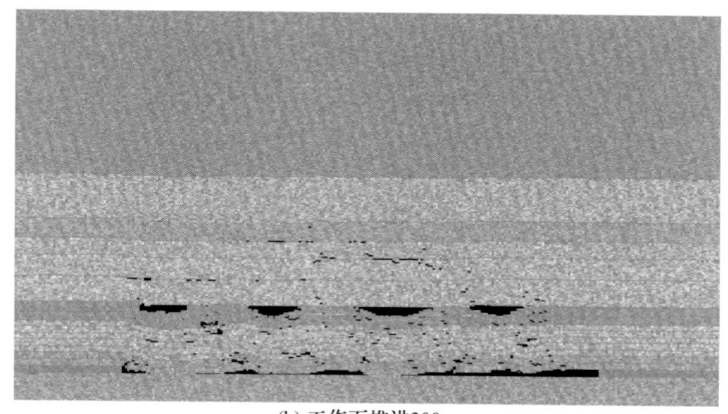

(b) 工作面推进300m

图 3-17　泥岩层厚度为 21m 时覆岩破裂图

当泥岩层厚度为 18m 时，开挖 35m 储水空间就已经发育至第 3 层和第 4 层，储水空间随着工作面持续推进而逐步扩展。当工作面推进 100m，储水空间最大宽度增至 120m 左右，最大高度约为 1.1m，随后开始闭合[图 3-16(a)]。此时，覆岩中的裂隙已经贯通该储水空间，该储水空间汇集的地下水进入采空区。然后，随着工作面继续推进，覆岩整体出现移动，储水空间和采空区逐步被压缩。此后，再也没有大范围的储水空间出现，导水裂隙带持续向上发育，直至高度增加到 63m。当模型Ⅰ-12“开采”完毕后，覆岩中裂隙分布较为普遍，没有出现周期性的储水空间。因此，泥岩层厚度小于 18m 时，储水空间没有发育完全，导水裂隙带可以导穿隔水层，进入含水层底部，离层水形成规律不明显[图 3-16(b)]。

当隔水层厚度为 19m 时，即模型Ⅰ-13 试验结果显示，相对模型Ⅰ-12，储水空间发育的规律性有所改善，所得结论大致与模型Ⅰ-14 试验结果相同。因此，认为隔水层厚度临界厚度为 19m。

当泥岩层厚度为 21m，工作面推进 40m 时，储水空间就已经发育至第 3 层和第 4 层，随着工作面持续推进，储水空间逐步扩展。当工作面推进 100m，储水空间最大宽度增至 81m 左右，最大高度约为 2.5m，随后开始闭合。此时，覆岩中的裂隙仍然没有贯通该储水空间。此后，储水空间周期性出现，导水裂隙带持续向上发育，直至高度增加到 58m。当模型Ⅰ-15“开采”完毕后，可见出现周期性的储水空间，该周期约为 62m。工作面推进 300m，即开挖完毕，离层水形成规律明显。

2) 泥岩层对离层空间储水的影响

提取第 3 层关键隔水层(泥岩层)底板、煤层顶板的垂向渗流速度数据，工作面推进 300m，不同隔水层厚度下泥岩层底板的渗流情况如图 3-18 所示。

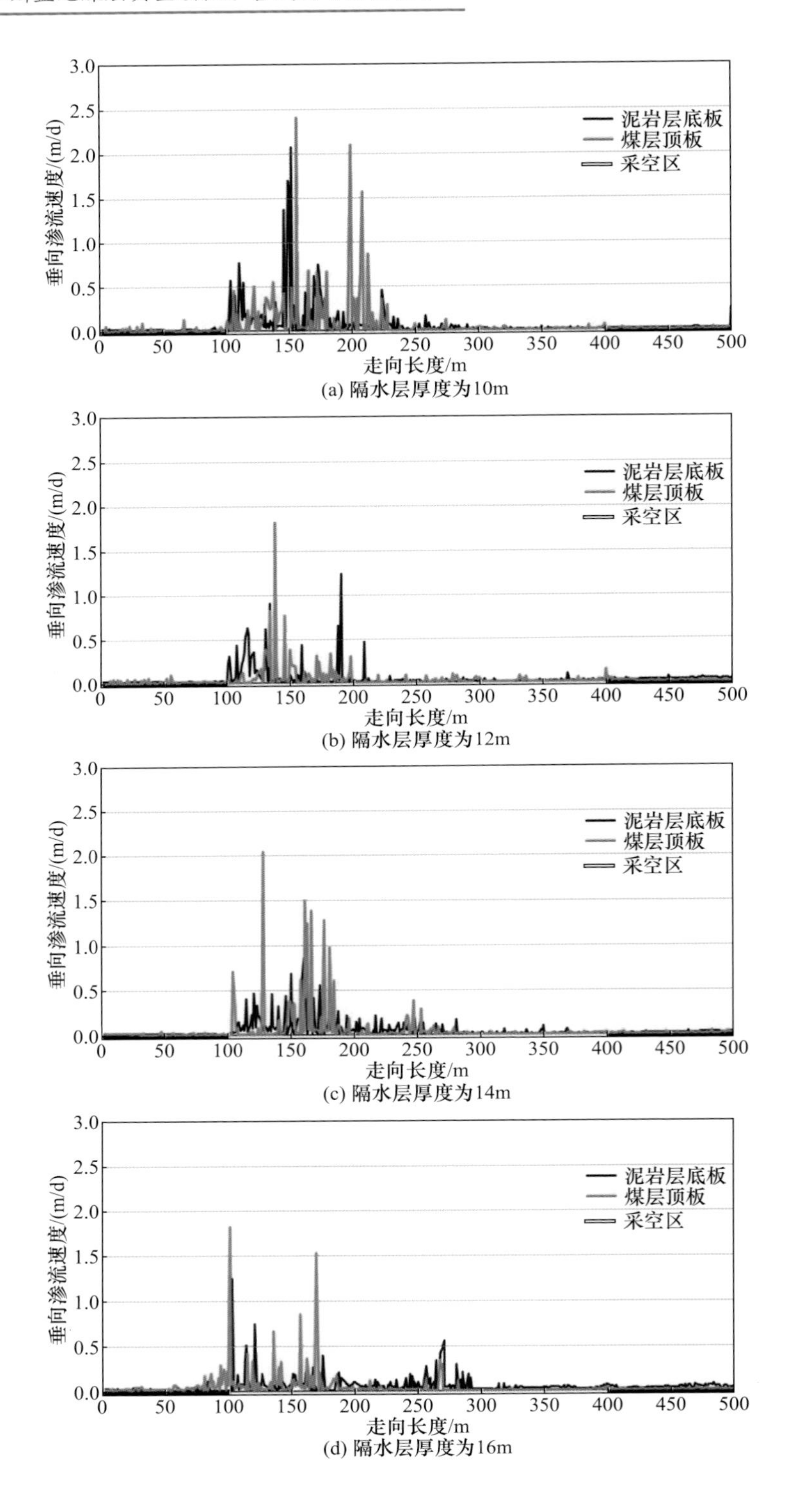

(a) 隔水层厚度为10m

(b) 隔水层厚度为12m

(c) 隔水层厚度为14m

(d) 隔水层厚度为16m

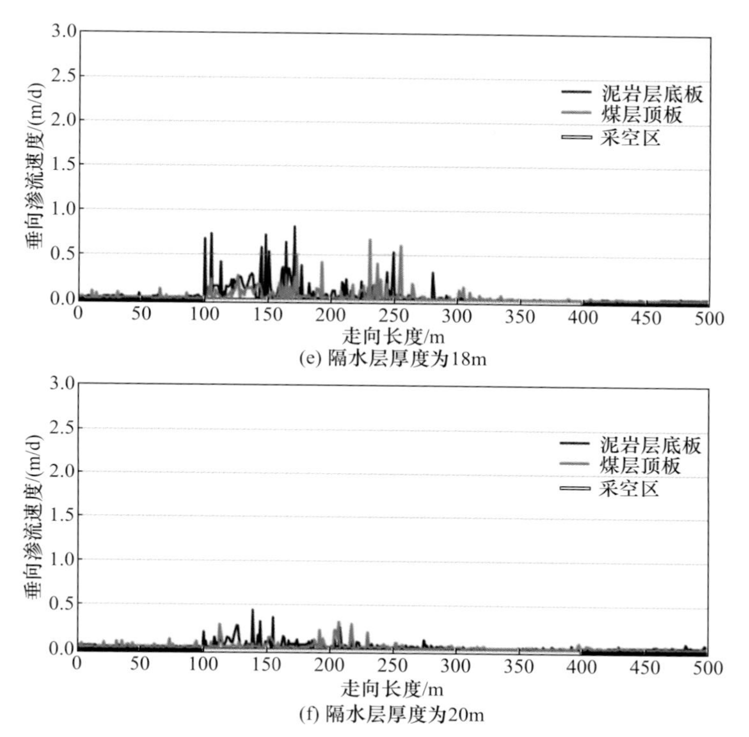

(e) 隔水层厚度为18m

(f) 隔水层厚度为20m

图 3-18 不同隔水层厚度下泥岩层底板的渗流情况

当隔水层厚度为10m时，泥岩层底板的垂向渗流速度在采空区中部至开切眼范围内显著大于其他区域，最大垂向渗流速度约为2.1m/d[图3-18(a)]。煤层顶板的垂向渗流速度的分布特征与泥岩层底板的情况相同，在靠近开切眼一侧采空区的垂向渗流速度最大，约为2.4m/d。此时，隔水层中已经形成了上下导通的裂隙,其上方主要含水层的承压水通过导水裂隙进入采空区内，使得隔水层底板和煤层顶板的垂向渗流速度表现为基本一致的特点。

当隔水层厚度为12m时，泥岩层底板和煤层顶板垂向渗流速度较大的分布区域仍主要出现在采空区中部至开切眼范围内，且两者仍表现为基本一致的特点[图3-18(b)]。泥岩层底板的最大垂向渗流速度约为1.2m/d，煤层顶板的最大垂向渗流速度约为1.8m/d。

当隔水层厚度分别为14m[图3-18(c)]和16m[图3-18(d)]时，泥岩层底板和煤层顶板的垂向渗流速度分布区域仍表现为基本一致的特点，采空区中部至开切眼范围内的垂向渗流速度相对较大。在开切眼附近岩层中的垂向渗流速度最大，其中泥岩层底板的最大垂向渗流速度为1.1m/d左右，煤层顶板的最大垂向渗流速度为1.9m/d左右。在采空区中部的垂向渗流速度则一般小于 0.5m/d。

当隔水层厚度为 18m 时，采空区中部至开切眼的范围内的垂向渗流速度仍相对较大，但数值明显减小，泥岩层底板和煤层顶板的最大垂向渗流速度小于 0.8m/d[图 3-18(e)]。

当隔水层厚度为 20m 时，泥岩层底板和煤层顶板的最大垂向渗流速度小于 0.4m/d，垂向渗流速度较大的区域仍主要出现在采空区中部至开切眼范围内[图 3-18(f)]。

当隔水层厚度大于 18m 时，泥岩层底板导水裂隙的渗流能力显著减小，表明此时导水裂隙的横向宽度和纵向深度显著减小；当隔水层厚度达到 20m 时，泥岩层底板和煤层顶板的垂向渗流速度均很小，表明此时导水裂隙接近闭合状态，主要含水层中的水无法透过关键隔水层到达采空区内。

综上所述，临界关键隔水层厚度约为 19m，这与红柳煤矿 010201 工作面顶板直罗组下段含水层中夹层泥岩层厚度为 20m 较为接近，进一步证明 010201 工作面具备形成离层水害的覆岩组合条件。

3.3 砂泥岩叠合离层水害防控技术

3.3.1 离层水害危险性分区分级

1. 覆岩组合分析

为了分析 2 煤顶板覆岩岩性及其组合特征，统计了井田范围内 54 个勘探的钻孔资料，如表 3-13 所示。2 煤厚度变化较大，最大厚度为 10.71m，平均厚度为 5.05m；下段下分层粗砂岩含水层平均厚度为 27.36m；下段上分层粗砂岩含水层平均厚度为 34.64m；泥岩层与煤层平均间距为 32.43m。

表 3-13　2 煤顶板覆岩岩性及其组合厚度统计表

序号	钻孔	2 煤厚度/m	下段下分层粗砂岩含水层厚度/m	隔水层厚度/m	下段上分层粗砂岩含水层厚度/m	泥岩层与煤层间距/m
1	H101	0.70	30.83	18.48	19.79	30.83
2	H102	0.75	17.03	8.14	20.67	33.20
3	H202	2.87	17.37	1.58	30.62	34.22
4	H301	4.08	11.68	11.98	70.92	16.00
5	H401	5.51	24.43	3.93	38.77	24.43
6	H402	4.08	42.81	10.10	61.53	52.91
7	H403	4.78	21.21	10.97	32.30	32.18

续表

序号	钻孔	2煤厚度/m	下段下分层粗砂岩含水层厚度/m	隔水层厚度/m	下段上分层粗砂岩含水层厚度/m	泥岩层与煤层间距/m
8	H501	5.07	26.95	7.96	33.41	27.00
9	H502	2.03	29.14	12.68	23.21	29.14
10	H503	6.59	26.24	11.26	38.51	26.24
11	H504	4.30	26.95	12.24	41.70	26.95
12	H601	6.43	9.08	28.52	15.84	9.08
13	H602	5.61	19.71	18.62	33.37	20.88
14	H604	5.33	29.05	6.46	54.44	29.05
15	H701	6.05	31.86	13.86	23.57	31.86
16	H702	10.71	34.48	13.39	27.77	34.48
17	H703	5.34	33.28	10.81	37.76	33.28
18	H704	6.15	46.38	2.62	51.25	46.38
19	H801	6.10	23.76	11.82	22.48	30.73
20	H802	6.23	23.06	11.42	26.46	29.91
21	H803	5.27	11.27	12.78	6.70	18.20
22	H804	3.97	27.03	12.31	27.40	27.03
23	H805	4.75	28.27	13.69	50.42	32.36
24	H806	4.83	16.97	15.10	65.17	16.97
25	H901	5.39	17.39	10.54	28.78	21.08
26	H902	5.90	13.97	14.06	29.33	24.37
27	H1001	5.78	17.07	8.52	32.45	21.84
28	H1003	5.40	26.65	10.49	27.96	26.65
29	H1006	5.93	41.87	24.21	58.52	16.12
30	H1101	6.23	58.13	18.42	8.32	65.16
31	H1102	6.30	9.90	4.64	66.07	9.90
32	H1302	6.05	59.42	2.18	16.83	67.62
33	H1304	5.82	21.53	20.84	13.14	30.13
34	H1404	5.45	14.78	16.55	29.04	25.90
35	H1405	0.85	47.17	6.62	29.07	47.17
36	H1406	5.57	8.21	5.22	27.19	33.43
37	H1502	6.19	33.03	6.24	42.30	40.90
38	H1503	5.85	22.14	17.57	33.87	24.01
39	H1504	5.32	14.66	25.25	40.60	26.07
40	H1601	6.00	32.06	5.64	22.33	39.07
41	H1602	7.59	28.51	9.07	28.40	33.46
42	H1603	5.04	31.24	13.06	25.05	32.82

续表

序号	钻孔	2煤厚度/m	下段下分层粗砂岩含水层厚度/m	隔水层厚度/m	下段上分层粗砂岩含水层厚度/m	泥岩层与煤层间距/m
43	H1604	5.33	22.61	14.55	48.03	29.96
44	H1605	4.47	46.22	2.19	27.68	49.77
45	H1701	5.54	32.78	8.17	18.42	34.61
46	H1702	5.61	14.98	1.19	65.37	19.45
47	H1704	4.99	21.51	21.17	33.78	30.42
48	H1802	5.00	28.11	9.28	1.51	33.14
49	H1805	3.57	19.35	29.95	28.98	35.03
50	H2007	2.89	38.06	2.53	13.20	54.02
51	H3004	0.89	31.61	10.60	94.94	37.77
52	Z1	5.39	33.86	6.98	18.48	49.04
53	Z3	6.48	77.99	24.90	20.56	87.46
54	Z6	4.30	3.60	24.20	86.10	11.30
平均		5.05	27.36	12.14	34.64	32.43

2. 分区分级原则及指标

根据前面对离层水害透水机理和主控因素分析可知，在整个井田范围内泥岩层厚度为 0～29.95m，能够导致离层空间形成并具备蓄水条件的泥岩层厚度为 19m。因此，将泥岩层厚度 19m 作为离层透水危险性分区的主要指标，将红柳煤矿首采区 2 煤顶板直罗组下段含水层中夹层泥岩层厚度超过 20m 的区域作为具备形成离层水害的区域(图 3-19)。

3. 离层水害危险性分区分级

通过对红柳煤矿离层储水机制、透水机理的研究，诱发离层水害的主要控制因素为离层下部岩体(泥岩层)的厚度，同时直罗组下段含水层的富水性也是影响离层水害形成的重要因素。结合红柳煤矿首采区具备形成离层水害的区域和含水层富水性分区图(图 3-4)，绘制出离层水害风险分区分级图(图 3-20)。其中，一级风险区范围内工作面的离层水害发生风险最高，其次是二级风险区和三级风险区，风险最低的是四级风险区。

010201 工作面位于离层水害三级风险区，具备了离层水害发生和致灾的条件，说明离层水害风险性分区分级图可以用以指导研究区的离层水害防控。

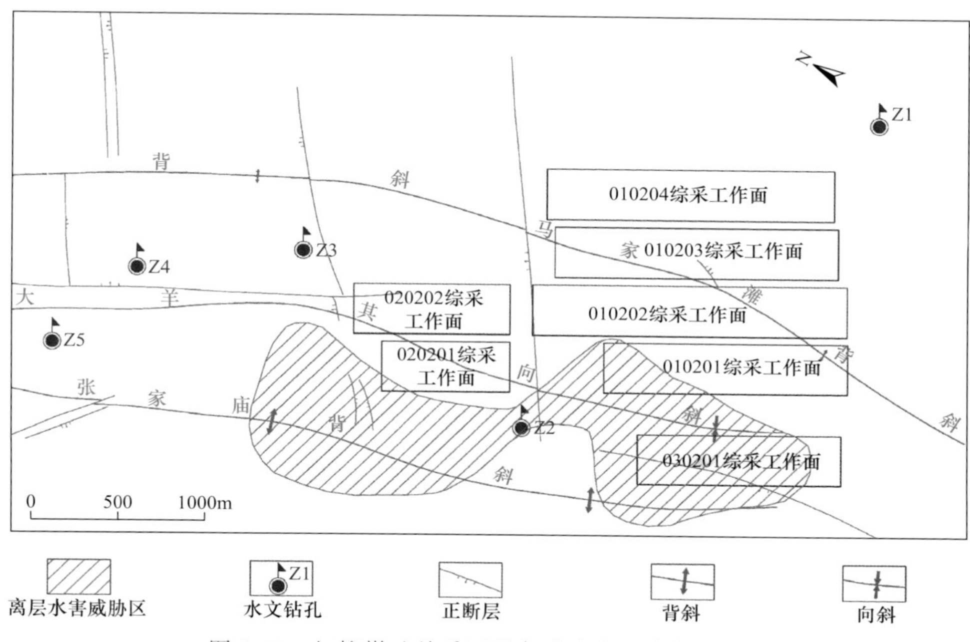

图 3-19 红柳煤矿首采区具备形成离层水害的区域

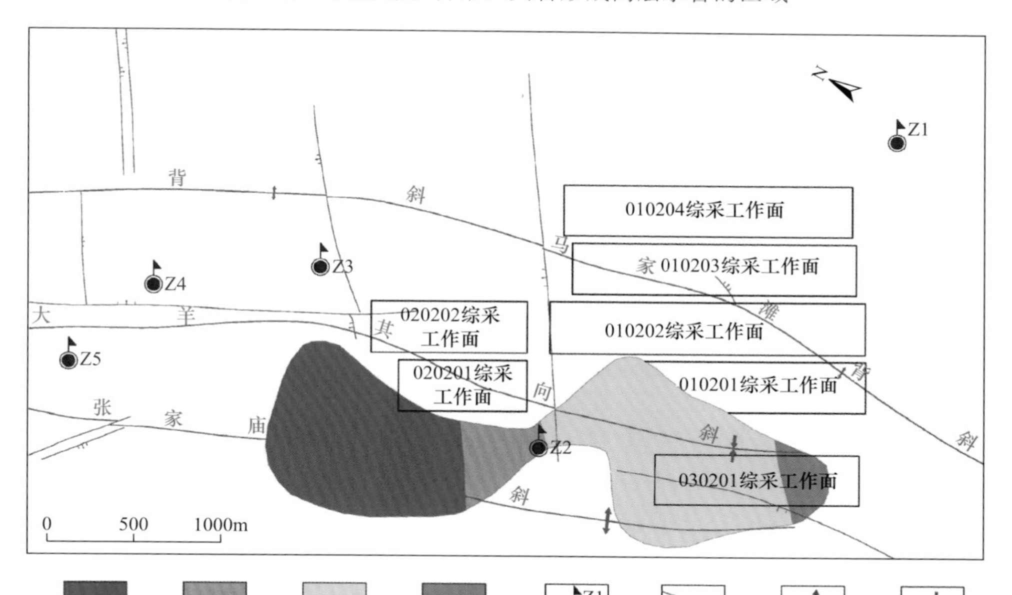

图 3-20 红柳煤矿首采区离层水害风险分区分级图

3.3.2 离层水体精准探放技术

工作面回采过程选择最佳时机进行离层水体探放是防控砂泥岩叠合离层水害的重要措施。探放最佳时机的选择要充分考虑以下因素：①工作面初次及周期垮落步距；②工作面的推进速度；③致灾离层发育的位置；④钻孔施工的速度。探放的原则是在致灾离层形成后、垮落前对其离层进行探放，探放时间过早，致灾离层尚未充分发育，不能彻底排除隐患；探放时间过晚，有可能已发生灾害。图 3-21 为根据工作面周期垮落步距设计的离层水体探放钻孔平面布置图。图 3-22 为离层水体探放钻孔剖面示意图。图 3-23 为离层水体束状钻孔靶向探放示意图。

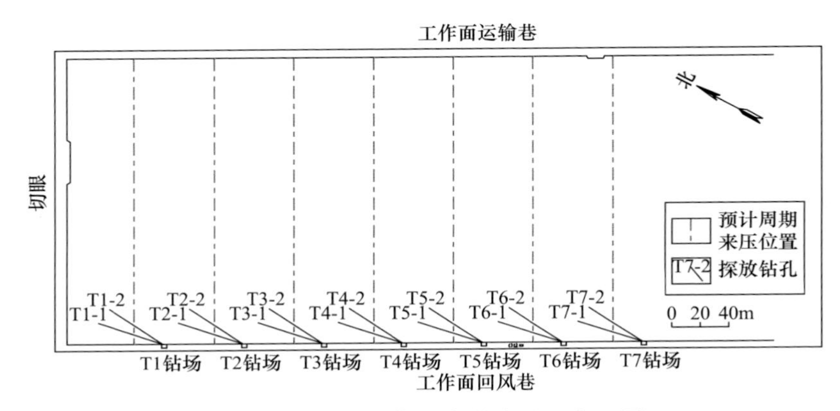

图 3-21 离层水体探放钻孔平面布置图

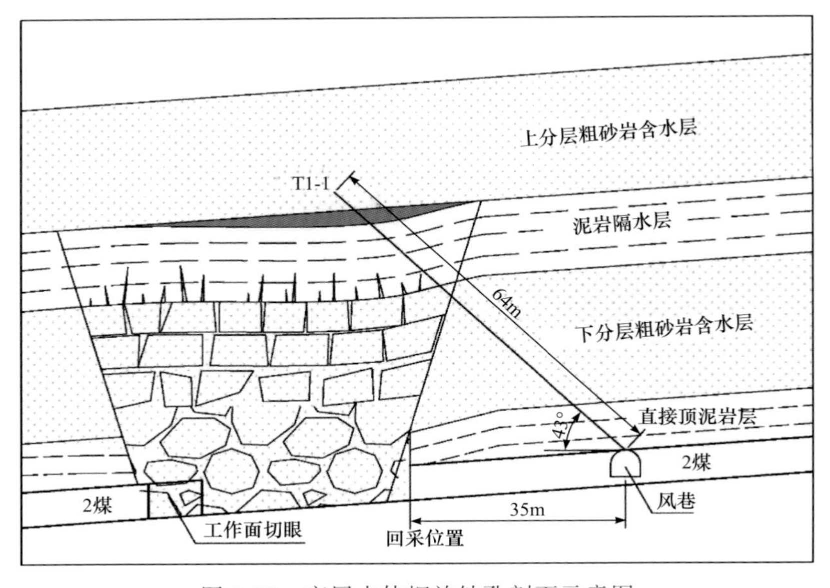

图 3-22 离层水体探放钻孔剖面示意图

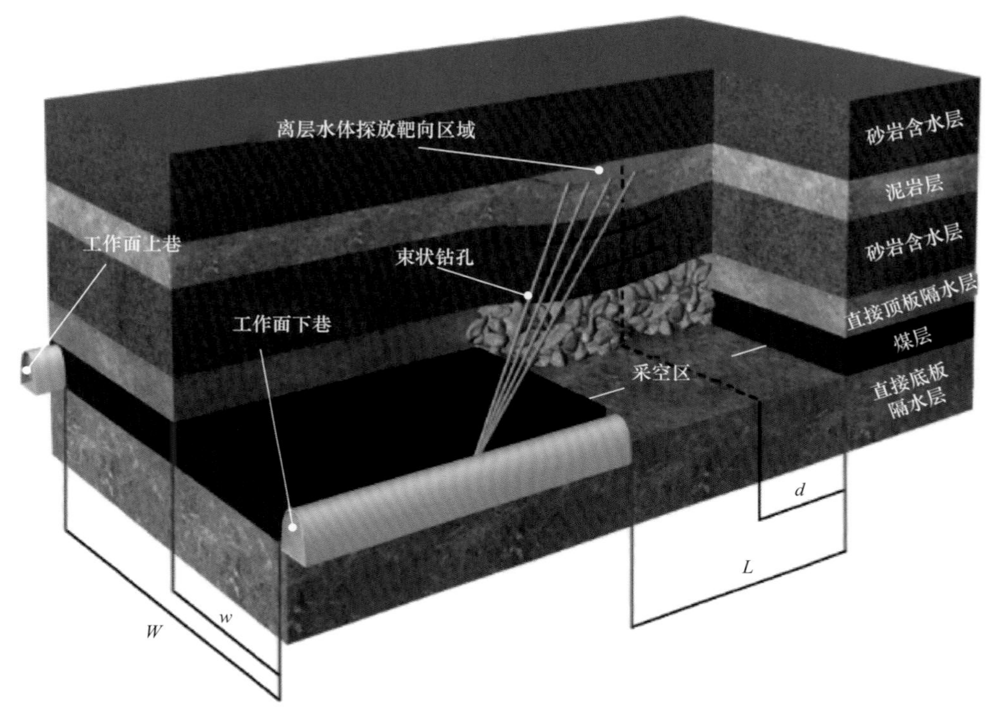

图 3-23 离层水体束状钻孔靶向探放示意图

3.4 应用实例

3.4.1 离层水体验证性探放

结合红柳煤矿 010201 工作面运输巷的施工条件，在工作面运输巷距停采线 39m 的位置设立一个钻场对离层水体进行探放，设计并施工了 5 个钻孔，验证性致灾离层探放钻孔平面布置图如图 3-24 所示。其中，有 4 个钻孔在揭露不同的深度时，单孔最大流量均超过 $10m^3/h$，最高达到 $90m^3/h$。离层水体验证钻孔涌水量观测数据见表 3-14。各钻孔涌水量历时曲线如图 3-25 所示。由此充分说明了对 010201 工作面周期性透水机理的分析是正确的。

通过对 5 个试验性次生储水体探放钻孔施工过程、出水位置、单孔涌水量历时曲线分析，主要可以得出以下几点认识。

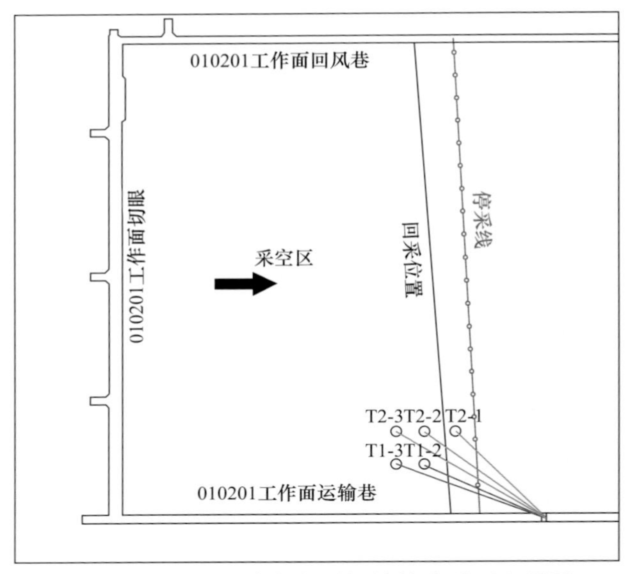

图 3-24 验证性致灾离层探放钻孔平面布置图

表 3-14 离层水体验证钻孔观测数据

钻孔	初见水距离/m	初见水垂直高度/m	初始涌水量/(m^3/h)	最大涌水量/(m^3/h)	平均涌水量/(m^3/h)	总涌水量/m^3
T2-3	63.4	44.9	18	40	15.7	6156.7
T2-2	74.0	55.1	10	55	0.3	83.9
T2-1	74.0	58.2	4	8	4.5	926.5
T1-3	75.0	60.5	23.6	90	38.1	6393.9
T1-2	73.0	58.8	29.6	50.6	45.9	3304.0

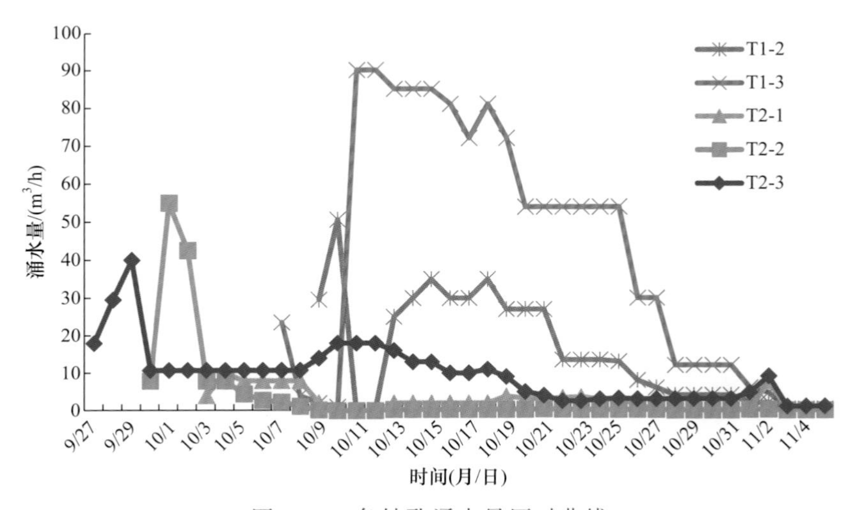

图 3-25 各钻孔涌水量历时曲线

(1) 前期对 010201 工作面顶板直罗组砂岩含水层水进行疏放，工作面回风巷、工作面运输巷各钻孔出水，最大涌水量为 20m³/h 左右，且持续时间短，单孔平均涌水量约为 1.5m³/h。而本次的离层水体探放钻孔最大涌水量为 90m³/h，孔内下设花管后持续时间较长；除 T2-1 钻孔外，其他 4 个钻孔在塌孔前最大涌水量均达到 40m³/h 及以上。

(2) 本次施工的 5 个钻孔的涌水位置均在导水裂隙带范围内，涌水量大且出水突然，直接验证了对 010201 工作面透水机理分析的正确性。

(3) 各钻孔在涌水后且钻具未撤出前，涌水量大(40m³/h 以上)，但当钻具撤出后，涌水量随即减小，说明涌水位置塌孔严重。表明在后续的致灾离层探放钻孔施工中下设花管是有必要的。

(4) 根据 5 个钻孔的探查结果分析，距上次涌水工作面回采 18m 后，产生的离层水体在空间上的展布，为平面上距离工作面运输巷 25m 左右，垂向上最低点标高在距煤层顶板以上 53～60m。

3.4.2 离层充水含水层水源疏放

致灾离层充水含水层水源提前进行预疏放是防控离层水害的有效技术手段，在 010201 工作面恢复生产前，对煤层顶板直罗组底部粗砂岩(上、下分层)含水层的静储量进行有效疏放，尽量降低其水压。依次在工作面回风巷和工作面运输巷布置常规钻孔，两巷中的钻孔按一组三孔布置，孔组的间隔为 60m 左右，共计 96 个钻孔。

010201 工作面离层充水含水层疏放钻孔平面布置图如图 3-26 所示，其预想剖面图如图 3-27 所示。其中，最大单孔涌水量 29m³/h，平均 10m³/h 左

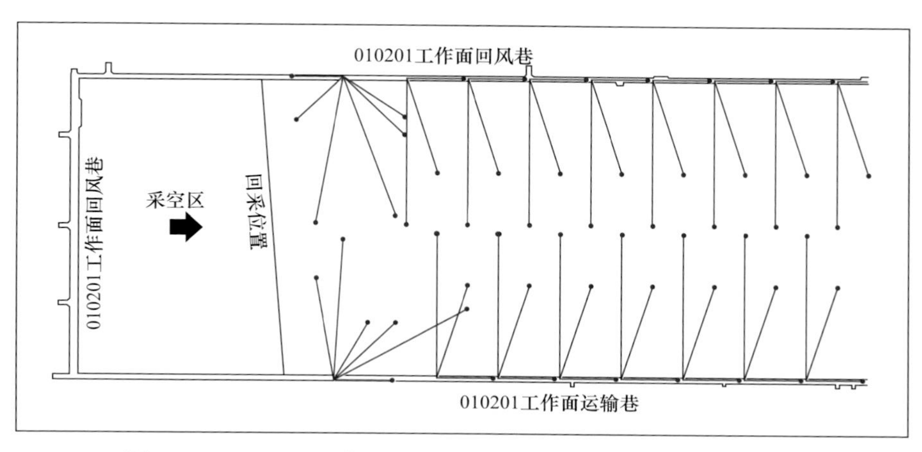

图 3-26　010201 工作面离层充水含水层疏放钻孔平面布置图

右，平均水压降至 0.02MPa。限于篇幅，各孔施工情况、涌水量历时曲线及水压变化情况不再赘述，总体上达到了预期效果。

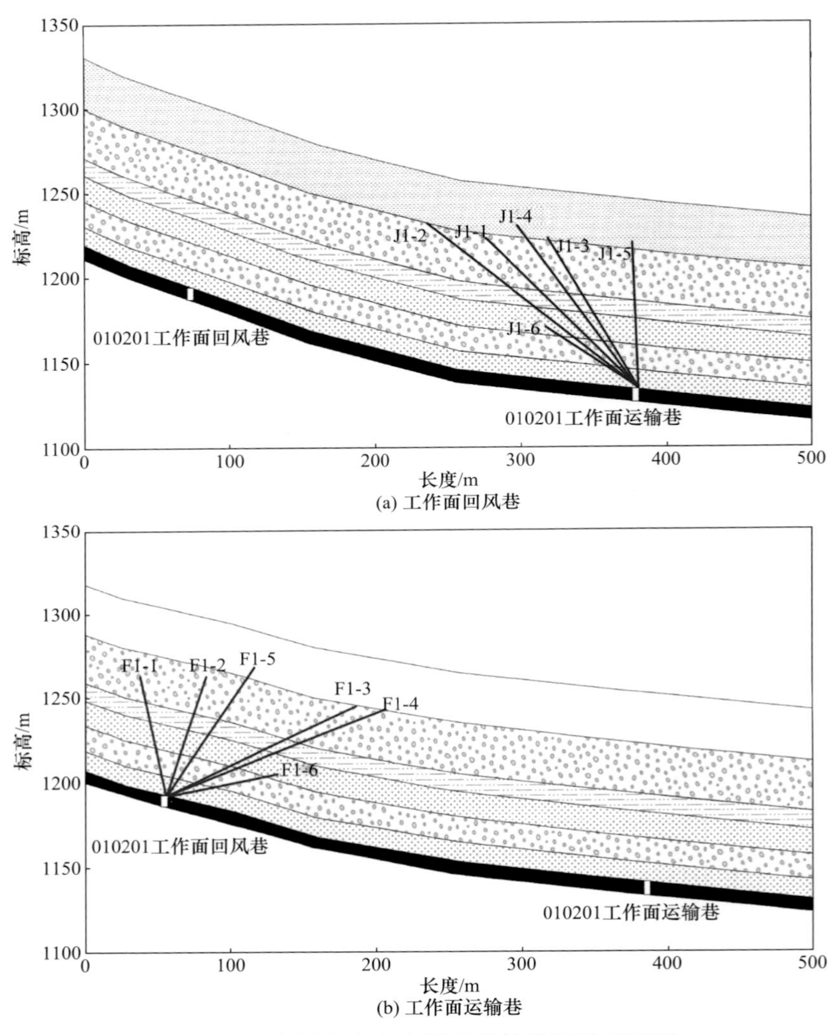

图 3-27　离层充水含水层疏放钻孔预想剖面图

基于前面验证性致灾离层探放成果，确定下一步工作面阶段性回采至 240m 过程中致灾离层的防控措施，以垮落步距 60m 确定致灾离层的探放时机，将整个探放工程分四个阶段进行，分别是工作面回采至 45m、90m、120m 和 180m 时对致灾离层进行探放，致灾离层探放时机示意图如图 3-28 所示。整个工作面回采过程中共分三个阶段对离层水体进行探放，均采用束状钻孔集中疏放方式，致灾离层探放钻孔平面布置见图 3-29。

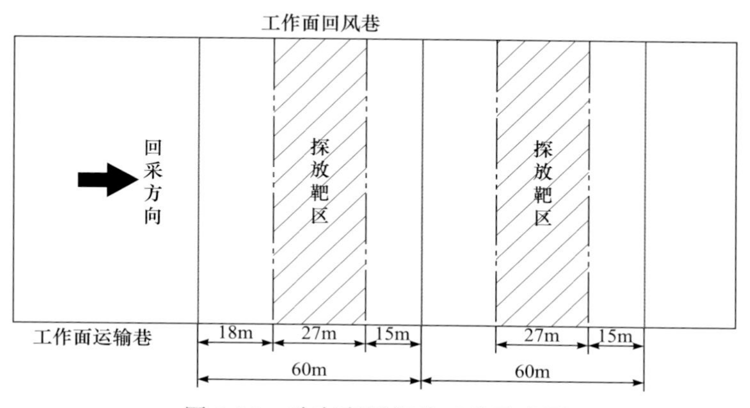

图 3-28　致灾离层探放时机示意图

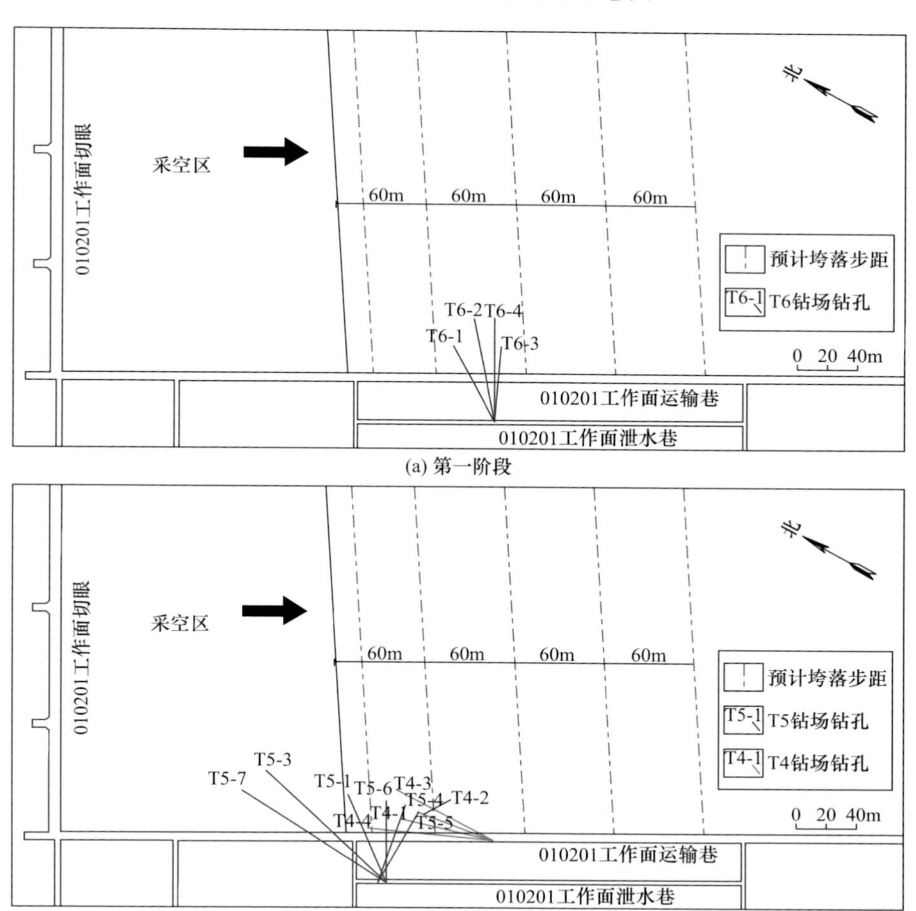

(a) 第一阶段

(b) 第二阶段

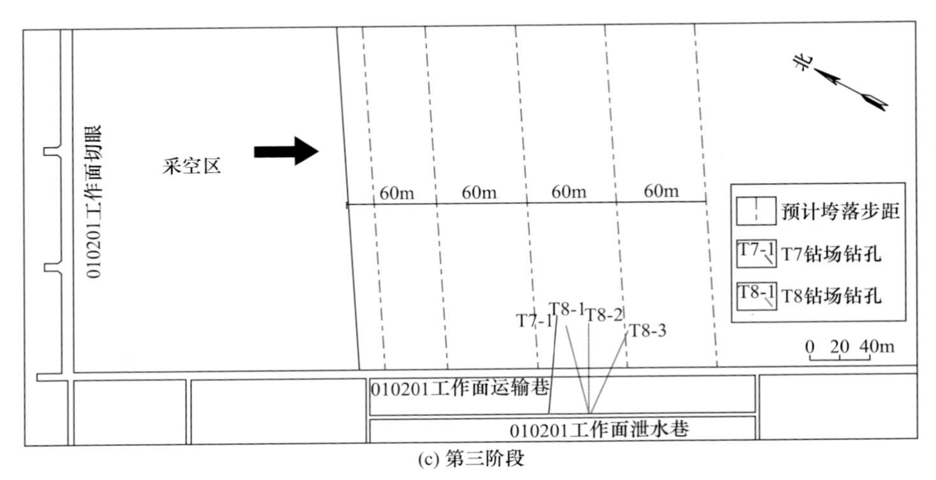

(c) 第三阶段

图 3-29 工作面回采过程致灾离层探放钻孔平面布置图

3.4.3 离层水探放效果

1. 第一阶段致灾离层探放

在 010201 工作面运输巷施工了 T4 钻场的 4 个钻孔(T4-1、T4-2、T4-3、T4-4)，T4 钻场各钻孔涌水量变化曲线如图 3-30 所示。由图可以看出，T4-1 钻孔是 T4 钻场涌水量最大的钻孔，其初始涌水量为 60m³/h，随后增大至 85m³/h，后又逐渐衰减至约 30m³/h。受 T4-1 钻孔对离层水体疏放的影响，T4-2、T4-3 和 T4-4 钻孔的涌水量较小。

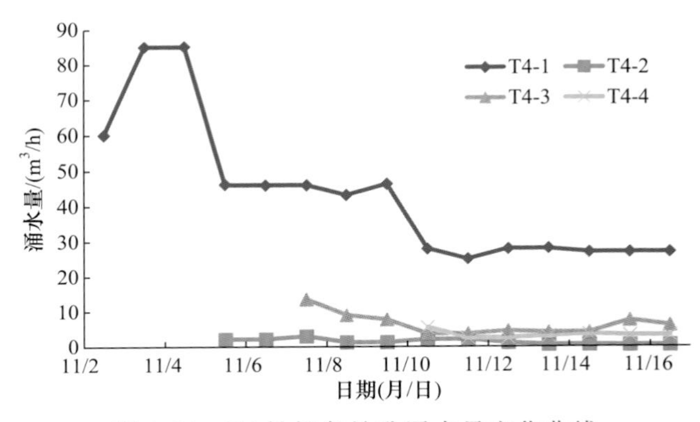

图 3-30 T4 钻场各钻孔涌水量变化曲线

为了进一步对采空区上方的离层水体进行疏放，在 010201 工作面泄水巷施工了 T5 钻场的 6 个钻孔(T5-1、T5-3、T5-4、T5-5、T5-6、T5-7)，T5 钻场各钻孔涌水量变化曲线如图 3-31 所示。最先施工的 T5-3 和 T5-4 钻孔初始涌水量较大，峰值分别为 79m³/h 和 60m³/h，随着离层水体的疏放，T5-3 和 T5-4 钻孔最终涌水量稳定在 36m³/h 和 2m³/h。后期施工的 T5-1、T5-5、T5-6 和 T5-7 钻孔的涌水量较小。

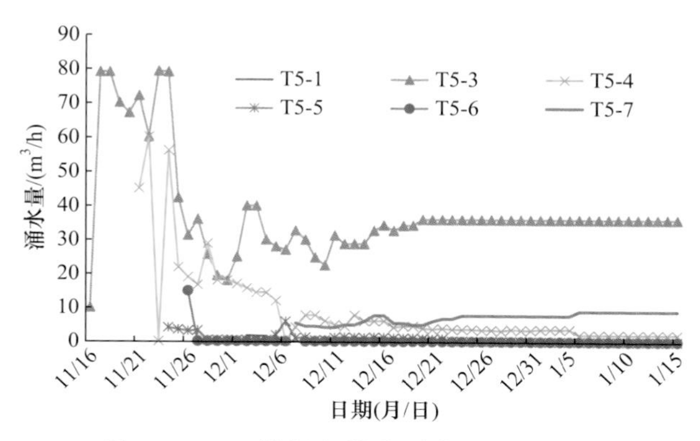

图 3-31 T5 钻场各钻孔涌水量变化曲线

综上所述，可以得出以下几点认识：①工作面第四次透水后的停采线后方存在离层水体，但总涌水量不大，也就是说，虽然工作面经历了大规模的垮落，离层水体中的水大部分溃出，但是工作面长时间停滞后又产生了较小规模的次生离层水体；②后方二次形成的离层水体有补给水源；③工作面回采过程产生的离层水体与后方次生的离层水体有连通性。

2. 第二阶段致灾离层探放

在 010201 工作面回采至 90m 时，在泄水巷施工了 T6 钻场的 4 个钻孔(T6-1、T6-2、T6-3、T6-4)，T6 钻场各钻孔涌水量变化曲线如图 3-32 所示。由图可知，T6-2 钻孔的涌水量最大，其他钻孔的涌水量较小。

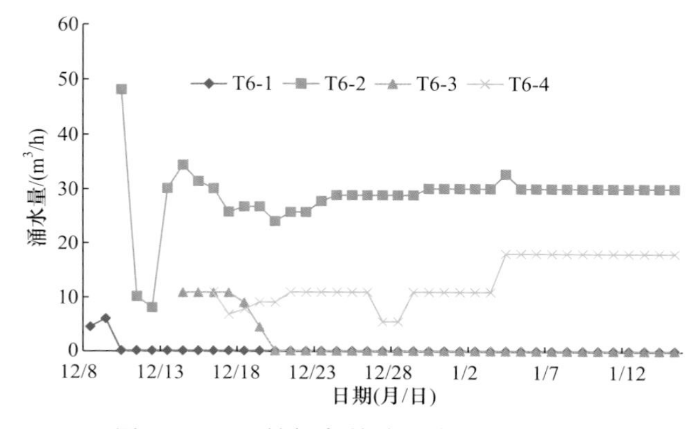

图 3-32 T6 钻场各钻孔涌水量变化曲线

3. 第三阶段致灾离层探放

当工作面回采至120m时，设计并施工了T7钻场1个钻孔T7-1，未出水。当工作面回采至180m时，设计并施工了T8钻场3个钻孔，首先施工的是T8-1钻孔，初始最大涌水量达到140m^3/h，持续时间约为10h，之后涌水量衰减至90m^3/h，1d后继续衰减至45m^3/h左右，3d后衰减至36m^3/h左右。T8-2成孔后初始涌水量为65m^3/h，第二天增大至90m^3/h，之后迅速衰减，一周后基本不再出水。

从T8钻场3个钻孔的涌水量变化可以得到以下两点认识：①在一个垮落步距内工作面回采距离越长，产生的离层空间越大，储水量相对越多；②每个垮落步距形成的致灾离层是相对独立的，与后方二次发育的离层水体有一定的水力联系，但是连通性很小。

第4章　薄基岩溃水溃沙灾害成因与防控技术

我国在“十三五”期间重点建设的14个大型煤炭基地中，有10个基地的煤炭产量超过亿吨，其中神东基地产量达5.6亿t，是我国重要的煤炭生产基地，主要包括陕北侏罗纪煤田、东胜煤田等富煤区。东胜煤田大柳塔煤矿年产原煤超过2000万t，被誉为“世界第一矿”；历时仅10个月建成的千万吨级别的榆家梁煤矿创造了世界同类矿井建井史上的纪录，成为一井一面产量最高的矿井之一；只有100人的哈拉沟煤矿年产原煤1000万t，成为我国乃至世界上首个百人千万吨级别的煤矿。然而，溃水溃沙灾害在该区域内的采掘工作面频发，严重制约了矿井产能的进一步提升。其中，溃水溃沙灾害是在高势能水携带风积沙进入采掘工作面时，瞬间形成较大动力导致的矿山灾害，是威胁煤矿安全生产主要的水害之一。本章以回采工作面溃水溃沙灾害为研究对象，重点分析灾害发生机理，并提出相应的灾害预测及防控技术。

4.1　薄基岩溃水溃沙灾害案例及特征

4.1.1　薄基岩溃水溃沙灾害案例

回采工作面在浅埋深、富水沙层的薄基岩下推进时，由于导水沙通道直接沟通含水沙层，防治措施一旦采取不当，将发生埋架、淹面等重特大事故。发生溃水溃沙灾害时，水沙混合流将持续涌入工作面内，使矿井排水系统无法正常工作，进而陷入瘫痪状态，迫使生产中断，通风系统破坏，有害气体扩散，并可能造成人员伤亡；此外，回采工作面在发生溃水溃沙灾害时，将使上面覆盖的松散层结构失稳，造成顶板破坏，大大增加了支架的附加载荷，从而发生压架事故，造成设备被埋，经济损失极为惨重。掘进工作面在富水沙层下掘进时，如果未开展超前物探、钻探工作，前方一旦存在薄基岩、冲刷带或天窗区域，极易发生冒顶事故，导致潜伏在上部的含水沙层以冒顶区为通道顺势而下，引发溃水溃沙灾害。灾害发生时，水沙流将直接冲击并破坏溃水溃沙口附近的巷道支护系统，造成巷道淤塞，设备被埋，清理恢复极为困难，经济损失严重。

1990 年 4 月 19 日，瓷窑湾煤矿曾发生一起掘进工作面溃水溃沙灾害。该矿在一采区皮带运输巷距工作面 2m 处发生冒顶。4 月 20 日 10 时，冒顶处在掘进过程中发生了一起特大溃水溃沙事故，溃水量最初为 $50m^3/h$，后增至 $200m^3/h$，溃水时间长达 12h，一采区 306m 运输巷全部被水沙淹没，副井、风井的大部分巷道也被淹没，总溃沙量达 $4000m^3$ 以上。同年 12 月 28 日，大巷北侧残采区二号切眼处又发生了一起恶性冒顶溃水溃沙事故，溃水量为 $50m^3/h$，溃沙量达 $6000m^3$，损坏巷道长度为 100m。两起事故累计造成的经济损失达到 1000 万元以上。

1993 年 3 月 5 日，大柳塔煤矿 1203 工作面发生溃水溃沙灾害，当工作面老顶发生初次垮落时，工作面中部顶板沿煤帮切断，大水顺帮而下，溃水量达 $408m^3/h$，溃水同时大量流沙进入工作面内，溃沙量高达 $23000m^3$ 以上，四天内淹没工作面，停产时间长达十天，严重影响了该矿井的安全生产，造成的经济损失达 2540 万元。20601 工作面回采前，大柳塔煤矿为了防止薄基岩溃水溃沙灾害的发生，对薄基岩地段进行了大量的疏降水工程，耗资 100 多万元，并使切眼后退 160m 以避开薄基岩区，造成大量资源严重浪费。12402 工作面采取跳采搬家的办法通过河沟薄基岩地段，搬家费用达 200 多万元。

2010 年 7 月 28 日，哈拉沟煤矿 22402 工作面发生溃沙灾害，事故发生于当天 16 时左右，22402 工作面在 92 架左右顶板出现溃沙现象；19 时左右，工作面 150～160 架间顶板溃沙量和溃水量增加，溃沙范围很快扩大至工作面机尾段；21 时左右，溃沙高度已达到了工作面运输机电缆槽高度，导致支架及溜槽无法进行正常移动，工作面机尾段无法正常推进，溃水量达 $310m^3/h$，溃沙量近 $7000m^3$。7 月 30 日 21 时左右，由于工作面机头段顶板来压，在工作面 20～47 架处再次出现了溃沙现象，溃沙量近 $1500m^3$。22402 工作面两期溃水溃沙灾害造成的经济损失达 800 万元以上。同年 10 月 11 日 14:15，矿井 650 新风井工程施工至 475.6m 时，锁口部位风硐预留口突然涌沙，井筒内有 7 人被困，初期溃水量达 $120m^3/h$，溃沙量达 $1800m^3$，因抢救措施得当，被困人员全部被成功救援。

2012 年 11 月 17 日 15 时许，隆德煤矿在水仓上方打钻时发生溃水溃沙事故，溃水带动流沙，致使隆德煤矿发生大面积垮塌，井下设备掩埋，车辆被透水、流沙侵吞，溃水量最大为 $675m^3/h$，溃沙量为 $3.7\times10^5m^3$，经济损失过亿元，所幸无人员伤亡。

2015 年 5 月 10 日，袁大滩煤矿主斜井总掘进长度为 662m，因冻胀溶沉影响及井筒设计施工缺陷等，在 320m 左帮墙角与底板交界处出现溃水溃沙现象，导水沙裂隙长度为 5m，溃水量为 50～60m^3/h，溃水中带沙，经检测含沙率为 1/8；井筒右侧底板水沟 302m 处有一个集中出水孔，溃水量约为 0.5m^3/h，溃水中夹细沙；底板中部 290～330m 有 5mm 左右的纵向裂隙。由于含水沙体不断冲刷通道，出水点溃水量快速增加，5 月 10 日 7:30～9:00，溃水量为 50～60m^3/h，12:00 时溃水量增大至 100m^3/h，14:00 时溃水量为 184m^3/h，22:00 时溃水量为 345m^3/h，23:30 时溃水量为 450m^3/h；5 月 11 日 2:00，溃水量为 652m^3/h。由于主斜井排水设备及相应抗灾能力不足，水沙量持续过快上涨，最终造成溃水溃沙灾害的发生。采用水泥浆材料在袁大滩煤矿主斜井地面进行注浆堵水加固后，于 2015 年 8 月 21 日 9:30 开始排水，8 月 26 日，水位排至里程 282m 位置时，发现在 268m 右侧有出水现象，水为清水，但没有找到出水部位；8 月 27 日 14:15 左右，水位已经排至里程 320m；8 月 28 日 23:15，发现 260m 处底板有大量的泥沙外涌，具体出水部位不详且溃水量越来越大，此时水位已到里程 240m，现场测量 20s，水位上升 0.5m，溃水量最大为 1400m^3/h；8 月 29 日 4:00，水位升至井口，水流出井口，至此袁大滩主斜井因二次溃水溃沙灾害彻底被淹，溃沙量达 20000m^3。

4.1.2　薄基岩回采工作面溃水溃沙特征

从上述采掘工作面及井筒发生的溃水溃沙灾害案例可以看出，各矿井虽然采取了沙层水预疏放、注浆改造治理、充填开采和铺双抗网等多种防控措施，但成功防控的案例较少，溃水溃沙问题并没有得到很好地解决，淹没工作面及掩埋设备造成重大经济损失的事故仍时有发生，影响资源回收率、产量和效益，出现这种局面的主要原因是对采掘工作面溃水溃沙灾害产生机理认识不到位及防控措施不当。

目前，针对浅埋煤层薄基岩开采扰动条件下的溃水溃沙灾害形成机理及防控技术，虽然已经取得了一些治理经验及研究成果，但是针对掘进工作面、回采工作面发生灾害时的关键因素依然判断不准，导致采取的防控措施针对性差，治理效果不明显，事故频发。此外，在处理溃水溃沙事故时，采矿因素考虑较少，认识过于片面。

当下学术界普遍认可的导致溃水溃沙灾害的四个要素是水沙源、通道、动力源和流动空间，各要素相互作用是溃水溃沙发生的必要条件。其中，确定通道发育形态最为重要，通道发育高度是判断灾害能否发生的量化指标，通道宽度决定灾害发生的规模，而决定通道发育形态的因素除了覆岩结构及厚度外，还与采矿因素中的采掘工作面宽度、煤层厚度密切相关。例如，采掘工作面宽度分别为 5m 和 300m 时，在同样采高条件下，宽度为 5m 的工作面形成的是一条巷道，在其周边围岩一定深度范围内只会产生 4～6m 的松动圈(又称屈服区或极限平衡区)，而宽度为 300m 的工作面上覆岩层则会形成“两带”或“三带”结构；此外，采掘工作面宽度一定条件下，采高为 2m 和 5m 的工作面顶板岩层垮落高度不同，加之垮落带内的破碎岩层体积膨胀率不一样，由此产生的导水沙通道高度也不同。因此，以薄基岩厚度这一单项指标评价工作面是否易受溃水溃沙灾害的威胁，已不能科学指导该类灾害的防控工作，必须在客观分析采掘工作面溃水溃沙机理的基础上，根据不同灾害类型，制定浅埋煤层富水松散沙层下溃水溃沙防控关键技术，保证矿井安全生产。

4.2 薄基岩回采工作面溃水溃沙形成机理

4.2.1 导水沙通道形成规律

1. 典型覆岩破坏特征

典型覆岩破坏是相对于浅埋煤层而言，其特征表现为煤层开采后顶板覆岩可划分为三种不同性质的破坏、变形，从上到下依次为垮落带、裂隙带和弯曲下沉带，形成“三带”结构(刘天泉，1998)。其中，垮落带和裂隙带具有导水能力，统称导水裂隙带，两带之间没有明显的分界线，均属于破坏性影响区。导水裂隙带高度及形态是煤矿防水煤(岩)柱、瓦斯抽采、涌水量预测等设计依据的主要技术参数之一，是防治顶板水、采掘工程布置的基础。典型覆岩破坏“三带”形态分布示意图如图 4-1 所示。

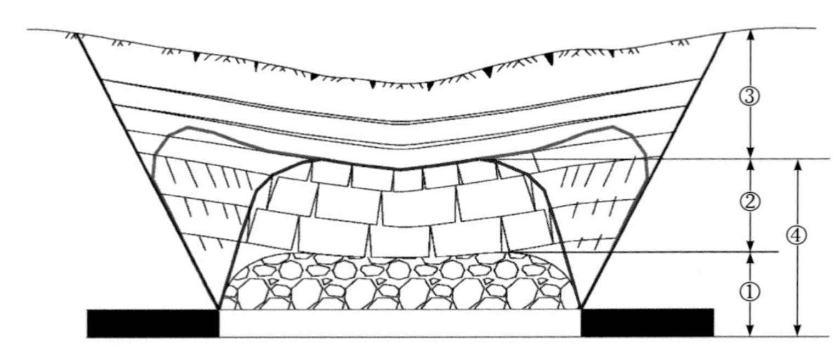

①垮落带；②裂隙带；③弯曲下沉带；④导水裂隙带

图 4-1 典型覆岩破坏“三带”形态分布示意图

2. 浅埋煤层覆岩破坏规律

1) 浅埋煤层覆岩破坏规律及特征

浅埋煤层最初是采矿界学者在神府大煤田开发过程中，发现特殊地质条件下工作面矿压有别于一般工作面，从岩层控制角度提出的概念，其定性特征为煤层埋藏浅、基载比小、老顶为单一主关键层结构；定量识别指标为煤层埋深不超过 150m，基载比小于 1.0；覆岩破坏的特点为老顶破断运动直接波及地表，顶板不易形成稳定结构。

从顶板水害防控角度解读浅埋煤层覆岩破坏规律及特征，就是导水裂隙带直接贯穿基岩，进入到松散层内，当采厚较大且土层较薄或缺失时，会将松散层、风化基岩和正常基岩内的水全部导入工作面，易造成工作面溃水灾害的发生，在其采空区上部将直接形成“两带”结构，而不会形成典型的“三带”结构。浅埋煤层覆岩破坏规律及特征是我国诸多学者经过数年研究的精辟结论，为浅埋煤层岩层控制和水害防控提供了重要的理论支撑。

根据作者团队为蒙陕地区多个矿井提供防治水技术服务时发现，在现有开采强度、采煤高度、回采工艺条件下，通过水质分析、地下水位观测及现场实地调查，导水裂隙带均已穿透基岩，将上覆地表水、松散层水、基岩风化带水全部导入工作面内，此类顶板水害防控措施除了采用井下疏放水工程外，只要涌水量预测方法正确，参数选取合理，按照 1.5 倍预测水量布置排水系统，基本可以消除工作面突水灾害的发生。因此，蒙陕地区浅埋煤层顶板水害防控只要解决涌水量预测方法及配套计算参数问题，就能保证工作面安全开采。目前，浅埋煤层开采主要面临的是溃水溃沙灾害威胁，这是因为富水沙层都是由颗粒较细的风积沙组成，开采扰动时，风积沙在水流带动下，就会发生不同规模的溃水溃沙灾害。导水裂隙带是从顶板水害防控角度提出的概念，对于特殊条件下的溃水溃沙灾害问题已经无法适用，因此必须提出一种基于溃水溃沙灾害防控要求的新概念，通过对其发育规律及高度的研究，为揭示顶板溃水溃沙机理提出判别准则，有效地指导灾害防控工作。

2) 导水沙裂隙带定义

从水害防控角度出发，导水裂隙带能够满足判别不同水体是否为直接充水水源要求；但是从溃水溃沙灾害防控角度出发，导水裂隙带划分过于笼统，不能满足浅埋煤层判别水沙源是否会溃入工作面内的要求。传统观点认为，仅垮落带波及至含水沙层才会引发工作面溃水溃沙事故，而忽略了裂隙带垂向位置下部也会成为含水风积沙溃入工作面的通道，出现这种认识误区主要原因是溃沙主体的改变。以往溃水溃沙的主体是指含在砂砾互层中或具有一定胶结强度的沙层，这些沙体属于新近系和第四系组合体，均已固结成块，流动性较差，只有通过垮落带这种大裂隙才能溃入工作面内，而风积沙非常细小，极小的裂隙也能顺水而下，引发工作面溃水溃沙灾害的发生。因此，必须对导水裂隙带重新进行划分，为溃水溃沙防控方案制定提供判别依据。

本小节根据现场实际开采情况并参照其他研究成果，将浅埋煤层开采后的覆岩按照裂隙发育形态，自下而上依次划分为垮落性裂隙带、网络性裂隙带、贯通性裂隙区和方向性裂隙区，即竖“两带”、横“两区”。浅埋煤层覆岩破坏分区分带见图 4-2。

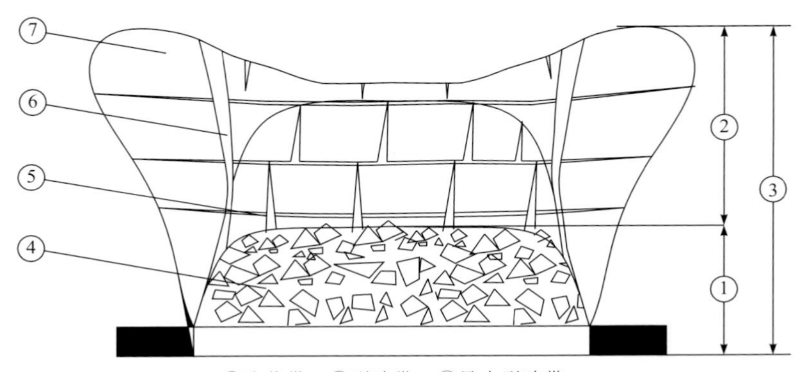

①垮落带；②裂隙带；③导水裂隙带；
④垮落性裂隙带；⑤网络性裂隙带；⑥贯通性裂隙区；⑦方向性裂隙区

图 4-2　浅埋煤层覆岩破坏分区分带示意图

(1) 垮落性裂隙带：煤层开采后，受重力、挤压力及挠曲张力的共同作用，采空区上覆岩层沿水平方向上的软弱面将出现离层裂隙或层间滑动面，沿垂向上则形成较多的断裂面，当水平与垂向裂隙相互交叉时，岩层断裂成块并产生垮落，以不规则碎块状充填于采空区。采空区垮落岩块间垂向裂隙发育且宽度大，表明垮落带内为垮落性裂隙带。同时，垮落的岩块较大，大小不均，堆积时原有层位完全错乱，因此岩石不但破碎，而且堆积混乱，无一定规则，完全失去了原有的连续性和层状结构，导致岩块间空隙多，连通性极好，不但易透水，而且流沙也极易从中穿过。垮落性裂隙带范围内波及水沙体，将引起工作面溃水溃沙事故的发生，在杂乱状破坏区内的地下水呈管道流状态。

(2) 网络性裂隙带：垮落性裂隙带上部老顶岩层由于挠曲形变，产生既具有层间离层裂隙，又具有层内纵向裂隙的网络性裂隙。垮落性裂隙带上部老顶岩层受竖向载荷作用产生层向拉应力，导致岩层的层间结构破坏，但受到底部垮落性裂隙带内堆积岩块的支撑作用，破坏岩层的层序仍保持原有的连续性，并形成层间裂隙；与此同时，老顶岩层在拉应力的作用下又会形成垂直于岩层的垂向裂隙，这样层间裂隙与垂向裂隙纵横交错而形成了裂隙网络，连通性好，一旦波及含水沙体，将成为水沙纵向运移的主要通道。由于裂隙间连通性极好，既透水又透沙，该区一旦波及水体，易引起工作面溃水溃沙事故的发生。但是该带内的裂隙呈网络状分布，没有水流带动的沙体在其内部，流动性很差，因此开采过程中虽有少量沙体进入工作面内，但大规模的溃沙灾害将不会发生。网络性裂隙带内的地下水一般呈紊流状态。

(3) 贯通性裂隙区：在老顶进入不同垮落阶段时，由于薄基岩煤层特殊的工程地质条件，上覆岩层在工作面后方、前上方易形成穿透基岩的贯通性裂隙，造成顶板切落式垮落，上宽下窄的贯通性裂隙直接将工作面与饱和含水层沙层连通，从而诱发顶板溃水溃沙事故的发生。这种灾害发生在老顶初次来压位置较多，在正常推进段由于岩梁之间的铰接作用，发生这种灾害的可能性较小。贯穿性裂隙区内的地下水呈管道流状态。

(4) 方向性裂隙区：当采空区上方直接顶板岩层垮落后，上覆岩层内部应力条件将发生改变，致使影响区域内围岩应力得到释放或重新分布，老顶岩层在一定时间内会因悬空或支撑不足而处于拉应力状态，在受拉岩层上方的地层受拱形力的效应而处于水平挤压状态，在工作面四周煤壁上方顶板岩层处于向工作面内侧倾斜的拉扭应力状态。顶板岩层在上述应力的作用下，当作用力超过岩层自身的强度极限后，顶板覆岩便会产生垮落、离层、张裂等变形和破坏，岩石形成以采空区为中心的方向性裂隙，该裂隙一般由下而上逐渐变弱，在垂直或斜交于岩层的新生张裂隙，裂隙带随采空区的扩大而向上发育。当同时受到拉应力和张应力的双重作用，岩石形成以采空区为中心的方向性裂隙，形成方向性裂隙区。方向性裂隙区常沟通煤层上部多个含水层，成为地下水流动的良好通道，地下水从含水层中释放，以渗流的形式进入采矿空间。由于裂隙间连通性较差，方向性裂隙区能透水但不透沙，该区一旦波及水体，易引起工作面溃水事故的发生。方向性裂隙区内的地下水一般呈渗流状态。

综上所述，在竖“两带”、横“两区”中，垮落性裂隙带与贯通性裂隙区内的地下水属于管道流状态，一旦与含水沙层沟通，极易引发大规模溃水溃沙灾害的发生，破坏性极大，因此必须采取注浆固沙、降低采高或充填开采等方式，才能保证工作面安全开采；网络性裂隙带内的地下水呈紊流状态，与含水沙层沟通时，也易引发溃水溃沙灾害，但破坏性相对较小，可通过疏排水方式将沙体内部的水排完，以保证工作面安全开采；方向性裂隙区内部裂隙连通性较差，属于透水不透沙，只需加大排水能力和提前探放水，就能保证工作面安全回采。根据竖“两带”导水沙特性，本小节将垮落性裂隙带和网络性裂隙带合称为导水沙裂隙带。

3）基岩分类

当水体、含水层或含水沙层位于导水沙裂隙带时，不同类型的水体或含水沙层将以此为通道涌入工作面，引发溃水溃沙灾害的发生。显然，基岩的厚度决定水与流沙对工作面安全生产的威胁程度。据此，本节从溃水溃沙灾害防控角度出发，以导水裂隙带高度、导水沙裂隙带高度、垮落带高度为分类依据，根据基岩的厚度分为厚基岩、中厚基岩、薄基岩及超薄基岩四种：大于导水裂隙带高度的为厚基岩；介于导水裂隙带高度与导水沙裂隙带高度之间的为中厚基岩；介于导水裂隙带高度与垮落带高度之间的为薄基岩；小于垮落带高度的为超薄基岩。显然，超薄基岩引发的溃水溃沙灾害最为严重，在实际开采过程中最常用的是对超薄基岩上覆沙层进行注浆加厚改造，或直接进行充填开采。注浆加厚工程可以在井下实施，因此应用较多。该方法主要是使注浆加固段与原有基岩厚度达到薄基岩厚度，再采取疏排水工程及其他配套技术措施，以保证工作面不会发生溃水溃沙灾害。薄基岩虽然能够导致溃水溃沙灾害的发生，但是治理措施较超薄基岩简单，可以不用采取注浆加厚基岩环节。中厚基岩段沟通含水沙层时，只需采取疏放水工程，就可以保证工作面安全回采。

因此，研究浅埋煤层覆岩破坏规律，确定导水沙裂隙带高度的计算方法，对于制订工作面溃水溃沙灾害防控方案具有重要的指导意义。

3. 导水沙通道形成规律相似模拟分析

1）模拟目的

相似材料物理模拟的主要目的：①研究浅埋煤层开采过程中的覆岩运移规律，分析裂隙场形成过程及演化形态，确定浅埋煤层开采存在导水沙裂隙带的条件；②掌握浅埋煤层工作面推进过程中的矿压显现规律，包括岩层的初次来压、周期来压步距和来压特征；③阐述浅埋煤层开采条件下垮落性裂隙带、网络性裂隙带、贯穿性裂隙区及方向性裂隙区的发育规律，完善浅埋煤层的覆岩破坏机理，为浅埋煤层导水沙裂隙带高度计算提供依据。

2）模型参数的确定、模型填装及监测

(1) 模型参数的确定：为了使模型达到与实际煤层在开采扰动影响下变形和破坏过程相似，必须合理确定模拟试验的相似条件。由于本次试验模拟为动态过程模拟，相似条件比静态模拟多，主要包括几何相似、开采扰动引起岩体变形和破坏过程的本构相似、单值条件相似及由无因次参数所确定的相似准则。以上湾煤矿综采工作面为试验原型，研究浅埋煤层综采工作面覆岩结构破坏特征及导水裂隙带演化规律。该工作面宽度为 300m，推进长度为 3528m，采高为 7.00m，根据该工作面煤 H5-0-1 号钻孔柱状和室内岩石力学参数结果，选择骨料及胶结料进行配比试验，选定与计算参数一致的配比，满足相似材料物理模拟要求。

(2) 模型填装及监测：以石英砂作为模型材料骨料，大白粉(天然碳酸钙)、石膏作为胶结材料，按一定比例加水配制而成，分层铺设于模型架中，层与层之间撒入云母粉模拟层面。考虑到上覆岩层的稳定条件和模型的稳定对高度的要求，部分岩层由加配重方法处理，最后确定模型岩层高度 150cm。上湾煤矿模型填装尺寸及材料配比如表 4-1 示，模型填装完毕后正视图如图 4-3 所示。

表 4-1　上湾煤矿模型填装尺寸及材料配比

序号	岩性	实际层厚/m	模型层厚/cm	模型累计厚度/cm	材料配比质量/g				层数
					石英砂	大白粉	石膏	水	
1	5^{-2}煤	7.00	8	8	1.6	0.1	0.20	2.70	4
2	深灰色泥岩	0.70	1	9	837	14.2	0.53	1.24	1
3	中粒长石砂岩	35.21	35	44	846	14.2	0.71	1.07	18
4	厚层状粉砂岩	1.63	2	46	937	14.4	0.48	1.33	1
5	深灰色块状泥岩	12.28	12	58	837	14.2	0.53	1.24	6
6	中粒长石砂岩	15.83	16	74	846	14.2	0.71	1.07	8
7	深灰色层状泥岩	0.80	1	75	837	14.2	0.53	1.24	1
8	中粒长石砂岩	8.48	8	83	846	14.2	0.71	1.07	4
9	浅灰色块状泥岩	2.35	2	85	837	14.2	0.53	1.24	1
10	厚层状粉砂岩	1.50	2	87	937	14.4	0.48	1.33	1
11	黄绿色黏土岩	0.80	1	88	928	14.4	0.32	1.28	1
12	绿色块状粉砂岩	3.32	3	91	937	14.4	0.48	1.33	2
13	灰绿色厚层泥岩	1.38	1	92	837	14.2	0.53	1.24	1
14	块状泥质粉砂岩	2.40	2	94	937	14.4	0.48	1.33	1
15	浅土黄色亚砂土	51.13	41	135	828	14.2	0.36	1.69	21
16	现代风积沙	7.30	7	142	用使用过的废料直接加水填装				1

注：模型总长度为 5.0m，相似比例为 1：100，几何相似常数为 100。

图 4-3　模型填装完毕后正视图

根据需要采用岩层控制实验室的二维平面试验装置，模型尺寸为 5000mm×200mm×1500mm(长×宽×高)，数据采集与分析系统、数据分析系统、压力表、金属配重块、电子经纬仪及数码照相机各一架。

3) 模拟试验过程分析

(1) 直接顶垮落阶段：工作面推进 28m，距煤层顶部 1m 范围内的直接顶岩层产生弯曲、断裂。在采空区，裂隙将直接顶岩层分为不等长的、互相咬合的两个断裂岩体，断裂岩体的非自由端与原岩体呈铰接结构，在断裂岩层中位线上方铰接端裂隙呈张开状分布，中位线以下裂隙呈闭合状分布。由于铰接端裂隙没有贯通，在采空区两端产生的裂隙导水性较差，在断裂岩层的中部裂隙分布形态与铰接端相反。直接顶初次垮落见图 4-4。当工作面继续推进时，直接顶岩层沿水平、垂向上均产生离层，下位断裂岩层在上覆载荷作用下逐渐扩展形成了悬臂梁结构。当工作面推进 40m 时，开切眼至 36m 处直接顶呈悬臂梁式垮落，距煤层顶部 2m 范围内的老顶下位岩层发生持续离层垮落，确定裂隙带高度为 2m。垮落形态呈平拱，平拱跨长为 31m，垮落角为 58°。直接顶离层持续垮落见图 4-5。

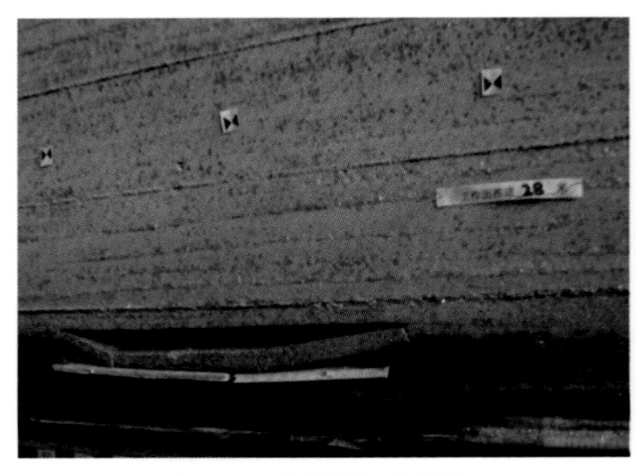

图 4-4　直接顶初次垮落

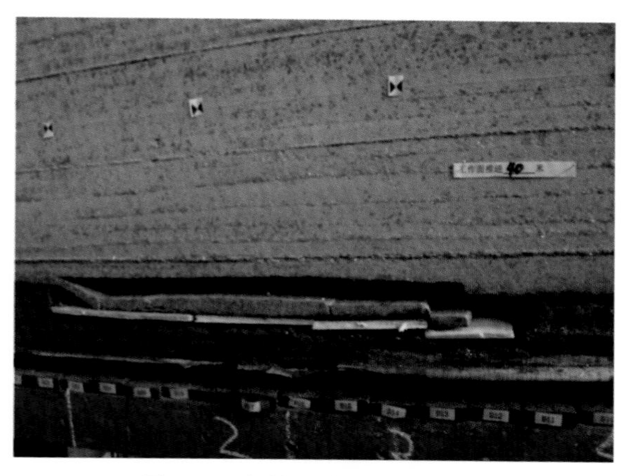

图 4-5　直接顶离层持续垮落

(2) 老顶初次垮落阶段：工作面推进 52m，直接顶岩层沿水平层理持续扩展，并呈悬臂梁结构缓慢垮落，同时距煤层顶部 7m 范围内的老顶下位岩层产生离层裂隙，该离层裂隙随着工作面继续推进也一直向上扩展。顶板岩层的下沉致使直接顶岩层随之不断向前发生垮落，垮落形态呈平拱状，平拱垮长为 52m，垮落体与平拱最大间隙为 1.4m，垮落角为 60°。老顶下位岩层持续扩展垮落见图 4-6。当工作面推进 60m，顶板岩层破坏发育至距煤层顶部 18m 处，此时上覆岩层出现较大范围的变形和破坏，致使老顶产生初次来压，初次来压步距为 60m，垮落形态呈平拱状，垮落体顶部水平跨长为 38m，已垮落体与平拱间隙为 0.7m，岩层垮落角为 60°，同时层间水平裂隙发育至距煤层顶部 22m 处。老顶发生初次垮落时，顶板垮落滞后工作面，且表现出较强的突然性，在老顶初次垮落后可以看出，裂隙带与上覆岩层之间存在明

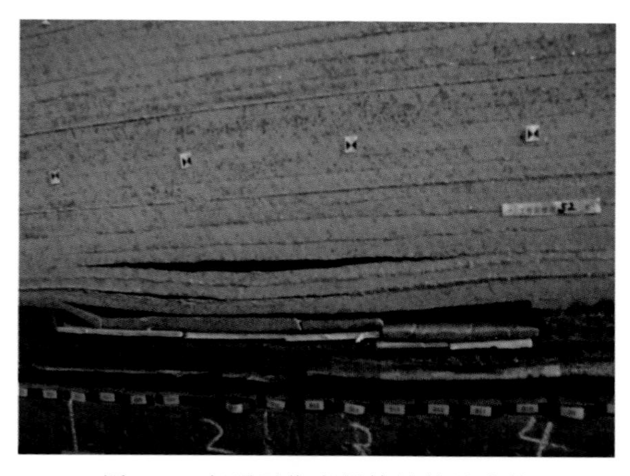

图 4-6　老顶下位岩层持续扩展垮落

显的离层带，离层带上方岩层只发生弯曲变形，下方岩层被以垂向发育为主的裂隙所贯通(图 4-7)。

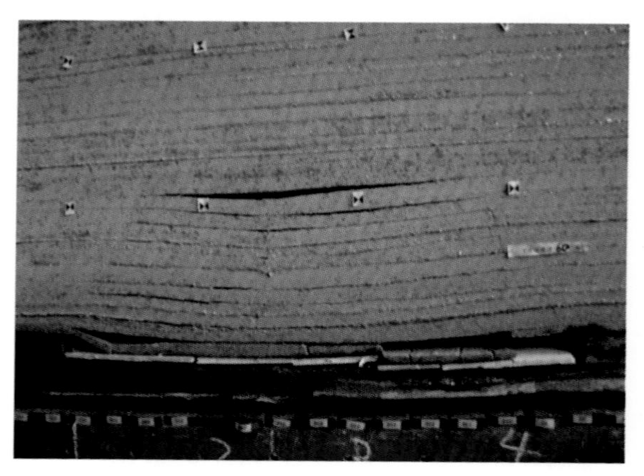

图 4-7 老顶初次垮落

(3) 老顶周期性垮落阶段：工作面推进 84m，老顶第 1 次周期性垮落，垮落步距为 24m，破坏发育至距煤层顶部 34m 处，顶板岩层与垮落体最大间隙为 0.5m，垮落体顶部水平跨长为 50m，岩层垮落角为 60°(图 4-8)。层间水平裂隙发育至距煤层顶部 43m，距煤层顶部 34m 处以下层间隙受压闭合。工作面推进 96m，老顶第 2 次周期性垮落，垮落步距 12m，破坏发育至距煤层顶部 46m 处，层间水平裂隙发育至距煤层顶部 55m 处。工作面推进 116m，老顶第 3 次周期来压，来压步距 12m，距煤层顶部 55m 处间隙扩展至 0.5m，垮落体顶部水平跨长 44m，层间水平裂隙发育至距煤层顶部 74m 处(图 4-9)。工作面从 100m 推进 116m 过程中，距煤层顶部

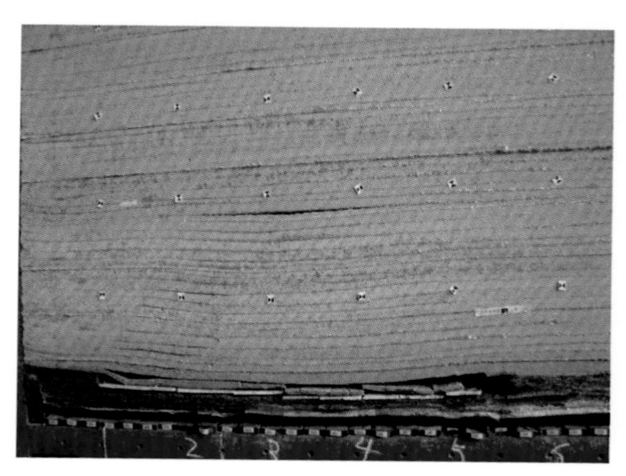

图 4-8 老顶第 1 次周期性垮落

图 4-9　老顶第 3 次周期性垮落

42～55m 岩层整体下移活动明显，竖向裂隙发育不明显，表明距煤层顶部 42m 以上岩层已完全形成弯曲下沉带，导水裂隙带高度为采高的 10.5 倍。由此说明，薄基岩煤层在工作面推进过程中，也会形成典型的“三带”结构。

(4) 老顶切落式垮落阶段：工作面推进 134m，老顶第 7 次周期性垮落，垮落步距为 16m，破坏发育至距煤层顶部 94.5m 处，顶板上部处于弯曲带岩层与破坏岩层之间的离层间隙出现闭合现象，顶板 60m 处的垮落岩层之间离层空间突然加大，地表产生明显下沉现象，在工作面前方和切眼煤壁处有两条明显的向顶板上方斜向延伸的破断裂隙，垮落角为 58°，工作面顶板岩层垮落，离层裂隙变化见图 4-10。工作面推进 147m，老顶产生切落式垮落，

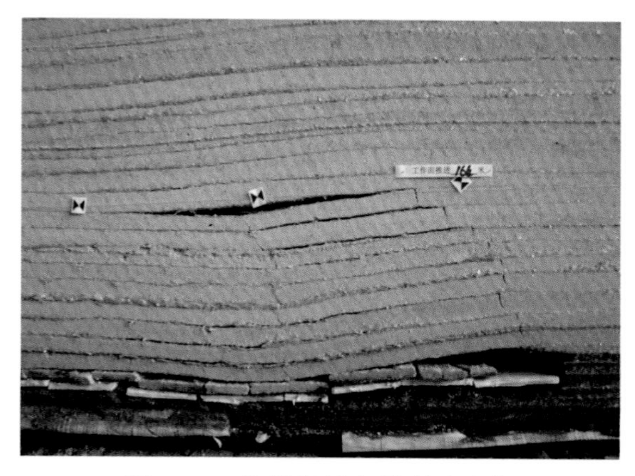

图 4-10　垮落岩层离层裂隙变化

地表产生台阶状下沉，在切眼煤壁和工作面后方 3m 处产生两条破断裂隙直接波及至地表，临近切眼煤壁处岩层垮落角为 62°，临近开采结束煤壁处岩层垮落角 60°(图 4-11)。

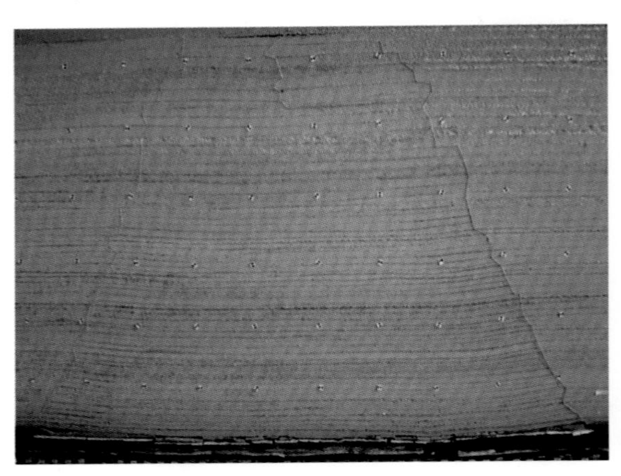

图 4-11 老顶切落式垮落

4) 相似模拟结果分析

(1) 覆岩裂隙发育特征分析：煤层开采后，采空区顶板垮落后将会形成两类互相交叉的裂隙：一类是煤系地层沉积的分层性和结构与岩性上的差异性，导致不同刚度的岩层在弯曲下沉过程中变形的非同步性，岩层间产生水平离层裂隙；另一类是随岩层破断而形成的贯穿岩层的裂隙，该类裂隙称为竖向破断裂隙。这两类裂隙纵横交叉，作为导水通道易将不同含水层的水导入到工作面内。根据相似模拟结果，上湾煤矿老顶在经过初次垮落后，工作面每推进 12～18m 就出现一次周期性垮落。岩层破断过程一般是随工作面推进，在煤壁前方基岩上部首先出现拉裂隙，随工作面不断推进，在岩层回转作用下，拉裂隙持续向下部发育，直至沿煤壁破断形成贯通性裂隙，贯通性裂隙形状为上开下闭状。根据相似模拟结果，贯通性裂隙上部宽度最大，中部相对较窄，底部处于闭合状态。到周期性垮落时，岩层垮落高度逐步向上发育。垮落岩体具有一定的碎胀性，导致弯曲带与裂隙带之间的离层裂隙逐渐减小直至闭合。在工作面推进 0～134m 过程中，顶板能够形成正常的“三带”结构，并在裂隙带与弯曲下沉带之间产生离层现象；在工作面推进 134～147m 过程中，采空区高位垮落岩层出现裂隙闭合现象，而中位垮落岩层则突现离层空间，地表产生明显下沉，继而老顶将会产生切落式垮落，破坏裂隙直接波及至地表，表现出典型的浅埋煤层垮落特征。

(2) 覆岩导水裂隙带高度发育过程：随着工作面的推进，采空区顶板岩层持续向上发生倒台阶状垮落，顶板垮落始终滞后于离层的发育。在老顶初次垮落前，导水裂隙带高度发育较慢，最大发育高度仅为 7m。在经过初次垮落后，顶板垂向垮落速度随着周期来压明显加快，在老顶发生切落式破坏前，导水裂隙带高度与工作面推进距离大致呈分段线性关系(图 4-12)。当工作面推进距离接近开采深度时，倒台阶状垮落拱由于无法形成自稳结构，而突然产生贯穿至地表的裂隙带，从而成为大气降水、地表水、地下水及水沙体进入工作面内的通道。

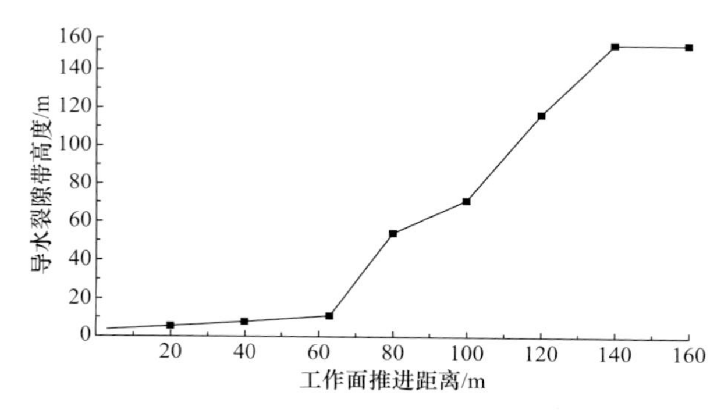

图 4-12　导水裂隙带高度与工作面推进距离关系

4. 导水沙裂隙带高度

1) 影响因素分析

根据浅埋煤层覆岩破坏分带结果，导水裂隙带涵盖导水沙裂隙带，导水沙裂隙带规律实质上就是导水裂隙带规律，仅在高度、形态上有所差异。借鉴国内外学者相关研究成果，并结合蒙陕地区煤炭开采技术水平，分析浅埋煤层开采扰动条件下溃水溃沙裂隙带主要受七个因素的影响。

(1) 工作面参数：现场工程实践和相关研究表明，工作面走向长度和采宽都是影响导水沙通道的重要因子，只要任何一个参数没有达到覆岩充分采动条件，工作面参数对导水沙裂隙带高度就起着决定性作用。在目前开采工作面参数中，其走向长度可达到千米或数千米以上，而薄基岩煤层开采深度不超过 150m，按照采空区长度或宽度达到或超过 $1.2H$～$1.4H$(H 为开采煤层基岩厚度)覆岩充分采动标准考虑，影响导水沙裂隙带高度的参数主要就是指采宽。当工作面未达到覆岩充分采动所需临界宽度要求时，导水沙裂隙带高度受采宽的影响，其发育呈拱形分布，整个采场覆岩破坏的岩层形成类似隧道的立体结构；在工作面达到覆岩充分采动所需的临界宽度时，由于破坏岩体具有碎胀性，导水沙裂隙带高度将不再向上部岩层发育。虽然导水裂隙带呈典型的马鞍型分布，但是导水沙裂隙带仍呈拱形分布。目前，尚没有理论或经验公式求解导水沙裂隙带高度，为矿井防溃水溃沙防控工作带来较大难度，主要表现为方案制订依据不足、针对性较差及治理效果不理想。

(2) 采高：煤层采高对导水沙裂隙带高度具有非常重要的影响，一般随着采高的增大，破坏高度呈一定比例的增加。人们曾对导水裂隙带与采高关系进行过研究，结果表明，两者之间呈线性、分数函数或指数函数关系。而导水沙裂隙带与采高呈何种数学关系目前尚无定论，只能定性描述为采高越大，导水沙裂隙带高度越大。

(3) 采煤方法：采煤方法是控制导水沙裂隙带最大高度的重要影响因素。采煤方法不同，导水沙裂隙带变化规律及其发育高度也随之改变。

(4) 顶板管理方法：顶板管理方法是影响导水沙裂隙带高度的重要因素。采用全部充填法时，通常不产生或产生很小的导水沙裂隙带高度；采用全部垮落法时，导水沙裂隙带高度最大；采用煤柱支承方法时，若煤柱面积大，能够支撑覆岩重力，导水沙裂隙带高度很小；若煤柱面积小不足以支撑覆岩重力，产生的导水沙裂隙带高度与全部垮落法类似。绝大多数煤矿采用全部垮落法管理顶板，因此在影响因素分析中可省略此项。

(5) 覆岩岩性结构：是指由煤层向上各岩层强度的组合情况，具有坚硬-坚硬型、软弱-坚硬型、坚硬-软弱型、软弱-软弱型四种类型(连字符前指下部岩层，连字符指上部岩层)。煤层开采形成采空空间，通过下部顶板岩体垮落、上部顶板岩体下沉将其充填。当上部岩体下沉缓慢，下部岩体垮落充分发育时，导水沙裂隙带高度发育越高。数值模拟结果显示，按照产生导水沙裂隙带高度由大到小的顺序，顶板岩性结构排序为：坚硬-坚硬型、软弱-坚硬型、坚硬-软弱型、软弱-软弱型。

(6) 开采深度：一般情况下，工作面围岩原岩应力由其上覆岩土体的重力产生，因此开采深度决定了工作面围岩地应力，对导水沙裂隙带高度造成一定影响。现场实测研究表明，当基岩厚度与采高比值较大时，地表的移动和变形在空间和时间上是连续的、渐变的、具有明显的规律性，采空区顶板岩层能够形成“三带”结构；当基岩厚度与采高比值较小时(小于 40)，地表的移动和变形在空间和时间上是不连续的，且其分布没有严格的规律性，地表可能出现较大裂隙和塌陷坑，形成只有垮落带和裂隙带的“两带”结构。根据相关资料分析，浅埋煤层比非浅埋煤层导水沙裂隙带高度要大得多。

(7) 地质构造：蒙陕地区发育大量的正断层，与未受地质构造的地区相比，导水沙裂隙带最大高度及破坏特征有一定程度的变化。当断层位于导水沙裂隙带以外时，导水沙裂隙带范围可能扩大，但对于垮落带和导水沙裂隙带内岩层的破坏程度影响不大；当断层位于正常的导水沙裂隙带范围内时，其变化不大，但对导水沙裂隙带内岩层的破坏程度可能加剧，使其渗透性增大。

通过导水沙裂隙带发育高度的七个影响因素分析可知，对于浅埋煤层而言，覆岩岩性结构、开采深度、地质构造三个因素属于影响导水沙裂隙带高度的固有属性，工作面参数、采高、采煤方法和顶板管理方法四个因素是工程技术人员根据矿井设计生产能力和其他相关要求设计的，属于外部条件可以控制的。进一步，四个可控因素中，结合目前技术装备水平、开采强度与矿井实际开采现状，西北地区各矿井普遍采用一次性采全高(不大于 7m)、综合机械化采煤法和全部垮落法管理顶板。为了抑制导水沙裂隙带高度的发育，可以进行调整的工作面参数为尺寸与采高，目前已有的导水沙裂隙带高度计算经验公式中仅有覆岩岩性结构及采高这两个参数，对工作面参数没有涉及。鉴于此，本小节从覆岩岩性结构、工作面参数入手，根据浅埋煤层导水沙裂隙带的特征建立力学模型，从而对导水沙裂隙带高度进行理论推导。

2) 常用预测方法

目前，国内外尚未明确提出导水沙裂隙带这个概念，因此尚无专门针对导水沙裂隙带高度提出相应预测方法的相关研究成果，主要成果集中而对导水裂隙带高度的研究，鉴于导水裂隙带对导水沙裂隙带研究有一定的参考，本小节在对导水裂隙带高度各种预测方法介绍、评述的基础上，提出导水沙裂隙带高度预测公式。导水裂隙带高度预测归纳起来主要有五类方法，分别是经验公式、数值模拟、物理模拟实验、类比法及理论计算，其中以经验公式应用最广。

(1) 经验公式：经验公式主要是在准确分析判断矿区覆岩岩性结构类型的基础上，利用《建筑物、水体、铁路及主要井巷煤柱留设与压煤开采规范》中的经验公式计算得出导水裂隙带高度，缓倾斜单层煤开采时常用的经验公式如表 4-2 所示。由于经验公式是《煤矿防治水细则》中要求使用的，只涉及覆岩岩性结构、采高两个参数，概念明确，简单易求，在全国各大矿区广为应用，满足了多数矿井水体下采煤设计的要求。尽管如此，在某些特定条件下，上述导水裂隙带高度计算方法不能体现浅埋煤层覆岩结构与破断特征，实际导水裂隙带高度明显大于按上述经验公式计算得到的值，造成了一些异常溃水灾害的发生(崔安义，2012；檀双英等，2006；黄庆享，2002)。例如，神东矿区补连塔煤矿 31401 工作面基岩厚度为 120～190m，若按经验公式计算得到的顶板导水裂隙带最大高度为 55m，达不到基岩顶部的砂砾含水层，不应该发生周期性的顶板溃水，事实上该煤矿却连续发生了数十起工作面溃水事故，严重影响了正常生产。

表 4-2 缓倾斜单层煤开采时常用的计算导水裂隙带高度经验公式

覆岩强度等级	经验公式一	经验公式二
坚硬	$h=\dfrac{100\sum M}{1.2\sum M+2.0}\pm 8.9$	$h=30\sqrt{\sum M}+10$
中硬	$h=\dfrac{100\sum M}{1.6\sum M+3.6}\pm 5.6$	$h=20\sqrt{\sum M}+10$
软弱	$h=\dfrac{100\sum M}{3.1\sum M+5.0}\pm 4.0$	$h=10\sqrt{\sum M}+5$
极软弱	$h=\dfrac{100\sum M}{5.0\sum M+8.0}\pm 3.0$	$h=10\sqrt{\sum M}+5$

注：h 为导水裂隙带高度(m)，M 为采高(m)。

此类异常溃水灾害发生原因排除断层构造和原生裂隙发育等地质因素外，由表 4-2 可以看出，主要是经验公式在选择参数时着重覆岩岩性结构、采高这两个参数，没将工作面开采技术条件反映在预测公式中，加之受当时开采技术水平、观测手段和观测方法的限制，大大影响了预测结果的准确性，给防治水工作带来了困难。据此，有研究人员分析认为，采高只能决定垮落带高度，而不能决定导水裂隙带高度，导水裂隙带高度是由采宽所决定，以同等地质条件下的巷道[图 4-13(a)]与回采工作面[图 4-13(b)]为例，除采宽不同外，其他条件相同，即

$$M_a = M_b,\quad L_b \gg L_a \tag{4-1}$$

式中，M_a、M_b 为采高；L_a、L_b 为采宽。

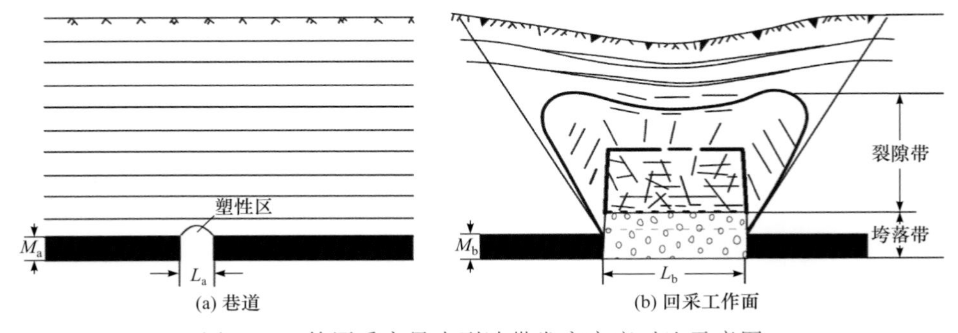

图 4-13 等厚采高导水裂隙带发育高度对比示意图

巷道开掘后，如果围岩应力小于岩体强度，巷道围岩仍处于弹性状态；若围岩应力大于岩体强度，巷道围岩会产生塑性变形，从巷道周边向围岩伸出扩展到一定范围，出现塑性区，区内围岩发生破裂和位移的区域称为破裂区，也可称为导水裂隙带。由于巷道跨度较小，顶板一般不会发生垮落(破碎顶板除外)，塑性区破坏范围也有限，一般不会超过 8m。然而，工作面回采过程中，由于工作面跨度很大，上覆岩层会产生明显的弯曲变形、破坏和垮落，形成垮落带与裂隙带。若采用经验公式计算，没有考虑开采空间尺寸效应，巷道和回采工作面预测的导水裂隙带高度是完全一样的，这与现场实际情况完全相悖。

基于上述缘由，施龙青等(2012)在收集大量资料的基础上，利用概率统计原理，得出了采宽大于 110m 时，利用采宽建立导水裂隙带高度的经验公式

$$h = L/2 \pm 5.61 \tag{4-2}$$

式中，h 为导水裂隙带高度(m)；L 为采宽(m)。其中，当岩层的倾角大于 30°时式(4-2)取正号，小于 30°时取负号。式(4-2)的优点是强调了采宽对导水裂隙带的决定作用；缺点是没有考虑采宽及煤层埋深，与表 4-2 中的经验公式相比，显然考虑的因素更为简单。

基于典型“三带”分区模型，根据裂隙带和弯曲下沉带之间将会出现“离层带”现象，将覆岩破坏分为“四带”。覆岩破坏的“四带”分带示意图如图 4-14 所示。

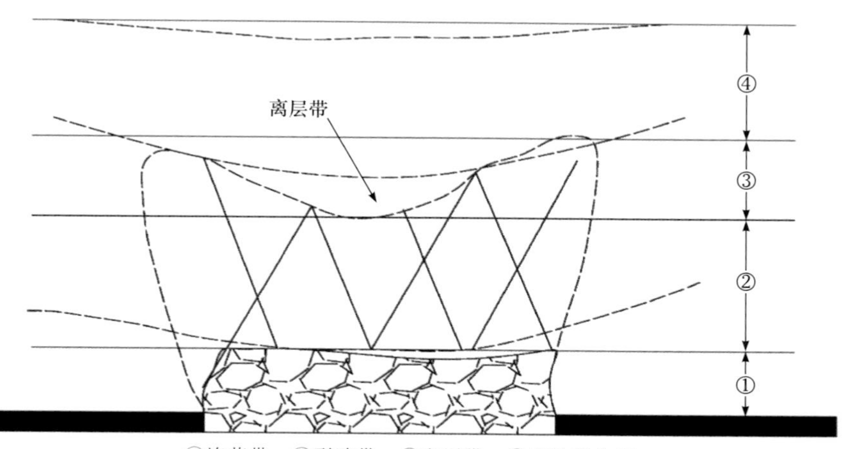

①垮落带；②裂隙带；③离层带；④整体弯曲带

图 4-14　覆岩破坏的“四带”分带示意图

根据矿山压力控制理论，推导出公式：

$$h=\frac{1}{\eta}\left(1+C_{x}L-\frac{\sigma_{d}}{\gamma H_{d}}\right) \tag{4-3}$$

式中，h 为导水裂隙带高度(m)；η 为衰减系数；C_x 为岩梁之间力的传递系数；σ_d 为离层带上方岩层最大的抗压强度(MPa)；γ 为顶板岩层平均容重(kN/m^3)；H_d 为离层带埋深(m)。

式(4-3)将采宽、顶板岩性、离带层深埋考虑进去，并给出了 C_x、η 的取值范围，可以看出，导水裂隙带高度与采宽、岩梁之间力的传递系数成正比，与离层带埋深成反比，该公式丰富了导水裂隙带预测计算方法。但是，式(4-3)存在的问题是 C_x、η 难以确定，且取值范围较大，致使预测结果误差较大。另外，式(4-3)未推导到最终计算步骤，可以看出，离层带埋深实际为未知值，将开采深度作为离层带埋深代入式(4-3)中计算显然是不妥的，应将式(4-3)改写为

$$h=\frac{1}{\eta}\left[1+C_{x}L-\frac{\sigma_{d}}{\gamma\left(H_{m}-h\right)}\right] \tag{4-4}$$

式中，H_m 为开采深度(m)。

将相关参数代入式(4-4)，可得到关于 h 的一元二次方程，然后进行求解。式(4-4)未直接体现出采高与导水裂隙带高度之间的关系，对相关参数的适用条件未进行讨论，如采宽只有在一定范围内对导水裂隙带高度存在影响，而公式中采宽与导水裂隙带高度呈正比关系显然不符合现场实际。因此，式(4-4)还需进一步完善。

综上所述，现有经验公式考虑因素较为片面，导致其应用范围受限。根据生产实践与相关研究证明，导水裂隙带高度实际上与采厚、工作面参数、采煤方法、顶板管理方法、覆岩岩性结构、煤层赋存状态、地质构造和时间过程等诸多因素相关，如果考虑因素不全面，将使预测结果与实际情况相差甚远，易给顶板水害防控工作带来误导，对矿井的安全生产构成巨大威胁。根据“三下”采煤经验公式计算薄基岩煤层导水裂隙带高度明显比实测数据小得多，有时甚至相差一倍以上，致使薄基岩煤层开采期间经常发生溃水溃沙灾害事故。

(2) 数值模拟：煤层开采过程中，上覆岩层的垮落实际上是一个渐进破坏过程，具有一定的垮落规律。这个垮落规律可以用过程分析法来研究，也就是用一种有效的手段获取覆岩垮落过程中的信息。限于监测手段，通过现场实测和物理模型都不能获取垮落过程中的足够信息，而数值模拟则填补了

这个不足。数值模拟采用有限元、离散元法等数值方法，通过计算分析各岩层内部应力、应变及破坏状况，以确定导水裂隙带高度。由于数值模拟要求的资料、参数和测试数据较多，对边界条件又进行了概化，模拟结果只能得到规律性的认识，难以获得定量数据。

(3) 物理模拟试验：顾名思义就是用相似材料建立模型进行物理模拟，这需要在开采煤层覆岩破坏的工程地质模型研究基础上，结合矿区地质结构特点和已知的上覆岩层的物理力学性质参数，用相似材料建立上覆岩层的物理模拟模型。物理模拟试验涉及多种地质条件模拟问题，虽然大型的相似模型试验与实际情况比较吻合，但试验过程耗时较长，因此应用较少。

(4) 类比法：选用本矿区或与本矿区地质开采条件相似的其他矿区水体下采煤的数据为依据，确定本采区的导水裂隙带高度。这种分析可从多个方面进行，如地层结构、采煤方法、顶板管理方法等，找出相同点，分析有利和不利条件，以决定取舍。该方法计算简便，应用较为广泛，但是影响导水裂隙带高度因素繁多，必须建立符合矿区自身特点的类比模型，才能使预测结果误差减小，正确指导防治水方案的实施。鉴于导水沙裂隙带属于新提出的概念，无可参考意见，因此类比法适用的前提是具有大量的可类比数据。

(5) 理论计算：主要是在建立固体力学的基础上，采用弹塑性和断裂力学方法进行力学计算。一般来说，对于简单模型，人工计算能够得出解析解，而对于复杂模型，很难求出结果，因此常采用计算机求解，常用的软件为有限元程序、离散元程序、边界元和有限差分程序，这些程序作为科学研究手段非常有效，一般由专业人员操作。在建模过程中，需对力学模型受力状态和边界条件进行大量简化，其中涉及很多待定参数，需要通过大量试验才能获得，加之现场操作难度大，大大降低了理论计算方法的实用性。

3) 导水沙裂隙带高度计算公式

(1) 建立模型：根据大量物理模拟试验结果，在工作面达到临界宽度前，覆岩不能达到充分采动，其破坏发育形态呈拱状。基岩中、基岩及土层中的拱状破坏分别如图 4-15 和图 4-16 所示。

从图 4-15 和图 4-16 可以看出，由于拱内岩层已被垮落性裂隙、网络性裂隙贯通，一旦波及含水沙层，这些裂隙将会成为导水沙通道，引发工作面突水或溃水溃沙事故的发生。由于拱内裂隙具有导水沙功能，将该拱定义为导水沙拱。导水沙拱随着工作面推进而不断变化，最终形成的平衡结构可以简化为拱墙结构(图 4-17)。图 4-17 中的导水沙拱承压结构可以简化为结构力学上的拱模型，简化后的导水沙拱力学模型如图 4-18 所示。

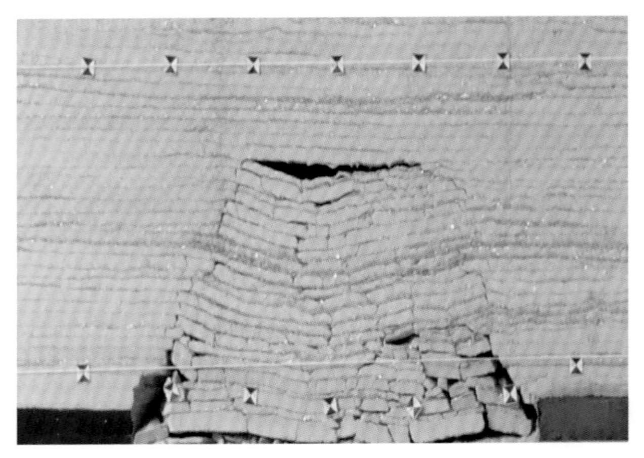

图 4-15　基岩中的拱状破坏

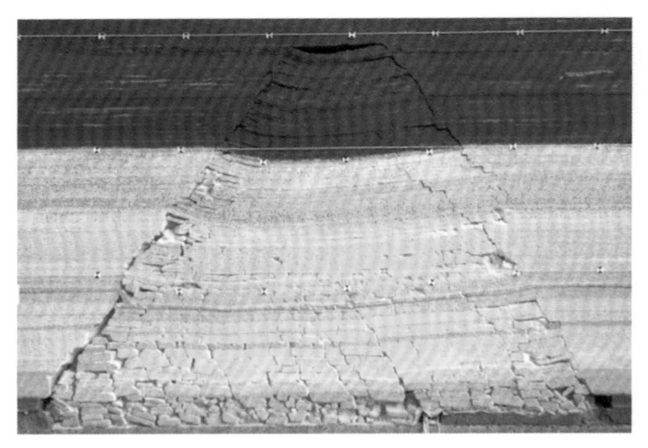

图 4-16　基岩及土层中的“拱形”破坏

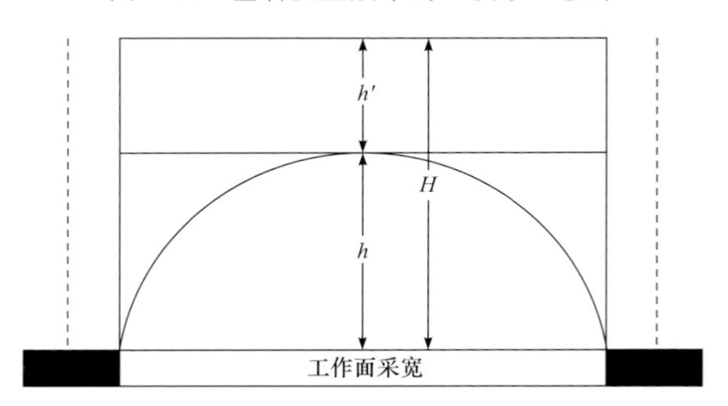

图 4-17　导水沙拱形成的拱墙结构

H-开采深度；h'-导水沙裂隙带最高点与地表距离；h-导水沙裂隙带高度

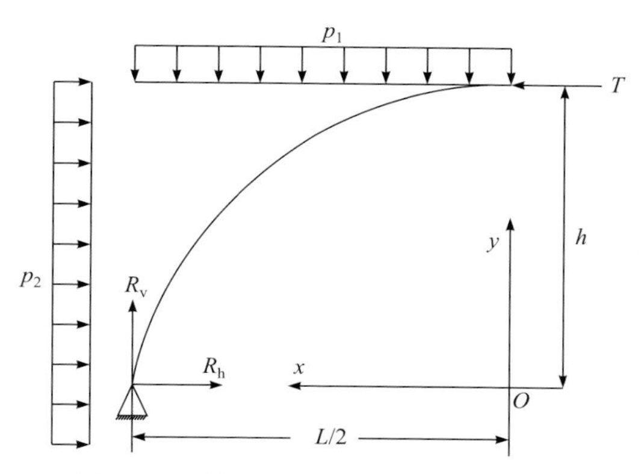

图 4-18　简化后的导水沙拱力学模型

图 4-18 中，p_1 为拱洞上覆岩层均布载荷，$p_1=\gamma(H-h)=\gamma h'$；$p_2$ 为拱墙侧面压力，$p_2=K_0(1+h/2h')p_1=\beta K_0 p_1$，$K_0=\tan^2(45°-\varphi/2)$，$\beta$ 为系数，K_0 为散体侧向压力集中系数，φ 为岩层内摩擦角；R_v 为拱墙侧面剪切力，$R_v=\int_0^H \tau \mathrm{d}z$，$\tau$ 为剪应力；R_h 为煤岩块体间摩擦力，$R_h=\mu R_v$，μ 为岩层间摩擦系数；T 为右半边拱作用反力。

(2) 模型求解：任取截面 x，截面上作用的弯矩和力可表示为

$$\begin{cases} M_x = M_x^0 - R_h y \\ N_x = Q_x^0 \sin\theta + R_h \cos\theta \\ Q_x = Q_x^0 \cos\theta + R_h \sin\theta \end{cases} \tag{4-5}$$

式中，M_x、N_x 和 Q_x 分别为截面 x 上作用的弯矩、轴向力与剪切力；M_x^0、Q_x^0 分别为支座上无水平反力时截面 x 上作用的弯矩与剪力。

当 $\sum Y=0$ 时，可得

$$R_v = p_1 \frac{L}{2} \tag{4-6}$$

当 $\sum X=0$ 时，可得

$$T = p_2 h - R_h \tag{4-7}$$

将 $p_2=\beta K_0 p_1$ 和式(4-6)代入式(4-7)，可得

$$T = p_1\left(\beta K_0 h - \mu L/2\right) \tag{4-8}$$

式中，μ 为岩层间摩擦系数。由散体力学可知，在地表下任意深度 z 处取一微单元体，则该处应力为

$$\sigma_0 = K_0 \gamma z \tag{4-9}$$

式中，γ 为容重。假设此时，拱墙两侧达到极限强度状态，由极限强度理论可知，拱墙侧面压应力 σ 及其剪应力 τ 应满足：

$$\tau = c + \sigma \tan\varphi \tag{4-10}$$

式中，σ 为压应力。由式(4-9)和式(4-10)可得

$$\tau_0 = c + \sigma_0 \tan\varphi = c + K_0 \gamma z \tag{4-11}$$

又由式(4-6)、式(4-11)及边界条件描述，取积分区域为地表到煤层埋深可知：

$$R_{\mathrm{v}} = p_1 \frac{L}{2} = \int_0^H \tau \mathrm{d}z = cH + \frac{1}{2} K_0 \gamma H^2 \tan\varphi \tag{4-12}$$

对式(4-12)求解，可得临界采宽 L 表达式为

$$L = \frac{1}{p_1}\left(2cH + K_0 \gamma H^2 \tan\varphi\right) \tag{4-13}$$

假设在此极限状态下，拱形曲线为合理共轴线，即任意共轴截面处的弯矩为零$\left(\sum M = 0\right)$，得到拱轴曲线方程为

$$x^2 + K_0 y^2 - \left(2K_0 h - \mu L\right) y = 0 \tag{4-14}$$

式(4-14)说明合理拱轴线为一段椭圆曲线。将拱趾坐标($L/2$，h)代入式(4-14)，得到拱的高跨比为

$$\frac{h}{L} = \frac{\mu + \sqrt{\mu^2 + \beta K_0}}{2\beta K_0} \tag{4-15}$$

则导水沙裂隙带高度为

$$h_{导水沙} = \frac{\mu + \sqrt{\mu^2 + \left[1 + h/2(H-h)\right] K_0}}{2\left[1 + h/2(H-h)\right] K_0} L \tag{4-16}$$

将式(4-13)代入式(4-16)中，得到导水沙裂隙带最大高度为

$$h_{导水沙\max} = \left(H - \sqrt{H^2 - 4AB/\gamma}\right)\Big/2 \tag{4-17}$$

式中，$A = \dfrac{\mu + \sqrt{\mu^2 + \beta K_0}}{2\beta K_0}$；$B = 2cH + K_0 \gamma H^2 \tan\varphi$。

将式(4-17)展开并简化，有

$$ah^4 + bh^3 + fh^2 + dh + e = 0 \tag{4-18}$$

式中，$a = 2\gamma^2 K_0$；$b = -6K_0 H\gamma^2$；$f = 4\left(\gamma^2 H^2 K_0 + \gamma\mu B\right)$；$d = -4\gamma\mu HB$；$e = -B^2$。

再由一元四次方程的经典解法——费拉里解法可知，式(4-18)方程存在 4 个解，即

$$h_1 = \left(-b - \sqrt{4a^2\varDelta - C/3} - \sqrt{-4a^2\varDelta - C/3 - \frac{-b^3 + 4abf - 8da^2}{\sqrt{a^2\varDelta - C/12}}}\right) \Bigg/ 4a$$

$$h_2 = \left(-b - \sqrt{4a^2\varDelta - C/3} + \sqrt{-4a^2\varDelta - 2C/3 - \frac{-b^3 + 4abf - 8da^2}{\sqrt{a^2\varDelta - C/12}}}\right) \Bigg/ 4a$$

$$h_3 = \left(-b + \sqrt{4a^2\varDelta - C/3} - \sqrt{-4a^2\varDelta - 2C/3 + \frac{-b^3 + 4abf - 8da^2}{\sqrt{a^2\varDelta - C/12}}}\right) \Bigg/ 4a$$

$$h_4 = \left(-b + \sqrt{4a^2\varDelta - C/3} + \sqrt{-4a^2\varDelta - 2C/3 + \frac{-b^3 + 4abf - 8da^2}{\sqrt{a^2\varDelta - C/12}}}\right) \Bigg/ 4a$$

式中，C 为常数。为了能得到满足实际需求的唯一解，将各参数的取值区间代入式(4-18)中所包含的 4 个解，可以得到满足要求的解只有 1 个，即

$$h_{导水沙} = \left(-b + \sqrt{4a^2\varDelta - C/3} + \sqrt{-4a^2\varDelta - 2C/3 + \frac{-b^3 + 4abf - 8da^2}{\sqrt{a^2\varDelta - C/12}}}\right) \Bigg/ 4a \tag{4-19}$$

式中，$\varDelta = \dfrac{\sqrt[3]{2}\varDelta_1}{3a^3\sqrt[3]{\varDelta_2 + \sqrt{-4\varDelta_1^3 + \varDelta_2^2}}} + \dfrac{\sqrt[3]{\varDelta_2 + \sqrt{-4\varDelta_1^3 + \varDelta_2^2}}}{3\sqrt[3]{2}a}$，$\varDelta_1 = f^2 - 3bd + 12ae$，$\varDelta_2 = 2f^3 - 9bfd + 27ad^2 + 27b^2e - 72afe$；$C = -\left(3b^2 - 8af\right)$。

从现场实际情况来看，由于垮落岩层具有碎胀性特征，当达到临界采宽时，导水裂隙带将不受式(4-19)中任何参数的影响，始终保持在一个较为稳定的范围内。因此，在计算导水沙裂隙带高度时，必须先确定在具体采矿、地质条件下的临界采宽，再将临界采宽作为已知参数代入导水沙裂隙带高度计算公式中，结合其他相关参数，最终得出导水沙裂隙带高度。

(3) 影响参数分析：由式(4-19)可知，影响导水沙裂隙带高度的因素有侧向压力系数 K_0、采宽 L、岩层间摩擦系数μ、煤层内摩擦角 φ、煤层内聚力 c、煤层埋深 H(从煤层底板算起，即包括采高 M)、煤岩平均容重 γ，本小节针

对影响导水沙裂隙带高度的因素进行讨论分析。为了讨论各参数对导水沙裂隙带高度的影响，所选参数如表 4-3 所示。

表 4-3　影响导水沙裂隙带高度的参数选取

岩层间摩擦系数 μ	侧向压力系数 K_0	煤层埋深 H/m	采宽 L/m
自变量（0～1.0）	0.25	200	100
	0.25		200
	0.25		300
0.2	自变量（0～1.0）	200	100
			200
			300
0.2	0.15	自变量（0～200）	100
	0.20		
	0.25		
0.2	0.25	200	自变量（0～1000）
		300	
		400	

①岩层间摩擦系数影响分析。图 4-19 反映了岩层间摩擦系数与导水沙裂隙带高度的关系。从图中可以看出，随着层间岩层间摩擦系数的增大，导水沙裂隙带高度呈增大趋势。同时，随着工作面采宽的增大，岩层间摩擦系数对于导水沙裂隙带高度的影响趋于平缓，但增加了对其初始值的影响。

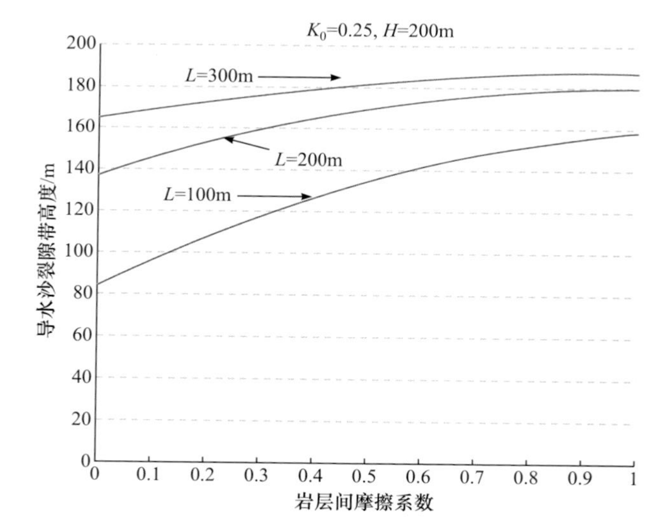

图 4-19　岩层间摩擦系数与导水沙裂隙带高度的关系

②侧向压力系数影响分析。图 4-20 为侧向压力系数与导水沙裂隙带高度的关系。从图 4-20 可以看出，侧向压力的存在或其增大将阻止上覆岩层导水沙裂隙带高度发育，且这种影响较为显著；同时，侧向压力的影响是有限制的，导致这种限制的力学机理则是煤岩微元体处在两向应力约束状态下，按照莫尔-库仑准则发生破坏，在最大剪切面处存在平衡状态。同样，随着采宽的增加，其趋于稳定时的导水沙裂隙带高度将变大。

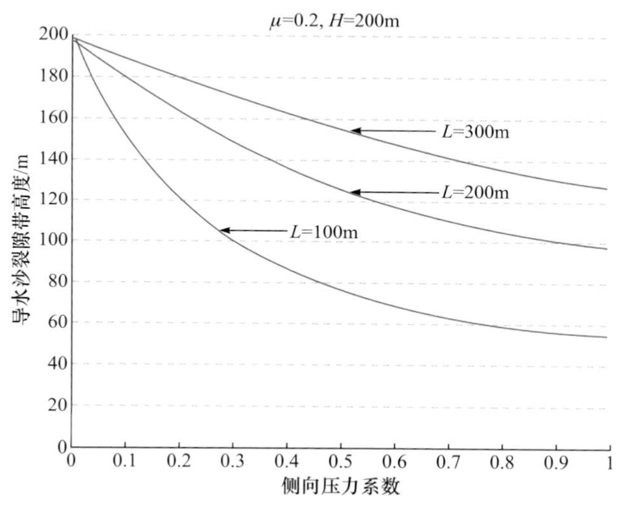

图 4-20　侧向压力系数与导水沙裂隙带高度的关系

③煤层埋深影响分析。图 4-21 为煤层埋深与导水沙裂隙带高度的关系。

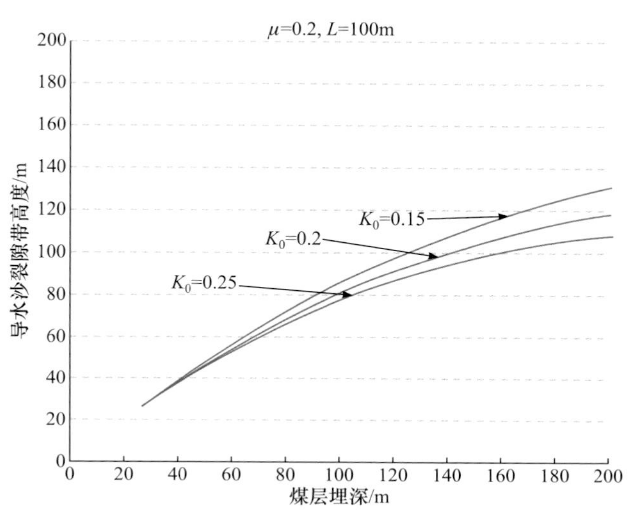

图 4-21　煤层埋深与导水沙裂隙带高度的关系

从图 4-21 可以看出，随着煤层埋深的增加，上覆岩层导水沙裂隙带高度不断发育。同时，煤层埋深的影响相对于其他因素的作用是较小的。

④采宽影响分析。图 4-22 为采宽与导水沙裂隙带高度的关系。从图 4-22 可以看出，导水沙裂隙带高度随着采宽的增大而增大，同时可以发现在采宽为 300～400m 时，导水沙裂隙带高度增长曲率出现拐点，进而趋于平滑，最终保持不变。该规律说明了采宽在一定范围内影响导水沙裂隙带加速向上发育，但这种影响不是无限制的，当达到一定采宽后，导水沙裂隙带高度受其影响则变小，这一结果也被实际探测所证实。

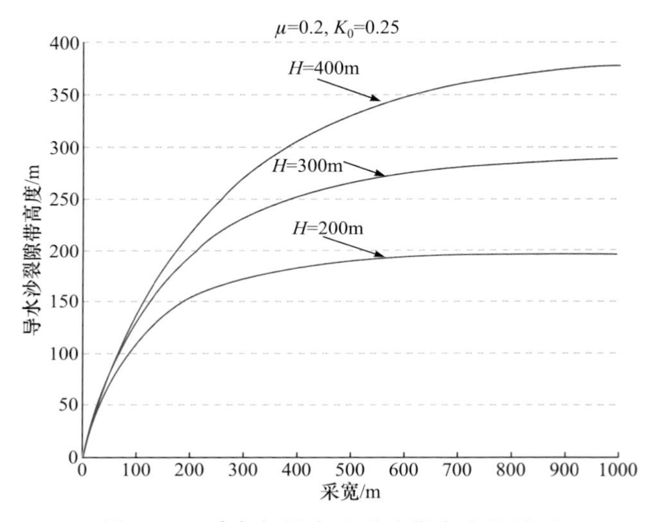

图 4-22　采宽与导水沙裂隙带高度的关系

4) 垮落带高度计算公式

垮落性裂隙带就是通常所说的垮落带，我国对浅埋煤层垮落带高度的研究仍处于探索阶段，对其预测主要有两种方法，即碎胀系数法和经验公式法。

(1) 碎胀系数法：开采单一煤层时，当煤层顶板覆岩内有极坚硬的岩层，采后能够形成悬顶，垮落带高度可采用式(4-20)计算：

$$H_{垮落}=\frac{M}{(k-1)\cos\alpha} \tag{4-20}$$

式中，$H_{垮落}$为垮落带高度(m)；k 为垮落岩石碎胀系数；α 为煤层倾角(°)；M 为采高(m)。

当煤层顶板覆岩内为坚硬、中硬、软弱、极软弱互层时，垮落带高度可采用式(4-21)计算：

$$H_{垮落}=\frac{M-W}{(k-1)\cos\alpha} \tag{4-21}$$

式中，W 为垮落过程中顶板下沉高度(m)。

由于破碎后的岩体体积不易计算，而破碎后的碎胀量主要在竖直方向上，对顶板管理、开采沉陷的影响最大，式(4-20)中碎胀系数 k 可用岩体内竖直线上两点间的下沉高度差 ΔW 与它们之间的距离 Δh 之比表示，即 $k=\Delta W/\Delta h$，其值一般为1.10～1.40，得出冒采比为2.5～10。

(2) 经验公式法：三下采煤规程中，针对厚煤层分层开采时垮落带高度覆岩岩性的不同，给出的经验公式如表4-4所示。按照2～7m考虑采高，得出冒采比为0.7～6.2。

表4-4　厚煤层分层开采垮落带高度计算经验公式

覆岩岩性	坚硬程度等级	单向抗压强度/MPa	经验公式
石英砂岩、石灰岩、砂质页岩、砾岩	坚硬	40～80	$H_{垮落}=\frac{100\sum M}{2.1\sum M+16}\pm2.5$
砂岩、泥质灰岩、石灰岩、砂质页岩、页岩	中硬	20～40	$H_{垮落}=\frac{100\sum M}{4.7\sum M+19}\pm2.2$
泥岩、泥砂质岩	坚硬	10～20	$H_{垮落}=\frac{100\sum M}{6.2\sum M+32}\pm1.5$
铝土岩、风化泥岩、黏土、砂质黏土	坚硬	<10	$H_{垮落}=\frac{100\sum M}{7.0\sum M+63}\pm1.2$

4.2.2　薄基岩溃水溃沙灾害因素分析及形成机理

1. 薄基岩采动导水沙通道溃水溃沙影响因素

1) 不同裂隙导水沙特性

浅埋煤层开采时，工作面前、后方基岩破坏形态主要有三种类型。

(1) 工作面支架前切顶：工作面初次来压后，顶板将形成三边固支、一边简支的受力状态，在工作面回采至周期垮落位置时，由于应力再次产生集中，支架前方可能产生从基岩顶面至煤层的裂隙，当工作面回采至该裂隙位置时，若支架初撑力不足，易产生工作面支架前切顶现象。这种裂隙是由破裂基岩旋转产生的，旋转岩体与原岩体裂隙形态为上宽下窄，受后方垮落岩块的挤压作用，该裂隙较窄，水沙体不易通过。因此，工作面回采期间，应保证支架有足够的初撑力，并及时跟进，防止上覆基岩形成错断裂隙，导致工作面支架前方直接溃水。正常情况，因错断裂隙较小，不会形成溃沙，如图 4-23 中的通道 Ⅰ 所示。

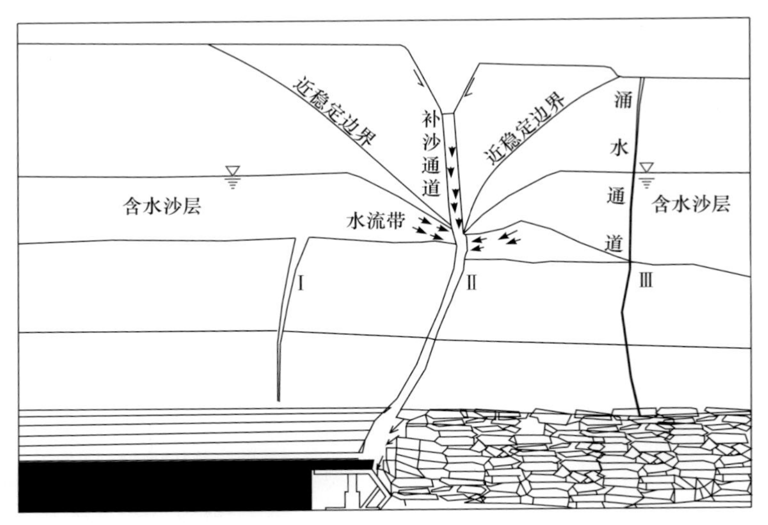

图 4-23　顶板不同导水通道剖面示意图

(2) 工作面支架后垮落：随着开采工作面回采，支架后侧采空区形成切落式垮落，该区域煤层直接顶上部岩层，受到挤压力、挠曲张力及重力的共同作用，沿垂向形成较多的断裂面，水平方向沿软弱面出现层间滑动面，并呈碎块状垮落充填于采空区，总体上岩块尺寸自下而上逐渐增大。由于其上部老顶岩石挠曲形变产生的拉张力裂隙，总体沿垂向产生裂隙，裂隙呈上宽下窄的特点，在重力作用下，沿深度较大裂隙面形成滑动离层和错断离层，该滑动离层直达上覆饱和含水沙层，必然导致含水沙层中的水沙沿着工作面前方尚未垮落的岩梁与已经切落的岩块之间存在的裂隙区域涌入工作面，导致工作面溃水溃沙事故的发生，如图 4-23 中的通道 Ⅱ 所示。

(3) 采空区垮落：随着开采工作面的继续回采，形成的新采空区垮落使已形成的溃水溃沙裂隙面错断距减小，裂隙逐渐闭合，并不断演化为局部裂隙闭合区，使得渗流通道受阻，再加上砂岩含水层水位降低，导水能力已很大程度弱化甚至消失。因此，在新裂隙形成之后，先期形成的溃水溃沙裂隙通道基本停止溃水溃沙，水沙从新出现的裂隙中涌出，如图 4-23 中的通道 Ⅲ 所示。

通过对基岩顶板垮落形态分析，只要确保支架带压支护，及时跟进，防止架前基岩错动，架前导水裂隙带可能出现溃水而不会溃沙(图 4-23 中的通道Ⅰ)；同样裂隙稳定带(图 4-23 中的通道Ⅲ)也以溃水为主，且溃水量偏小，溃沙的可能性极小。因此，工作面回采过程中，刚形成的垮落带、裂隙带成为溃水溃沙的主要通道(图 4-23 中的通道Ⅱ)，对工作面安全生产的威胁较大。

2) 溃水溃沙影响因素分析

在不同的赋存和开采条件下，顶板破断运动也会有所差别。由于提供的水沙流通道宽度不同，水沙流突出特征也不同。垮落性裂隙带与含水沙层连通后，水沙呈直泄式迅猛突出，水位急剧下降；当网络性裂隙带与含水沙层连通后，水沙混合流突出时不顺畅，有阻碍，水沙呈跳跃式突出，水位下降忽快忽慢；当贯通性裂隙区与含水沙层沟通时，由于通道长，开始涌水量大、出沙量小，然后水沙一起涌出，且呈缓坡式突出，水位下降幅度比前两种类型较缓。出现上述三种溃水溃沙类型主要受到以下五种因素影响。

(1) 富水性。沙层进入工作面是以水作为载体，其富水性差异是影响溃沙量的关键因素。沙层富水性不同，其内部的静水压力就不同，开采后形成的动水压力也不同。当沙层为中等-强富水区时，由于上覆潜水势能较大，易发生溃水溃沙事故，基岩厚度不同，水沙流入量也有一定差异。当垮落性裂隙带直接与富水沙层连通，水沙溃入量最大，然后依次是网络性裂隙带、贯通性裂隙区；当沙层为弱富水区时，由于富水性弱，静水压力小，工作面会发生涌水，但不会发生溃水，同时沙体动力源不足，进入到工作面的沙量也非常有限，不会给工作面带来灾难性威胁。但是，垮落式通道一旦直接与流沙层连通，会引起工作面发生严重的溃沙灾害。当沙层为不富水区时，不会发生涌水，流沙没有动力源，一般情况下也不会发生溃沙，但须警惕垮落性裂隙带引发的溃沙灾害。另外，由于开采覆层下沉，大气降水不能沿基岩顶面侧向排泄，可能会引起工作面涌水。

(2) 静水压力。在导水沙通道中，无论是垮落性裂隙带还是网络性裂隙带波及含水沙层，在过水沙通道宽度一定的条件下，含水层静水压力越大，形成的动水压力就越大，溃沙发生的强度随之增强，其值主要受含水层的富水性、邻近含水层的补给量及渗透系数影响。高静水压力潜伏有强大的水势能，为溃水溃沙提供了充分条件，水位降深越大，形成的动水压力越大，静水压力可表示为

$$P_{静} = \gamma \cdot H \tag{4-22}$$

式中，$P_{静}$ 为静水压力(MPa)；γ 为地下水容重(N/m^3)；H 为潜水含水层厚度(m)。

(3) 裂隙宽度。浅埋煤层老顶承受整个覆盖层载荷作用，极易产生破断，但由于直接顶冒矸充填部分采空区，阻碍岩块的转动，在覆盖层重载荷作用下，岩块朝反方向回转靠工作面一侧的裂隙被挤压，形成挤压剪切失稳，而这一端裂隙的挤压闭合运动是防止溃水溃沙的重要条件。反之，如果由于采高大，冒矸不能阻滞岩块的破断失稳，咬合点继续破坏转动，三铰拱两端裂隙在回转中进一步拉开、切落，则形成溃水溃沙通道。顶板基岩切落后的裂隙宽度是影响工作面溃水溃沙程度的主要因素之一。根据本章顶板下沉量计算公式可知，水沙流裂隙宽度取决于顶板基岩台阶下沉量，并与之成正比。另外，顶板基岩台阶下沉量取决于采高 M、直接顶厚度 $\sum h$ 及垮落后的碎胀系数 k，在直接顶高度与碎胀系数一定的情况下，可以通过降低采高来减小裂隙宽度，从而达到防止或减少工作面水沙溃入量的目的，但此举是以浪费资源、降低回采率为代价的，本书对此不进行讨论。

(4) 直接顶。在直接顶厚度及其垮落后碎胀系数均较大的情况下，采空区能够得到充分充填。垮落岩块与老顶之间的间隙越小，台阶下沉量将越小，老顶切落后裂隙宽度也会越小，发生溃水溃沙的危害程度就会大大降低；反之，发生危害的程度就会增大。在同等松散层厚度和基岩厚度的情况下，当高强度、大厚度的关键层位于顶板基岩层下位时，直接顶的相对厚度就小，采空区不能充分充填，台阶下沉量就越大，切落裂隙宽度就越大，溃水溃沙的危害程度就越大；反之，危害程度就越小。

(5) 覆盖层。覆盖层的性质和空间组成对顶板破碎运动有重要影响，从而进一步影响溃水溃沙灾害程度。在沙漠或砂砾层覆盖层的条件下，由于沙子的内聚力很低，且具有流动性，在下方大面积开采时，沙层一般不可能形成自稳结构，整个覆盖层均为作用于老顶的载荷。特别是覆盖层厚度较大时，断裂步距较小，垮落直接顶和顶煤不能充分充填采空区，顶板基岩切落，顶板下沉量增大，裂隙宽度相应增大，发生溃水溃沙的危害程度就大。在饱和含水沙层下部存在一定厚度土层的条件下，由于该土层是很好的隔水层，而且有一定的内聚力，当开采造成顶板基岩垮落和下沉，与土层产生离层时，整个土层能形成一定的自稳结构，阻隔沙层对下部岩层的作用。由于土层可能形成自稳结构，避免地表覆盖层对工作面的直接影响。破断岩块有可能形成“砌梁体”结构，来压步距较大，垮落直接顶和顶煤能充分充填采空区，顶板岩块切落后的运动受到限制，裂隙的张开也受到限制，就有可能阻止水沙向工作面溃入。目前，对采动土层隔水性能的研究尚处于初级阶段。

2. 薄基岩溃水溃沙灾害形成机理

溃水溃沙是水沙体在地下水动水压力和静水压力共同作用下，沿导水沙裂隙溃入性地或源源不断地进入开采工作面内，导致排水系统陷入瘫痪状态的一种地质灾害，其主要特点是含水沙层在天然条件下处于弱胶结状态，与地下水融为一体。水沙体位于网络性裂隙带时，在静水压力较小情况下，一般不会造成灾难性溃水溃沙灾害的发生，仅有少量水沙体流入工作面内；但当静水压力达到某一临界值后，就会造成灾难性的溃水溃沙灾害，位于网络性裂隙带的溃水溃沙灾害通过疏降水头的方式对其进行防控。水沙体位于垮落性裂隙带内时，由于通道裂隙宽，移动距离短，水沙势能直接转化为动能，即使在静水压力较小情况下，也会形成溃入性的灾害，难以通过疏降水头的单一方式对其进行防控。因此，溃水溃沙危害程度与导水沙裂隙带的发育高度密切相关，导水沙裂隙带高度越大，危害程度越高。

含水沙层溃水溃沙的过程是含水层内部水沙能量聚集—释放的过程。当采动形成的贯通性裂隙区、网络性裂隙带和垮落性裂隙带波及沙层含水层时，处于高水压条件下的水沙体底部处于临空状态，原有的应力状态被破坏，水沙体内应力重新分布，在涌水通道附近将会形成高应力区，远离涌水通道附近形成低应力区。涌水口上方附近的沙体颗粒在自重应力、围岩及水压力作用下，随着涌水溃出，溃沙口附近的含水层水位随之急速下降，致使水力坡度迅速增大。当水力坡度增大到沙层破坏、移动的临界状态时，沙粒开始移动，并在动水携带下沿着涌水通道高速向工作面、采空区或者巷道移动。在涌水量或水的流速足够大的情况下，沙粒在采空区或巷道流动，并逐渐充填整个采空区或巷道。因此，溃水溃沙危害程度与静水压力紧密相连，静水压力越大，危害程度越高。

随着含水层水位降低，静水压力释放，水势能逐渐减小，当涌水速度不足以携带砂粒时，由于沙体失去移动的动力而沉积、堆积在涌水通道下方，随着堆积的泥沙增多，阻力增大，水沙流动趋于停止，此时不再具有进一步埋没工作面和巷道的危险。但是若垂向及侧向补给水源充足，动水压力和静水压力衰减较小，仍达到携带沙体颗粒在工作面或巷道移动的临界条件，会加剧溃沙的继续发展。因此，对由风积沙组成的潜水松散含水层而言，影响溃水溃沙及危害程度的主要因素是导水沙裂隙高度、裂隙发育结构和沙体颗粒大小，以及含水层的压力水头在扰动作用下形成的动水压力能否使沙体颗粒移动，并且涌水能否使溃入工作面的沙体颗粒随涌水继续流动。

对多例溃水溃沙事故的调研，以及对溃水溃沙的机理分析，溃水溃沙灾害发生时应具备以下四个要素。

1) 存在溃水溃沙的物质源

溃水溃沙事故的发生与含水沙层富水性、水沙组合情况密切相关。含水沙层的富水性、地下水侧向补给量及大气降水补给量决定静水压力的大小，对于中等富水和强富水含水层，较高的静水压力潜伏有强大的水势能，为溃水溃沙提供了充足的动力，潜水一旦转化为直接充水水源，将造成工作面或巷道水沙溃入的局面，溃入量则取决于含水层结构及空间配置，即水沙组合情况。基岩与水沙接触类型可以分为以下三种情况：

(1) 基岩顶面为砂砾石层含水层，上部为黄土层和松散沙层。这种情况下，工作面溃沙的砂源则是砾石层中所夹的弱胶结中-细砂岩，顶板初次全厚切落贯通时，岩层中所含的弱胶结砂岩呈流沙状态进入工作面或采空区。随着涌水时间增长，砾石层则变为滤沙层，有阻止流沙进一步溃入的作用，另外由于水势能的减小，沙体将失去动力。

(2) 基岩顶面为黄土层，上部为松散沙层含水层时，由于黄土层(厚度大于 5m)有较好的隔水性能和一定的抗剪强度，结构致密，水沙进入工作面的通道受阻，不易形成溃水溃沙事故。但不可避免有这种情形存在，即煤层上覆基岩过于薄，加之黄土层厚度不大(小于 5m)，煤层采高大，采掘垮落后，产生干扰的黄土“天窗”，此时沙在水动力的作用下，通过“天窗”进入工作面，造成灾害性的溃水溃沙事故。

(3) 基岩顶面直接为沙层含水层，在这种条件下开采浅埋煤层，极易造成水沙俱溃的灾害。特别是当煤层顶板被冲蚀严重时，会引起工作面的报废，本章研究的重点就是基于此类型水沙组合情况，即饱和含水沙层直接与基岩接触。

2) 存在水沙流动的通道

浅埋煤层含水沙层下溃水溃沙通道可分为两种类型：一种是人为采掘活动形成的开采扰动通道，主要指采矿通道和钻孔通道，采矿通道主要指回采后垮落性裂隙、网络性裂隙和贯通性裂隙形成的导水沙通道，钻孔通道则是指在钻孔施工结束后，未封孔或封孔质量差造成的导水沙通道；另一种是天然构造因素形成的通道，由断层、褶皱等地质结构组成的先天性破碎通道，先天性破碎通道与采矿通道产生原因都与地质因素有关，第一类地质条件是指在薄基岩、厚松散沙层下开采，采动所形成的导水沙裂隙波及至松散沙层后形成的诱发通道，第二类地质条件是指开采前就已经形成的导通含水沙层的原生通道。

在充水水源一定的情况下，开采扰动形成的涌水通道宽度和高度决定了工作面涌水量的大小，从而也就决定了涌水发生时的瞬时水流速度与溃水溃沙强度。浅埋煤层条件下进行开采，顶板破断必然波及上覆水沙体，垮落形成的垮落性裂隙、网络性裂隙、贯通性裂隙为溃水溃沙提供必要的通道和场所。在这三种开采扰动形成的导水沙通道中，垮落性裂隙带中的导水沙通道短而宽，水沙溃入过程中缓冲区少，沿程阻力低，导致水沙溃入量大、流速高，危害程度最高，防控方法最为复杂；由于网络性裂隙带中的导水沙通道长而窄，加之裂隙纵横交错，水沙溃入过程中缓冲区较多，水沙溃入量及速度受限，防控方法相对简单；贯通性裂隙区是三种开采通道中最长的，水沙溃入过程中，沿程阻力最大，因此水沙溃入量、流速均较小，只需加强支护，防止架前切顶就能实现对溃水溃沙灾害的防控。

先天性破碎通道中渗流的动水压力不足以冲破处于泥质胶结状态充填物，只有在人为或工程扰动下，存在人为临空面，才能在临空面附近形成较大的动水压力，造成溃水溃沙，可通过注浆改造或留煤柱方式对其进行防控。

3) 存在较大的水压力

含水沙层在未采动之前存在一定的静水压力，该压力与含水层富水性成正比。相对开采煤层底板而言，含水层蕴藏巨大的重力势能，在含水沙层被网络性裂隙带或垮落性裂隙带沟通的瞬间，含水层水发生流动，水势能立即转化为动能。此时沙层不但受到静水压力对其的劈裂作用，而且还面临地下水为克服阻力而对沙层施加的动水压力作用，在静水压力和动水压力共同驱动下，水沙体发生大范围移动，从而引发溃水溃沙事故。

4) 存在容纳水沙流入的空间

当饱和含水沙层直接被网络性裂隙带或垮落性裂隙带沟通时，在动水压力和静水压共同作用下，含水沙层中的砂粒随着水流方向朝涌水口移动，如果涌水口下方存在较大的空间，那么流动的砂粒在足够大的水流带动下朝工作面、采空区和巷道汇聚，短时间内将空间充填并淹没。如果被充填的空间较小，即使有较大的水流作用，溃决的沙体也只能堆积在溃沙口的下方，从而阻止溃水溃沙的进一步发展。因此，临空面空间将决定溃水溃沙事故的危害性及发展程度。

简言之，溃水溃沙灾害发生的四个要素归纳为：水沙源、通道、动力源、流动空间。四个要素相互作用是导致溃水溃沙灾害的基本条件，只有在四个要素同时具备时，才会导致工作面溃水溃沙灾害的发生。溃水溃沙灾害发生过程见图 4-24。

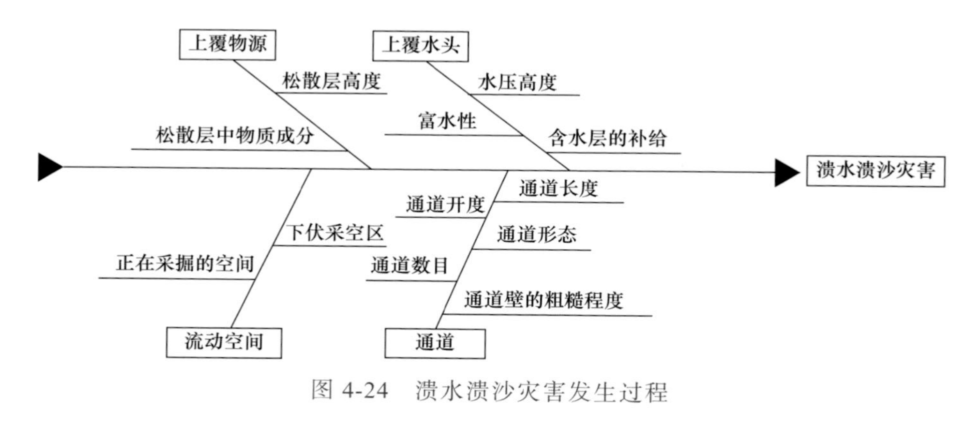

图 4-24　溃水溃沙灾害发生过程

4.3　薄基岩回采工作面溃水溃沙灾害防控技术

4.3.1　溃水溃沙灾害预测

1. 灾害预测基本思路

对溃水溃沙灾害预测的研究较少，仅张玉君等(2006)以地下水动力学为基本原理，建立了以渗透破坏的临界水力坡度为条件的预防溃水溃沙发生的临界条件和预测公式，并以铁北煤矿为例，计算得出了预防溃水溃沙发生的水头，为理论预测溃水溃沙灾害奠定了一定的基础。但是该方法是以单井定流量抽水的承压完整井流为原理确定实际水力坡度，而开采浅埋煤层主要面临的是潜水含水沙层引起的溃水溃沙，因此须对该方法进行完善与发展。此外，只有位于网络性裂隙带的含水沙层，才能通过疏降水头的方法解除溃水溃沙威胁；而位于垮落性裂隙带的含水沙层无法通过疏降水头这种单一方法解除灾害威胁，在不降低采高、采宽，不改变采煤方法的前提下，必须通过加厚基岩或充填开采等方法，再辅以疏降水工程才能实现灾害的防控。张玉君等(2006)的研究对基岩厚度没有界定，降低其理论方法的实用性和可靠性。本节对溃水溃沙灾害预测的研究是基于网络性裂隙带波及含水沙层，对灾害发生的可能性进行预测，并确定潜水沙层需要疏降的安全水头。

溃水溃沙灾害是渗透破坏导致的，在开采扰动作用下，地下水的渗透速度或水力坡度达到一定值时，静止沙体才表现为颗粒群移动，从而导致水流出口处出现涌沙和溃沙现象。这一渗透速度或水力坡度的定值称为临界渗透速度或临界水力坡度。本节讨论溃水溃沙灾害预测思路是以砂粒起动的临界水力坡度为判别条件，在潜水含水层厚度较小的情况下，将涌水通道视为完整井，运用非稳定流完整井流理论求解实际的水力坡度，最终建立溃水溃沙发生的临界水头与含水层水头的关系。

2. 灾害发生临界条件

当含水沙层被网络性裂隙带波及时，水体首先沿着导水沙通道涌入工作面内，由此造成水沙通道上覆含水沙层水位急剧下降，并在涌水通道附近迅速形成大的水力坡度，一旦达到或超过含水层中砂粒移动的临界水力坡度，含水层的砂粒将随着涌水大规模的溃入采空区内，此时溃水溃沙发生的临界条件可表示为

$$J_r \geqslant J_{\mathrm{cr}} \tag{4-23}$$

式中，J_r 为距离涌水通道某点的含水层实际水力坡度；J_{cr} 为临界水力坡度。

3. 灾害预测理论推导

网络性裂隙带沟通含水沙层时，可通过疏降水头的方式对溃水溃沙灾害进行防控，对潜水含水层水头疏降至何种程度，就可消除溃水溃沙威胁，一直是现场亟须解决的技术难题。对此，本小节通过理论推导对浅埋煤层开采条件下，富水松散沙层被网络性裂隙带沟通时是否具有溃水溃沙的可能性进行预测，在此基础上进一步确定潜水含水层的疏降水头。

1) 实际水力坡度的确定

当上覆岩层存在松散含水沙层，在开采扰动通道与上覆水沙体形成动态联系时，涌水通道一旦形成，工作面便会产生涌水。在发生涌水的过程中，随着水位下降，可形成以涌水通道为中心的降落漏斗。图 4-25 为潜水含水层完整井流示意图。

设涌水通道的截面为圆形，其半径为 r_{w}。此时，含水层向涌水通道的充水过程可看作是潜水含水层单井稳定流抽水，那么涌水通道可以概化为半径为 r_{w} 的抽水井。如果潜水含水层厚度相对较小，充水面积大，一旦采动将波及含水层，涌水通道就能贯穿整个含水层，此时涌水通道可近似看作完整井涌水通道，距离涌水通道某点含水层的实际水力坡度，可用地下水完整井的非稳定流原理来计算。由达西定律可知

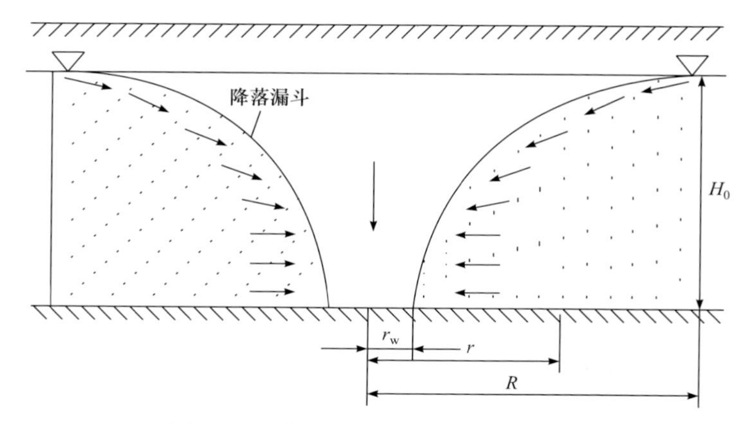

图 4-25 潜水含水层完整井流示意图

r_w为涌水通道半径；r为距离涌水通道中心的水平距离；R为影响半径；H_0为潜水含水层实际水头

$$Q_r = K_s A J_r \tag{4-24}$$

式中，Q_r为距离为r的圆形截面通过的流量；K_s为渗透系数；A为过水断面面积，$A = 2\pi r h_r$，h_r为任意一点水位；r为距离涌水通道中心的水平距离；J_r为距离为r水力坡度。

以潜水含水层的底板作为基准面，h_i为任意一点的水头，$h_i=H$，并用柱坐标形式表示，则径向流的水头分布方程简化为

$$\frac{\mathrm{d}}{\mathrm{d}r}\left(r\frac{\mathrm{d}h_i^2}{\mathrm{d}r}\right) = 0 \tag{4-25}$$

其边界条件为：当$r = r_w$时，$h_i = h_w$；当$r = R$时，$h_i = H_0$。

对式(4-25)进行积分，得

$$r\frac{\mathrm{d}h_i^2}{\mathrm{d}r} = C \tag{4-26}$$

因各断面流量相等，通过任意断面的流量Q为

$$Q = 2\pi r h_i K_s \frac{\mathrm{d}h_i}{\mathrm{d}r} = \pi r K_s \frac{\mathrm{d}h_i^2}{\mathrm{d}r} \tag{4-27}$$

可得积分常数：

$$C = \frac{Q}{\pi K_s} \tag{4-28}$$

则

$$r\frac{\mathrm{d}h_i^2}{\mathrm{d}r} = \frac{Q}{\pi K_s} \tag{4-29}$$

分离变量，按给出的边界条件对式(4-29)积分得

$$H_0^2 - h_w^2 = \left(2H_0 - s_w\right)s_w = \frac{Q}{\pi K_s}\ln\frac{R}{r_w} \tag{4-30}$$

式中，s_w 为井口水位降深。潜水完整井稳定流量计算公式为

$$Q = \pi K_s \frac{{H_0}^2 - {h_w}^2}{\ln\dfrac{R}{r_w}} \tag{4-31}$$

式中，H_0 为潜水含水层初始水头；h_w 为抽水后抽水井中稳定水头；r_w 为涌水通道半径；K_s 为含水层渗透系数。

由式(4-27)可得

$$J_r = \frac{Q_r}{2\pi r K_s h_r} \tag{4-32}$$

式中，$Q_r = Q$。

将式(4-31)代入式(4-32)可得距离涌水通道为 r 处含水层的水力坡度，即

$$J_r = \frac{{H_0}^2 - {h_w}^2}{2rh_r \ln\dfrac{R}{r_w}} \tag{4-33}$$

当 $r \to r_w$ 时，由式(4-33)可得涌水通道内的水力坡度为

$$J_r = \frac{{H_0}^2 - {h_w}^2}{2r_w h_w \ln\dfrac{R}{r_w}} \tag{4-34}$$

可见，涌水通道内的水力坡度最大，这里关键是影响半径 R 和涌水通道半径 r_w 的确定。

2) 影响半径的确定

影响半径是德国工程师 Thime 于 1870 年首先提出的，是指实际可以观测出来的水位降落漏斗半径。当有多孔抽水试验资料时，可采用公式法和图解法来确定。目前，常用经验公式法和抽水试验法确定影响半径 R。

(1) 经验公式法。对于潜水含水层，采用库萨金公式：

$$R = 2S\sqrt{K_s H_0} \tag{4-35}$$

式中，S 为水位降深；K_s 为含水层渗透系数；H_0 为潜水含水层的初始水头。

对于承压水，采用吉哈尔特公式：

$$R = 10S\sqrt{K_s} \tag{4-36}$$

(2) 抽水试验法。当含水层为无补给源的无限含水层时，随着抽水时间的延长，含水层的地下水储量不断消耗，降落漏斗不断向外扩展，因此影响半径是随着抽水时间而增大的变量。单井抽水影响半径的理论公式为

$$R = 1.5\sqrt{\frac{T_t}{\mu^*}} \tag{4-37}$$

式中，T_t为抽水时间为t时的导水系数；μ^*为贮水系数。

鉴于本小节讨论的潜水问题，选用库萨金公式进行影响半径的计算。

3) 临界水力坡度的确定

溃水溃沙临界水力坡度的确定方法主要有三种：第一种是经验公式法，是在太沙基公式的基础上，针对其存在的不足，通过实测和试验对公式进行修正和发展；第二种是力学分析法，首先对单个土颗粒在含水层中的受力情况进行分析，确定驱动水压力和土颗粒的浮容重，其次在考虑土粒间的摩擦阻力与单位土体所受凝聚力的基础上,最后推导出临界水力坡度的计算公式；第三种方法是试验曲线法，首先通过试验研究确定临界水力坡度与含水层渗透系数、细沙粒含量之间的关系，其次绘制临界水力坡度与这些因素之间的曲线，最后根据含水层的具体特性再确定临界水力坡度。

目前,《煤矿防治水细则》推荐使用扎马林公式，本小节在确定临界水力坡度时，将采用该经验公式，其计算式为

$$J_{cr} = \left(\frac{\gamma_s}{\gamma_w} - 1\right)(1-n) + 0.5n \tag{4-38}$$

式中，J_{cr}为临界水力坡度；γ_s为土粒容重；γ_w为水的容重；n为孔隙率。

4) 导水沙通道宽度的确定

在实际涌水过程中，涌水通道的截面不一定是圆形，但可将其转化为圆形截面。设涌水通道的截面为矩形，其裂隙宽度为B_1，长度为L_1，则

$$r_w = \sqrt{B_1 L_1/\pi} \tag{4-39}$$

根据现场实测分析与模拟研究，浅埋煤层工作面回采后，顶板呈周期性切落式破坏，这样在切落岩块与悬伸岩梁之间就会形成一定宽度的过水沙通道。浅埋煤层顶板垮落后形成的结构示意图如图 4-26 所示。

从图 4-26 可以看出，由于顶板是切落式垮落，岩块Ⅰ将会在工作面前方顶板出现拉裂隙，产生一定的回转变形，岩块Ⅱ在采空区的顶板下沉量W与直接顶厚度$\sum h$、采高M及岩石碎胀系数k有如下关系：

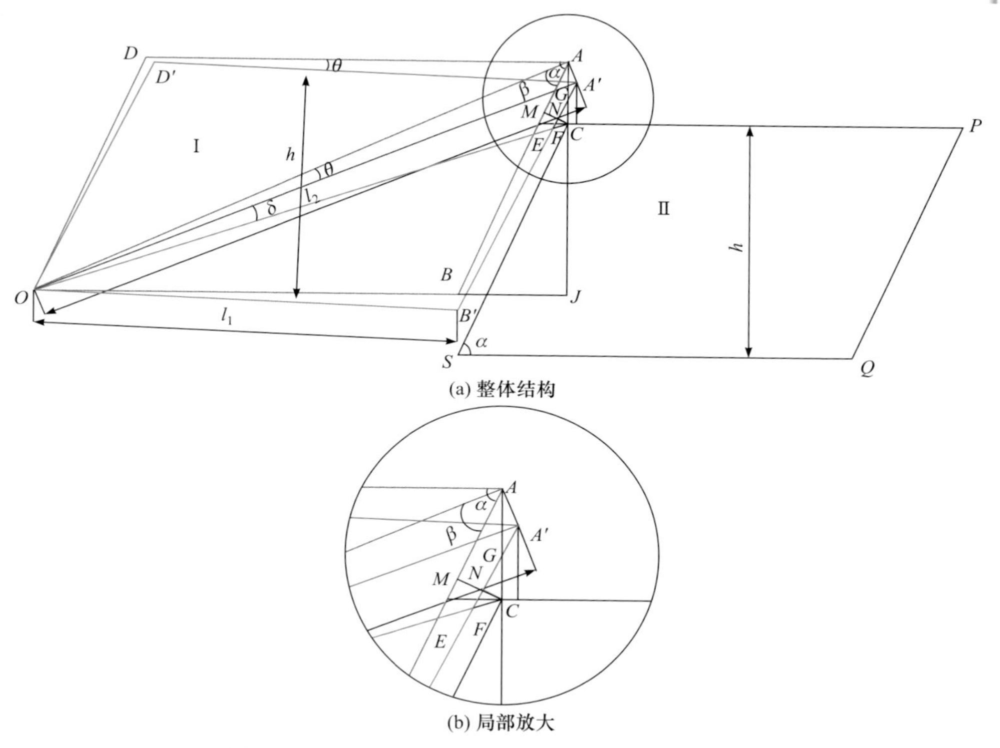

(a) 整体结构

(b) 局部放大

图 4-26　浅埋煤层顶板垮落后形成的结构示意图

$$W = M - k\sum h \tag{4-40}$$

图 4-26 中，AC 表示顶板下沉量，用 W 表示；AD、CP 表示顶板垮落步距，分别用 l_1、l_2 表示；顶板基岩的厚度用 h 表示；$\angle DAB$、$\angle D'A'B'$、$\angle CSQ$ 为岩层垮落角，用α 表示；$\angle DOD'$ 为岩层回转角，用 θ 表示。通道宽度求解过程如下。

(1) 悬伸岩梁不发生回转，岩块 I 与原岩体初始为整体，岩层回转角 $\theta=0°$，线段 CM 为初始通道宽度，用 B_1 表示。

由 $\angle DAB + \angle MAC = \angle MAC + \angle ACM = 90°$，可得 $\angle DAB = \angle ACM = \alpha$，则通道宽度关系式为

$$B_1 = \left[M - (k-1)\sum h\right] \cdot \cos\alpha \tag{4-41}$$

根据式(4-41)可知，悬伸岩梁不发生旋转时，溃水溃沙通道宽度随着采厚的增大而加大，但随着碎胀系数、直接顶厚度、岩层垮落角的增大而减小，并与基岩厚度无关。因此，从可控因素来讲，通过降低采高或充填开采等方式来减少溃水溃沙通道的宽度，从而达到防灾目的。

(2) 悬伸岩梁发生回转，岩块Ⅰ与原岩体产生断裂，岩层回转角$\theta \neq 0°$，线段CN表示回转后的通道宽度，用B_2表示，下面针对B_2进行求解。

①确定线段OA'：延长OB、AC相交于J点，在△BAJ中，$\angle ABJ = \alpha$，$AJ = h$，可得$AB = h/\sin\alpha = A'B'$；在△$OA'B'$中，$A'B'$、OB'、$\angle OB'A'$均为已知，由余弦定理可求得线段OA'长度为

$$OA' = \sqrt{l_1^{\ 2} + \left(h/\sin\alpha\right)^2 - 2l_1 h\cot\alpha} = OA \tag{4-42}$$

为后续计算方便，OA'用l_3表示。

②确定$\angle OA'B'$：在△$OA'B'$中，OA'已求，$OB' = l_1$，$\angle OB'A' = 180° - \alpha$，由正弦定理可求得$\angle OA'B'$角度为

$$\angle OA'B' = \arcsin\frac{l_1\sin\alpha}{\sqrt{l_1^{\ 2} + \left(h/\sin\alpha\right)^2 + 2l_1 h\cot\alpha}}\angle OAB$$

为后续计算方便，$\angle OA'B'$用β表示。

③确定线段OC、$\angle AOC$：在△AOC中，AO、AC已求，$\angle OAC = 90° - (\alpha - \beta)$，由余弦定理可求得线段$OC$的长度和$\angle AOC$的角度分别为

$$OC = \sqrt{l_1^{\ 2} + l_3^{\ 2} - 2l_1 l_3\sin\left(\alpha - \beta\right)} \tag{4-43}$$

$$\angle AOC = \arcsin\frac{W\cdot\cos\left(\alpha - \beta\right)}{\sqrt{l_1^{\ 2} + l_3^{\ 2} - 2l_1 l_3\sin\left(\alpha - \beta\right)}} \tag{4-44}$$

④确定$\angle A'OC$：$\angle A'OC = \angle AOC - \angle AOA'$，其中$\angle AOA'$为回转角，$\angle AOC$已求得，则

$$\angle A'OC = \arcsin\frac{W\cdot\cos\left(\alpha - \beta\right)}{\sqrt{l_1^{\ 2} + l_3^{\ 2} - 2l_1 l_3\sin\left(\alpha - \beta\right)}} - \theta \tag{4-45}$$

为后续计算方便，$\angle A'OC$用δ表示。

⑤确定线段OF：在△OFA'中，$A'O$、$\angle A'OF = \angle A'OC$、$\angle OA'F = \angle OA'B'$均已求，由正弦定理可求得线段$OF$长度为

$$OF = \frac{l_3\cdot\sin\beta}{\sin\left(\delta + \beta\right)} \tag{4-46}$$

⑥确定线段CF：由$CF = OC - OF$，可求得线段CF长度为

$$CF = \sqrt{l_1^{\ 2} + l_3^{\ 2} - 2l_1 l_3\sin\left(\alpha - \beta\right)} - \frac{l_3\cdot\sin\beta}{\sin\left(\delta + \beta\right)} \tag{4-47}$$

⑦确定$\angle A'FC$：在△OFB'中，OF已求得，$\angle OB'F = 180° - \alpha$，$OB'$已知，

由正弦定理可求得 $\angle OFB'$ 角度为

$$\angle OFB' = \arcsin\frac{l_1 \cdot \sin\alpha \cdot \sin(\delta+\beta)}{l_3 \sin\beta} \tag{4-48}$$

由于 $\angle OFB' = \angle A'FC$，则

$$\angle A'FC = \arcsin\frac{l_1 \cdot \sin\alpha \cdot \sin(\delta+\beta)}{l_3 \sin\beta} \tag{4-49}$$

为后续计算方便，$\angle A'FC$ 用 ψ 表示。

⑧确定线段 CN：在 $\triangle FCN$ 中，CF、$\angle NFC = \angle A'FC$ 已求，$\angle CNF = 90°$ 由此可求得线段 CN 长度为

$$CN=\left[\sqrt{l_1^2 + l_3^2 - 2l_1 l_3 \sin(\alpha-\beta)} - \frac{l_3 \cdot \sin\beta}{\sin(\delta+\beta)}\right]\sin\psi \tag{4-50}$$

即涌水溃沙通道的宽度 B_2 为

$$B_2=\left[\sqrt{l_1^2 + l_3^2 - 2l_1 l_3 \sin(\alpha-\beta)} - \frac{l_3 \cdot \sin\beta}{\sin(\delta+\beta)}\right]\sin\psi \tag{4-51}$$

根据式(4-51)的推导过程可知，当工作面发生溃水溃沙灾害时，在顶板强度高、结构完整的情况下，可通过降低支架高度的方式来加大悬伸岩梁回转角度，减小溃水溃沙通道的宽度，从而达到降低溃水溃沙强度的目的；若支架降低幅度较大，悬伸岩梁在回转过程中将会与垮落岩梁产生接触、挤压，致使溃水溃沙通道闭合，以此方法也能达到灾害防控目的。但是若顶板强度低、结构不完整，在降低支架高度过程中则要防止因架前冒顶而引发架前溃水溃沙事故。

将式(4-34)、式(4-36)代入式(4-23)，可得

$$\frac{H_0{}^2 - h_w^2}{h_w} \geqslant J_{cr} 2r_w \ln\frac{R}{r_w} \tag{4-52}$$

爱伦别格曾做过试验，在抽水井井壁处，最大降深 S_{max} 为初始水头 H_0 的一半：

$$S_{max} = \frac{1}{2}H_0$$

故临界水头为

$$H_{cr} = \frac{8}{3}J_{cr} r_w \ln\frac{R}{r_w} \tag{4-53}$$

当水头大于临界水头时，存在溃水溃沙的危险；反之，不存在危险。当

采煤形成的网络性裂隙带波及含水沙层时，只要使煤层顶板含水沙层的水头降至临界水头以下，就能保证不发生溃水溃沙事故。

4.3.2 溃水溃沙灾害防控方法与关键技术

1. 溃水溃沙灾害防控方法

根据竖“两带”、横“两区”理论，人为开采扰动条件下，形成溃水溃沙通道主要为垮落性裂隙带、网络性裂隙带、贯通性裂隙区，根据这些裂隙的特征和形态，须采取不同的防控方法，避免溃水溃沙灾害的发生。本小节提出“三项控制法”对溃水溃沙灾害进行防控。

1) 垮落性裂隙带灾害防控

垮落性裂隙带沟通含水层时的溃水溃沙防控可按以下步骤进行。

(1) 条件探查。以物探结合钻探，探查开采煤顶板地质及水文地质条件，主要包括内容：富水异常区的圈定，含水层厚度、渗透系数、给水度、地下水补给与排泄条件，基岩厚度和物理力学性质参数，地表沟谷明流量和洪水量等。

(2) 基本因素确定。计算垮落性裂隙带高度、导水沙裂隙带高度，与开采煤层上覆正常基岩厚度进行比较，分析含水沙层与竖“两带”垂向关系，确定基岩类型和工作面不同回采地段的充水水源。

(3) 溃水防控。浅埋煤层工作面主要充水水源来自大气降水、地表沟谷段明流、雨季洪流、地下水等。首先，采用本章节提出的涌水量预测方法，根据工作面不同回采地段的充水水源情况，分段预测工作面涌水量；其次，在工作面及其两侧巷道分别布置 1.5 倍预测水量的排水系统，并在薄基岩溃水段工作面两端各布置 1 倍预测水量的临排系统，增强工作面抗灾变能力；最后，若涌水量超出矿井排水系统承受能力，在预计水量较大地段开展井下疏降水工程(“下泄”)，若井下疏降水效果不好，可在地面施工抽水井(“上吐”)，通过“上吐下泄”的方式降低富水区地段的工作面涌水强度。

(4) 溃沙防控。首先，根据垮落性裂隙带高度预测结果，注浆加厚基岩厚度至网络性裂隙带范围内；其次，采用溃水溃沙灾害预测公式，判断含水沙层是否具有溃水溃沙的危险；再次，根据需要疏降的安全水头要求，开展井下疏降水工程(“下泄”)，同步进行地下水位实时监测，若井下疏降水效果不好，可在地面施工抽水井(“上吐”)，通过“上吐下泄”的方式降低溃水溃沙地段的含水层水头，并进行地面塌陷区治理工程；最后，制定溃水溃沙应急预案，在工作面回采前进行溃水溃沙灾变演练。

浅埋煤层溃水溃沙灾害防控体系见图 4-27。

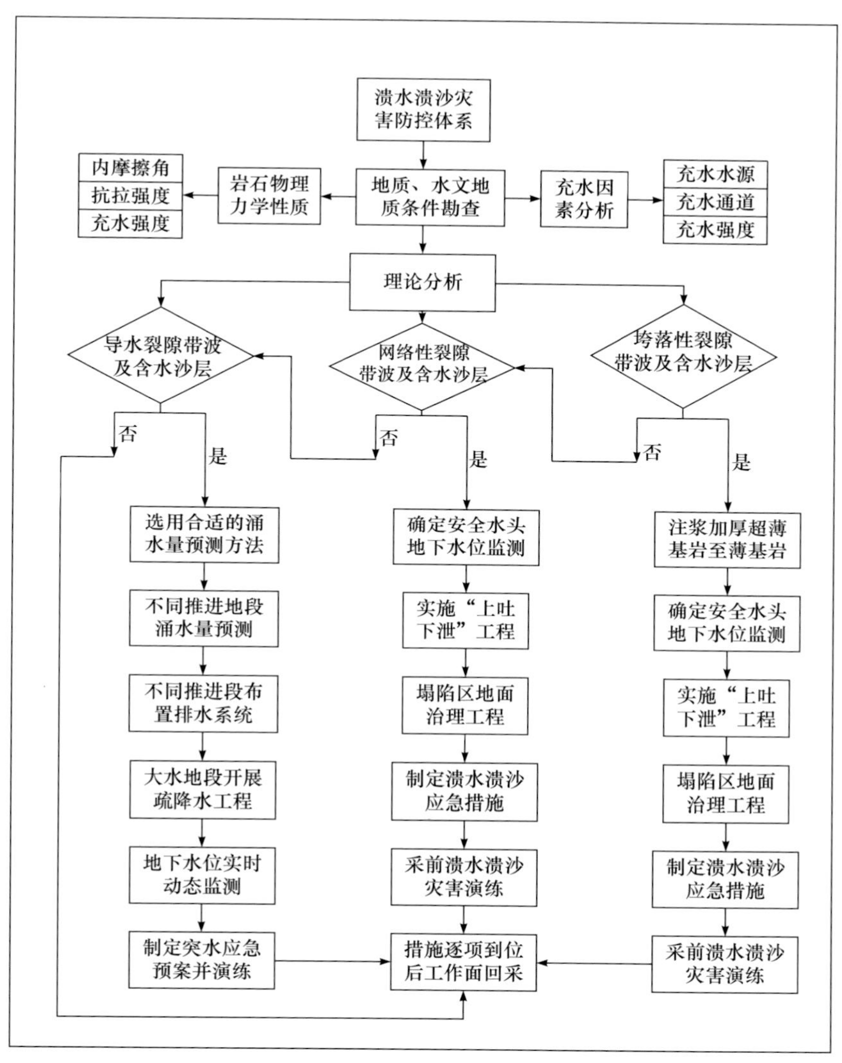

图 4-27　浅埋煤层溃水溃沙灾害防控体系

2) 网络性裂隙带灾害防控

网络性裂隙带沟通含水层时的溃水溃沙防控思路可参考上述垮落性裂隙带灾害防控。

3) 贯通性裂隙区灾害防控

贯通性裂隙区产生的主要原因是支架在移架过程中，支护阻力不够，不能形成自稳结构的松散层直接作用在产生裂隙的基岩上，由于破裂基岩底部处于临空状态，自身承载能力较低，与支架一起共同承受矿压、自重及上覆松散层施加的载荷，若支架初撑力或工作阻力不足，这一平衡体系将被打破，从而造成顶板基岩产生切落，并形成贯通性裂隙区。对于此类灾害防控，只需加强支架支护阻力，防止架前切顶就能实现对其产生灾害的防控。

2. 溃水溃沙灾害防控关键技术

网络性裂隙带引发的溃水溃沙灾害可通过疏放沙层水位高度进行防控，贯通性裂隙区引发的灾害可通过加强支架支护阻力防止架前切顶进行防控，而垮落性裂隙带引发的灾害必须通过沙层注浆加固及水位疏降两种方式并举进行防控。前两种灾害防控技术工艺难度较小，易于实现；后一种沙层注浆加固防控方式，由于对水泥浆液在含水沙层中运移规律认识不清，使注浆工艺不科学，沙层注浆固结效果差，无法达到灾害防控目的，必须对含水沙层浆液运移规律及注浆工艺进行研究。

1) 技术思路

根据垮落性裂隙带引发的溃水溃沙灾害特征，本小节讨论的灾害防控方法是首先注浆改造超薄基岩上覆一定厚度的风化岩及松散沙层，以此增加基岩厚度，削弱通道过水沙能力，并通过固结沙体来降低沙层的流动特性；然后，疏降松散沙层水位，消除地下水携带沙层能力，通过注浆加固及疏降水位等综合防控措施，达到对灾害的防控。

2) 关键技术

溃水溃沙灾害的产生是由于在采动扰动条件下，高势能的水位携带松散沙层进入工作面或采空区的一种地质灾害现象。通过对厚松散沙层、强富水区、薄基岩下采煤发生溃水溃沙灾害的水沙源(松散沙层)、通道(采动裂隙)、动力源(水位)、流动空间(采空区)等四个必要条件分析，能改变的致灾因子是水沙源、通道和动力源，流动空间虽然能改变，但是以浪费煤炭资源为代价，因此极少采用。本小节将溃水溃沙灾害防控关键技术分为四个部分，分别是改造沙源流动性、削弱通道过水沙能力、降低溃水溃沙动力条件及注浆效果检测。

(1) 改造沙源流动性。改造沙源流动性常用的方式是向沙层注入水泥浆，浆液凝固后成为沙层的一部分，从而改变沙层宏观物理力学特性。该环节的作业空间一般分为地面和井下两种，由于地面作业会涉及技术之外的问题，本小节主要讨论井下注浆工艺。根据工作面顶板塑性区破坏边界连线，可测量出顶板垮落的破断角为 75°；根据地表破坏边界与采空区边界连接线，可测量出工作面回采的岩层移动角为 67°。随着采煤工作面的不断推进，工作面中间的裂隙经历张开—弥合的过程，而工作面边缘区的裂隙一直处于张开状态，并且随着开采还会变大，因此采空区拉伸裂隙带是溃水溃沙的主要位置是进行注浆加固预防的关键部位。

(2) 削弱通道过水沙能力。削弱通道过水沙能力主要是注浆固结基岩风化带的顶部，增加基岩厚度和强度，缩窄通道裂隙宽度，延长水沙运移距离，并对水沙运动通道进行部分封堵，其根本目的是提高通道的摩擦程度，降低水沙体流动的动能。

(3) 降低溃水溃沙动力条件。降低溃水溃沙动力条件常用的方式是在工作面推进至薄基岩富水沙层区之前，对含水层水进行预疏放，将含水层水位降至一定范围。通常在井下巷道或者特殊作业空间内向富水地层中施工钻孔进行疏放水，本小节讨论的是该种防控技术(图 4-28)。降低溃水溃沙动力条件即是降低地层的水位，降低水位的途径仅有地面抽水和井下疏放水，根据区域条件，通过井下疏放水是降低地层水位唯一途径。根据水位高度设计疏放水孔的密度，将水位降至安全水位或者适宜进行注浆加固的水位，疏水孔可作为后期观测孔或注浆孔使用。

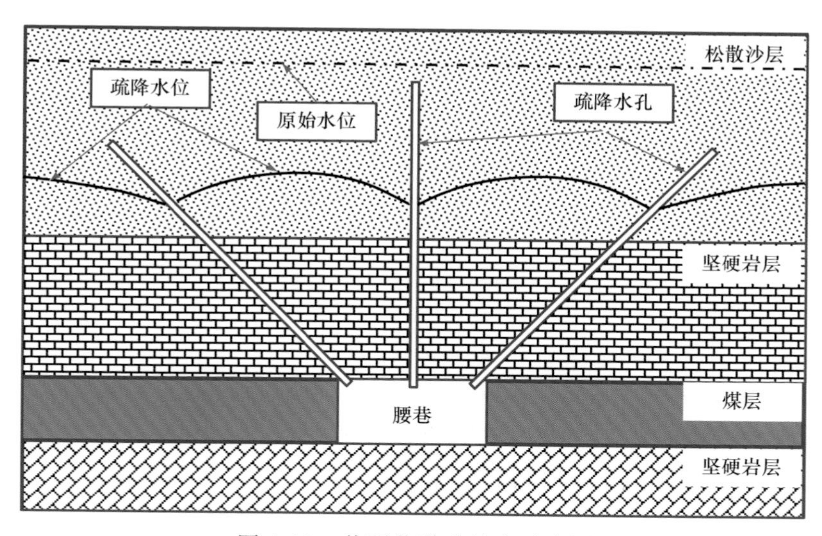

图 4-28　井下巷道疏放水示意图

(4) 注浆效果检测。在对地层进行高压注浆后，将通过多种手段检验地层的改造效果，主要手段有钻探检测、物探检测和过程监测。钻探检测分为地面钻探检测和井下钻探检测，在注浆达到 14d 后，从地面或井下施工与注浆孔相交的检查孔中采取受注层段的样品，观测和描述样品的状态，必要情况下可以测定样品强度。物探检测是在注浆前后同一地点探测地层的特性变化。物探检测在地面进行，注浆前，在地面首先划定开采影响区，在影响区内布置物探测点或测线，测定原始地层的特性，并保留或标记测点和测线位置。在影响区内注浆改造沙层特性定时间后，在原测点或测线位置利用同种方法对地层特性进行物探检测，比较分析注浆效果。在注浆过程中，须对注浆范围内地层中的涌水量、溃水溃沙量、矿压等指标进行密切监测，结合区块地层与注浆情况，综合检测注浆效果。

3) 地层注浆技术

(1) 注浆改造技术。利用注浆改造技术改造地层特性的方法已经在很多方面应用，该技术是利用高压注浆，将浆液压入原生裂隙或高压造成的裂隙，或者渗入裂隙岩体中，达到降低岩层渗透性和提高岩层完整性的目的。经过多年的发展，注浆改造技术已经发展出多个分支，方法、材料和设备都呈现出多样性，在多种行业针对不同的改造对象发挥着重要作用。根据注浆压力，将注浆分为静压注浆和高压注浆，其中静压注浆又分为渗透注浆、劈裂注浆、压密注浆和充填注浆四种。根据注浆目的、被灌区具体的岩性和地质构造条件等因素合理选择注浆法。一般来说，渗透注浆适用于渗透性强的岩体和土体，压密注浆适用于中细沙土和能够充分排水的黏土，充填注浆适用于大型溶洞或岩溶管道的封堵，劈裂注浆主要用来形成坝体防渗墙等。

(2) 注浆控制技术。控制注浆工艺和注浆过程是决定注浆效果的关键环节，在工程设计阶段完成初步设计，在注浆阶段进行动态设计。注浆次序分孔序和段序，孔序分顺序注浆和跳孔注浆，段序分自上而下和自下而上分段法注浆；也有专家把注浆次序分为上行式、下行式、混合式和循环式四种。注浆控制分为过程控制和标准控制，其中过程控制是把浆液控制在所要灌注的范围内；标准控制是控制浆液达到注浆要求。过程控制主要调整浆液性质和注浆压力、流量，调整的依据是地质条件和注浆理论；标准控制主要有定浆量控制、定压控制和定时控制。注浆压力是注浆工程中的一个重要参数，岩体注浆中对最大安全注浆压力的影响因素主要有岩体强度、渗透性和节理特征，浆液性质及水文地质条件等。目前，国内外未见具说服力占统治地位的最优注浆压力公式，一般根据注浆段深度或被灌区上覆岩层重量选择注浆压力。由于注浆工程是隐蔽工程，施工质量的优劣不能在短期内发现，发达国家已普遍采用先进的自动化设备来监测整个注浆过程。在美国，计算机辅助注浆评价系统已应用于注浆工程，该系统以实时图形显示浆液流量、注浆压力、注浆时间、浆液扩散半径等的趋势，监视注浆作业过程，根据显示结果可以评价初始浆液的适宜性和注浆岩层的实时吸浆量。目前，我国主要采用 GJY 型注浆自动记录仪和 LJ-II 型注浆压水测控系统等对注浆参数进行自动记录(徐华等，2009)。因此，电子信息和自动化技术的应用必将是注浆工程的一个重要发展方向。

4) 沙层浆液运移规律相似材模拟研究

(1) 试验目的。①通过不同粒径水泥进行注浆模拟试验，确定注浆结石体形态及浆液扩散类型；②研究高压浆液在水沙体中运移及固结规律，确定关键技术环节与检验标准；③通过模拟试验对主要注浆参数进行修正和优化，为井下现场注浆提供技术支撑。

(2) 试验装置。高压注浆固结富水松散沙层是从物源角度出发，将具有流动性的松散粉细沙层通过水泥浆液的凝固作用形成结石体，以降低或失去流动性，从而达到溃水溃沙灾害防控的目的。在实验室利用特制的注浆试验装置，在沙筒容器装入从研究区取回的粉细沙，压实模拟工作面的上覆松散沙层，通过改变注浆压力、浆液的水灰比探索高压注浆技术的作用机理。试验装置名称为注浆试验筒，主要由圆形沙筒容器构成，容器用透明有机玻璃板制作，可以观察注浆过程中的浆液流动形态及粉细沙的动态变化，如图 4-29 所示。

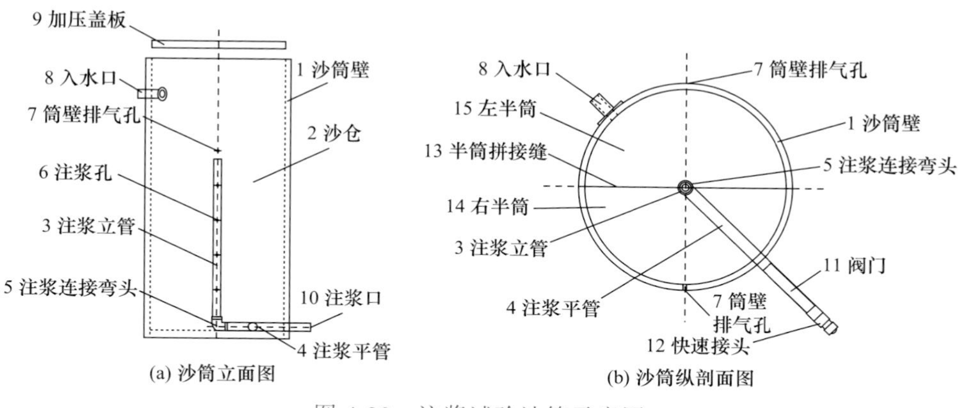

图 4-29 注浆试验沙筒示意图

沙筒直径 50cm，高 100cm，筒壁有两排直径 5mm 对称的排气孔，每排 4 个小孔。为方便拆装，沙筒分左右两块筒体，拼装时加密封垫，筒外用箍圈箍紧；上加承压板，上盖与下部筒体可脱卸，承压盖板与圆筒拼接处加密封圈，注浆时由两根槽钢加一对拉杆进行固定、加压。沙筒底部侧面开孔，注浆管沿沙筒中心向上布置。另外，为了避免注浆过程中粉细沙不从筒壁排气孔流出，在排气孔上贴一层透水纱布，只能排水、排气。

沙筒体积小，筒体厚度大，耐压高，密闭性、透明性好，主要用于压力大、含水率高、边界有约束的可视化注浆试验。该装置的主要功能：①可进行沙层、土层注浆的三维模拟试验，注浆材料可为水泥浆液，也可为化学浆液、水泥-水玻璃双浆液；②适合于静水注浆试验；③可进行注浆机理的试验，如渗透注浆、挤压注浆和劈裂注浆；④可以进行浆液扩散参数的试验，用于确定注浆压力、注浆流量、渗透速度、凝结时间和浆液的扩散半径等。

(3) 试验方案包括确定试验设计、注浆压力、注浆材料、被注介质等。

①试验设计。根据以往施工现场注浆堵水的工程经验，结合水泥浆液和松散粉细沙层的特性，试验共分为四组：水灰比为 1∶1，注浆压力为 2MPa；水灰比为 1∶1，注浆压力为 5MPa；水灰比为 2∶1，注浆压力为 2MPa；水灰比为 2∶1，注浆压力为 5MPa。结合实验室实际情况，在注浆压力稳定的情况下，当浆液不再吸入或者容器内沙层出现明显破坏时，该组试验结束。根据试验结果是否满足试验目的，相应增加或减少试验组数。试验设备有浆液搅拌机、注浆泵和沙筒，同一组试验采用相同的注浆压力和注浆流量。

②注浆压力。为了研究水泥浆液在沙土层中的扩散及固结机理，分析沙土层注浆水灰比和注浆压力对注浆效果的影响，根据现场经验和实验室的注浆设备，试验选择的注浆压力为 2MPa 和 5MPa。

③注浆材料。考虑到注浆材料颗粒粒径对注浆效果的影响，试验采用普通水泥与超细水泥两种材料进行对比试验，分析不同颗粒粒径对注浆效果的影响，为保证试验结果的可靠性，采用同一品牌水泥作为注浆材料。超细水泥比表面积大于 900m^2/kg，颗粒平均粒径为 3.2～3.6μm，质量分数达到 99%的颗粒平均粒径 D_{99} 小于 13μm，最大粒径 D_{max} 小于 20μm，为准纳米级，可渗透入非常细小的空间(如粉沙层空隙或混凝土微裂隙中)。PO42.5 的普通水泥比表面积大于 430m^2/kg，平均颗粒粒径小于 19.4μm，质量分数达到 50%的颗粒平均粒径(中位粒径)D_{50} 小于 14.5μm，质量分数达到 90%的颗粒平均粒径 D_{90} 小于 37.5μm，最大粒径 D_{max} 小于 90μm。超细水泥与普通水泥粒径分布对比见图 4-30。超细水泥与普通水泥浆材物理性能与力学性能对比分别见表 4-5 和表 4-6。

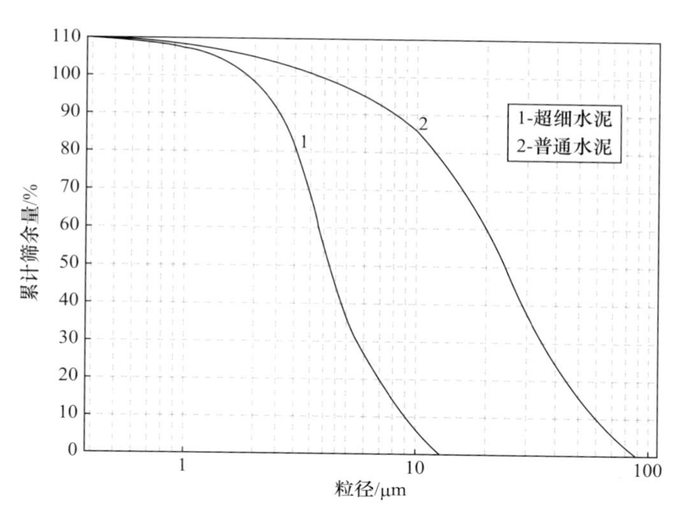

图 4-30　超细水泥与普通水泥粒径分布对比

表 4-5　超细水泥与普通水泥浆材物理性能对比

编号	水泥品种	水灰比	浆液密度	黏度/s	析水率/%	凝结时间/h		其他条件	
						初凝	终凝	搅拌	外加剂
A-1	普通水泥	1∶1	1.58	16.8	29.3	6.50	11.50	慢速	各组均掺有分散剂和膨润土
A-2	超细水泥		1.54	17.1	7.5	5.33	8.25		
A-3	普通水泥	0.8∶1	1.64	17.3	26.3	3.67	10.75	高速	
A-4	超细水泥		1.63	21.5	5.9	2.67	7.00		

表 4-6　超细水泥与普通水泥浆材力学性能对比

编号	水泥品种	水灰比	结石率/%	结石密度/(g/cm^3)	孔隙率/%	抗压强度/MPa	
						7d	28d
A-1	普通水泥	1∶1	70.7	2.25	47	8.5	12.7
A-2	超细水泥		92.5	2.16	53	7.0	11.2
A-3	普通水泥	0.8∶1	73.7	2.05	30	14.1	26.4
A-4	超细水泥		85.1	2.08	45	14.0	21.7

④被注介质：试验中选用的被注介质是从研究区取回的风积粉细沙，对其进行筛分，风积粉细沙颗粒级配曲线见图 4-31。由图可知，粒径小于 250μm 的颗粒质量分数占 75%以上，粒径小于 190μm 的颗粒质量分数占 50%以上。粉细沙细度模数为 0.88，属于特细沙。

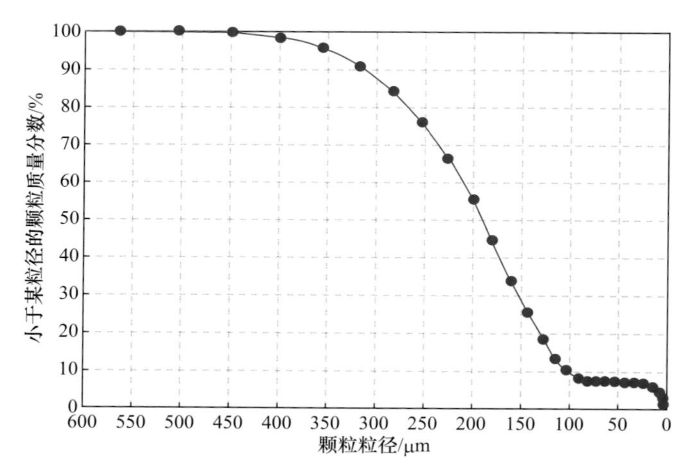

图 4-31　风积粉细沙颗粒级配曲线

(4) 试验系统。模拟试验装置主要由三部分组成，分别是注浆泵、高压软管及注浆试验箱。粉细沙注浆模拟试验装置详见图 4-32。

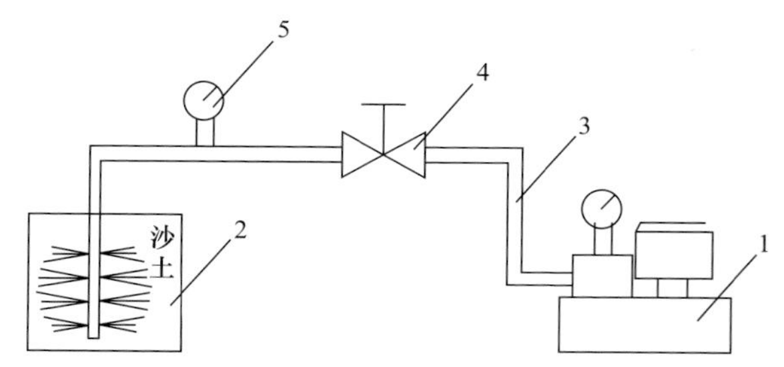

图 4-32　粉细沙注浆模拟试验装置

注浆泵：额定电压为 220V，额定功率为 1100W，额定压力为 6～8MPa，额定流量为 400L/h，可以通过压力杆对压力进行调节，控制注浆压力和流量。

高压软管：进浆采用注浆花管的形式，注浆立管长 50cm，在全管中间 30cm 范围内，每隔 10mm 对穿钻直径 5mm 的圆孔，结构示意图如图 4-33 所示。

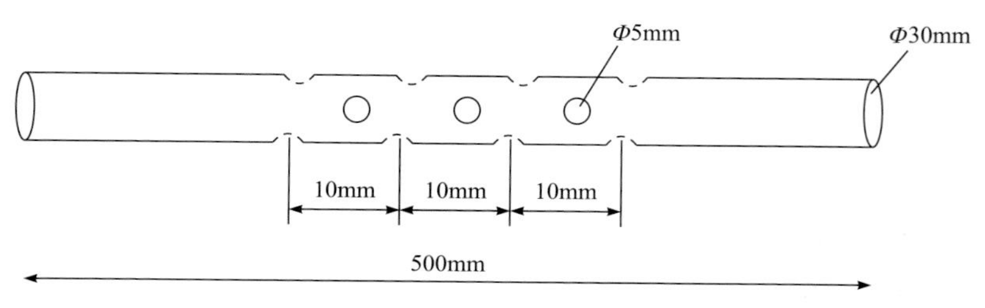

图 4-33　高压软管结构示意图

(5) 试验步骤：包括试验模型加工、浆液材料配制等。分层装填沙土，每次装填 10cm，装沙和灌水同时进行，并将沙土分层压实，使沙子全部浸水至饱和，分 12 次装填至预定位置结束。模型沙筒装满饱水沙后，静置 24h，使其水分饱和均匀，测定密实度，安装上盖承压板和约束拉杆，完备注浆管路，接好压力表等。用相同压力的清水测试注浆管路系统，观察水流情况。开启注浆泵，3 人操作，其中，1 人负责控制注浆泵，1 人控制球阀及压力表，并观察注浆筒情况，另 1 人负责操控水泥浆搅拌机，保证浆液在注浆过程中不离析分层。当浆液不能注进沙层时结束注浆，若注浆时发生管路堵塞，将管路疏通后再注浆。注浆结束后，养护注浆沙体 2～3d。拆除模型，取样并测试沙体的物理性能和力学性能，观察注浆的扩散状态。记录和分析试验数据。

(6) 试验结果和结论主要包括受注粉细沙固结形式、粉细沙层浆液运移规律。

①受注粉细沙固结形式。根据以往沙层注浆经验和理论，沙层注浆主要有渗透注浆、劈裂注浆和压密注浆。试验使用超细水泥浆液注浆，通过观察注浆结石体的形态，同样是这三种机理的结果，但这三种机理并不是完全独立的，而是相互作用的，只是在某种条件下以其中一种形态为主，如高压劈裂型结石体有一定的压密性，而压密性也会伴随着渗透作用。就普通水泥而言，由于颗粒较大，浆液流动性差，压密效应表现得不显著。

类型一：高压劈裂型结石体

当注浆压力为 2MPa 和 5MPa 时，超细水泥浆液(水灰比为 2∶1)以劈裂注浆形式注入粉细沙层中，注浆结石体成片状形态。注浆时，水从沙筒壁排水孔流出，注浆泵吸浆先慢后快，持续注浆约 3min 后，在注浆孔位置处粉细沙体出现裂隙，并逐渐扩大形成一道约 1cm 的裂隙，沙筒内沙层被分割成上、下两部分。

注浆结束后，将沙筒放置 3d，使泥浆充分凝固，打开箍圈，从上往下逐层挖去沙层，发现沙筒内壁有水泥浆通道痕迹，沙层中部被切割部位有厚度约 1cm，长度为 14～18cm 的水泥结石体，结石体厚度不一，越靠近筒壁处越厚，结石体内部是净水泥，仅在边缘处混合少许沙子，形成水泥浆液结石体，如图 4-34 所示。

类型二：渗透型结石体

当注浆压力为 2MPa、水灰比为 1∶1 时，超细水泥浆液通过渗透作用形成不规则的球形结石体，直径约为 5cm，当注浆压力为 5MPa，球形结石体直径约为 7cm。注浆过程中，水从沙筒壁排水孔流出，注浆泵吸浆均匀，持续注浆 2min，通过沙筒壁未观察到有裂隙出现。

图 4-34　超细水泥浆液高压劈裂型结石体

类型三：压密型结石体

普通水泥浆液注入沙层过程中，注浆压力上升较快。普通水泥浆液压密型结石体如图 4-35 所示。由图 4-35 可知，与上述超细水泥浆液比较，普通水泥浆液结石体较小，浆液面与周围沙体界限分明，压密效应不显著。

图 4-35　普通水泥浆液压密型结石体

上述注浆试验表明，用普通水泥对沙层进行注浆，固结效果不理想。

通过对 8 次超细水泥注浆试验结果的分析可知，粉细沙体注浆后经过充分凝固，结石体外形主要有球状和片状两类。结石体形状反映了浆液的扩散规律，可得出超细水泥注浆具有如下特点：浆液水灰比较大，注浆压力偏高时，沙层中呈劈裂扩散模式；注浆压力越大，超细水泥浆液的渗透扩散距离越大。

②粉细沙层浆液运移规律。通过上述试验结果可以发现，使用普通水泥浆液在粉细沙层中进行渗透注浆是十分困难的，浆液在沙体中的运移主要表现为压密和劈裂两种形式(《岩土注浆理论与工程实践》协作组，2001)。当浆液颗粒比较粗或者粉细沙层比较松软时，大多形成压密注浆；劈裂注浆大多是在地层比较致密、压力比较大的情况下发生。

类型一：压密注浆

发生压密注浆时，沙体注浆加固的机理是浆液通过压力将注浆管周围的粉细沙向远处挤压，处于两个注浆孔之间的松散沙体在两个相向注浆压力作用下，将被挤压密实，由此提高粉细沙的物理性能和力学性能，进而达到加固沙层的目的。也就是说，沙体的物理性能和力学性能随着与注浆管距离的变化而不同，并以注浆管为中心形成一个应力扩散圈。显然，两个注浆孔的距离越近，就会发生应力影响圈的“交圈”，加固效果就越好。在粉细沙层中，应力影响圈的大小与很多因素有关。就本试验条件，超细水泥浆液注浆在粉细沙层中的扩散圈半径范围为 150～200mm，而普通水泥的扩散圈半径为 30～60mm。

压密注浆是用较稠或者颗粒较大的浆液，通过钻孔向沙体挤压，在注浆处形成球形浆泡。钻杆自下而上注浆时，将形成不规则的小石柱体。浆体完全取代了原注浆范围的沙体，在注浆邻近区存在大的塑性变形带。离浆泡较远的区域沙体发生弹性变形，因此含水沙层的密实度明显增加。压密注浆的浆液较稠，浆液在沙体中运动时挤走周围的沙，起置换作用，而不向沙层内渗透。压密注浆的注浆压力对沙体产生挤压作用，只使浆体周围沙体发生塑性变形，远处区沙体发生弹性变形，而不使沙体发生水力劈裂，这是压密注浆与劈裂注浆的根本区别。

压密注浆过程中，刚开始注浆时，浆柱的直径和体积较小，压力主要在水平方向。随着浆柱体积的增加，将产生较大向上的压力，压密注浆的压密作用和上抬压力对粉细沙加固和抬升是非常有效的。通过试验发现，紧靠浆泡处的密度增加并不明显，但离浆泡有一段距离范围内的粉细沙层有明显的压密作用，在这个压密带内，距浆泡越远，则压密越差。对非饱和粉细沙压密较明显，对饱和粉细沙，浆泡先引起超孔隙压力，待孔隙压力消散后，沙体的密度才会提高。浆柱体在均匀地层中的形状是球形和圆柱形，在不均质粉细沙层中，浆柱大都呈不规则形状，浆液总是挤向不均匀地基中的薄弱土区，从而使沙体的变形性质均一化。浆柱体的大小受粉细沙密度、含水量、力学特性、边界约束条件、注浆压力和注浆速率等因素控制。压密注浆的加固作用如图 4-36 所示。

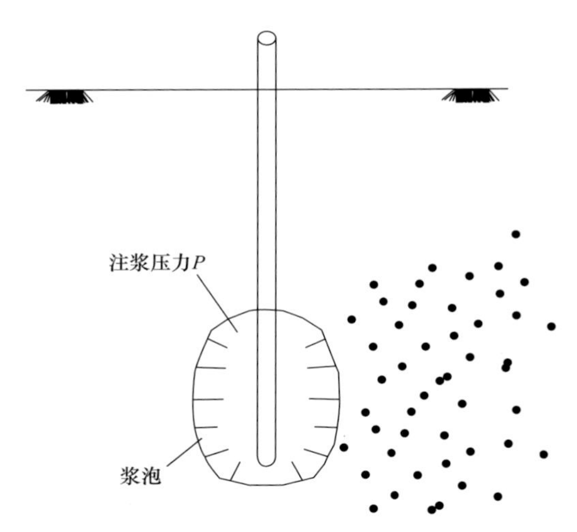

图 4-36 压密注浆的加固作用(陈愈炯，1994)

压密注浆形成浆泡后，其半径 r 随着注浆压力 P 的增大而增大，两者的定性关系如图 4-37 中曲线Ⅰ所示。当浆泡的水平投影面积与注浆压力的乘积(即上抬压力)足以将上覆土层抬起时，注浆压力不再升高，应停止注浆。对给定的上覆沙层厚度而言，导致上抬所需之注浆压力与浆泡半径或水平投影面积有关，两者之间的关系如图 4-37 中曲线Ⅱ所示，上覆沙层越厚，则曲线越向上移，曲线Ⅰ和曲线Ⅱ的交点 a 所对应的压力 P_a 就是该注浆点的上抬压力。上抬压力随着上覆土层厚度和刚度的增加而增大，而粉细沙层的刚度又与密实度、含水量及注浆速率有关，人们尚且无法估算其确切值，只有在观测到粉细沙层开始上抬时的注浆压力，才知道确切的上抬压力。

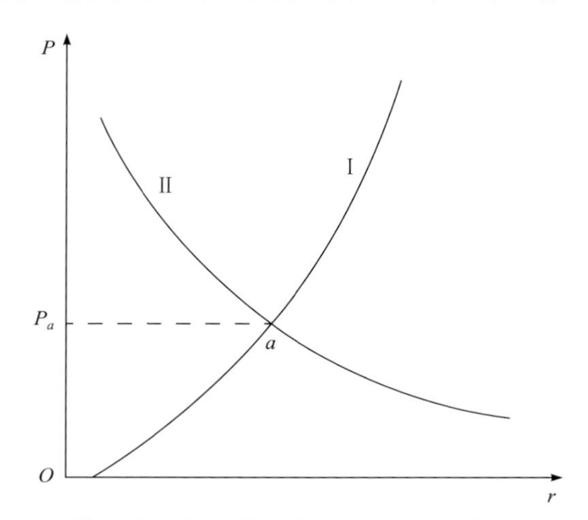

图 4-37 浆泡半径与注浆压力的定性关系(陈愈炯，1994)

压密注浆的主要控制因素是注浆压力,注浆压力与注浆速率有直接关系。如果注浆压力增加较快，则注浆量缓慢提高；当注浆压力呈稳定上升时，表明基土是比较均匀的；当注浆压力变化波动较大时，则表明基土具有很大不均质性；如果注浆压力突然增大，可能发生阻塞或堵管；如果注浆压力突然停止增加或减小，可能浆液遇到空洞。

类型二：劈裂注浆

劈裂注浆是在钻孔内向弱透水性地层中施加液体压力，当液体压力超过劈裂压力(渗透注浆和压密注浆的极限压力)时，沙体产生水力劈裂，即在沙体内突然出现裂隙，于是注浆量突然增加。劈裂面发生在阻力最小的主应力面，土体中的应力和劈裂面如图 4-38 所示。劈裂压力与地层中的最小主应力及抗拉强度成正比，浆液越稀，注入越慢，则劈裂压力越小。劈裂注浆在钻孔附近形成网状浆脉，通过浆脉挤压沙体和浆脉的骨架作用加固沙体。

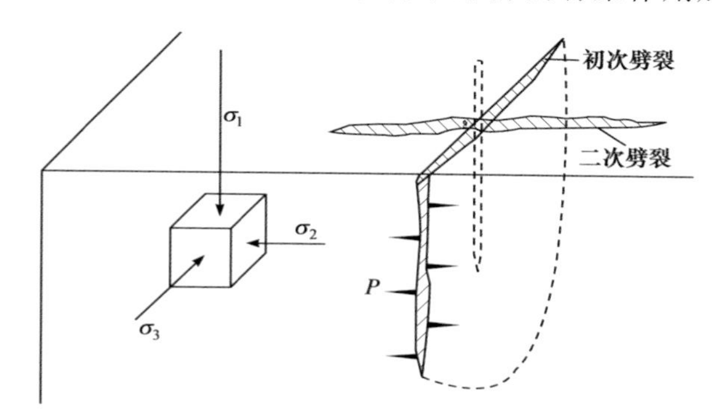

图 4-38　土体中的应力和劈裂面(《岩土注浆理论与工程实践》协作组，2001)

粉细沙具有颗粒粒径小、天然空隙较大、超静水压力不易消散等特点，能在很小的渗透流量或周期应力作用下产生液化。当水泥浆液以脉冲形式作用于粉细沙层时，由于沙粒间的孔隙相对较小，颗粒直径大而使水泥浆液无法注入，导致浆液周围局部沙体中孔隙压力上升，使沙粒间接触点所传递的有效应力减小。当注浆压力超过一定值时，沙粒间接触点所传递的有效应力全部消失，沙体失去抗剪强度而产生局部液化。随着注浆压力的继续增加，液化区的超静水压力将迫使水流涌向沙体周围的薄弱点，使其间的沙体受到由浆液作用点至薄弱点的渗透水流作用。水流梯度达到临界值可表示为

$$i_{cr}=\frac{\gamma_{st}-\gamma_{w}}{\gamma_{w}} \tag{4-54}$$

式中，i_{cr} 为水流梯度临界值；γ_{st} 为沙粒饱和容重；γ_{w} 为水的容重。

由于浆液凝固时间很短，注浆过程中浆液逐渐凝固，首先受到浆液作用的沙土随之形成有一定黏结强度的砂浆土，但由于砂浆土在刚形成时强度很低，渗透性又极差，注浆管口的射流依然存在，势必在刚形成的砂浆土中应力薄弱的地方产生进一步破坏,即产生劈裂而形成浆液向外扩展的渗流通道，浆液将沿着该渗流通道逐渐向外扩展。此外，由于浆液的逐渐凝固，渗流通道也逐渐缩小，流动阻力逐渐增大，注浆压力也将随之增大，增大的注浆压力将再次克服地层的抗拉强度，对渗流通道进行劈裂。

根据注浆试验，劈裂注浆是一个先压密后劈裂的过程，可分为充填渗透阶段、鼓泡压密阶段、劈裂流动阶段、被动压力阶段和再渗透阶段五个阶段。

第一阶段：充填渗透阶段

由于粉细沙的物理特性,浆液将在不大的注浆压力下沿着孔隙渗透扩散。浆液在注浆压力的作用下进入沙体后首先填充其中的空隙，如果沙体中局部有空穴，则浆液会充填固结，起到加固作用。注浆开始，浆液充填注浆管、注浆孔并渗透到细沙层中较大的孔隙和裂隙，此阶段实际是无压注浆阶段，持续时间短，甚至只有几十秒。填充在粉细沙注浆孔隙中的浆液凝固后，因其具有不同程度的刚性，改变了粉细沙层及沙体对外力的抵抗能力，使岩土的变形受到约束。

第二阶段：鼓泡压密阶段

开始注浆时，浆液所具备的能量不大，不能劈裂地层，浆液聚集在注浆管孔附近，形成椭球形泡体挤压沙体。注浆初始阶段吸浆量少，而注浆压力增长快，说明粉细沙层尚未开裂，当注浆压力第一次达到劈裂压力，劈裂压力前的注浆过程称为鼓泡压密阶段(与压密注浆相似)。

鼓泡压密作用可用承受内压的厚壁圆筒模型来分析，可近似地用弹性理论的平面应变问题求径向位移，以估计沙体的压密变形。

径向位移 u_r 可用式(4-55)计算：

$$u_r = \frac{\upsilon - 1}{\upsilon E} \cdot \frac{P r_1^2}{r_2^2 - r_1^2} + \frac{m_c - 1}{m_c E}\left(\frac{P_1 r_1^2}{r_2^2 - r_1^2}\right) = \frac{\upsilon - 1}{\upsilon E}\left(P r_1^2 + P_1 r_1^2 r_2^2\right) \tag{4-55}$$

式中，υ 为土的泊松比；E 为土的弹性模量；P 为注浆压力；m_c 为土的压缩系数；r_1 为钻孔半径；r_2 为浆液的扩散半径；P_1 为土受到的外侧压力。

第三阶段：劈裂流动阶段

当注浆压力增大至劈裂压力时，浆液在地层中产生劈裂流动，劈裂面发生在阻力最小的主应力面。当地层存在已有的软弱破裂面，先沿着软弱面劈裂流动。当地层比较均匀时，初始劈裂面是垂直的。劈裂压力与地层中小主应力及抗拉强度成正比，垂直劈裂压力通过式(4-56)表示。

$$P_V = \gamma h_z \left[\frac{1-\upsilon}{(1-N)\upsilon} \right] \left(2K_g + \frac{\sigma_t}{\gamma h_z} \right) \tag{4-56}$$

式中，P_V 为垂直劈裂注浆压力；γ 为土的容重；h_z 为注浆段深度；υ 为土的泊松比；N 为综合表示渗透率和泊松比的参数；σ_t 为土的抗拉强度；K_g 为土的侧压系数。

劈裂流动阶段的基本特征是注浆压力先是很快降低，维持在某一低压附近，但是因为浆液在劈裂面上形成的压力推动裂隙进一步张开，而且在裂隙的最前端出现集中应力，所以这时注浆压力虽然低，却能使裂隙快速发育。

第四阶段：被动压力阶段

裂隙发育到一定程度，注浆压力又重新上升，地层中大、小主应力方向发生变化，水平方向主应力转化为被动压力状态(即水平主应力为最大主应力)，这时需要有更大的注浆压力才能使沙中裂隙加宽或产生新的裂隙，出现第二个应力峰值。由于此时水平方向应力大于垂直方向应力，地层出现水平方向裂隙(即二次劈裂)，水平劈裂注浆压力可表示为

$$P_h = \gamma h_z \left[\frac{1-\upsilon}{(1-N)\upsilon} \left(1 + \frac{\sigma_t}{\gamma h_z} \right) \right] P \tag{4-57}$$

式中，P_h 为水平劈裂注浆压力；N 为综合表示渗透率和泊松比的参数。

浆液在劈裂过程中，只要四周的沙体中稍有强度较弱的部分，浆液就进入其中。浆液劈裂途径是斜向的，水平方向大都是沙体较软弱的部分；垂直方向大都是沙体受到外界扰动产生了缝隙。

被动压力阶段是劈裂注浆加固沙层的关键阶段，垂直劈裂后大量注浆，使小主应力有所增加，缩小了大、小主应力之间的差别，提高了土体的稳定性和力学性能，在产生水平劈裂后形成水平方向的浆脉时，就可能使粉细沙层上抬和纠偏。浆脉网的作用是提高沙体的法向应力之和，并提高沙体的刚度。

在实际注浆过程中，当地层很浅时，浆液沿水平剪切方向流动，会在地表出现冒浆现象。因此，劈裂注浆的极限压力可表示为

$$P_u \leqslant \gamma h_z \tan^2\left(45° + \frac{\varphi}{2}\right) + 2C\tan^2\left(45° + \frac{\varphi}{2}\right) \tag{4-58}$$

式中，P_u 为劈裂注浆的极限压力；γ 为土的容重；h_z 为注浆段深度。

第五阶段：再渗透阶段

粉细沙层在经过劈裂注浆后，浆液沿着主浆脉和裂隙向四周渗透扩散，沙体大量吸浆，使得浆脉四周的沙体得到加固。如此反复，浆液不断渗透、液化、劈裂，使加固区不断发展，这就是浆液对粉细沙层的劈裂渗透过程。压密注浆是通过浆泡挤压邻近沙体达到加固目的，而劈裂注浆则是通过浆脉来挤压和加固相邻沙体的。压密注浆与劈裂注浆对比见图 4-39。

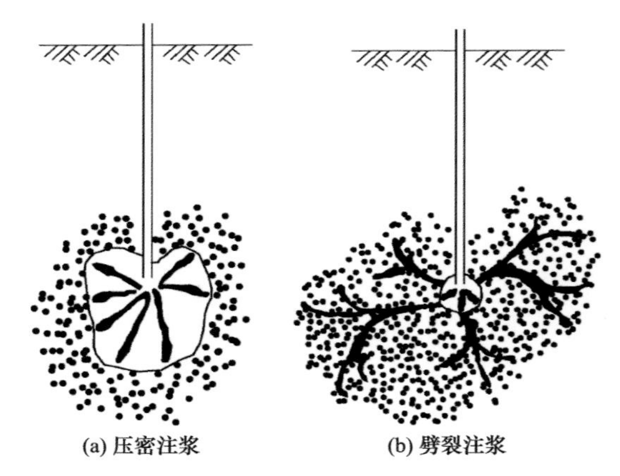

图 4-39　压密注浆与劈裂注浆对比(《岩土注浆理论与工程实践》协作组，2001)

压密注浆紧靠浆泡处的土中应力增量为ΔP，随着距钻孔距离 L 增大而迅速减小，如图 4-40 曲线 c 所示。曲线 c 以下的阴影面积 C 可大致代表一个浆泡或一个钻孔的加固效果。劈裂注浆时，浆脉内浆液压力远小于浆泡压力，引起的应力增量ΔP 很小，但是浆脉延伸很远，与沙体接触面积远大于浆泡与沙的接触面积，并且它在远离注浆孔处的ΔP 降低很小。劈裂注浆加固效果

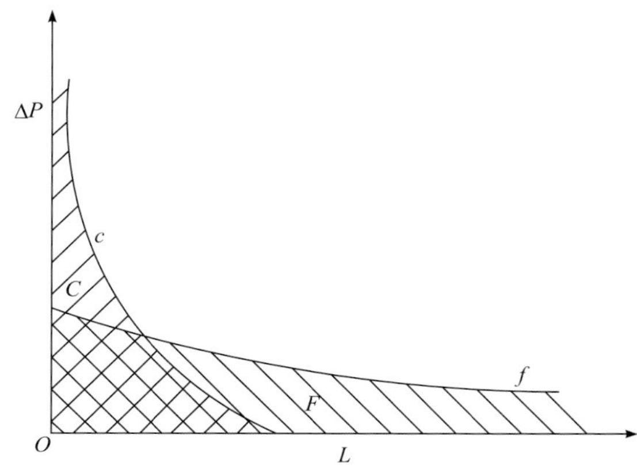

图 4-40　压密注浆与劈裂注浆加固效果比较(《岩土注浆理论与工程实践》协作组，2001)

如图 4-40 中的曲线 f 以下阴影面积 F 表示。在钻孔中注浆量相同的条件下，压密注浆的加固作用强，但影响范围小；劈裂注浆的加固作用弱，但影响范围大。

压密注浆过程必须采用稠浆和快速注入。然而，实际施工过程中，经常发生稠浆堵塞输浆管的现象。采用稀浆冲洗时，出现注浆压力突然下降现象，压密注浆转化为劈裂注浆。然而，在劈裂注浆过程中，沙体一旦劈开，即使将稀浆改为稠浆，劈裂注浆也不会转化为压密注浆。

5) 注浆工艺优化

要使注浆加固效果达到最佳，不仅需要正确选择注浆材料，还必须适当注意注入速度、注入孔的间距和注入顺序等。也就是选择合适的注浆参数，以及与注浆目的和地层条件相适应的注浆工艺。

(1) 注浆工艺影响因素分析。根据注浆方案，在选定浆材的情况下，对疏放水孔径、孔间距及其分布、疏放水时间、注浆孔内装置、孔距、注浆段长、注浆孔分布，以及注浆压力和注浆量等注浆参数做出最佳选择，就可以取得较好的效果。不过，最优控制不易实现，实际上往往只有一两个参数可供选择和控制。控制参数与防控方案、土层结构及构造、涌水量及水压力大小等因素有关。

①水灰比对注浆的影响。浆液的黏度、结石体强度和渗透系数等都与水灰比有较大关系。试验表明，水泥浆液的黏度随水灰比的增大而减小，当水灰比大于 1.5∶1 后，黏度随水灰比的增大而减小的趋势趋于缓慢；此外，当水灰比大于 3∶1 后，黏度几乎与水灰比的变化无关。随着水灰比的增大，浆液固化后的结石强度减小，结石的渗透系数增大。因此，注入水泥浆液时，水灰比不能太大，否则对保证加固强度、抗渗系数和耐久性不利；也不能太小，只要能满足浆液达到注入的范围即可。一般认为，注浆时应采用大水灰比的浆液，流动性好，可增大对细微裂隙的可灌性，但水灰比大，水泥颗粒沉降快，浆液不稳定，容易析水变稠变浓，可灌性并不一定好。因此，对于超细水泥，其灌浆水灰比一般应控制在 2∶1 以下。

②注浆压力对注浆效果的影响。注浆压力是注浆控制技术中的一个很重要的参数，对整个注浆过程和注浆效果影响很大。注浆压力过低时，不能满足浆液扩散条件，不能提供浆液按预定扩散所需要的能量，达不到注浆的目的；注浆压力过大，则地表会发生隆起或抬动现象，周围建筑物会受到损伤。注浆压力场对地应力场的影响极大，过大的注浆压力会扰动周围的松散沙层，只有合理确定注浆压力，才能有效地控制松散风积沙层，达到预期的防控效果。

③含水沙层渗透注浆的极限压力。粉细沙层注浆的一个特点是地层变形大，压密强化作用小。粉细沙层注浆时，注浆材料作用于地层，产生地层变形，形成地层的破坏效果。粉细沙层注浆的另一特点是注浆材料极易受压泌水，使水灰比发生变化，注浆材料的使用性能也发生变化。粉细沙层注浆要求注浆材料在地层中形成致密的脉状结构,如此才可能产生较好的加固效果。在饱水沙层中进行注浆，浆液在充满多孔介质过程中，只要保持泵压和浆液的黏度不变，浆液在固结之前都是符合上述理论的。但是进浆量随着时间、浆液运动距离的增加而逐步递减，直到停止进浆。浆液的黏度越大，进浆时间就越短。当浆液黏度超过一定限度时，即使增大泵压，浆液也不会产生渗透，而会形成层间劈裂，并使饱水沙层不能整体固结。浆液在较密实的粉细沙层中不会形成渗透扩散，而是层间劈裂，无法整体固结饱水沙层，施工中易形成流沙。试验表明，在圆柱体内进行饱和沙层渗透注浆，注浆压力在一定条件下，浆液就会渗透，超过某一极限注浆压力(P_{max})，浆液将由渗透转化为劈裂。只有当注浆压力小于 P_{max} 时，才能保证浆液在沙层中均匀渗透。试验证实，饱水沙层渗透注浆的极限压力可表示为

$$P_{\max}=\frac{2(1-\upsilon)(\sigma_{c}+2k_{g}\gamma H_{L})}{\dfrac{2+(1-2\upsilon)}{\ln r_{2}-\ln r_{0}}} \tag{4-59}$$

式中，σ_c 为饱和沙土的抗压强度；γ 为饱和沙土的容重；H_L 为注浆孔长度；υ 为泊松比；k_g 为静止侧压系数；r_2 为浆液扩散半径；r_0 为注浆孔半径。

④劈裂注浆压力。图 4-41(a)为劈裂注浆前粉细沙体内任意点的应力状态，当有压力的浆液沿着水平布置的注浆管射出时，该粉细沙体在任意点的应力就会发生变化，如图 4-41(b)所示。

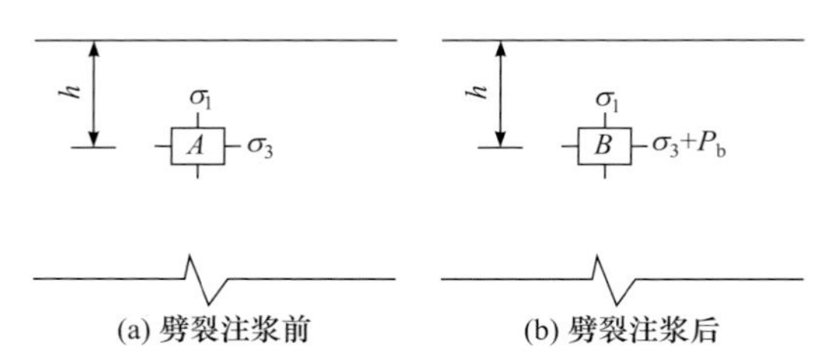

图 4-41 劈裂注浆前后粉细沙体内任意点的应力状态
σ_1 为最大主应力；σ_3 为最小主应力；P_b 为劈裂注浆的极限压力

低压注浆情况下，浆液的运动主要是微量渗透和充填，只有当注浆压力达到一定的程度，劈裂才起到主要作用。沙层是否发生水力劈裂，取决于其有效内摩擦角和有效内聚力。

粉细沙层的注浆过程中，其应力变化可由莫尔-库仑准则来分析。粉细沙层内聚力 c 为 0，不存在内聚力的问题；粉细沙层的侧压力很小，不存在中间主应力 σ_2 的影响问题。因此，可用考虑了 $c=0$ 的莫尔-库仑准则来表述劈裂时土体的受力情况，表达式为

$$\sigma_1-\sigma_3=(\sigma_1+\sigma_3)\sin\varphi \tag{4-60}$$

浆液的劈裂面出现在土体的最小主应力作用面上。设劈裂注浆的极限压力为 P_b。在 P_b 作用下，B 点[图 4-41(b)]处于极限状态，满足莫尔-库仑准则，则

$$\sigma_3+P_b=\sigma_1\tan^2\left(45°+\frac{\varphi}{2}\right)+2C\tan\left(45°+\frac{\varphi}{2}\right) \tag{4-61}$$

式中，$\sigma_1=\gamma h_b$，γ 为粉细沙的平均容重，h_b 为 B 点位置的深度；$\sigma_3=K_0\sigma_1=k_g\gamma h_b$，$k_g$ 为静止侧压系数，取 $k_g=1-\sin\varphi/2$。

由式(4-61)可得，在粉细沙层中注浆发生劈裂时所需的注浆极限压力为

$$P_b=\gamma h_b\left[\tan^2(45°+\varphi/2)+\sin\varphi-1\right] \tag{4-62}$$

实际注浆过程中，在地层很浅时会在地表出现冒浆现象，因此劈裂注浆的极限压力可满足：

$$P_b\leqslant\gamma h_b\left[\tan^2(45°+\varphi/2)\right] \tag{4-63}$$

注浆压力应满足：

$$\gamma h_b\left[\tan^2(45°+\varphi/2)+\sin\varphi-1\right]\leqslant P_b\leqslant\gamma h_b\tan^2(45°+\varphi/2) \tag{4-64}$$

当浆泡逐渐扩大，土体被压密而产生被动抗力与之平衡，随着浆液在压力作用下能量的不断增加，土体最终失去平衡，受到剪切破坏。以上的平衡和劈裂过程都是缓慢的，因此注浆时的流量和压力也要与之相适应。

由以上分析可知，在相同的粉细沙层中，注浆扩散范围随着注浆压力及注浆时间的增大而扩大。当注浆压力和注浆时间不变时，扩散距离随着土体的阻力系数及浆液的容重的增大而减小。劈裂注浆过程中，注浆能量与劈裂平衡的建立是一个缓慢的过程。

(2) 复合式注浆工艺。在注浆压力较小时，浆液在较松散的饱水粉细沙层中微量渗透扩散；在注浆压力较大时，较密实的粉细沙层注浆以劈裂注浆为主。劈裂的效果与注浆压力及材料的物理、力学参数有关，注浆体在沙层中凝固后能够迅速形成各种形态的脉状和片石状结构。这种分散的脉状体之间相互作用可以形成一种“拱桥”状的结构，在一定程度上增加了

粉细沙层的强度和稳定性，对维持回采工作面及围岩的稳定性是有利的，在无水条件下对地层的加固是有效的。然而，在含水条件下，注浆后所形成的脉状体的间隙仍然有水流动，堵水效果不明显。另外，对于注浆材料，特别是细颗粒浆液能够进入渗水通道，在压力作用下，浆液沿渗水通道达到远处，堵塞通道，待其固结后，再继续注浆则会在所定范围内形成劈裂浆脉加固沙体。因此，在粉细沙注浆施工中要特别强调反复注浆和及时检测注浆效果。由此可见，要想得到理想的注浆固结粉细沙的效果，应该考虑将上述块体之间形成连续均匀的网状结合体，这就需要考虑复合式注浆方案。复合式注浆即经过两次或多次注浆，在沙层中形成具有加固且阻水性能的结构体。

在对饱和水沙层注浆加固过程中，形成连续、均匀且有一定强度的注浆加固体，对回采工作面溃水溃沙防控及顶板管理都具有十分重要的作用。一方面，可提高顶板结构的整体承载能力，减少架前冒顶；另一方面，还可以提高顶板岩层的抗渗性能，增强导水沙通道的封堵能力。理论研究、室内试验、现场研究及应用均表明，在一定的时间和成本内，单靠一种方法难以实现注浆加固的，应将超前疏放水、预注浆、局部和补充注浆方案结合起来，实行渐进注浆、层层堵水、分次加固逐步达到设计要求。在超前注浆过程中，还应采用密孔、超细材料、反复强化的注浆方式，通过提高注浆压力，增加浆脉数量；通过密排布孔，减小注浆盲区；通过超细注浆材料，增大浆液扩散半径和渗透能力；通过严格检查、反复强化、局部及补充注浆，提高沙层固结率及围岩整体强度。

(3) 关键问题探讨。①如何保证浆液的均匀扩散。沙层的均匀性往往很差，孔隙率各不相同，饱和水水压也随沙层深度不同而不同。为了克服这些不利因素对注浆浆液均匀性的影响，实际注浆时可将注浆断面“化整为零”，形成多个注浆工作面，将地层的不均匀性相对弱化，通过调整浆液的配比和注浆压力，基本上可达到使浆液均匀扩散的效果。除分部注浆外，对注浆管的布置方式也可进行调整。施工中根据注浆材料的扩散半径确定出最佳注浆孔间距。这种方式可保证注浆长度范围内无注浆死角，浆液基本能均匀到达断面内的各个方向，降低了补充注浆率。②如何控制地表隆起。由于注浆压力的存在，浆液向粉细沙层注浆，有压力的注浆操作有时会引起地表隆起，对地面造成破坏。注浆施工中可采取以下措施避免此种情况发生：注浆时，采用单台注浆泵注浆，减小同时作用于地层的压力；在靠近地表附近注浆过程中对地表沉降严密监控量测，及时根据量测数据反馈信息调整注浆参数。

4.4　应 用 实 例

哈拉沟煤矿位于陕北黄土高原北部与毛乌素沙漠南缘的接壤地带，在其井田范围内发育一条常年性河流，该河主要由哈拉沟沟掌群泉汇集而成。哈拉沟矿 22408 工作面作为该煤矿第一个穿越哈拉沟的综采面，由于基岩薄、上覆厚松散含水沙层，该工作面面临开采扰动条件下的溃水溃沙灾害威胁。以 4.3 节提出的溃水溃沙灾害防控体系为理论支撑，开展溃水溃沙防控工程实践。

4.4.1　回采工作面概况及充水因素分析

1. 工作面开采概况

(1) 临区情况：工作面北西为中央回风大巷，北东为设计的 22407 工作面，南东为大柳塔煤矿 22609、22610 工作面采空区，南西为 22405 综采工作面采空区。

(2) 地面情况及高程：位于哈拉沟井田四盘区中部，地表起伏较大，总体呈两边高，中间低趋势，最低处为哈拉沟沟底，地面标高为+1191m，地表全部被风积沙所覆盖。

(3) 煤层赋存情况：工作面回采范围内平均煤层厚度为 3.5m，煤层结构简单，属稳定型煤层。煤层倾向南西(轴向北东至南西)，煤层倾角 1°～3°，煤层底板标高整体为运输巷高于回风巷，距切眼 896～1709m 段回风巷高于运输巷，设计平均采高为 3.5m。

(4) 地质条件：工作面上覆基岩最薄处位于哈拉沟沟底，厚度为 12.5～25.3m，对应松散沙层厚度为 37.6m，潜水水位埋深为 3.5m，水位高度为 34.0m。

2. 工作面充水因素

1) 充水水源

(1) 大气降水。大气降水是地下水及地表水的主要来源，因此矿床充水与大气降水存在直接或间接关系。据神木市气象站 1957 年建站以来气象资料，哈拉沟煤矿所在区域年平均降水量为 380～415mm，且降水集中，每年 7～9 月为强降水季节，降水量占全年的 50%～70%。根据该矿已回采工作面 22404 和 22405 地面裂缝分析，当开采 2^{-2} 煤层时，局部地段裂隙沟通地表，须重视局部地势低洼区遇强降水时，大气降水沿裂隙携带泥沙将涌入矿井。

因此，大气降水为工作面充水的直接充水水源。

(2) 地表水。22408 工作面内地表水主要以哈拉沟沟流为主，属常年性沟流，流量为 35m³/h，受季节影响较大。沟谷地段 2^{-2} 煤层上覆基岩较薄，顶板垮落后导水裂隙带将全部贯通基岩延伸至土层和沙层，哈拉沟沟谷地段延伸至地表，使地表水携带泥沙沿导水沙裂隙进入矿井，转化成直接充水水源。在基岩厚度薄弱的古冲沟地段，很可能造成溃水溃沙灾害。

(3) 地下水。22408 工作面上覆充水含水层主要有松散沙层潜水和 2^{-2} 煤层上覆基岩承压水，过沟段上覆基岩厚度小于导水裂隙带高度。煤层开采后，上覆岩层呈全厚切落式垮落，导水裂隙带贯通基岩延伸至土层及沙层内，因此松散沙层潜水和基岩裂隙承压水为工作面的直接充水水源。

2) 充水通道

22408 工作面主要充水通道是人为开采扰动引起的导水裂隙带。根据浅埋煤层垮落特征，导水沙裂隙带将直接穿透基岩，并发育至地表，因此该工作面主要面临过沟段溃水溃沙灾害威胁。根据本章提出的溃水溃沙灾害防控方法，由于垮落性裂隙带、网络性裂隙带高度不同，其防控措施将存在一定的差异，须对垮落性裂隙带、网络性裂隙带高度进行计算。

(1) 采用碎胀系数法和经验公式法计算垮落性裂隙带高度。①碎胀系数法：碎胀系数取中间值，即 $k=1.2$，代入其他相关参数可得垮落性裂隙带高度为 17.5m；②经验公式法：顶板覆岩岩性按照中硬考虑，代入相关参数可得垮落性裂隙带高度为 12.1m。从灾害防控角度出发，垮落性裂隙带高度取最大值为 17.5m，22408 工作面内的哈拉沟沟底基岩最薄处为 12.5m，据此分析垮落性裂隙带将会沟通含水沙层，引发工作面溃水溃沙灾害的发生。

(2) 网络性裂隙带高度计算：按照 1.2～1.4 倍基岩厚度考虑采宽，该参数可作为已知量，则网络性裂隙带高度计算式可简化为一元三次方程：

$$ah^3-bh^2+ch+d=0$$

求解后的 3 个根分别为

$$h_1=\frac{b}{3a}-\frac{2^{1/3}B}{3aD^{1/3}}+\frac{D^{1/3}}{3\cdot 2^{1/3}a}$$

$$h_2=\frac{b}{3a}+(1+i\sqrt{3})\frac{B}{3\cdot 2^{3/2}aD^{1/3}}-(1-i\sqrt{3})\frac{D^{1/3}}{6\cdot 2^{1/3}a}$$

$$h_3=\frac{b}{3a}+(1-i\sqrt{3})\frac{B}{3\cdot 2^{3/2}aD^{1/3}}-(1+i\sqrt{3})\frac{D^{1/3}}{6\cdot 2^{1/3}a}$$

式中，a、b、c、d、B、D 为常数，其中，$a=2K_g$，$b=4HK_0+4\mu L$，$c=4\mu HL-L^2$，

$d = HL^2$，$B = -2b^2 + 3ac$，$D = A + \sqrt{4B^3 + A^2}$，$A = 2b^3 - 9abc - 27a^2d$。

代入相关参数计算发现，只有 h_3 为方程实根，经计算，该采矿地质条件下得到的网络性裂隙带宽度为 30.8～34.0m。根据上述计算结果，哈拉沟沟底薄基岩处需要注浆加厚至 17.5m 以上，然后通过疏水方式便能解除工作面溃水溃沙灾害的威胁。为安全起见，设计哈拉沟沟底薄基岩处注浆加厚至 20.0m。

3) 充水强度

工作面充水强度与多种因素有关，包括上覆基岩厚度、岩石特性、含水层厚度、富水程度、隔水层的隔水性能、降水强度、开采方式和开采强度，此外，充水强度与采煤工作面相对于充水层的富水位置也有关系。哈拉沟沟谷地段，第四系冲积层及萨拉乌苏组孔隙潜水含水层广泛分布于沟谷。此地段是有利于矿坑充水的各种因素集中发育区，即基岩薄，土层厚度小，潜水富水性好，大气降水易于汇聚地带，因此该地段是工作面充水较强的区域。

4.4.2　回采工作面溃水溃沙灾害防控措施

1. 溃水溃沙灾害可能性分析

据现场踏勘，22408 工作面过沟回采地段大部分被沙层覆盖，部分地段沟谷有基岩出露，此时含水沙层内部存在较大的静水压力，在含水沙层被垮落性裂隙沟通的瞬间，含水层水发生流动，静水压力立即转化为动水压力，当动水压力达到一定值时，就会造成大量水沙流涌入工作面内，引发溃水溃沙灾害。若含水沙层内部水头较小，当静水压力向动水压力转换过程中不能使沙粒移动，工作面将不会发生溃水溃沙灾害。因此，判断工作面是否会发生溃水溃沙事故，首先需要确定含水沙层不发生溃水溃沙的安全水头，其次根据实测的含水层水位，判断是否存在溃水溃沙威胁，若存在威胁，须将含水沙层水头疏降至安全水头以下，确保消除溃水溃沙灾害四个必要条件中的一项，从而达到灾害防控的目的。

1) 溃水溃沙通道宽度的确定

(1) 悬伸岩梁不发生回转。哈拉沟煤矿 22408 工作面过沟段工作面采高为 3.5m，直接顶厚度为 4.7m，开采垮落后的岩石碎胀系数为 1.3，岩层垮落角按照 80°考虑，将相关参数代入式(4-41)，可得悬伸岩梁不发生旋转时，溃水溃沙通道宽度为 0.36m。

(2) 悬伸岩梁发生回转。根据哈拉沟煤矿 22407 工作面矿压观测结果，老顶周期性垮落步距为 18m，顶板基岩厚度为 21.5m，岩梁回转角为 0.5°，将相关参数代入式(4-51)，可得悬伸岩梁发生旋转后的溃水溃沙通道宽度为 0.16m。当悬伸岩梁回转至 0°54′9″时，将与垮落岩梁接触。由于接触处的两个岩梁发生挤压，此时溃水溃沙通道将会闭合，水沙流涌入工作面的量也会减少甚至停止流入。

(3) 圆形截面半径的确定。参照现场实测结果，涌水通道断面长度取 lm。由式(4-39)可得，溃水溃沙通道转换成圆形截面后的最大半径为 0.34m。

2) 影响半径的确定

22408 工作面上覆松散含水层的厚度为 37.60m，渗透系数取 1.74m/d，水位降深按照含水层厚度的一半考虑，取值为 18.80m。由式(4-35)可得，发生涌水时，潜水含水层影响半径为 304.34m。

3) 临界水力坡度的确定

太沙基公式确定的临界水力坡度 J_{cr} 为 0.826～1.15，由于未考虑土粒摩擦力的影响，实测的临界水力坡度要比该值大。鉴于沙层中含有少量土体，因此本小节按照式(4-38)计算，其中 n 取 0.5，临界水力坡度为 1.076～1.40。从灾害防控角度出发，取最小值作为临界水头的计算参数。

4) 临界水头的确定

将相关参数代入式(4-53)，可得临界水头为 6.63m。对于 22408 工作面而言，过沟段最薄基岩对应的松散含水沙层厚度为 37.6m，含水层实际水头远大于溃水溃沙发生时的临界水头。因此，在 22408 工作面进行回采之前，需要对松散潜水含水层进行预先疏降，并且保证总含水层的水头即残余水头低于 6.63m，才能保证不发生大规模的溃水溃沙灾害。

5) 溃水溃沙灾害可能性分析

根据上述分析结果，由于 22408 工作面现有潜水水头远大于溃水溃沙的临界水头，该工作面存在溃水溃沙灾害的威胁。此外，一旦进入雨季，洪流将会通过直达沟底的导水通道，将沟底、沟谷两侧泥沙带入到井下，造成二次溃水溃沙灾害的发生。因此，为了确保工作面过沟开采的安全，除了选择合适的排水能力保证工作面不发生溃水灾害外，还须采取一定的技术及工程措施，用来改变溃水溃沙发生的必要条件，确保沙体不会大规模地溃入工作面内。

2. 溃水溃沙防控工程

1) 井下防治水工程

(1) 工程设计涵盖工程目的、工程范围、注浆加固工程设计等。

①工程目的：在井下施工注浆孔，对沟谷段超薄基岩处的上覆风化岩及松散沙层进行劈裂注浆，使基岩及加固段整体厚度达到 20m，在增加顶板厚度、提高顶板抗压能力与抗渗透能力的同时，能够使松散沙层内的浆脉互相胶结，以此封堵顶板垮落后形成的导水沙通道；在井下施工疏放水孔，对松散沙层中的潜水进

行疏放，将工作面开采影响范围内的含水沙层水位降至设计的安全水位以下，并形成稳定的降落漏斗，以此消除含水层水在水压力作用下携带泥沙的能力，从而达到溃水溃沙灾害防控的目的。

②工程范围：结合上述工作面顶板垮落裂隙带、导水沙裂隙带计算结果，选取工作面顶板基岩厚度小于 20m 的区域作为工程注浆改造和疏水降压的治理范围。由于 22408 工作面较宽，为了保证钻孔施工质量，有利于顶板沙层注浆改造及疏放水工程的开展，本工程沿沟底走向掘进了 1 条长 280m、宽 4.4m、高 4m 的巷道，在其侧帮及顶部以一定的角度和间距布置钻孔，然后进行沙层注浆及疏放水。

③注浆加固工程设计：布置注浆孔时，钻孔终孔间距为 8m，布设呈梅花形，边界钻孔终孔间距为 6m，据此设计注浆孔 330 个，实际施工时根据现场实际情况可适当增减钻孔数量。根据地层情况，从巷道 2^{-2} 煤顶板开孔，穿过砾石层和黄土层进入松散沙层 7m 终孔。钻孔终孔位置平面布置见图 4-42，疏放钻孔特征详见表 4-7。

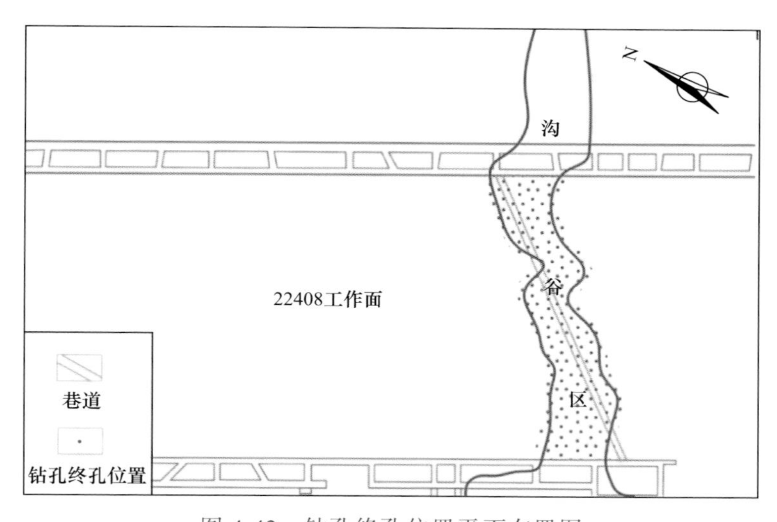

图 4-42 钻孔终孔位置平面布置图

表 4-7 疏放钻孔特征

开孔孔径/mm	终孔孔径/mm	孔口管尺寸/(mm×mm)	钻孔类型
130	94	108×6000	上仰斜孔

(2) 工程施工涵盖注浆孔施工、注浆施工、疏放水施工等。

①注浆孔施工：钻孔施工时，开孔采用直径 130mm 至孔深 6m，下入长

6m、外径 127mm、壁厚 6mm 的无缝钢管焊接法兰盘加工而成的孔口管，用于钻探导向和控水阀门安装。下入孔口管后，接上同径压盖及连接注浆管路，用注浆泵压入固管用速凝浆液，注浆压力达到 3MPa 后，关闭注浆阀门，凝固时间为 12h。然后进行压水试验，试验压力为 3MPa，持续时间不少于 30min，确定不漏水、不裂隙，检验合格后方可正常钻进，否则重新开孔并固管。孔口管固结注浆工艺如图 4-43 所示。

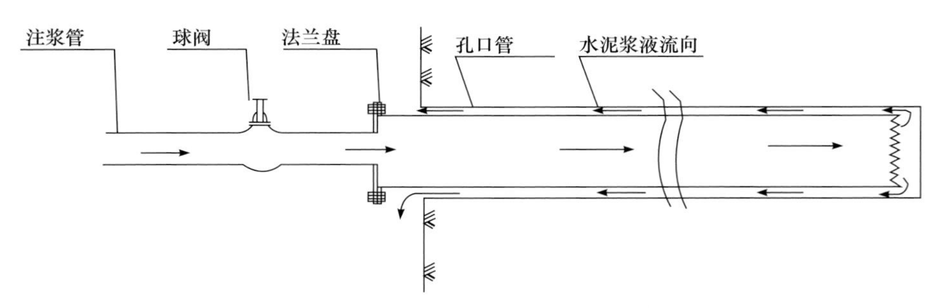

图 4-43　孔口管固结注浆工艺图

开孔和正常钻进均采用复合片(无心)钻头钻进，遇硬岩层用可采用加大钻压等措施，冲洗液采用清水。钻进工艺参数为：转速为 150～200r/min；正常钻压(钻机压力表数值)为 3.5～5.5MPa，遇硬岩时钻压为 5.0～8.0MPa；冲洗液量要达到 50L/min 以上。

②注浆施工：注浆时，浆液浓度按先稀后浓控制，逐级变化。首先，采用 PO42.5R 硅酸盐水泥，配制水灰比为 2∶1～0.8∶1 的浆液依次进行注浆，必要时可添加相应配比的速凝剂，终止注浆时采用 0.5∶1 的浆液封孔。对于第一个注浆目的地层砾石层，疏降后浆液渗透扩散效果较好，不需太大注浆压力，注意控制浆液浓度先稀后浓的注浆顺序即可达到固结封堵目的。对于第二个注浆目的层松散沙层，因浆液渗透扩散效果差，需较大的注浆压力，设计注浆压力为 3.0MPa，可根据注浆时的实际情况临时做出调整；注浆终孔标准为钻孔进浆量小于 30L/min，且持续 5min，即可结束注浆。为了获得良好的注浆效果，跳孔分序次分区域进行注浆，先注工作面两端的顶板张拉断裂区易溃水溃沙区，后注中间区域。针对每个注浆区域，先注区域外围的钻孔，从外围进行“围、堵、截”；后注区域中间的钻孔，进行“充填、压密、劈裂包裹”，注浆呈压密—劈裂—再压密的形式，将沙层的孔隙率减小，提高沙层的自稳能力，起到加固沙层、防控溃水溃沙灾害的效果。注中间区域的钻孔时，应与放水孔施工序次相对应，最先达到疏放水结束标准的钻孔先注。本次治理工程完成水泥注浆量 900t，历时 9 个月，330 个注浆孔完成注浆，

每个注浆孔的注浆量为 3～50t。

③疏放水施工：在 22408 工作面巷道顶板共施工了 82 个探放水钻孔。钻孔初始涌水量为 366.6m^3/h，9 个月后钻孔涌水量为 78.3m^3/h，涌水量衰减率为 78.6%，累计放水量为 3.17×10^5m^3，疏放水效果较为明显。根据观测孔水位观测结果(图 4-44)，通过对顶板沙层水静储量的大量疏放，经计算，残余水位为 5.4m(水位埋深为 14.5m)，低于安全水位 6.63m，据此确定 22408 工作面过沟段溃水溃沙威胁已解除。

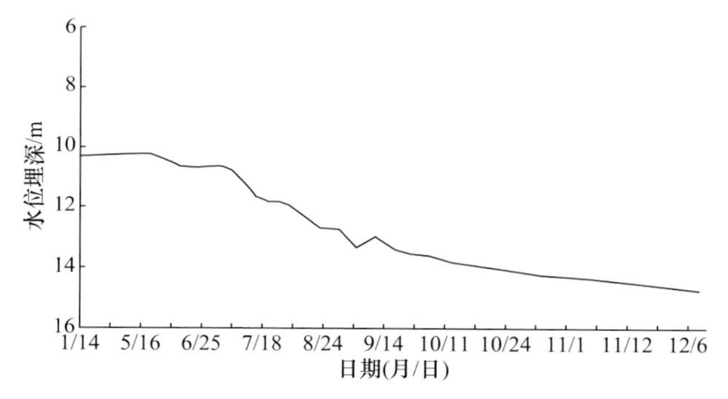

图 4-44　22408 工作面疏水降压水位埋深变化曲线图

2) 地面防治水工程

根据“技术上可行、经济上合理、实践上便于施工”的原则，按《煤矿安全规程》《煤矿防治水细则》等有关规定，以及 22408 综采工作面过沟时的井上下实际情况，参考周边矿井跨沟开采防治水经验，确定 22408 综采工作面过沟防治水方案为“拦截、封堵、疏导”的综合治理方案。总体思路为：由于回采后顶板是全厚切落式垮塌，无明显的“三带”规律，沟谷地带煤层上覆基岩薄弱处垮落裂隙带可直接沟通松散含水层，造成溃水溃沙灾害发生。为了防止溃水溃沙，针对地表暴雨引发洪水及地表潜水的防控，可在 22408 工作面采空区边界角的范围外，哈拉沟上游建立拦水坝，拦截哈拉沟河流潜水及强暴雨产生的地表径流。然后，采用排水管道从 22408 工作面上方对该拦水坝所积地表水进行导流。回采后及时对 22408 工作面哈拉沟河谷地段整铺河底，采用优质黏土补修河床，形成人造隔水层，防止暴雨季节地表径流进入井下。

(1) 拦截：鉴于哈拉沟有 35m^3/h 明流存在，加之雨季产生的地表洪流，须在过沟开采段的上游设置拦水坝。

①拦水坝及排水管位置的确定。拦水坝位置主要是避开塌陷区的影响范围，首先，对采空区塌陷范围进行计算，其次，确定岩层及表土塌陷向工作

面外侧波及的范围，最后，确定拦水坝和排水管路出水口的位置提供依据。22408 工作面胶运巷上方地面塌陷范围示意图如图 4-45 所示。

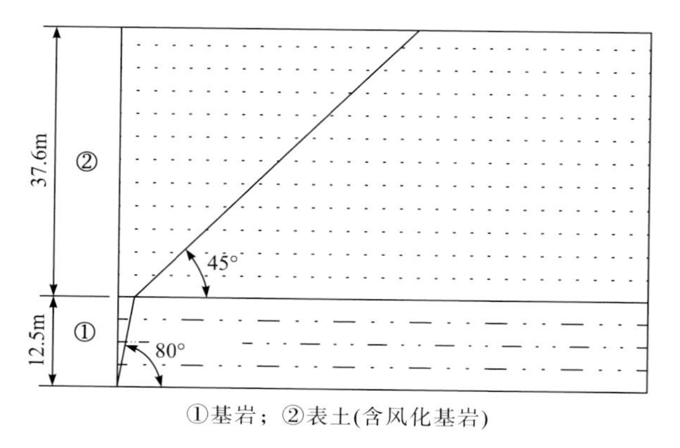

①基岩；②表土(含风化基岩)

图 4-45　22408 工作面胶运巷上方地面塌陷范围示意图

22408 工作面胶运巷上方地面塌陷范围为 $\cot 80°\times 12.5+\cot 45°\times 37.6=37.76(\mathrm{m})$，由此确定的 22408 工作面拦水坝和排水管路出水口的位置为 $37.76+20=57.76(\mathrm{m})$。

基岩和表土的厚度数据来源于《哈拉沟煤矿四盘区水文地质补充勘探报告》中的钻孔，基岩移动角和表土移动角来源于《采矿工程设计》。地面受护面积包括受护对象及其周围的围护带，拦水坝和排水管路出水口保护等级为Ⅰ级，因此其围护带宽度应为 20m。

②地表径流量的确定。根据神木市气象站降水资料，现就神木市 50 年一遇的大暴雨(1977 年 8 月 1 日降水资料，日最大降水量为 135.2mm，降水强度取 7.04mm/h)分析降水与地表径流的关系，根据不同地貌类型单元及不同岩性的入渗率，采用超渗产流模型计算径流深度。根据《哈拉沟煤矿四盘区水文地质补充勘探报告》可知，沙层径流深度为 0.69mm，土层径流深度为 2.50mm。哈拉沟区域入渗后产生的地表径流深度取海子沟区域的计算值，河流汇水量 $Q_{河汇}$ 计算公式为

$$Q_{河汇}=1000\times F\times R/T \tag{4-65}$$

式中，F 为汇水区域面积(m^2)；R 为径流深度(mm)；T 为时间(h)。

沙层汇水面积为 $0.626\mathrm{km}^2$，黄土层汇水面积为 $0.568\mathrm{km}^2$，预测地表总径流量为 $Q_{表流}=Q_{沙层}+Q_{土层}+Q_{常径流}=431.9+1420.0+35.0=1886.9(\mathrm{m}^3/\mathrm{h})$。一般，植物的截留量为 20%～30%，哈拉沟流域内植被茂盛，盖度达 85%左右，地形起伏较大，封闭型坑洼较多，因此产生地表径流量采用 0.70 经验系数修正，

修正后结果为 1320.8m³/h。

③管路排水量的确定。根据哈拉沟煤矿地形图和实际勘测，拦水坝排水管路高程差约为 9m，则管道两端的水位差为 9m，设计管道长为 708.8m，设计三趟排水管路，所埋双壁波纹管为聚乙烯管，聚乙烯管糙率 n 为 0.008～0.009，据此确定管路排水能力。

其中，水力坡度为

$$J = H / L = 9 / 708.8 = 0.0127$$

水力半径为

$$R = D / 4 = 0.3 / 4 = 0.075(\mathrm{m})$$

谢才系数为

$$C = R^{1/6} / n = 0.075^{1/6} / 0.009 = 72.15$$

管道内水流流速为

$$V = C \times (RJ)^{1/2} = 72.15 \times (0.075 \times 0.0127)^{1/2} = 2.23(\mathrm{m/s})$$

管道排水量为

$$Q = 3.14 \times (D / 2)^2 \times V = 3.14 \times 0.15^2 \times 2.23 \times 3600 = 567.2(\mathrm{m^3/h})$$

则三趟管路排水量为

$$3 \times 567.2 = 1701.6(\mathrm{m^3/h})$$

按目前计算的拦水坝上游大气降水所形成的汇流量为 1320.8m³/h，三趟 Φ300mm 的高密度聚乙烯双壁波纹软管作为排水管路可以将拦水坝上游大气降水所形成的汇流导入下游，考虑一定的安全系数，建议设置四趟 Φ300mm 的高密度聚乙烯双壁波纹软管。

④拦水坝参数及施工。坝体的高度经汇水量反算后确定，根据上述计算拦水坝上游汇水量为 1320.8m³/h，坝体底部宽度约为 20m，沟谷底部汇水长度以 20m 计算，沟谷较平缓，取其汇水空间为矩形，汇水高度为 3.3m。考虑其安全系数，最终一号拦水坝坝体高度为 4.5m，据此确定的拦水坝参数为坝体高 4.5m、上宽 2.0m、下宽 7.7m、长 20m，坡度为 60°，坝体土方量为 675m³。施工拦水坝前，在其前方 10m 处施工一水池，并施工一导水槽将地表水流导入水池，在水池中设置一台功率为 45kW 水泵，采用导水软管沿沟谷半山坡将地表水流导入一号拦水坝下游。一号拦水坝完成施工后对水池进行填埋，恢复原有状态；拦水坝坝基上下同宽为 8m、长 20m、深 1m，坝基挖掘完成后，在坝基底部及两侧铺设一层防渗布。施工坝基时，在坝基最低

处设置一台功率为 15kW 的水泵，用于抽排此处潜水补给的水源。坝基挖掘完成后在坝基底部注入厚度约为 200mm 的水泥砂浆，在坝基中部每隔 0.5m 用装有黄土的编织袋垒出一条宽度为 200mm 的槽，编织袋的外侧用黄土封填夯实后，槽内采用水泥砂浆注浆，注浆时务必使水泥注浆充满编织袋缝隙。如此每隔 0.5m 反复施工，直至坝基施工完成。施工拦水坝时，在坝体贴地表处铺设四趟 9m 装有阀门的 DN300mm①的钢管，当施工至距坝体 1m 位置时，铺设四趟 9m 装有阀门的 DN300mm 的钢管。在施工至有 DN300mm 钢管穿过坝体区域时，注意对钢管的保护，加强对此段的注浆量。坝体施工完成后在坝体表面铺设一层防渗布。拦水坝施工完成后，对前期施工的水池进行填埋处理，恢复原有状态，并将地表水流导入设置的 DN300mm 导水管内。在拦水坝前 2m 处施工一深 1m、长 5m 的沉淀池，沉淀池底部铺设防渗布，沉淀池容积约为 $50m^3$。一号拦水坝四趟 DN300mm 的钢管在坝体下侧与四趟波纹软管连接，根据现场地势沿一定路线将水导入哈拉沟下游。管线线路方位约为 120°，大致沿积水线右侧铺设，拦水坝导水路径长约为 710m，四趟排水管路总长约为 2840m。

(2) 封堵：哈拉沟区域因回采塌陷生成的裂缝就地取土进行人工封填，并夯实，严防雨季时水沿裂缝灌入井下。沿积水线(河床)两侧各 10m 范围内，重点进行人工封填，并夯实。采用黄土封堵河床，裂缝较大或裂缝处坚硬时采用水泥砂浆(水泥与沙子的质量比为 1∶2.5)封堵。随着 42108 综采工作面回采(过沟)，地表裂缝出现时间不一，但只要地表一出现裂缝，就要进行初次封填。初次封堵河床时，先沿裂缝挖出宽 300mm、深 200mm 的小槽，将挖出的黄土等物填入裂缝深部中，充分夯实后，用黄土填满槽子，夯实，再填，如此反复数次，直到充分夯实为止。工作面过沟结束，初次封填同时进行完毕。待哈拉沟上覆岩层整体垮落稳定一定时间后，若初次封堵好的裂缝变大，根据现场情况，每隔 2～3d 再进行多次封堵，直到塌陷区稳定。当工作面完全推采穿越河道塌陷区稳定后，对地表沟壑处垮落积土现场处理，防止二次垮落堵塞河道。特别对于河床出现的裂缝，采取整体河道开挖深度为 100cm，然后在下部 50cm 内，按照每层 25cm 的厚度由下向上回填透水性弱的黏土，并分层采取人工或机械夯实填筑，在每层厚度为 25cm 回填土的层之间增加 2～3 层膨润土复合防水毯，提高隔水效果，详见河道治理工程剖面示意图(图 4-46)。在上部的 50cm 内采用级配良好的碎石压实回填，达到防止水流淘刷的目的。

---

① DN 表示公称直径。

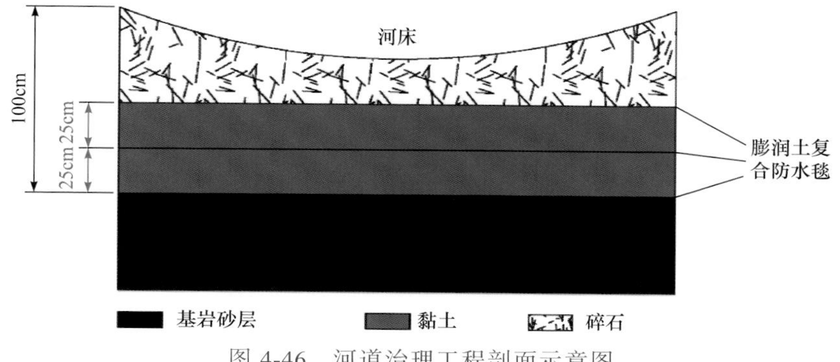

图 4-46　河道治理工程剖面示意图

(3) 疏导：①从 22408 工作面胶运巷沿积水线至回风巷，经计算坡度为 4°～5°。在该段内，有的区段坡度较为平缓，有的区段较为弯曲。要对这些区段进行人工修整，将平缓区段变为有一定坡度，将弯曲变为较为顺直，以疏导流水。②疏导和封堵是紧密结合的，哈拉沟煤矿回风侧进行一定的工程后，严格封堵该处裂缝，哈拉沟塌陷区积水线与下游积水线重新连接起来，利用哈拉沟独特的地形和位置，整体上完成了一个排洪畅通的人工河床。③积水线两侧若有积水，可人工修出大致走向垂直积水线的沟渠，并引流至河床。

3. 治理效果评价

为了查清注浆材料在注入松散层中时的材料自身状态以及与受注层相对松散材料的混合状态，需利用钻探取心的检测手段对注浆加固段进行钻探检测。在钻取的样品中，由于原始松散层胶结较差，部分地层未取得完整岩心，如图 4-47 所示。

(a) 类线状联系

(b) 类面状联系

图 4-47　受注地层中注浆材料凝固状态及与地层混合状态

由图 4-47 可以看出，注浆材料在地层的凝固状态基本为两种形式，一种为类线状，即注浆材料在受注地层的水平剖面中为类线状联系，此外，由于剖面方向的差异，类线状联系也可能是类面状联系；另一种是类面状，即注浆材料在受注地层的水平剖面中为类面状联系。两种联系方式中，注浆材料形成的凝固体均将受注地层分割，破坏了原有地层的连续性，相当于在松散材料中植入了片状的加筋层。

结合室内沙层注浆试验，对试验沙层中注浆体解剖图片与实际受注地层取心剖面比较，两者具有相似的注浆材料运移规律(图 4-48)。注浆材料在松散介质中是以面状和块状存在的，即注浆胶结体的作用形式为劈裂式和压密式。另外，由室内沙层注浆试验可以看出，注浆材料在受注层中渗透性较小，能够包裹胶结的松散材料非常有限。即注浆材料在受注地层中是单独凝固胶结，而不是与受注的松散地层混合而胶结存在。

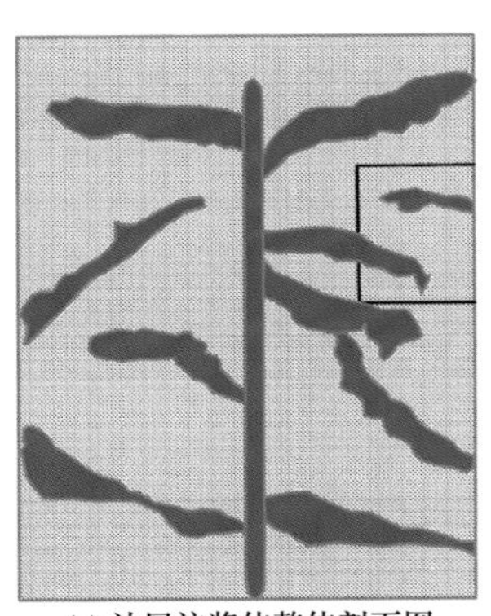

(a) 沙层注浆体整体剖面图

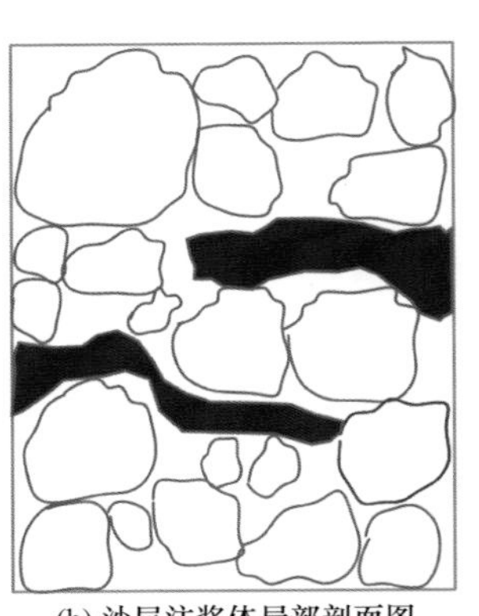

(b) 沙层注浆体局部剖面图

图 4-48　注浆材料在受注地层中的运移规律

利用松散地层中的注浆方式，在松散介质中人为加入具有一定强度的连续性物质，改变松散地层的物理和力学特性。具体来说，注浆在一定程度上改变了松散介质的密实度，同时排出了松散介质中的部分水分(动态条件下，水分可看作松散介质运动的润滑剂)。另外，注浆将松散介质的连续性改变，一个整体切割为多个连续或不连续的部分，在水力坡度一定的情况下，增大了松散材料的运动阻力，延长了水在松散介质的运移路径，降低松散材料的流动性能，从而起到了固定或限制松散层运动的目的。

哈拉沟煤矿 22408 工作面于 2017 年 4 月 1 日开始回采，于 2018 年 8 月 27 日安全过沟，取得的良好的经济效益与社会效应，后续在哈拉沟煤矿 22209 和 22210 两个工作面陆续开展了溃水溃沙井下注浆防治工程，均取得了圆满成功。该套技术在石圪台煤矿、上湾煤矿、大柳塔煤矿开采浅埋的薄基岩、厚松散含水沙层下的煤炭资源时，也得到了广泛应用。

第5章 巨厚砂岩含水层水害成因与防控技术

黄陇煤田煤层开采具有“一深两厚”的特点，即煤层普遍埋深大，煤层厚且主要充水含水层厚。厚煤层综放开采造成导水裂隙带发育高度大，直接波及顶板厚层洛河组砂岩含水层，使得工作面涌水量大且持续时间长，随着回采工作面增加，矿井涌水量通常呈持续增大的趋势，使得矿井排水负担较重。本章以受洛河组含水层影响严重的彬长矿区为例，查明巨厚砂岩影响下的矿井水害特征，揭示水害形成机理，制定水害防控技术体系。

5.1 巨厚砂岩含水层水害特征

巨厚砂岩含水层水害不同于老空透水、底板奥灰突水等突发型水害类型，主要出水位置为回采工作面和采空区，涌水量变化规律性明显，一般情况下突发性不强，正常涌水情况下不会造成人员伤亡，但由于其涌水强度高、持续时间长，会影响矿井正常生产。

以彬长矿区亭南煤矿为例，矿井开采初期(2006～2011年)，主要在一盘区采用条带开采方式，巨厚洛河组砂岩含水层地下水占矿井涌水占比较少，因此多个工作面连续回采后，矿井涌水量总体保持在200m^3/h左右。从2012年开始，矿井在二盘区、三盘区、四盘区布设了综放开采工作面(采宽为180～220m)，导水裂隙带高度进一步增加，并影响到洛河组含水层，使得洛河组砂岩含水层地下水大量参与矿井涌水，单个工作面涌水量明显增大，且随着回采工作面面积增加，矿井涌水量持续增大(图5-1)。

矿井涌水组成中，井筒涌水量和巷道淋水量保持稳定，占比在0.5%以下，矿井主要出水点为采空区和回采工作面。由于采空区面积较大，衰减慢，涌水量占比始终保持在74%以上，处于最主要的地位(表5-1)。

对于单个回采工作面涌水量变化而言，回采初期无明显出水，在回采一定距离后开始出现少量淋水，随着周期来压，工作面会有明显的洛河组含水层涌水迹象，涌水量开始明显增大。以亭南煤矿205工作面为例，工作面回采前68m均无明显涌水，之后出现少量顶板淋水，涌水量为12～25m^3/h。在工作面回采到100m之后涌水量有所增加，尤其是在回采到112m处涌水量突增到81m^3/h。随着周期来压显现，涌水量呈台阶式增长，并在回采到611m

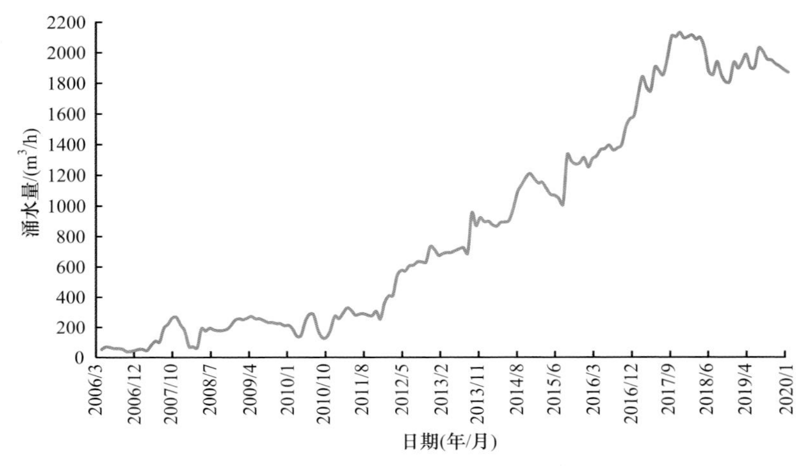

图 5-1 亭南煤矿涌水量变化曲线

表 5-1 亭南煤矿不同时间矿井涌水量情况 (单位：%)

时间	采空区涌水量占比	工作面涌水量占比
2017 年 6 月	82	18
2018 年 6 月	85	15
2019 年 6 月	91	9
2020 年 6 月	74	26

处达到峰值 388m³/h，然后回落。之后，工作面涌水量相对平稳，回采结束时工作面涌水量为 260m³/h(图 5-2)。

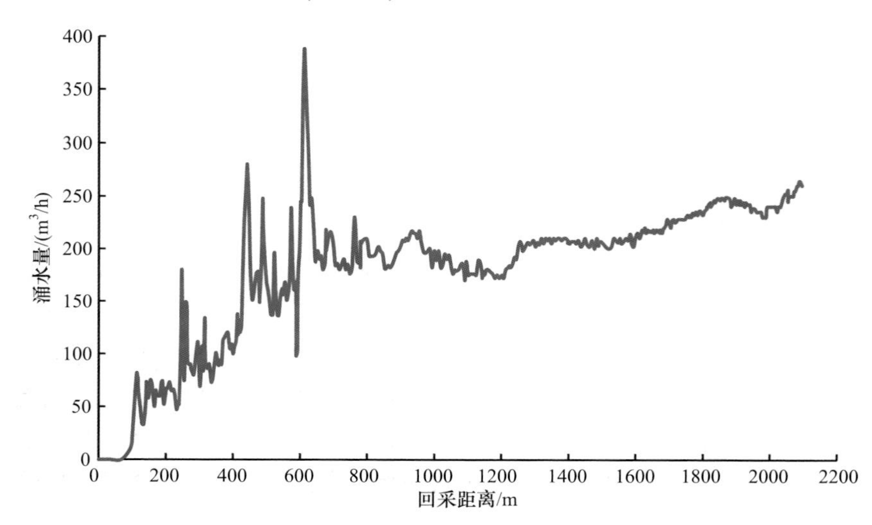

图 5-2 亭南煤矿 205 工作面涌水量变化曲线

亭南煤矿是黄陇煤田受巨厚洛河组砂岩含水层影响的典型矿井，根据其涌水量变化规律，总结得到巨厚洛河组砂岩含水层水害的总体特征：单个回采工作面涌水量大，受覆岩导水裂隙带影响，有明显的出水位置，采空区涌水量衰减慢，矿井涌水量随着采空区面积的增加而持续增大。鉴于该出水特征，区域内多座煤矿随着回采工作面面积增加，涌水量持续增大，排水系统负荷重，排水费用高，一定程度上制约了矿井的安全、高效生产。

5.2 巨厚砂岩含水层水害形成机理

煤层开采后，顶板导水裂隙带向上发育，破坏隔水层而影响顶板含水层，使得含水层水进入井下，产生矿井涌水。顶板含水层涌水强度受到含水层性质、导水裂隙带高度、断裂构造及其他导水通道特征的综合影响，短时间内的高强度涌水常会造成顶板含水层透水事故，对矿井造成灾害性影响。

黄陇煤田煤层开采主要受顶板巨厚洛河组砂岩含水层影响，通过对洛河组砂岩含水层精细化勘探，查清其水文地质特征，多手段综合研究查明导水裂隙带发育规律，掌握煤层开采对含水层的扰动规律，最终揭示巨厚砂岩含水层水害形成机理。

5.2.1 巨厚砂岩含水层非均质特征精细勘探

洛河组地层以砂砾岩为主，夹顺层方向的泥岩薄层和透镜体，整个含水介质为砂岩、砾岩和少量泥岩介质，垂向非均质性较强。查明洛河组含水层的垂向非均质特征对矿井水害防控工作有较大意义。

1. 分层抽水试验方法与工作

探查巨厚砂岩含水层垂向水文地质结构需利用分层抽水系统，分段查明含水层垂向不同层位的渗透性及富水性规律。探查设备采用中国地质调查局水文地质环境地质调查中心研发的国产化地下水分层抽水系统，对洛河组巨厚砂岩含水层垂向不同层段进行分层抽水试验，探查其水文地质参数。

1) 分层抽水试验原理与设备

分层抽水试验是在钻孔内采用双封隔器将抽水目的层段两端的非目的层段隔离，然后利用抽水泵对目的层段进行抽水，同时利用设置在上封隔器下端的监测仪器实时记录地下水水位及水温的变化，以获得目的层段抽水的有关参数。分层抽水系统结构示意图如图 5-3 所示。

分层抽水系统主要由分层隔离单元、抽水单元、抽水试验数据记录与显

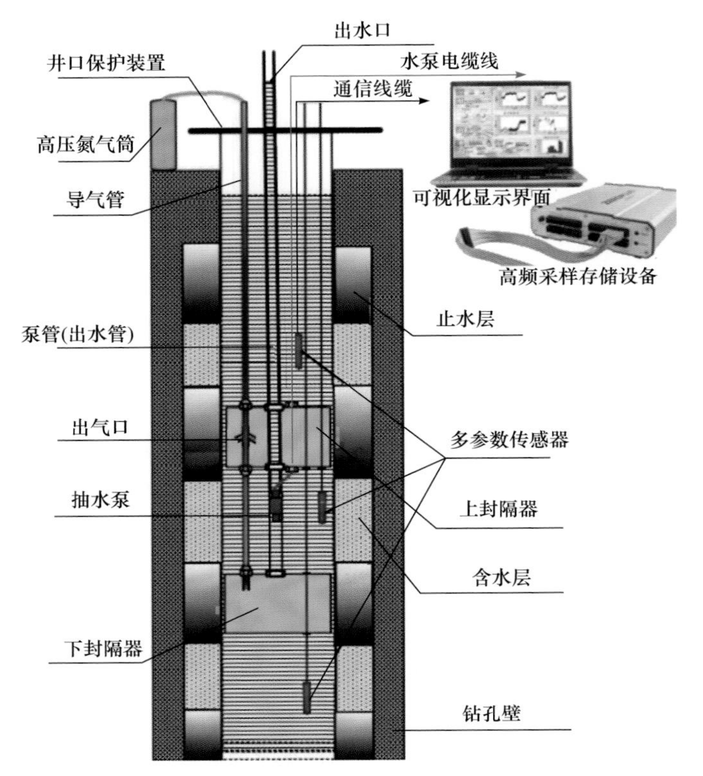

图 5-3　分层抽水系统结构示意图

示单元、封隔器充气单元组成。分层隔离单元包括过电缆充气封隔器(上封隔器)和常规充气封隔器(下封隔器)；抽水单元包括抽水泵、出水口、水泵电缆线、变频控制电柜等；抽水试验数据记录与显示单元包括多参数传感器、通信线缆、数据显示与存储器、流量计等；封隔器充气单元包括高压氮气瓶、减压器、高压三通阀和导气管等。

分层抽水过程中，提前设计分层抽水层段厚度，利用钻杆将分层隔离单元(封隔器)下入孔内，在两个封隔器之间安装潜水泵。封隔器充气膨胀隔水，并在地下水位稳定之后进行抽水，自动记录抽水层、封隔器上下层的水位动态变化。

2) 分层抽水主要工作

黄陇煤田多个矿井利用地下水分层抽水系统开展了分层抽水试验，抽水层位按照地层岩性、测井资料孔隙解释、井径、水文测井资料等综合确定。根据岩性分析，洛河组地层内部难以找到稳定的隔水泥岩地层，因此在多种因素综合确定层位后，按等间距划分含水层并进行抽水，抽水层厚度根据地层总厚度进行确定，基本保持在 25～35m。

现阶段进行过抽水试验的矿井主要有亭南煤矿、孟村煤矿、高家堡煤矿和邵寨煤矿，主要工作量如表 5-2 所示。主要抽水试验设备见图 5-4。

表 5-2　分层抽水试验主要工作量

煤矿名称	钻孔编号	单孔分层数/层
亭南煤矿	BK4-1	9
高家堡煤矿	DJ1、DJ2	10
孟村煤矿	JT1、JT2	10
邵寨煤矿	SK1、SK3	12

(a) 封隔器

(b) 高压氮气瓶

(c) 变频控制电柜

(d) 水位自动监测仪器

图 5-4　分层抽水系统设备

2. 分层抽水模型概化与参数计算

分层抽水试验是针对不同含水层精细刻画其水文地质特征的水文地质试验方法。由于洛河组含水层内部粉砂岩、泥岩等隔水段多以透镜体状发育，没有较好的连续性，未找到稳定的隔水层段，因此在洛河组含水层分层抽水试验过程中，难以采用封隔隔水地层对完整的含水层进行层位划分与抽水。

鉴于地下水分层抽水模式，将同一抽水层内部概化为薄层状各向同性介质，不同层水文地质参数各不相同，多层组合后可将洛河组含水层概化为近水平、垂向结构差异的巨厚、多层非均质各向同性含水层。洛河组含水层结构概化如图 5-5 所示。

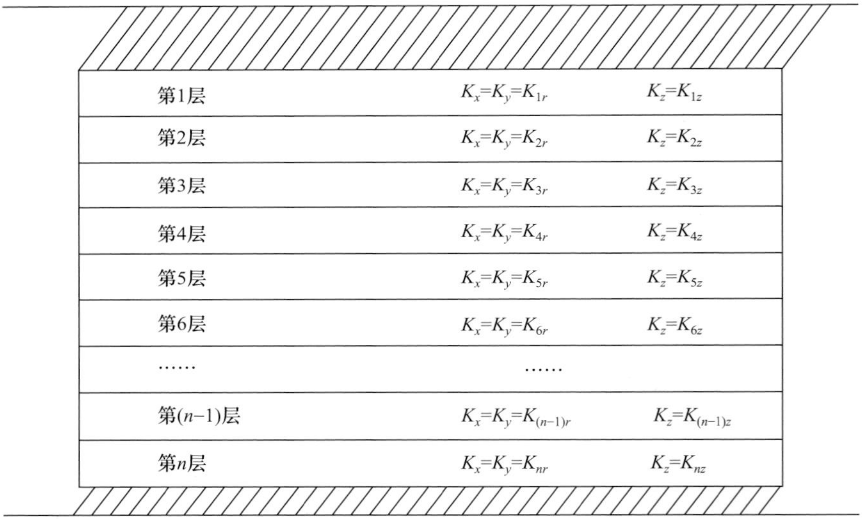

第1层	$K_x=K_y=K_{1r}$	$K_z=K_{1z}$
第2层	$K_x=K_y=K_{2r}$	$K_z=K_{2z}$
第3层	$K_x=K_y=K_{3r}$	$K_z=K_{3z}$
第4层	$K_x=K_y=K_{4r}$	$K_z=K_{4z}$
第5层	$K_x=K_y=K_{5r}$	$K_z=K_{5z}$
第6层	$K_x=K_y=K_{6r}$	$K_z=K_{6z}$
……	……	
第(n−1)层	$K_x=K_y=K_{(n-1)r}$	$K_z=K_{(n-1)z}$
第n层	$K_x=K_y=K_{nr}$	$K_z=K_{nz}$

图 5-5　洛河组含水层结构概化图

对于非均质含水层参数计算难度较高，可采用均质各向同性含水层非完整井流公式分别计算参数，定性对比垂向不同层位水文地质条件的差异性。再采用不同层间水力联系密切程度综合分析垂向非均质特征。

1) 分层抽水参数求取

以地下水流动系统基础理论为指导，对洛河组含水层进行垂向等间距划分，封隔钻孔内各分层的顶底界面，精细刻画具有统一水力联系的洛河组含水层在不同分层的差异性特征。抽水试验采用长时间、自动监测水位的方法，最终达到抽水水位基本稳定。该类型顶底隔水界面的分层抽水模式可概化为单孔非完整井稳定流抽水井流模型。

将两个封隔器之间抽水层段概化为孔壁均匀进水的过滤器，将过滤器看作是无数个空间汇点组成的空间汇线，抽水流量沿汇线均匀分布，空间汇线镜像抽水模型示意图如图 5-6 所示，则汇线上任意微小的段抽水量 ΔQ 可表示为

$$\Delta Q = \frac{Q}{z_2 - z_1}\Delta\eta_i \tag{5-1}$$

式中，Q 为抽水段总抽水量(L/s)；ΔQ 为任意微小段长度的抽水量(L/s)。

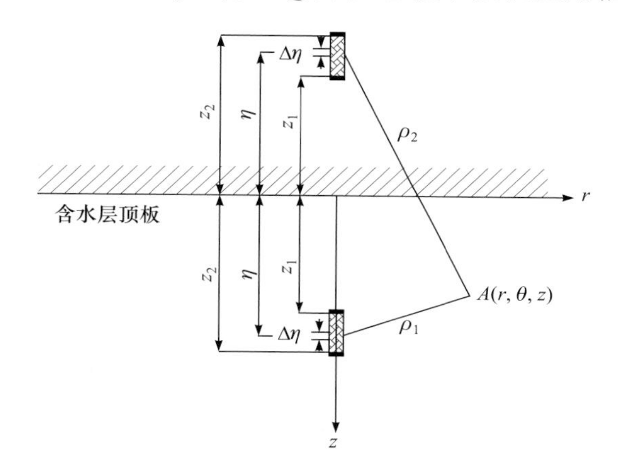

图 5-6 空间汇线镜像抽水模型示意图

图 5-6 中，$\Delta\eta_i$ 为汇线上任意微小段长度(m)；z_1 为抽水段顶埋深(m)；z_2 为抽水段底埋深(m)；η 为任意微小段埋深(m)。

对于空间任一汇点产生的降深 s 可用式(5-2)表示，由此推出，该微小段在含水层中任一点 A 产生的降深为 s_i，可用式(5-3)表示：

$$s = \frac{Q}{4\pi K\rho} \tag{5-2}$$

$$s_i = \frac{\Delta Q}{4\pi K\rho_i} \tag{5-3}$$

式中，K 为含水层渗透系数(m/d)；ρ 为空间任意 A 点距离微小段距离(m)。

由于受顶板隔水边界影响，根据镜像叠加原理，在顶板上方对应出等强度的虚汇点，空间任一点降深应为实汇点和虚汇点产生降深的叠加。

$$s_i = \frac{\Delta Q}{4\pi K}\left(\frac{1}{\rho_1} + \frac{1}{\rho_2}\right) \tag{5-4}$$

在柱坐标系中对距离进行表示，从而得出降深的最终表达式：

$$\begin{cases} \rho_1 = \sqrt{(z-\eta)^2 + r^2} \\ \rho_2 = \sqrt{(z+\eta)^2 + r^2} \end{cases} \tag{5-5}$$

$$s_i = \frac{Q}{4\pi K(z_2 - z_1)}\left(\frac{1}{\sqrt{(z-\eta)^2 + r^2}} + \frac{1}{\sqrt{(z+\eta)^2 + r^2}}\right)\Delta\eta_i \tag{5-6}$$

将汇线上无数汇点产生的降深进行叠加，汇线在空间任一 A 点位置降深用积分表示，求取定积分公式即可得出受顶板隔水层影响下任意点的降深。

$$s = \frac{Q}{4\pi K(z_2 - z_1)}\int_{z_1}^{z_2}\left(\frac{1}{\sqrt{(z-\eta)^2 + r^2}} + \frac{1}{\sqrt{(z+\eta)^2 + r^2}}\right)\mathrm{d}\eta \tag{5-7}$$

$$s = \frac{Q}{4\pi Kl}\left(\operatorname{arsh}\frac{z+z_2}{r} - \operatorname{arsh}\frac{z+z_1}{r} - \operatorname{arsh}\frac{z-z_2}{r} + \operatorname{arsh}\frac{z-z_1}{r}\right) \tag{5-8}$$

式中，l 为抽水段总长度(m)。

洛河组含水层为厚度有限的含水层，分层抽水过程中，流线分布除受到顶板隔水层影响外，还受到底板隔水层影响。M.muskat 应用汇线无限次镜像，得出过滤器与顶板接触时，承压水不完整井的计算公式。

$$Q = \frac{2\pi KMs_\mathrm{w}}{\dfrac{1}{2\alpha}\left[2\ln\dfrac{4M}{r_\mathrm{w}} - 2.3A\right] - \ln\dfrac{4M}{R}} = \frac{2.73KMs_\mathrm{w}}{\dfrac{1}{2\alpha}\left[2\lg\dfrac{4M}{r_\mathrm{w}} - A\right] - \lg\dfrac{4M}{R}} \tag{5-9}$$

式中，M 为含水层厚度(m)；R 为影响半径(m)；s_w 为水位降深(m)；r_w 为抽水井半径(m)；$\alpha = \dfrac{l}{M}$；$A = f(\alpha) = \lg\dfrac{\Gamma(0.875\alpha)\Gamma(0.125\alpha)}{\Gamma(1-0.875\alpha)\Gamma(1-0.125\alpha)}$，$\Gamma$ 为伽马函数。

分层抽水试验过程中，多数条件下过滤器不与隔水顶板接触，双封隔器位于含水层中部非完整井稳定流模型如图 5-7 所示，图中 c 为过滤器与隔水顶板距离。

以往学者研究发现，在 $c+l>0.5M$ 条件下，抽水段上下段流线弯曲大，中部接近水平面(c 为过滤器与隔水顶板距离)。鉴于此，通过过滤器中线把抽水段分为上下两部分，分别计算其抽水流量并叠加，得出抽水的总流量公式：

$$Q = 2.73Ks_\mathrm{w}(B + D) \tag{5-10}$$

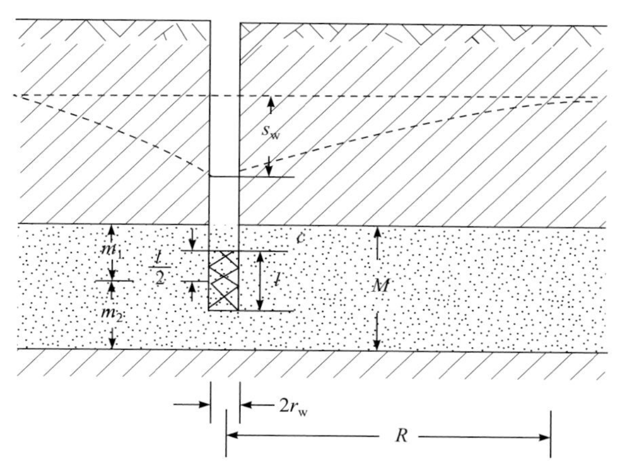

图 5-7　双封隔器位于含水层中部非完整井稳定流模型

$$B = \frac{m_1}{\frac{1}{2\alpha_1}\left[2\lg\frac{4m_1}{r_w} - A_1\right] - \lg\frac{4m_1}{R}}$$

$$D = \frac{m_2}{\frac{1}{2\alpha_2}\left[2\lg\frac{4m_2}{r_w} - A_2\right] - \lg\frac{4m_2}{R}}$$

式中，$A_1 = f(\alpha_1)$；$\alpha_1 = \frac{0.5l}{m_1}$；$A_2 = f(\alpha_2)$；$\alpha_2 = \frac{0.5l}{m_2}$。

对于潜水含水层，当含水层抽水扰动水位均位于上封隔器之上时，可近似采用式(5-10)进行计算。

2) 分层抽水试验结果与参数计算

取亭南煤矿 BK4-1 钻孔分层抽水试验结果进行参数计算。根据钻孔混合水位埋深和洛河组含水层厚度关系，该钻孔共分为 9 个层位进行分层抽水试验，试验结果如表 5-3 所示。

表 5-3　分层抽水试验结果

抽水层位	起始埋深/m	终止埋深/m	水位埋深/m	涌水量/(L/s)	水位降深/m	单位涌水量/[L/(s · m)]	渗透系数/(m/d)
1	284.14	316.16	267.93	0.745	36.870	0.0202	0.0517
2	318.43	350.45	267.92	0.663	35.280	0.0188	0.0469
3	354.19	386.21	268.24	0.445	42.900	0.0130	0.0258
4	381.39	413.41	269.70	0.903	27.420	0.0330	0.0821

续表

抽水层位	起始埋深/m	终止埋深/m	水位埋深/m	涌水量/(L/s)	水位降深/m	单位涌水量/[L/(s · m)]	渗透系数/(m/d)
5	415.64	447.66	272.49	1.320	9.840	0.1350	0.3322
6	444.58	476.60	271.65	2.549	15.076	0.1704	0.4234
7	476.09	508.11	277.17	1.568	87.110	0.0182	0.0459
8	508.46	540.48	282.55	1.650	65.095	0.0255	0.0660
9	530.72	562.00	351.82	0.946	23.137	0.0410	0.1112

采用式(5-10)计算孟村煤矿 2 个钻孔洛河组含水层分层抽水试验水文地质参数，得出垂向不同深度渗透系数和单位涌水量，抽水试验结果如表 5-4 所示。

表 5-4 孟村煤矿洛河组含水层不同层位抽水试验结果

钻孔编号	抽水层位	起始埋深/m	终止埋深/m	涌水量/(m^3/d)	水位降深/m	孔径/m	抽水段长/m	单位涌水量/[L/(s·m)]	渗透系数/(m/d)
JT-1	1	234.00	304.18	162.52	38.57	0.0875	62.08	0.050	0.0694
	2	305.22	335.49	168.22	48.26	0.0875	26.77	0.040	0.1093
	3	327.77	357.64	225.85	18.42	0.0875	26.37	0.142	0.3847
	4	357.38	387.65	218.94	24.46	0.0875	26.77	0.104	0.2778
	5	389.79	420.06	232.93	30.55	0.0875	26.77	0.088	0.2370
	6	410.89	441.53	169.43	33.97	0.0875	27.14	0.058	0.1530
	7	453.58	484.22	187.66	37.51	0.0875	27.14	0.058	0.1538
	8	493.51	524.15	102.06	68.60	0.0875	27.14	0.008	0.0458
	9	521.88	552.52	58.75	97.55	0.0875	27.14	0.007	0.0186
	10	521.88	607.50	44.32	70.46	0.0875	83.87	0.007	0.0075
JT-2	1	204.50	250.42	192.59	51.44	0.0875	44.17	0.043	0.0786
	2	249.76	280.40	229.22	78.80	0.0875	27.14	0.034	0.0906
	3	280.16	310.40	212.20	100.89	0.0875	26.74	0.024	0.0662
	4	309.94	340.58	302.14	52.72	0.0875	27.14	0.066	0.1773
	5	339.94	370.58	262.40	95.96	0.0875	27.14	0.032	0.0849
	6	370.40	401.00	31.86	190.03	0.0875	27.10	0.002	0.0052
	7	398.77	429.41	20.00	200.00	0.0875	27.14	水量小，未出水	—
	8	420.93	451.57	20.00	200.00	0.0875	27.14		
	9	453.54	484.18	74.58	97.55	0.0875	28.89	0.012	0.0225
	10	483.09	525.50	20.00	200.00	0.0875	40.66	水量小，未出水	—

3. 垂向水文地质参数变化

对亭南煤矿和孟村煤矿分层抽水试验结果进行汇总，以洛河组含水层采样深度为纵坐标，绘制垂向渗透系数分布图(图 5-8)。

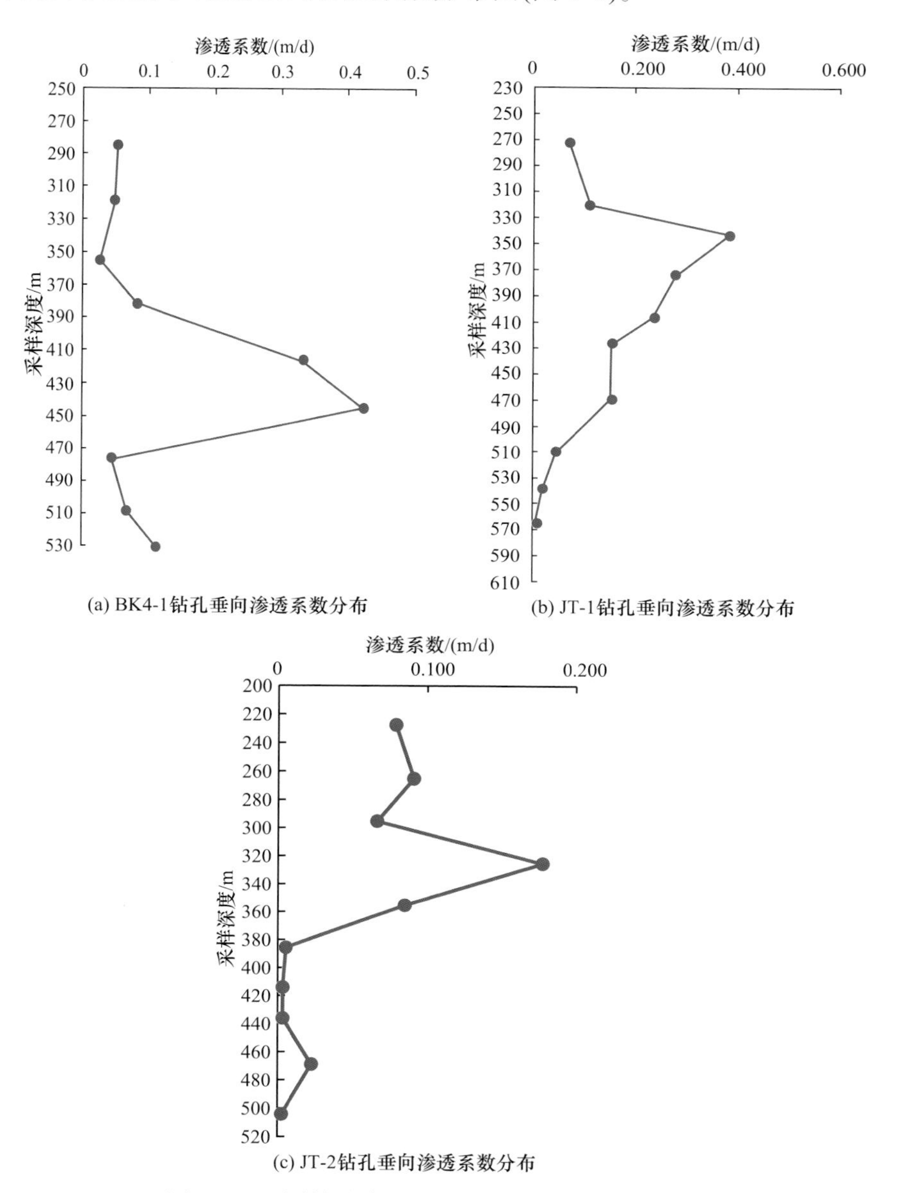

图 5-8　不同钻孔洛河组含水层垂向渗透系数分布

由图 5-8 可以看出，不同钻孔洛河组含水层垂向渗透性差异较大，利用分层抽水试验得出的渗透系数、单位涌水量两个参数，可将洛河组含水层分为垂向三段，即上段、中段和下段。上段、下段水文地质参数较小，中段水文地质参数相对较大。

由于目前开展的分层抽水试验结果相对较少，对黄陇煤田区域性洛河组含水层上段、中段、下段的具体展布规律尚未查明。总体而言，从分层抽水得出的水文地质参数可以看出，洛河组含水层主要富水层段集中在含水层中段，下段富水性相对较弱，一般厚度为 80m 左右。

4. 垂向水化学变化特征

洛河组含水层厚度大，内部砂岩、砾岩、泥岩交互结构，且砾岩、泥岩透镜体广泛分布，使得含水层不同深度地下水径流路径有明显差异，不同采样深度水化学特征各不相同。亭南煤矿 BK4-1 钻孔在分层抽水试验期间，抽水稳定后取各深度抽水过程中水样进行水化学全分析测试，对比分析不同层位抽水时，地下水充分混合后水样的水化学特征，其水化学全分析测试结果如表 5-5 所示。

表 5-5　BK4-1 钻孔洛河组含水层不同采样深度水样水化学全分析测试结果

抽水层位	采样深度/m	pH	离子浓度/(mg/L)							矿化度/(mg/L)
			K^+	Na^+	Ca^{2+}	Mg^{2+}	HCO_3^-	Cl^-	SO_4^{2-}	
1	300	8.58	10.12	602.00	69.84	23.58	218.60	146.10	1212.00	2293
2	334	8.46	10.06	612.00	96.02	18.29	259.70	146.78	1185.91	2332
3	370	8.26	9.74	596.00	67.45	25.51	256.40	146.12	1143.09	2245
4	397	8.24	10.06	602.00	61.90	20.21	256.40	145.93	1118.69	2216
5	432	8.20	10.38	640.00	69.04	13.96	239.70	146.99	1202.58	2323
6	461	8.28	10.46	642.00	86.50	14.92	239.70	151.28	1281.07	2427
7	492	8.18	10.42	666.00	82.53	22.62	226.40	152.49	1308.12	2469
8	524	8.04	10.84	842.00	114.28	28.87	199.80	165.63	1726.96	3089
9	546	7.94	11.25	950.00	208.71	49.09	146.50	182.65	2412.81	3962

根据测试结果可知，随着埋深的增大，地下水矿化度有递增趋势，尤其是最下部两层地下水矿化度明显增大，最高达 3962mg/L。同时，洛河组含水层随着深度增加，水样 pH 逐渐降低，主要离子浓度也有显著变化，表现为 Na^+、SO_4^{2-} 浓度明显增大，HCO_3^- 浓度显著减小，尤其是最下部两层的地下水离子浓度发生明显变化(图 5-9)。

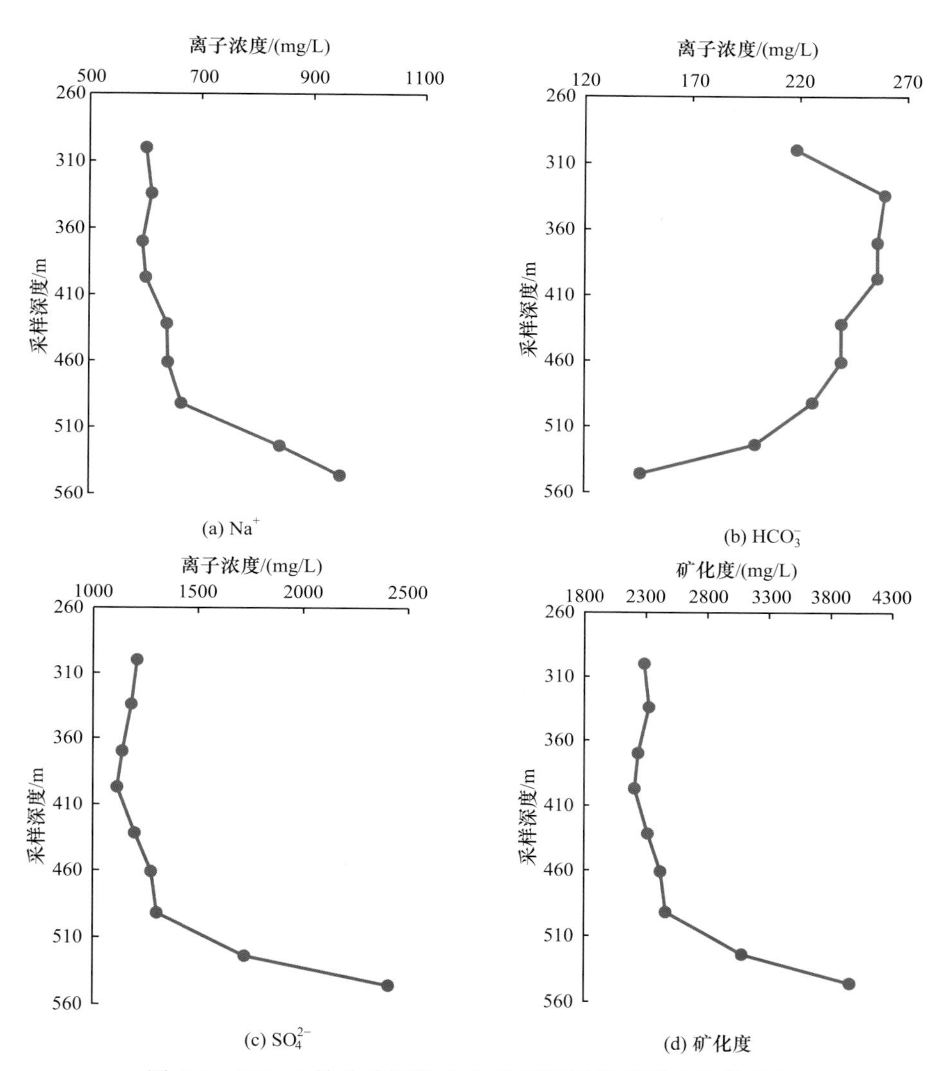

图 5-9　BK4-1 钻孔洛河组含水层不同采样深度水化学特征

类似的，孟村煤矿 JT1 钻孔垂向不同采样深度地下水水化学特征也有明显变化(图 5-10)。随着采样深度增大，SO_4^{2-}、Na^+浓度均明显增高，矿化度也逐渐增大，与亭南煤矿 BK4-1 钻孔所得出的规律较为一致。

根据洛河组含水层水化学特征，该含水层随着埋深增大，地下水循环条件逐渐变差，上部补给、径流、排泄滞缓的地下水溶滤作用较弱，初级、次级可溶物离子成分 Na^+、Cl^-、Ca^{2+}难以被地下水携带而贫化。随着矿物不断溶解和初级、次级可溶物离子成分的积累，水中 Na^+、SO_4^{2-} 浓度逐渐增高，

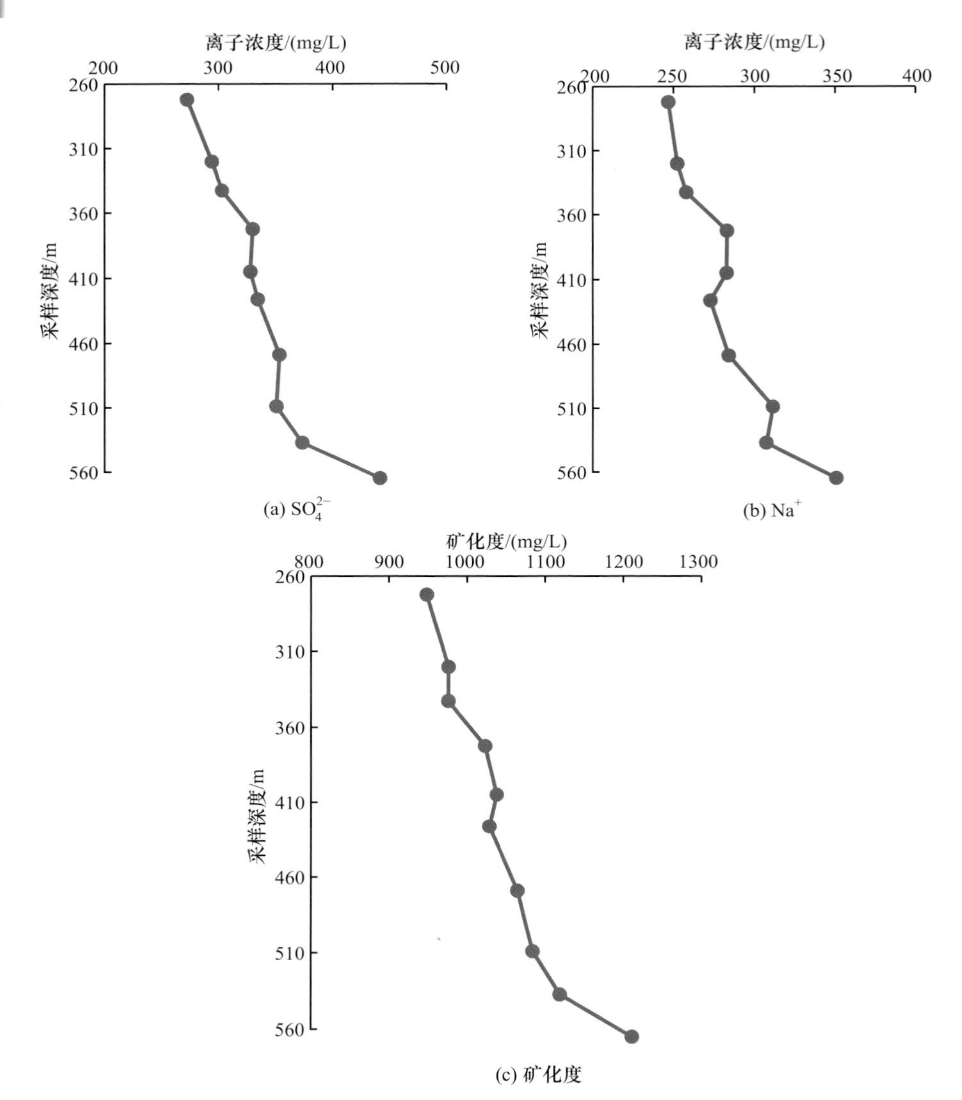

图 5-10　JT1 钻孔洛河组含水层垂向不同深度水化学特征

矿化度也逐渐增大。

5. 含水层内层间水力联系

亭南煤矿 BK4-3 和 BK4-4 钻孔为进行对孔布设，开展上、下段交替抽水试验，以评价洛河组含水层垂向不同层间水力联系，抽水试验结果分别如图 5-11～图 5-13 所示。

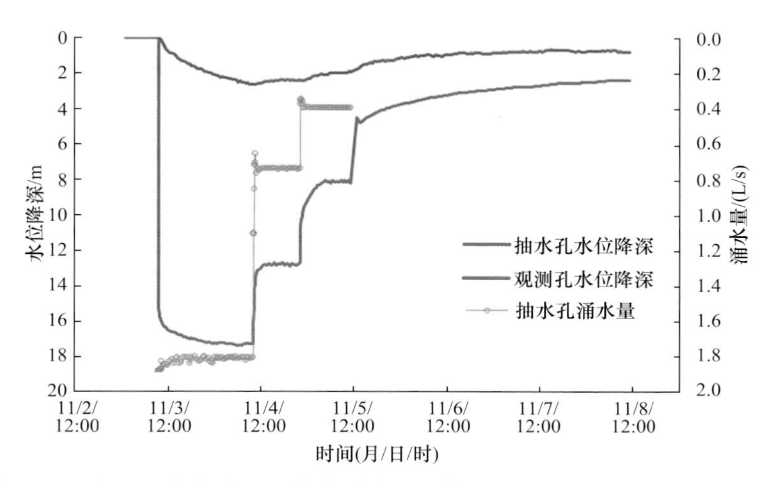

图 5-11　洛河组含水层上段抽水试验观测结果(BK4-3 抽水，BK4-4 观测)

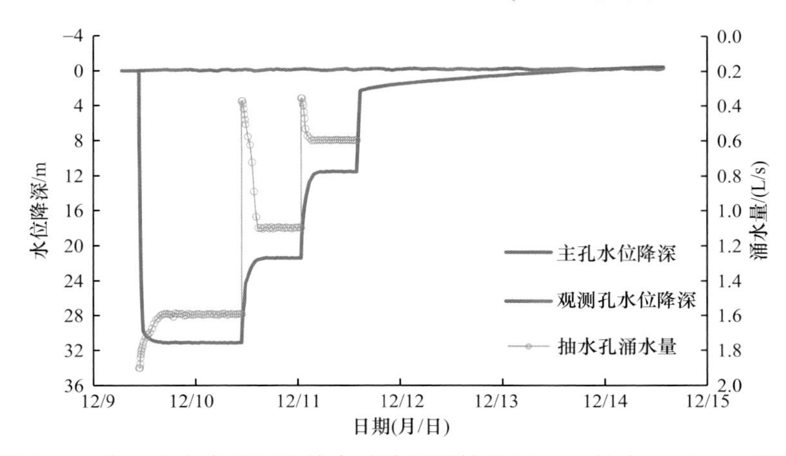

图 5-12　洛河组含水层下段抽水试验观测结果(BK4-3 抽水，BK4-4 观测)

由图 5-11 可知，对洛河组上段抽水、上段观测时，观测孔水位与抽水流量呈良好的滞后对应关系，表明洛河组含水层同层之间水力联系较为密切。但是，图 5-12 和图 5-13 表明，在洛河组上段抽水、下段观测和下段抽水、上段观测过程中，观测孔水位均无明显下降，表明其含水层垂向水力联系差。

综合分层抽水过程中封隔器上段、下段水位变化情况可知，由于洛河组含水层垂向渗透系数明显小于水平渗透系数，洛河组含水层上段、下段之间垂向水力联系不密切，也表明了含水层具有一定的各向异性。

6. 垂向综合特征

综合洛河组含水层垂向水文地质参数、水化学特征和水力联系分析，洛

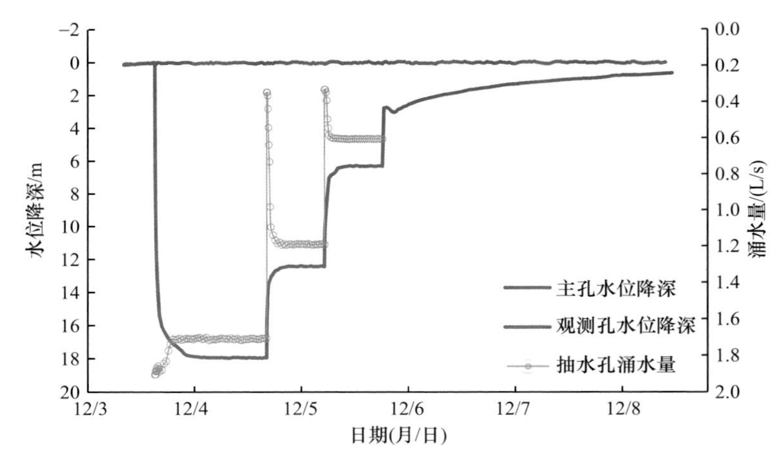

图 5-13　洛河组含水层上段抽水试验观测结果(BK4-4 抽水，BK4-3 观测)

河组含水层可概化为非均质各向异性含水层，主要表现为垂向不同深度渗透系数差异明显，从上到下可分为上段、中段、下段三段，中段富水性明显强于上段、下段，是含水层的主要富水层位；由于同段内地层岩性为层状结构展布，含水层垂向渗透系数明显小于水平渗透系数。

5.2.2　综放开采导水裂隙带高度研究

煤层开采后顶板岩层冒落、垮塌，使得采空区上覆岩体断裂，含水层水沿裂隙进入矿井。我国现有导水裂隙带高度计算的经验公式多以华北型煤田分层开采为样本，对侏罗系煤层的研究成果较少。黄陇煤田煤层顶板侏罗系延安组、直罗组地层富水性极弱，安定组为较好的隔水地层，导水裂隙带高度是决定含水层水是否进入矿井的主要因素。本小节选取典型工作面开采模型，采用导水裂隙带高度现场实测、相似材料物理模拟和计算机数值模拟，分析黄陇煤田煤层综放开采条件下导水裂隙带高度发育特征。

1. 导水裂隙带高度现场实测

现场实测方法是确定导水裂隙带高度最直接、准确的方法，其他方法作为辅助手段进行补充验证。目前，应用较成熟的现场探测方法主要有：地面钻孔冲洗液(简称钻液)法、注水试验法、高密度电阻率法、超声成像法、声波 CT 层析成像法、钻孔电视法、水位观测法和井下仰孔注水测漏法等。

1) 综合探查方法

黄陇煤田覆岩结构决定了采用地面钻孔进行导水裂隙带高度实测过程

中，洛河组含水层大量涌水造成部分探测方法的参数观测、图像收集等出现误差。同时，洛河组为裂隙孔隙含水层，含水层中原生富水裂隙会对测试结果造成干扰。鉴于洛河组含水层涌水现状，结合多年实测经验，开发了“采前背景条件探查、采中水位动态监测、采后综合测试”的煤层开采全过程导水裂隙带高度综合实测方法，具体流程如图 5-14 所示。

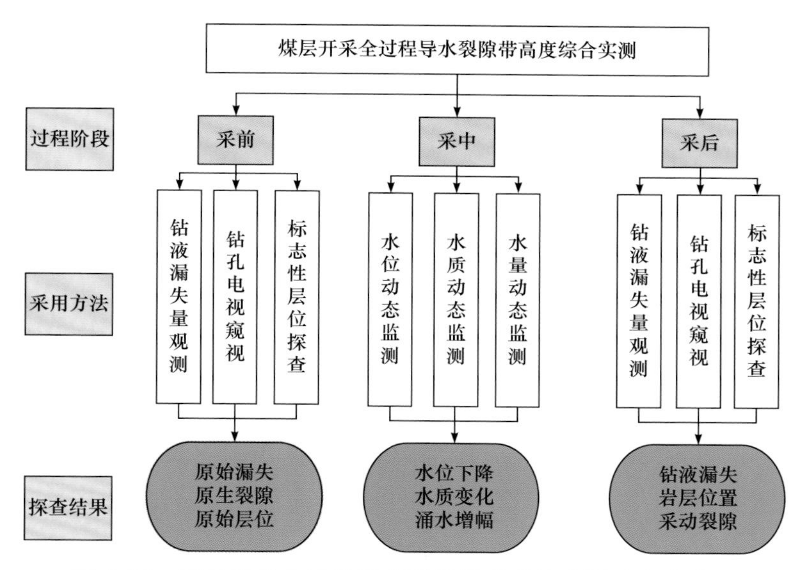

图 5-14　煤层开采全过程导水裂隙带高度综合测试方法流程

全过程导水裂隙带综合测试方法综合了煤层采前、采中和采后多项岩层移动与导水裂隙带发育指标的动态监测。采前进行地层的背景钻液漏失量、原生裂隙发育和原始标志层位深度探查，并在洛河组含水层上段布设水文动态监测系统；采中动态监测洛河组含水层上段水位变化、井下涌水量变化，并进行采空区涌水水质变化测试；煤层回采后 2 个月进行开采扰动地层的钻液漏失量观测、钻孔施工过程钻液高度下降幅度、标志性层位移动、采后覆岩裂隙发育情况探查。

综合探查方法较以往单一探查方法，克服了黄陇煤田导高实测过程中干扰因素多的问题，结果更为准确，主要优势如下：①采前裂隙发育情况背景条件探查，避免了洛河组含水层原生裂隙对导水裂隙带高度实测的干扰；②采前记录主要标志层位(宜君组砾岩、直罗组七里镇砂岩等)，有利于对比煤层采后主要层位移动变化情况，分析不同地层中离层发育与覆岩移动；③采中动态监测是导水裂隙带发育影响洛河组含水层的直接验证，达到“探查-验证”一体化的目的；④采后多方法综合探查，最大程度减弱了洛河组含水层涌水造成孔壁淋水，造成钻孔电视成像效果差、洛河组局部富水区造成钻液漏失量观测干扰等问题，相互验证使得探查精度更高。

综合探查方法中以钻液漏失量观测、钻孔电视窥视为主要采后测试手段，下面对主要的测试手段进行简要介绍。

(1) 钻液漏失量观测：钻液漏失量观测是通过记录钻探过程中钻液循环漏失情况，在采前、采后探查过程中进行背景裂隙、采动裂隙发育判识，是最主要的探查手段。探查过程中按照我国煤炭行业标准《导水裂缝带高度的钻孔冲洗液漏失量观测方法》(MT/T 865—2000)，通过钻液循环减少、下降观测、循环中断、掉钻和卡钻现象综合观测。钻探过程中钻液漏失量观测系统如图 5-15 所示。钻孔施工过程中，记录水源箱内原有水量、钻进过程中加入水量、剩余水量、测量时间、钻进进尺数、孔深等，重点记录不返水时钻孔深度、时间等，最终计算得出不同深度钻液消耗情况。同时，记录起钻后孔内液面深度、下钻前孔内液面深度、起钻时间、下钻时间，计算得出不同钻进深度孔内液面的下降速率。

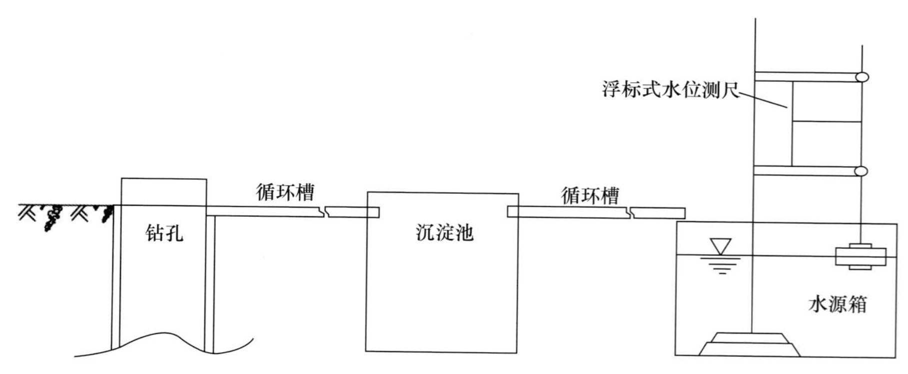

图 5-15　钻探过程中钻液漏失量观测系统

(2) 钻孔电视窥视：钻孔电视系统是将自带光源的防水摄像探头放入钻孔内，实时观测、监控和记录钻孔中地质体的各种特征及细微变化，观测地层岩性、岩石结构、钻孔内裂隙产状及发育情况、夹层破碎带、地下水位变化等。探查过程中，采用该系统观察煤层上覆岩层受采动影响后的裂隙发育高度、裂隙连通情况、岩体破碎状况和垮落岩块的分布，以及钻孔内部裂隙的渗水和孔内水位变化情况等，可为确定“两带”发育高度提供依据。钻孔电视窥视系统结构如图 5-16 所示。

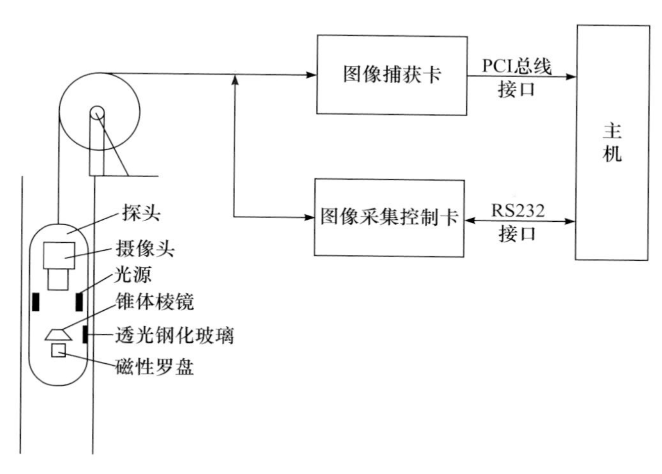

图 5-16　钻孔电视窥视系统结构

2) 现场实测工程

以胡家河煤矿 401101 工作面导水裂隙带高度实测工作为例。工作面走向长 1563m，倾向 180m，主采延安组 4 煤，煤层平均厚度 23.50m，埋深 539.2～651.9m，采用分层综采放顶煤开采第一分层，采厚 10～13.6m，采用全部垮落法管理顶板。工作面地层由老至新为：三叠系上统胡家村组(T_3h)，侏罗系下统富县组(J_1f)、中统延安组(J_2y)、直罗组(J_2z)、安定组(J_2a)，白垩系下统宜君组(K_1y)、洛河组(K_1l)、环河组(K_1h)，新近系(N)，第四系(Q)。4 煤开采的直接充水含水层为煤层顶板延安组砂岩含水层，其次还受到直罗组、安定组、宜君组弱富水含水层和洛河组中等富水含水层的影响。

(1) 探查钻孔布设：根据相关研究成果，综放开采条件下顶板导水裂隙带呈“马鞍形”，即导水裂隙带最高位置位于工作面开采边界以内或以外数米的范围。兼顾地面条件、地质条件与“两带”高度探查工程需求，选择在 401101 工作面布设两个探查钻孔 T5、T6，与切眼距离分别为 270m 和 150m，探查钻孔布设如图 5-17 所示。

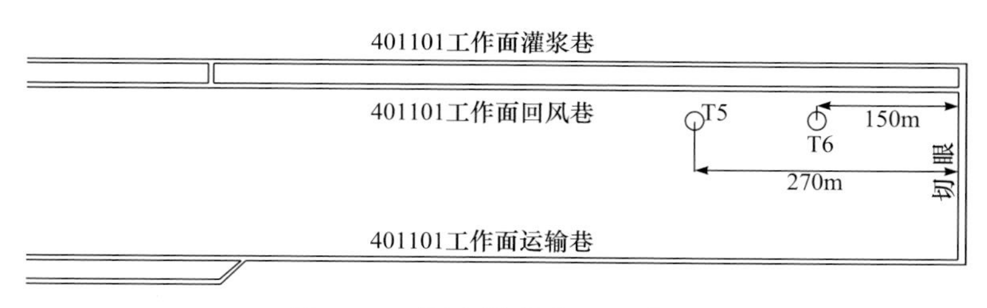

图 5-17　探查钻孔位置示意图

(2) 采前探查工程：工作面回采前，在工作面施工 T5、T6 探查钻孔，采用钻液漏失量观测、钻孔电视窥视的方法，探查洛河组地层中原生裂隙发育与展布情况。钻孔电视窥视工作现场如图 5-18 所示。

图 5-18　钻孔电视窥视现场

通过探查，在工作面回采前，煤层顶板白垩系、侏罗系地层钻液漏失量变化较为平稳，整个施工过程中钻液消耗无明显突变，表明煤层覆岩地层在原始状态下较为完整。钻孔施工完毕后，采用钻孔电视窥视也未发现有明显的原生裂隙。

(3) 采中水文动态监测：采前钻孔施工完毕并完成全部测试工作后，封闭钻孔不同层位并进行洛河组含水层水位动态监测。封闭 T5 钻孔下部，观测洛河组含水层中上段水位；T6 钻孔套管封闭洛河组含水层上部，重点观测洛河组含水层下段水位(图 5-19)。

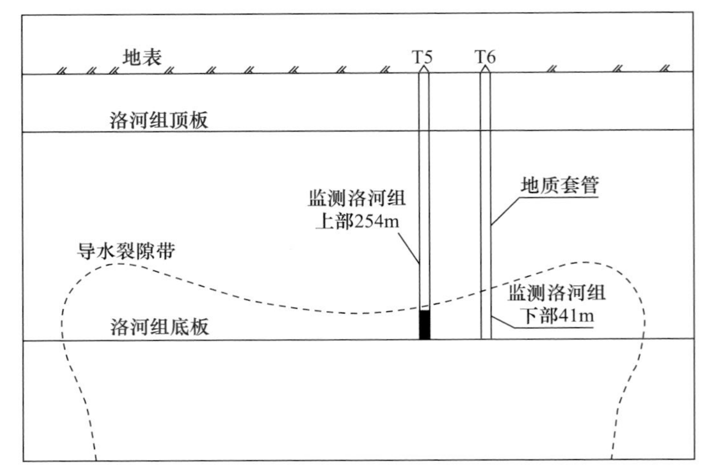

图 5-19　采中水文动态监测示意图

工作面回采到距离钻孔约 100m 时，增大水文动态监测系统的观测频率，密切观测水位标高变化情况。同时，井下观测工作面涌水量变化情况，并及时采取水样进行测试，分析涌水来源，T5、T6 钻孔水位标高与工作面涌水量变化见图 5-20。

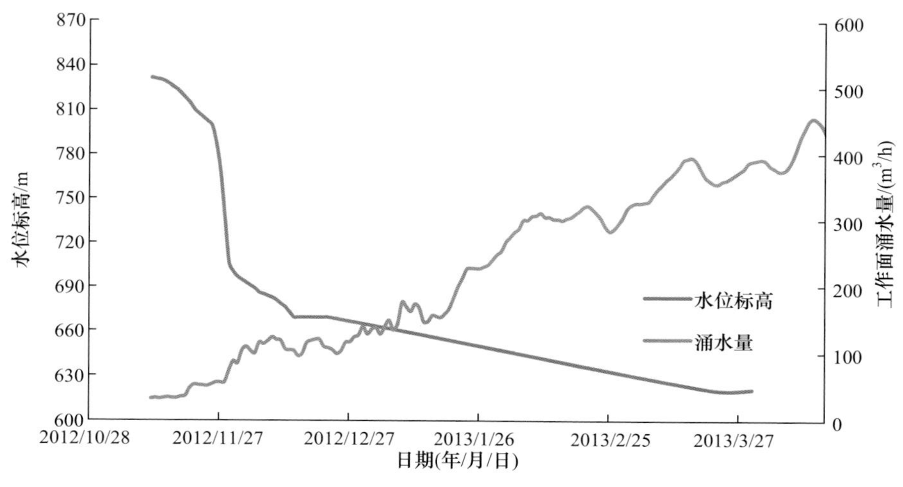

图 5-20　工作面涌水量与 T6 钻孔水位标高变化曲线

由图 5-20 可看出，工作面开始涌水后，监测洛河组含水层下段的 T6 钻孔自 2012 年 11 月 11 日开始水位标高出现明显下降，短时间内水位标高降到 710m 左右，直至现场探查采后孔施工前，水位标高降到 621.68m，累计下降深度达 209.90m。在含水层水位变化的同时，井下出现明显的涌水量突增现象，涌水量和水位标高变化有较好的一致性。这表明洛河组含水层地下水是工作面涌水的组成部分，采后顶板导水裂隙带高度达到 189m 以上，已直接波及洛河组含水层。

(4) 采后探查工程：工作面回采过钻孔 2 个月后，在 T5 钻孔位置进行透孔施工，布设钻液漏失量观测系统。T5 钻孔的钻液漏失量变化和钻孔内水位埋深变化分别如图 5-21 和图 5-22 所示。

由图 5-21 可以看出，钻液在孔深 424m 处出现明显漏失，甚至出现孔口不返浆的钻液完全漏失现象。之后，直至钻孔施工结束，钻孔内的钻液漏失量均较大，孔口一直未返浆。图 5-22 的钻孔水位变化与钻液漏失量变化情况较为一致，也是在水位埋深 424m 左右钻孔内出现水位突降，水位埋深由原先的 50m 增大到 300m 以上，介于 321.4～400.1m。T5 钻孔位置煤层埋深为 644.3m，由此判断煤层回采后导水裂隙带高度达到 220.3m，已直接波及洛河组含水层。

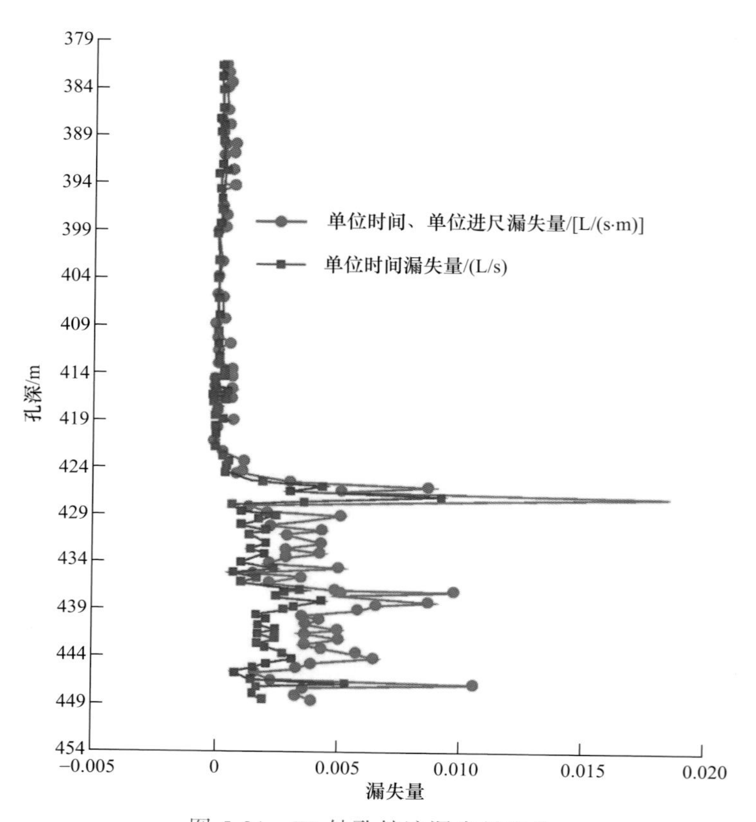

图 5-21 T5 钻孔钻液漏失量变化

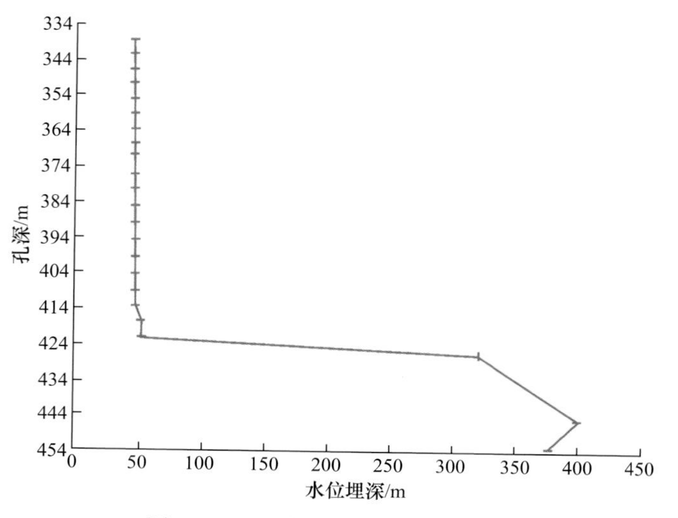

图 5-22 T5 钻孔内水位埋深变化

利用 GD3Q-A/B 型全孔壁数字电视系统，分别对 T5、T6 钻孔电视窥视(图 5-23、图 5-24)。窥视结果显示，T5 钻孔在埋深 418.9m 以上层段裂隙发育较少，规模较小；在埋深 418.9m 以下裂隙发育明显，规模较大。T6 钻孔在埋深 447.7m 以下开始出现明显的裂隙发育区域。观测结果表明，T5 钻孔导水裂隙带发育到埋深 418.9m 处，T6 钻孔处导水裂隙带发育到埋深 447.7m 处，钻孔窥视结果与简易水文观测结果较为一致。

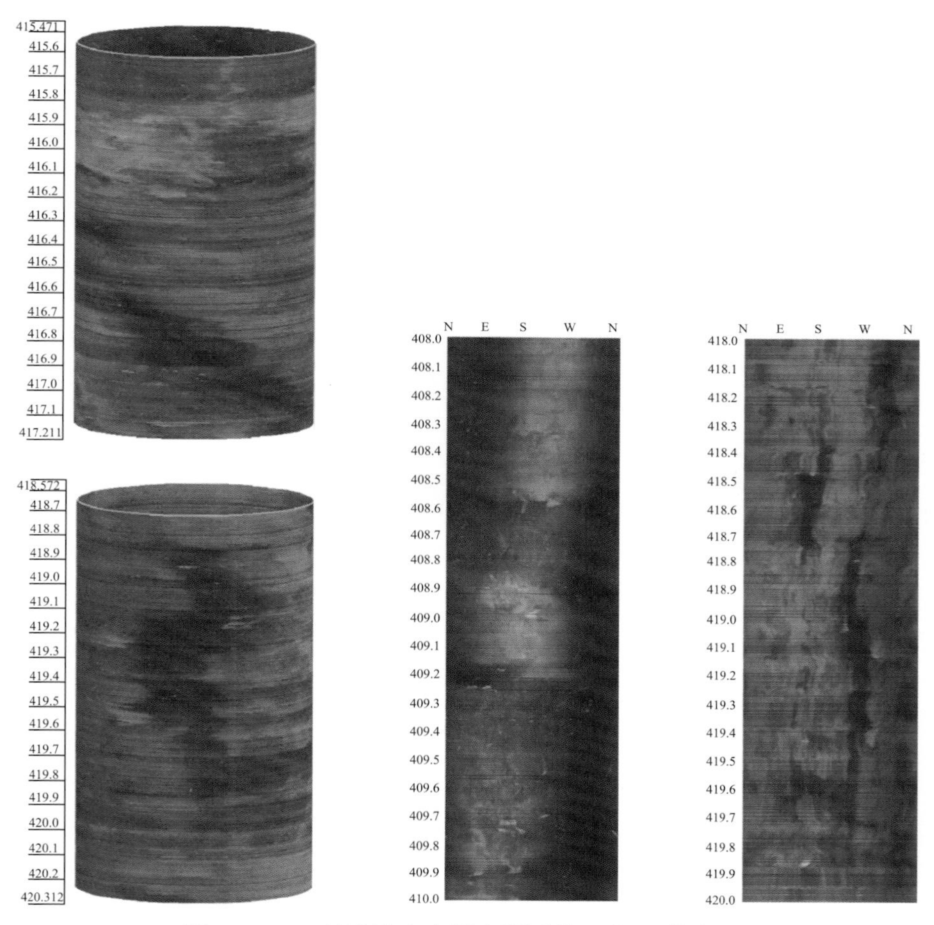

图 5-23　T5 钻孔孔内电视窥视图像(埋深，单位 m)

综合导水裂隙带高度发育全过程综合探查，各项探查结果如表 5-7 所示。

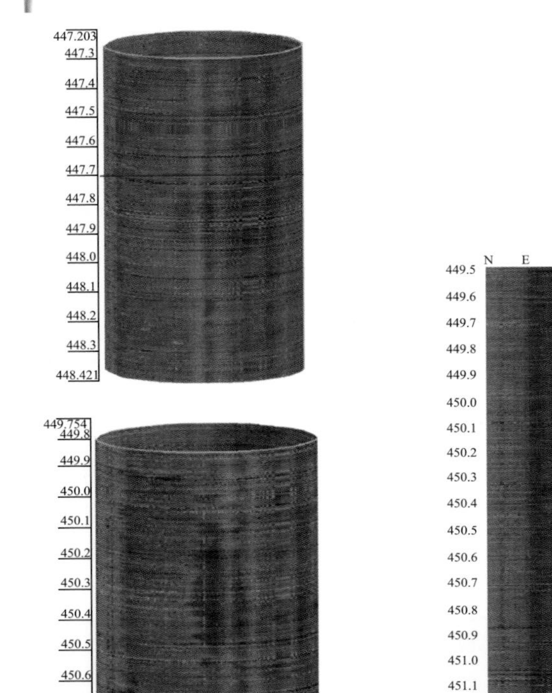

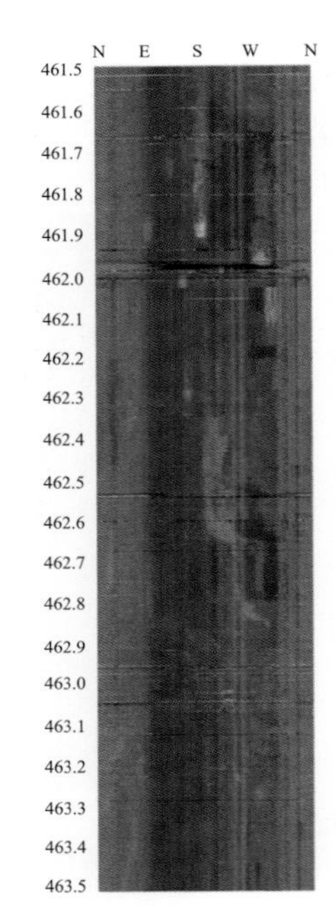

图 5-24　T6 钻孔孔内电视窥视图像(埋深，单位 m)

表 5-6　导水裂隙带高度发育全过程综合探查结果

背景条件			采前探查	采中监测判识高度/m	采后导水裂隙带高度/m			综合确定	
埋深/m	采高/m	间距/m			冲洗液漏失法判识	水位监测法判识	钻孔窥视法判识	高度/m	裂采比
644.3	10.1	189.0	无原生裂隙	>189	220.3	222.3	225.4	225.4	22.3

2. 导水裂隙带高度相似材料物理模拟

以胡家河煤矿 401101 综放开采工作面为研究对象，通过相似材料搭建物理模型并模拟煤层开采，分析综放开采条件下上覆岩层移动变形与导水裂隙带发育情况。

1) 模型设计与参数确定

试验模型以胡家河煤矿典型钻孔揭露的岩层厚度和岩石力学参数为基础进行设计，考虑到上覆岩层稳定和模型稳定对高度的要求，最后确定模型高度为 120cm。选取普通河砂作为骨料，以石膏、大白粉作为胶结材料(表 5-7)。以云母作为分层材料，按一定配比模拟覆岩层，在模型铺设过程中，整个基岩部分以 1cm 为一层铺设，压制后做节理与分层处理。

表 5-7 覆岩各岩层相似材料配比表

序号	岩性	岩层厚度/m	模型层厚/cm	累计厚度/cm	相似材料配比质量/kg		
					河砂	石膏	大白粉
1	4 煤	23.40	12.0	12.0	4.20	0.10	0.30
2	粉砂质泥岩	1.00	0.5	12.5	8.50	0.21	0.80
3	细粒砂岩	13.70	7.0	19.5	8.40	0.48	0.72
4	粉砂岩	5.60	3.0	22.5	8.52	0.32	0.74
5	细粒砂岩	1.13	0.5	23.0	8.40	0.48	0.72
6	粉砂岩	1.97	1.0	24.0	8.52	0.32	0.74
7	细粒砂岩	12.05	6.0	30.0	8.40	0.48	0.72
8	含砾粗砂岩	7.05	3.5	33.5	8.40	0.36	0.84
9	粉砂岩	1.88	1.0	34.5	8.52	0.32	0.74
10	泥岩	4.82	2.5	37.0	8.50	0.21	0.80
11	含砾粗砂岩	5.80	3.0	40.0	8.40	0.36	0.84
12	泥岩	16.34	8.0	48.0	8.50	0.21	0.80
13	含砾粗砂岩	9.66	5.0	53.0	8.40	0.36	0.84
14	泥岩	26.20	13.0	66.0	8.50	0.21	0.80
15	含砾粗砂岩	1.94	1.0	67.0	8.40	0.36	0.84
16	泥质粉砂岩	20.32	10.0	77.0	8.50	0.21	0.80
17	中粒砂岩	4.52	2.5	79.5	8.40	0.36	0.84
18	泥岩	10.02	5.0	84.5	8.52	0.32	0.74
19	粗粒砂岩	2.50	1.0	85.5	8.40	0.24	0.34
20	泥岩	3.00	1.5	87.0	8.50	0.21	0.80
21	砾岩	22.78	11.0	98.0	8.40	0.36	0.84

根据需要选用 3m×0.2m×2m 的模型支架，选取几何相似常数为 200，容重相似常数为 1.6，物理相似和时间相似条件为 14.1，位移相似条件为 200，强度、弹性模量、内聚力相似条件都为 320。

根据首采区地层结构特征，选取距离煤层顶板 13.7m、35m、81m、125m、150m 位置的典型标志层位布设 5 条位移观测线，试验过程中利用数字摄影测量和全站仪实时监测基岩层移动变形过程。其中，每条测线上布置 20 个测点，测点间距 10cm，通过计算两次全站仪观测的坐标，就可求出观测点的下沉及水平移动变形，搭建的物理模型如图 5-25 所示。

图 5-25 综放开采覆岩破坏规律模拟的物理模型

2) 物理模型开挖与覆岩破坏模拟

考虑覆岩移动的边界效应，在模型两侧均留设 20cm 的煤柱，模拟煤层开挖高度 5cm(实际 10m)。相似材料物理模拟过程如下所示。

(1) 开切眼(宽度 3cm，高度 4cm)，安装支架，围岩未出现变形和移动[图 5-26(a)]。

(2) 工作面推进 15cm(实际开采 30m)时，粉砂质泥岩直接顶初次垮落；随着工作面继续推进，基本顶岩梁弯曲下沉量逐渐增大。工作面推进 27cm(实际开采 54m)时，延安组上段基本顶岩层达到极限跨距后垮落，上覆岩层出现较大范围的变形和垮落。工作面推进 60m 时老顶初次来压，来压时，顶板垮落滞后工作面，且表现出较强的突然性[图 5-26(b)]。

(3) 工作面分别推进 33cm、39cm、48cm、57cm、63cm、72cm、87cm(实

际开采 66m、78m、96m、114m、126m、144m、174m)时，老顶周期来压，来压步距分别为 6cm、6cm、9cm、9cm、6cm、9cm、15cm(实际开采 12m、12m、18m、18m、12m、18m、30m)[图 5-26(c)～(d)]。之后，工作面周期来压步距趋于稳定，且覆岩破坏高度也呈稳定状态，最终导水裂隙带高度达到约 27.5cm(实际 145m)[图 5-26(f)]。

(a) 开切眼安装支架

(b) 老顶初次垮落

(c) 第1次周期来压

(d) 第3次周期来压

(e) 第5次周期来压

(f) 第7次周期来压

图 5-26　相似材料物理模拟试验

3) 相似材料物理模拟试验结论

在相似材料物理模拟试验过程中，根据现场选用的支架通过等比例缩小制作模型支架，采集工作面开采过程中支架载荷，通过对试验过程中采集到的支架载荷数据进行统计分析，获得胡家河煤矿首采区工作面周期来压情况(表 5-8)。综放开采工作面具有较为明显的周期来压现象，周期来压步距为12～30m，平均为17m。

表 5-8　胡家河煤矿 401101 工作面老顶周期来压参数统计

来压序号	初次	1	2	3	4	5	6	7
来压步距/m	60	12	12	18	18	12	18	30

根据首采综放工作面采高为 10m 条件下覆岩破坏规律物理模拟过程分析，达到充分采动时，垮落带高度为 40m，导水裂隙带高度为 145m，分别为采高的 4 倍和 14.5 倍。

3. 导水裂隙带高度计算机数值模拟

选用基于拉格朗日有限差分数值分析计算软件 $FLAC^{3D}$ 进行覆岩破坏数值计算。该软件能较好地模拟地质材料在达到强度极限或屈服极限时发生的破坏或塑性流动的力学行为，特别适用于分析渐进破坏和失稳，以及模拟大变形。包含 10 种弹塑性材料本构模型，有静力、动力、蠕变、渗流、温度五种计算模式，各种模式间可以互相耦合，可以模拟多种结构形式，如岩体、土体或材料实体、人工结构等，也可以模拟复杂的岩土工程或力学问题。

1) 模型建立

根据地质资料和实验室岩石力学试验结果，得出煤层及主要岩层物理力学参数。计算采用莫尔-库仑准则判断岩体的破坏：

$$f_s = \sigma_1 - \sigma_3 \frac{1+\sin\phi}{1-\sin\phi} - 2c\sqrt{\frac{1+\sin\phi}{1-\sin\phi}}$$

式中，σ_1 为最大主应力；σ_3 为最小主应力；c 为内聚力；ϕ 为内摩擦角。

当 $f_s > 0$ 时，材料将发生剪切破坏。在通常应力状态下，岩体的抗拉强度很低，因此可根据抗拉强度准则($\sigma_3 \geqslant \sigma_T$)判断岩体是否产生拉破坏。

以往经验表明，数值模拟结果是否接近实际，取决于参数选取的准确性。为了更接近工程实际，采用钻孔施工中采取的岩石样品进行测试，得出的煤和岩石样品物理和力学参数如表 5-9 所示。

表 5-9　煤和岩石样品物理和力学参数

序号	岩性	容重/(kg/m^3)	体积模量/MPa	剪切模量/MPa	泊松比	抗拉强度/MPa	内聚力/MPa	内摩擦角/(°)
1	细粒砂岩	2640	9302	9137	0.13	2.1	4.2	28.0
2	泥岩	2420	4167	2869	0.22	1.8	3.5	37.0
3	4 煤	1350	2381	1163	0.29	0.6	1.3	32.9
4	粉砂岩	2530	3372	3816	0.14	1.7	4.5	20.4
5	粗粒砂岩	2410	7222	6111	0.17	1.3	5.0	35.0
6	中粒砂岩	2360	2204	1723	0.19	0.9	1.8	32.0
7	砾岩	2630	2135	1668	0.19	0.6	1.0	34.0
8	黄土	1380	4000	2000	0.30	1.1	1.0	30.0

2) 模型计算

根据胡家河煤矿地质资料，确定数值计算模型。在建立力学模型过程中，考虑到模型计算时边界效应的影响，使主要研究区处于边界效应影响的范围外，以达到更接近实际的计算结果。

采用 FLAC^{3D} 软件建立胡家河煤矿 401101 综放工作面三维数值计算模型，如图 5-27 所示，模型尺寸为 800m×300m×380m(长×宽×高)。工作面推进方向沿 X 轴正方向，采用莫尔-库仑本构模型，应变模式采用大应变变形模

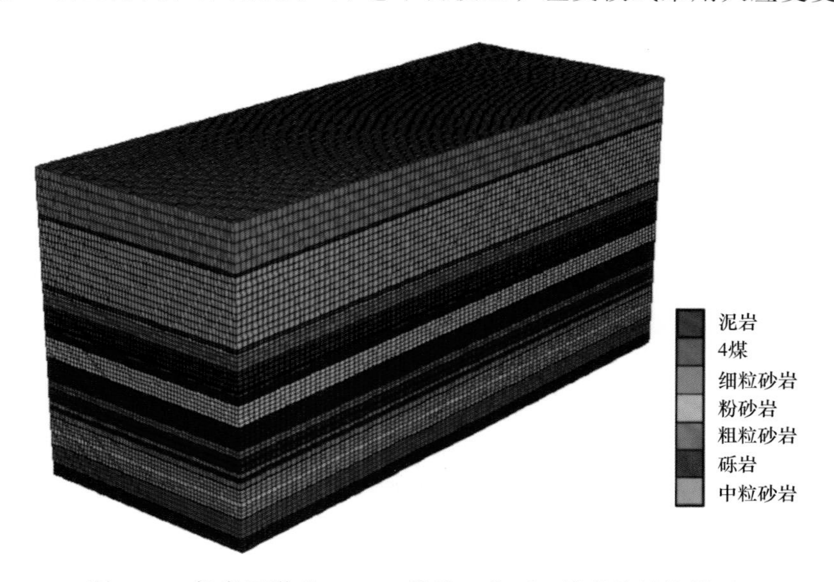

图 5-27　胡家河煤矿 401101 综放工作面三维数值计算模型

式，工作面及其顶底板岩层由六面块体网格构成，模型底部限制垂直移动，模型前后和侧面限制水平移动，模型顶部施加载荷为 7.0MPa，整个模型由 414000 个单元组成，包括 431270 个节点。在进行开挖计算前，需对模型进行初始平衡计算，使得岩层处于原岩应力状态。

3) 数值计算结果分析

结合胡家河煤矿首采工作面开挖情况，煤层厚度 24m，设计工作面采高分别为 10m、8m、6m，工作面采宽分别为 200m、180m、160m，采用正交方法对不同工况条件下综放开采过程进行模拟计算，模型设计参数如表 5-10 所示。

表 5-10　数值计算模型设计参数

序号	采高/m	采宽/m
1	10	200
2		180
3		160
4	8	200
5		180
6		160
7	6	200
8		180
9		160

注：采用综采放顶煤一次采全高方法，全部垮落法管理顶板。

模拟工作面开采初始阶段(前 80m)每次推进 8m，随后每次开挖 16m，直到推进至工作面采宽的 2 倍。通过模拟，进一步掌握首采区综放采场覆岩受采动影响下的移动变形及垮落特征。

(1) 采高为 10m 时覆岩破坏高度分析。采高 10m 时，对工作面不同采宽(200m、160m、140m)下覆岩变形破坏特征进行了计算机数值模拟，覆岩塑性区分布如图 5-28 所示。综放采场覆岩宏观导水裂隙带高度与开采尺寸关系密切，当高强度开采空间(采宽加大、连续大面积开采)达到一定临界尺寸，综放采场形成剧烈来压的同时造成更大范围的岩层移动和垮落，达到充分开采状态，从而导致导水裂隙带发育至最大高度。采宽分别为 200m、160m、140m 达到充分采动时，最大导水裂隙带高度分别为 210m、89m、64.5m。

(2) 采高为 8m 时覆岩破坏高度分析。采高 8m 时，对首采区特厚煤层综放不同采宽(200m、160m、140m)下覆岩变形破坏特征进行数值模拟，覆岩塑性区分布如图 5-29 所示。从覆岩塑性区分布可以看出，煤层顶板覆岩破坏规律与采宽 10m 时较为类似，高强度开采使覆岩充分扰动时导水裂隙带发育至最大高度。采宽分别为 200m、160m、140m 达到充分采动时，最大导水裂隙带高度分别为 188m、89m、64.5m。

(a) 200m×200m

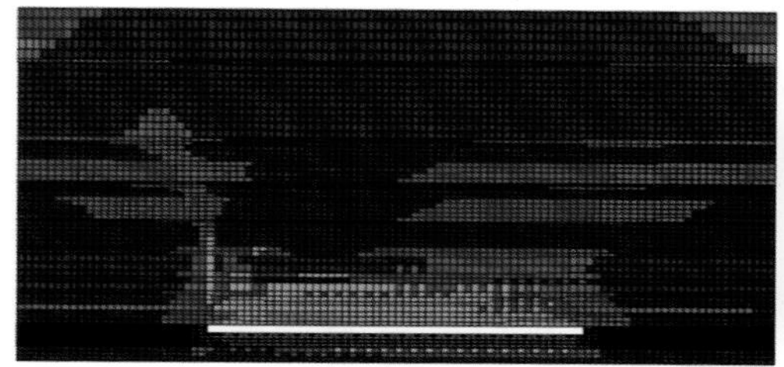

(b) 200m×400m

(c) 160m×160m

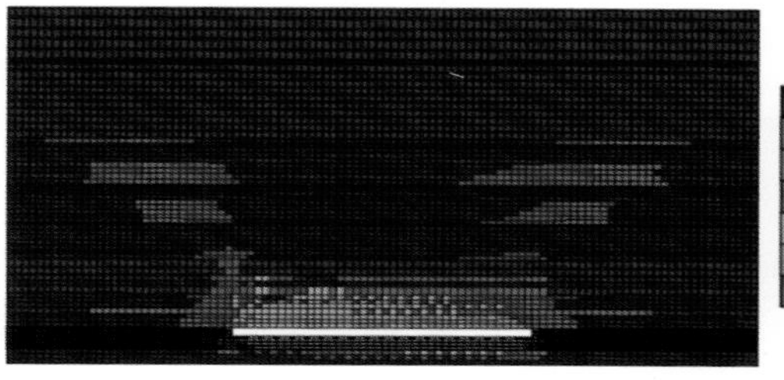

(d) 160m×320m

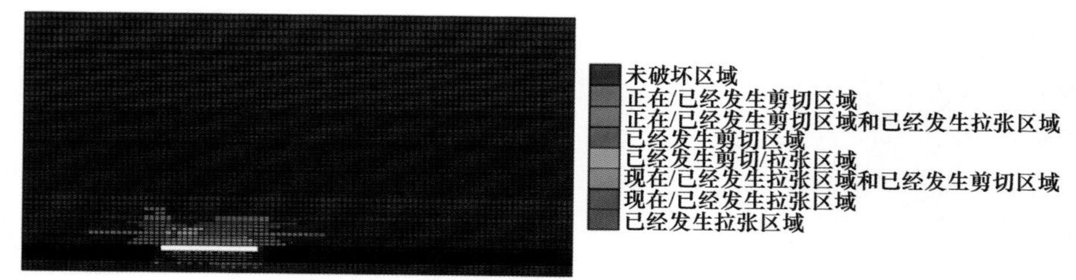

(e) 140m×144m

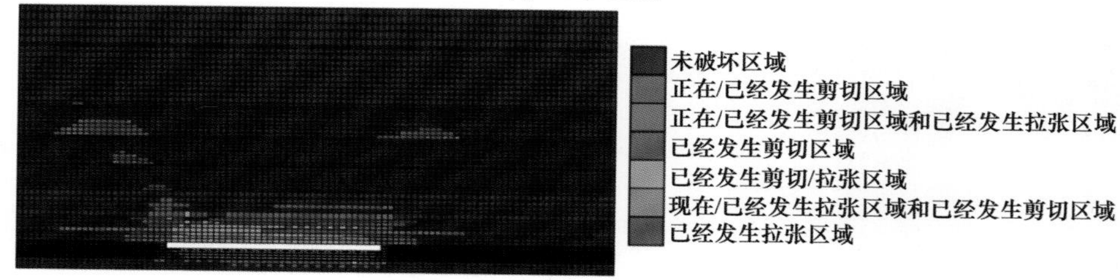

(f) 140m×288m

图 5-28 采高 10m 时不同采宽条件下覆岩塑性区分布

分图题为采宽×推进距离，余同

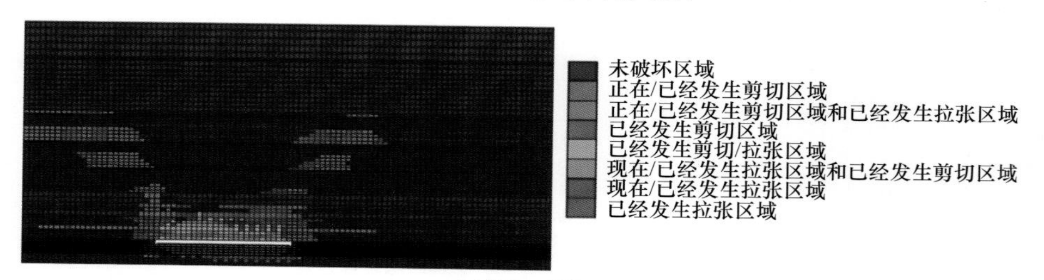

(a) 208m×200m

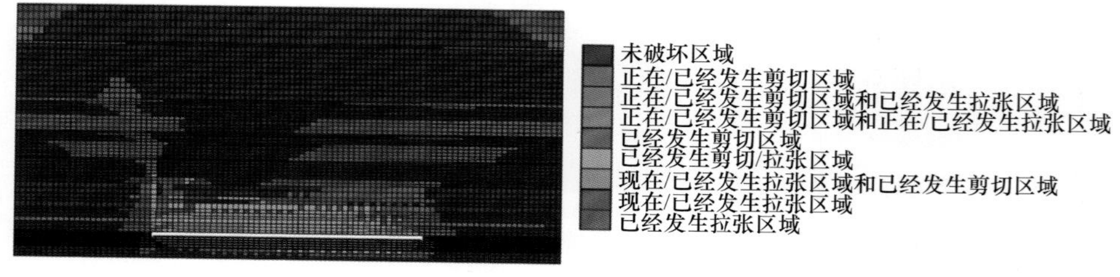

(b) 200m×400m

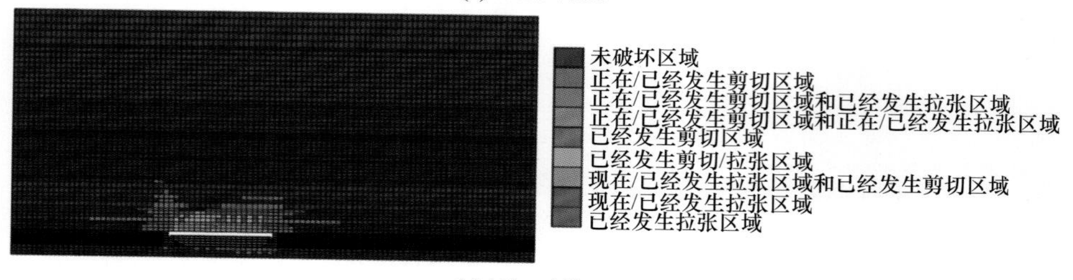

(c) 160m×160m

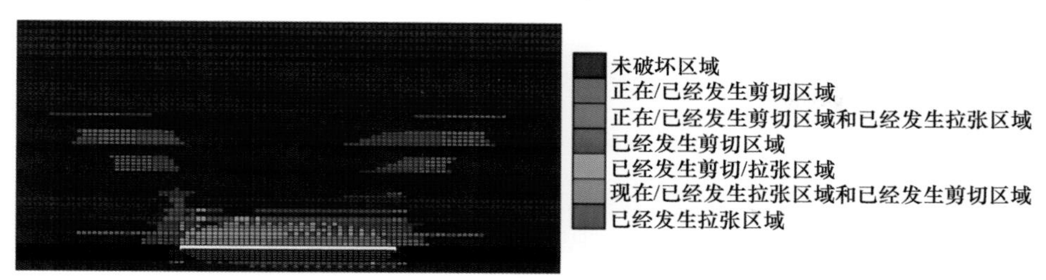

(d) 160m×320m

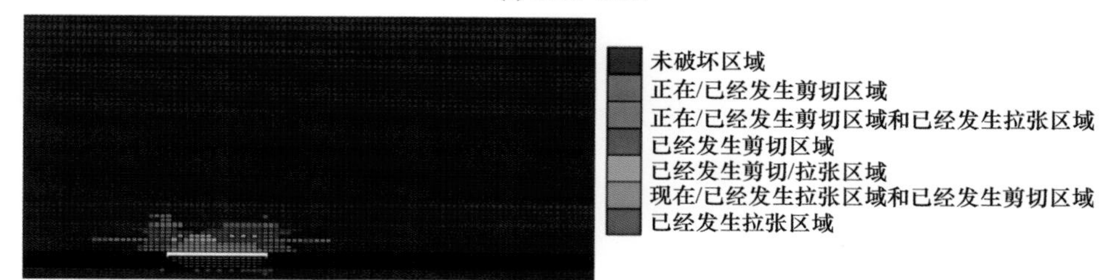

(e) 140m×144m

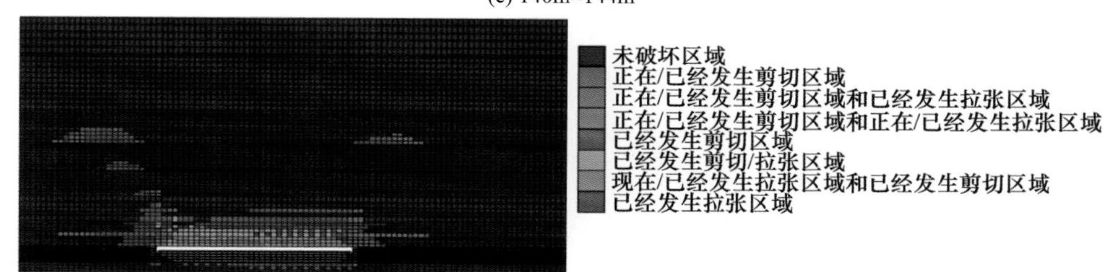

(f) 140m×288m

图 5-29 采高 8m 时不同采宽条件下覆岩塑性区分布

(3) 采高为 6m 时覆岩破坏高度分析。采高 6m 时，对首采区特厚煤层综放工作面在不同采宽(200m、160m、140m)下覆岩变形破坏特征进行了数值模拟，覆岩塑性区分布如图 5-30 所示。从覆岩塑性区分布可以看出，采宽分别为 200m、160m、140m 达到充分采动时，最大导水裂隙带高度分别为 152m、88m 和 64.5m。

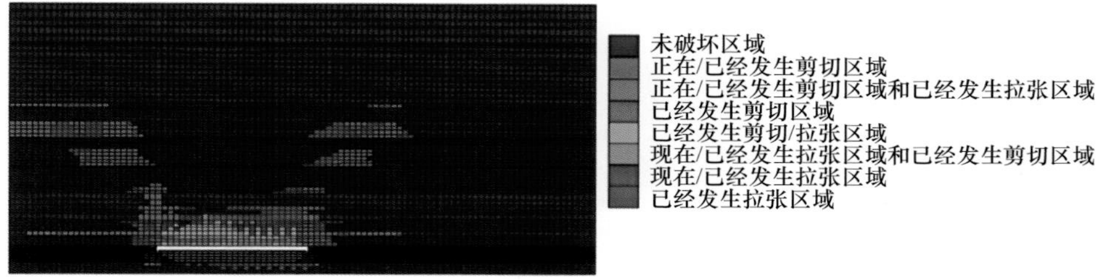

(a) 208m×200m

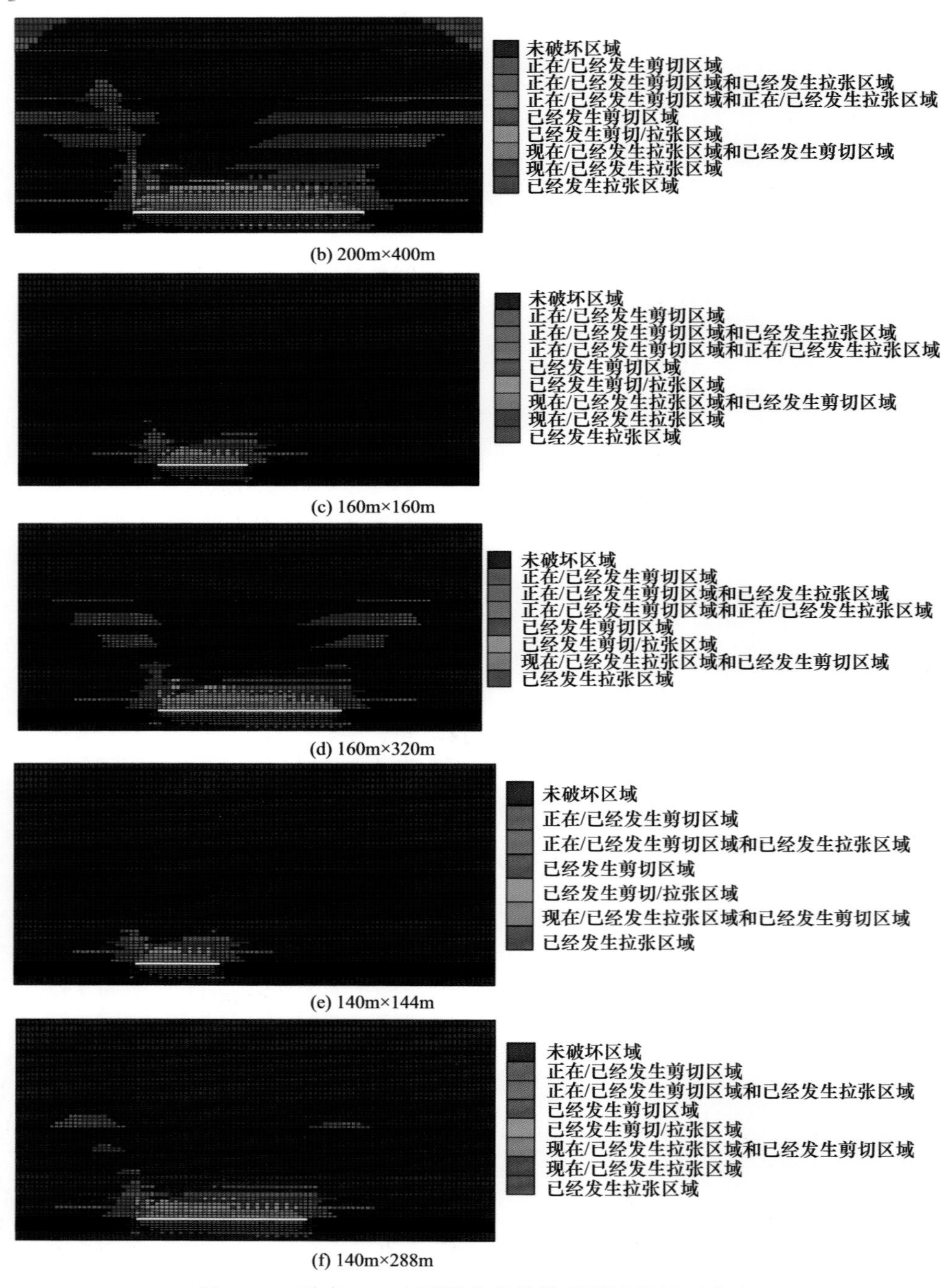

(b) 200m×400m

(c) 160m×160m

(d) 160m×320m

(e) 140m×144m

(f) 140m×288m

图 5-30 采高 6m 时不同采宽条件下覆岩塑性区分布

(4) 不同采高、采宽条件下覆岩破坏高度分析。数值模拟分析过程中，忽略模型左上角和右上角两侧的拉应力破坏区，将采空区上方相互贯通的拉应力塑性区作为导水裂隙带，塑性区最高点作为最大导水裂隙带高度。根据工作面推进过程中覆岩塑性破坏演化模拟结果，得出胡家河煤矿不同开采参数条件下垮落带高度及导水裂隙带高度(表 5-11)。

表 5-11　胡家河煤矿不同开采参数条件下垮落带高度及导水裂隙带高度

序号	采高/m	采宽/m	垮落带高度/m	导水裂隙带高度/m	裂采比
1	10	200	56	210.0	21.00
2		180	45	176.0	17.60
3		160	45	89.0	8.90
4		140	31	64.5	6.45
5	8	200	56	188.0	23.50
6		180	45	126.0	15.75
7		160	36	89.0	11.13
8		140	31	64.5	8.06
9	6	200	56	152.0	25.30
10		180	36	108.0	18.00
11		160	36	88.0	14.67
12		140	31	64.5	10.75

不同开采参数下裂采比曲线图如图 5-31 所示。由表 5-11 和图 5-31 可得出，综放开采工作面覆岩宏观导水裂隙带高度与开采尺寸关系密切，随着采

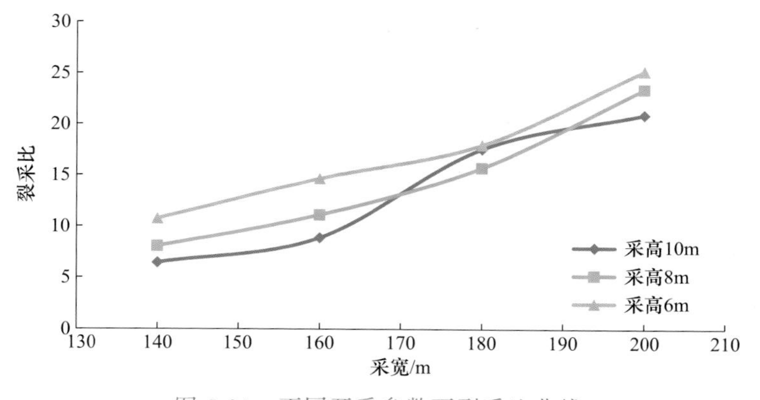

图 5-31　不同开采参数下裂采比曲线

高的增大，导水裂隙带高度随之增大。采宽 180m，采高分别为 10m、8m、6m 时，导水裂隙带高度分别为 176m、126m、108m，裂采比分别为 17.60、15.75、18.00，平均裂采比为煤层采厚的 17.30 倍。

4. 导水裂隙带高度综合确定

黄陇煤田多为长壁开采工作面，采宽多在 150m 以上，尤其集中在 165～220m，煤层采高 4～16m，平均采高 10m 左右。本章选取的胡家河煤矿 401101 工作面采宽为 180m，采高为 10.1m，在区域内属于代表性较好的工程案例。汇总多种研究方法得出的胡家河煤矿 401101 工作面导水裂隙带高度等结果如表 5-12 所示。

表 5-12　胡家河煤矿 401101 工作面导水裂隙带高度等结果

研究方法	导水裂隙带高度/m	采高/m	裂采比
现场实测	225.4	10.1	22.3
相似材料物理模拟	145.0	10.0	14.5
数值计算	176.1	10.0	17.6

综合分析可以看出，黄陇煤田导水裂隙带高度现场实测结果明显大于相似材料物理模拟和数值计算，同时裂采比为 22.3 也大于我国其他矿区得出的经验公式计算值。区域内其他矿井如彬长矿区，也开展了大量导水裂隙带高度实测工作，得出长壁开采工作面平均裂采比大于 20，如表 5-13 所示。

表 5-13　彬长矿区部分导水裂隙带高度实测结果

煤矿	工作面	采宽/m	开采深度/m	采高/m	导水裂隙带高度/m	裂采比
亭南煤矿	204	204	575	6.0	135.23	22.54
	304	204	530	9.1	253.89	27.92
大佛寺煤矿	40106	180	392	9.1	245.52	26.98
	40108	180	392	11.2	189.05	16.85
孟村煤矿	401101	180	709	14.7	273.11	18.58

由此可知，黄陇煤田煤层开采受多覆岩结构、地应力等因素影响，导水裂隙带高度与我国其他矿区存在较大差异。结合煤层到洛河组含水层间距，

在多数区域采用长壁综放开采工艺，顶板导水裂隙带均会波及洛河组含水层，但由于洛河组含水层厚度大，一般情况下仅波及含水层的下段。

5.2.3 巨厚砂岩含水层充水模式

综合煤层开采过程中导水裂隙带高度和洛河组含水层水文地质结构特征，概化黄陇煤田煤层开采的典型水文地质模型，研究洛河组含水层充水模式，科学认识煤层开采对洛河组含水层地下水的扰动影响，揭示巨厚洛河组砂岩含水层水害成因。

1. 开采扰动洛河组含水层水文地质模型概化

煤层开采后，顶板覆岩发生变形移动和破坏，可分为垮落带、裂隙带和弯曲下沉带，其中垮落带和裂隙带具有导水能力，统称为导水裂隙带。若导水裂隙带影响到主要含水层，地下水沿采动裂隙呈裂隙流形态进入采空区，在平面上表现为以采空区为中心的降落漏斗。采空区上覆导水裂隙带范围内，由于导水裂隙连通性好、导水性强，可概化为导水能力极强的“超大井”，地下水均以垂直向下流动为主。

对于厚度较小的含水层，导水裂隙带多直接影响含水层顶部，将含水层“击穿”。导水裂隙带影响初期，含水层中地下水静储量释放，并垂直向下流动进入采空区；采空区的持续性涌水主要来自导水裂隙带影响范围外含水层的侧向径流补给。该条件下若忽略导水裂隙带附近流线的垂向分量，地下水流场可概化为简单二维流。导水裂隙带影响含水层全段充水模型如图5-32所示。

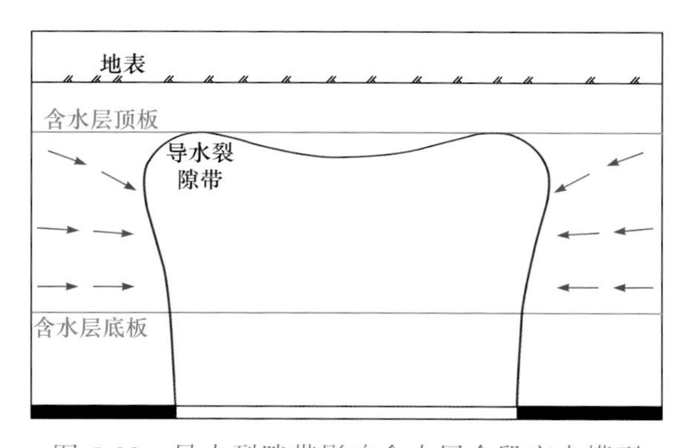

图5-32 导水裂隙带影响含水层全段充水模型

黄陇煤田洛河组含水层厚度大(平均280m左右)，煤层与洛河组含水层有一定间距，使得导水裂隙带难以完全波及洛河组含水层全段。工作面回采后，除了侧向径流充水外，导水裂隙带上部也会有地下水垂直向下渗流，受垂向、侧向综合渗流影响，使得含水层充水模型较为复杂。导水裂隙带部分影响含水层充水模型见图 5-33。

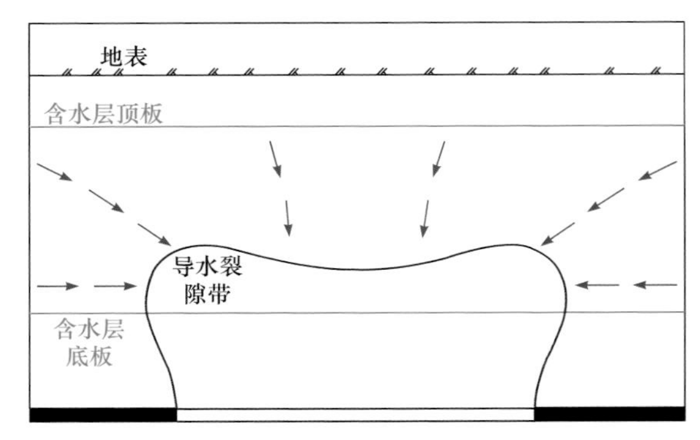

图 5-33　导水裂隙带部分影响含水层充水模型

对于均质含水层，导水裂隙带部分影响含水层条件下渗流可概化为倒置的“非完整大井”模型，主要为“大井”底部和侧向充水，流线以导水裂隙带边界为界均匀分布。但是，由于洛河组含水层为垂向非均质各向异性含水层，其垂向渗透性明显小于水平向渗透性，与各向同性含水层相比其垂向渗透性能偏低。煤层开采扰动条件下，采空区上部未受导水裂隙带波及层位洛河组含水层流场会出现扁平状的等水位线，流场结构较为复杂。可利用地下水数值模拟方法，以抽水井概化导水裂隙带，研究该条件下地下水流场渗流规律。

综合分析，将黄陇煤田煤层开采部分波及洛河组含水层条件充水模型进行概化，开采工作面水文地质概念模型如下。

(1) 外边界条件：洛河组含水层厚度大，平面展布范围广，且无明显隔水构造阻隔，可概化为近水平无限展布含水层。因此，可将外边界条件概化为以采空区影响半径为界的定水头边界条件。

(2) 内边界条件：导水裂隙带范围内裂隙较为发育，导水能力较强，认为在裂隙带边缘水头为 0，将其概化为自由水面边界条件。

(3) 含水介质结构：通过对洛河组含水层平面、垂向水文地质特征探查与研究，含水层结构为三段渗透性有差异的非均质各向异性含水介质，上段和下段富水性较弱，中段富水性相对较好。

因此，对工作面(单个工作面、多个连续工作面)尺度进行开采条件下水文地质模型概化，建立地下水流的数学模型为

$$\begin{cases}\dfrac{\partial}{\partial x}\left(K_{xx}\dfrac{\partial h}{\partial x}\right)+\dfrac{\partial}{\partial y}\left(K_{yy}\dfrac{\partial h}{\partial y}\right)+\dfrac{\partial}{\partial z}\left(K_{zz}\dfrac{\partial h}{\partial z}\right)-W=S_{\mathrm{s}}\dfrac{\partial h}{\partial t}\\ h(x,y,z,t)=H_0(x,y,z),(x,y,z)\in R,\ t>0\\ h(x,y,z,t)=L(x,y,z),(x,y,z)\in D,\quad t>0\end{cases} \tag{5-11}$$

式中，K_{xx}、K_{yy}、K_{zz}分别为沿x、y、z坐标轴方向的渗透系数(m/d)；h为地下水系统水位标高(m)；S_{s}为点(x，y，z)处的储水率(m^{-1})；W为源汇项(d^{-1})；t为时间(d)；R为影响半径(m)；D为导水裂隙带高度(m)。

2. 裂隙部分扰动洛河组含水层渗流场特征

根据上述开采条件下洛河组含水层水文地质结构模型，采用有限差分法计算求解洛河组含水层受开采扰动时渗流场分布，从而得出洛河组含水层充水过程与充水强度特征。

1) 模拟方法介绍

有限差分法(finite difference method，FDM)是将求解域划分为差分网格，用有限个网格节点代替连续的求解域。有限差分法以泰勒级数展开等，把控制方程中的导数用网格节点上函数值的差商代替进行离散，从而建立以网格节点上的值为未知数的代数方程组。FDM是一种直接将微分问题变为代数问题的近似数值解法，数学概念直观、表达简单，是发展较早且比较成熟的数值方法。

假设地下水的密度为一个常数，表示水量平衡的连续性方程为

$$Q_i=S_{\mathrm{s}}\frac{\Delta h}{\Delta t}\Delta V \tag{5-12}$$

式中，Q_i为单位时间进入单元的水量(L/s)；S_{s}为贮水率(m^{-1})；ΔV为单元的体积(m^3)；Δh为Δt时间内水位变化(m)。

式(5-12)表示在Δt时间内，水位变化为Δh时水量的变化量，流入为正，流出为负。

根据达西定律，从单元($i,j-1,k$)流入(i,j,k)的水量为

$$q_{i,(j-1)/2,k}=kR_{i,j,k}\Delta c_j\Delta v_k\frac{h_{i,j-1,k}-h_{i,j,k}}{\Delta r_{(j-1)/2}} \tag{5-13}$$

式中，$h_{i,j,k}$为节点(i,j,k)的水头(m)；$h_{i,j-1,k}$为节点($i,j-1,k$)的水头(m)；$q_{i,(j-1)/2,k}$为通过单元(i,j,k)和$(i,j-1,k)$之间面的水量(L/s)；$kR_{i,j,k}$为节点(i,j,k)和节点($i,j-1,k$)间沿列的方向的渗透系数(m/d)；$\Delta c_j\Delta v_k$为沿列方向单

元面的面积(m^2)；$\Delta r_{(j-1)/2}$ 为节点(i,j,k)和节点$(i,j-1,k)$之间的距离(m)。

同理，其他各个面流入单元(i,j,k)的水量为

$$q_{i,(j+1)/2,k} = kR_{i,(j+1)/2,k}\Delta c_j \Delta v_k \frac{h_{i,j+1,k} - h_{i,j,k}}{\Delta r_{(j+1)/2}}$$

$$q_{(i+1)/2,j,k} = kR_{(i+1)/2,j,k}\Delta c_j \Delta v_k \frac{h_{i+1,j,k} - h_{i,j,k}}{\Delta r_{(i+1)/2}}$$

$$q_{(i-1)/2,j,k} = kR_{(i-1)/2,j,k}\Delta c_j \Delta v_k \frac{h_{i+1,j,k} - h_{i,j,k}}{\Delta r_{(i-1)/2}}$$

$$q_{i,j,(k+1)/2} = kR_{i,j,(k+1)/2}\Delta c_j \Delta v_k \frac{h_{i,j,k+1} - h_{i,j,k}}{\Delta r_{(k+1)/2}}$$

$$q_{i,j,(k-1)/2} = kR_{i,j,(k-1)/2}\Delta c_j \Delta v_k \frac{h_{i,j,k-1} - h_{i,j,k}}{\Delta r_{(k-1)/2}}$$

结合 t_m 时刻水头差与时间差的商，可由式(5-14)获得：

$$\frac{\Delta h_{i,j,k}}{\Delta t} m \approx \frac{h_{i,j,k}^m - h_{i,j,k}^{m-1}}{t_m - t_{m-1}} \tag{5-14}$$

由此建立的有限差分方程为

$$\begin{aligned}
&CR_{i,j-1,k}\left(h_{i,j-1,k}^m - h_{i,j,k}^m\right) + CR_{i,(j+1)/2,k}\left(h_{i,j+1,k}^m - h_{i,j,k}^m\right) \\
&+CC_{(i-1)/2,j,k}\left(h_{i-1,j,k}^m - h_{i,j,k}^m\right) + CC_{(i+1)/2,j,k}\left(h_{i+1,j,k}^m - h_{i,j,k}^m\right) \\
&+Cv_{i,j,(k-1)/2}\left(h_{i,j,k-1}^m - h_{i,j,k}^m\right) + CR_{i,j,(k+1)/2}\left(h_{i,j,k+1}^m - h_{i,j,k}^m\right) \\
&+\sum_{n=1}^{N} p_{i,j,k,n} h_{i,j,k}^m + \sum_{n=1}^{N} q_{i,j,k,n} = S_{s_{i,j,k}}\left(\Delta r_j \Delta c_i \Delta v_k\right)\frac{h_{i,j,k}^m - h_{i,j,k}^{m-1}}{t_2 - t_1}
\end{aligned}$$

结合泰勒级数得最终方程

$$\begin{aligned}
&CR_{i,j-1,k}\left(h_{i,j-1,k}^2 - h_{i,j,k}^2\right) + CR_{i,(j+1)/2,k}\left(h_{i,j+1,k}^2 - h_{i,j,k}^2\right) \\
&+CC_{(i-1)/2,j,k}\left(h_{i-1,j,k}^2 - h_{i,j,k}^2\right) + CC_{(i+1)/2,j,k}\left(h_{i+1,j,k}^2 - h_{i,j,k}^2\right) \\
&+Cv_{i,j,(k-1)/2}\left(h_{i,j,k-1}^2 - h_{i,j,k}^2\right) + CR_{i,j,(k+1)/2}\left(h_{i,j,k+1}^2 - h_{i,j,k}^2\right) \\
&+\sum_{n=1}^{N} p_{i,j,k,n} h_{i,j,k}^2 + \sum_{n=1}^{N} q_{i,j,k,n} = S_{s_{i,j,k}}\left(\Delta r_j \Delta c_i \Delta v_k\right)\frac{h_{i,j,k}^2 - h_{i,j,k}^1}{t_2 - t_1}
\end{aligned}$$

可计算 t_2 时刻的水位。

由此，可以计算出区域内所有点的水位，从而刻画出非连续水流空间特点。

2) 模型赋值与求解

根据洛河组含水层垂向分段的特征，将洛河组含水层垂向分为 3 个水文地质参数差异明显的层位，并按实际抽水试验结果进行参数赋值。

(1) 空间离散：运用地下水数值模拟软件 Visual MODFLOW，建立洛河组含水层可视化三维渗流数值模型。模型模拟范围为 3000m×3000m×300m，垂向上共分为 3 层，厚度分别为 100m、120m、80m。

(2) 含水层赋值：根据探查结果，将洛河组含水层概化为非均质各向异性含水层，同一层内 $K_x = K_y \neq K_z$，不同层 K_x、K_y 各不相同。

(3) 初始条件与边界条件：①模型含水层初始水头 310m，高出最上层 10m；②边界设置为北部为补给边界，水头 310m，南部为定水头排泄边界，水头 305m；③在模型中心设置抽水井作为排水内边界，模拟导水裂隙带疏水情况，抽水层位为洛河组底板以上 50m(导水裂隙带波及洛河组含水层深度 50m)。洛河组含水层部分波及条件渗流模型结构及参数如图 5-34 所示。

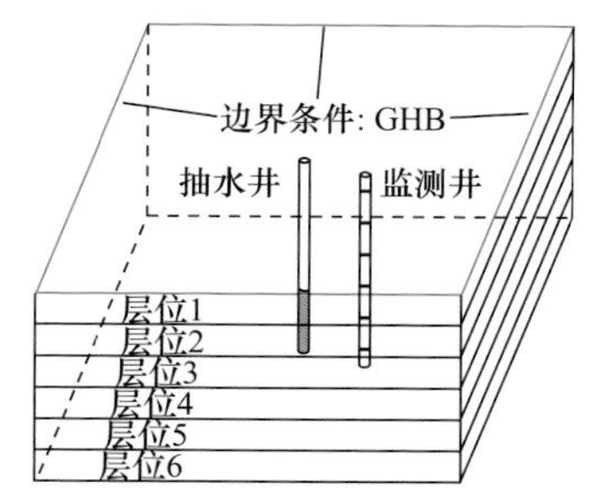

层位	K_x、K_y	K_z	S_s	S_y	n
1	8	0.8	5E-05	0.2	20.5
2	1.2705	0.1271	1E-05	0.2	17.2
3	0.2018	0.0202	8E-06	0.2	15.5
4	0.0321	0.0032	7E-06	0.2	14.5
5	0.0051	0.0005	6E-06	0.2	13.7
6	0.0008	0.0001	5E-06	0.2	7.4

GHB-一般通用水头

图 5-34　洛河组含水层部分波及条件渗流模型结构及参数

(4) 模型求解：在各个参数赋值情况下，运行模拟软件，得出洛河组含水层空间流场分布。洛河组含水层平面降深分布如图 5-35 所示，剖面等水位线分布如图 5-36 所示。

通过对导水裂隙带部分波及洛河组含水层条件的概念模型进行概化，模拟得出平面、剖面地下水流场分布，初步得出洛河组含水层受开采扰动时渗流场分布规律：平面上各层均形成以导水裂隙带边界为中心的均匀降落漏斗，剖面上以导水裂隙带剖面轮廓线为中心的扁平状降落漏斗，不同层段水位降深有明显差异。

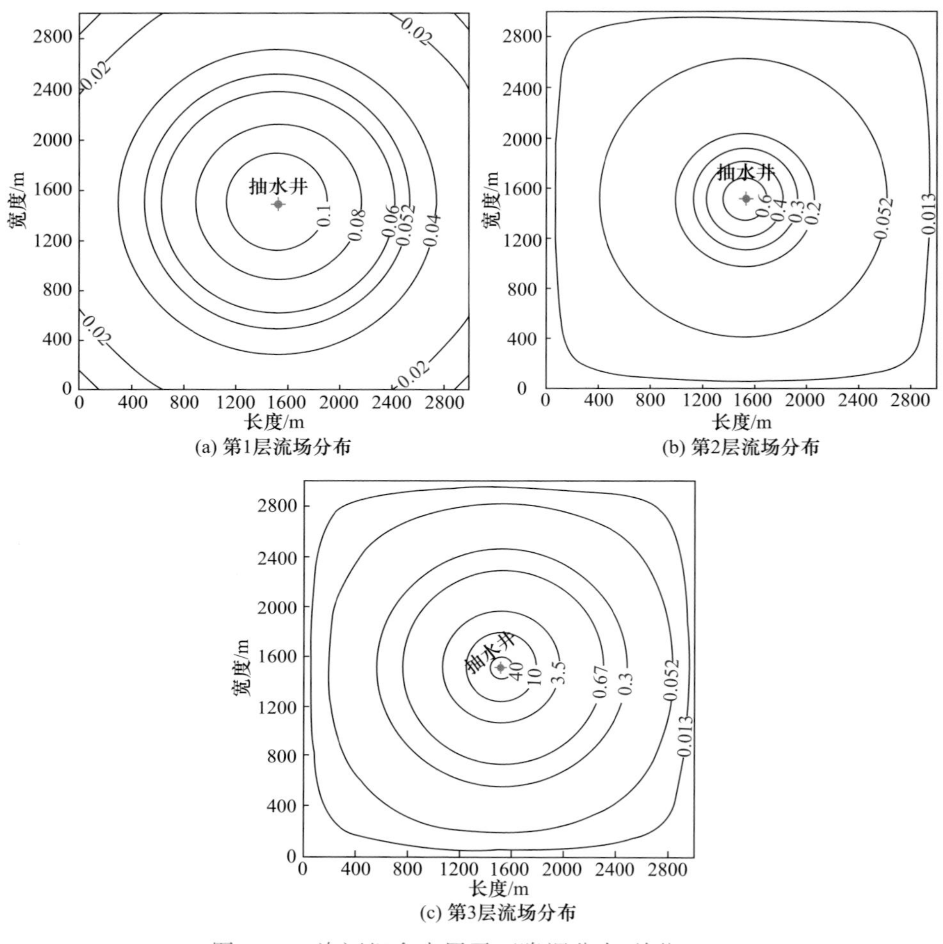

图 5-35 洛河组含水层平面降深分布(单位：m)

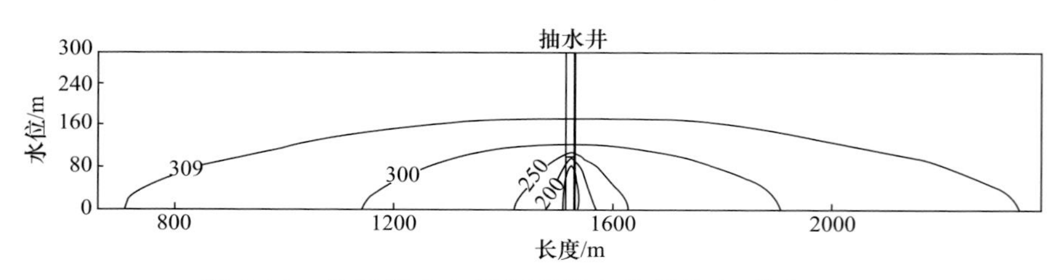

图 5-36 洛河组含水层剖面等水位线分布(单位：m)

3. 洛河组含水层充水模式及形成条件

1) 递进渗流充水模式提出

综合洛河组含水层部分受导水裂隙带扰动条件下流场分布，黄陇煤田煤层开采对洛河组含水层影响程度不同于对含水层受开采扰动的普遍认识，其中段、上段水位并不会出现明显的下降，而是长期保持一定的稳定状态，同时工作面涌水量也远小于初期对洛河组含水层极高强度充水的认识。

鉴于模拟研究结果与矿井开采揭露资料，将洛河组含水层特殊的充水形式称为递进渗流充水模式，即导水裂隙带仅波及洛河组含水层下段，由于含水层非均质各向异性结构特征，导水裂隙带波及段以侧向径流形式为主，未波及段在水头差作用下呈垂向递进式入渗形式。

该类型充水模式的典型表现为洛河组含水层不同层位水位降深差异明显，尤其是未受到导水裂隙带直接波及的中段、上段地下水，仅通过递进式渗流形式参与矿井涌水，涌水量总体可控。因此，在保证导水裂隙带不直接波及洛河组中段强富水段的条件下，适当提高工作面煤层采高，涌水量增幅相对较小。

2) 递进渗流充水模式形成原因

该类充水模式的形成原因主要是含水层结构、导水裂隙带波及含水层模式、非完全波及条件下渗流规律。

(1) 含水层结构。通过对洛河组含水层垂向非均质特征研究得出，洛河组含水层可概化为垂向分三段的复合含水层，其上段、下段富水性较弱，主要富水层段集中于含水层中段。同时，洛河组含水层有明显的各向异性特征，垂向渗透性远小于水平向渗透性。

(2) 导水裂隙带波及含水层模式。由于洛河组含水层与煤层间距多在70m 以上，综放开采条件下导水裂隙带仅能波及部分含水层，可将水文地质模型可概化为倒置的非完整井，其含水层扰动模式为导水裂隙带部分影响含水层充水模型。

(3) 渗流规律。对于该类型含水层结构和导水裂隙带影响组合条件下，渗流为不均匀的空间三维流。由流场分析可知，含水层未受波及段为缓慢地垂向递进式渗流形式，受导水裂隙带影响段为水平向流动，造成采空区上部洛河组含水层上段、中段含水层扰动较弱。同时，在导水裂隙带高强度疏水条件下，靠近导水裂隙带处含水层水头快速降低，垂向水力梯度增大，渗透流量增加。由于洛河组含水层属低渗半透含水层，渗透率相对较低，渗流形成的起始水力梯度较大，且存在极限水力梯度。当水力梯度达到极限水力梯度时，砂岩地层达到最大过水能力，水力梯度进一步增大时固定断面的过水量不再增加，在断面处会形成非连续流现象，即同一含水层中不同层段流量连续而水头分布不连续。砂岩地层的垂向渗透性能决定了最大渗透能力，使得含水层中段、上段水位降深处于总体可控范围，充水量也小于常规认识。

3) 递进渗流充水模式形成条件

递进渗流充水模式在黄陇煤田彬长矿区表现最为明显，在全国范围内顶板为松散层含水层矿区则多出现含水层内部水位整体疏降的现象。综合对比分析各矿区水文地质条件，得出递进渗流充水现象形成的基础条件。

(1) 含水层发育特征：含水层厚度较大，补给条件相对较好，透水能力相对较差，为半透-弱透含水层，非均质各向异性特征明显，垂向渗透性弱于水平向渗透性，含水层下段渗透性整体较弱。

(2) 导水裂隙带发育特征：导水裂隙带主要波及含水层下段，并未完全穿透整个含水层，使得含水层充水形式为下段弱富水段径向流动疏水，上段中-强富水段以垂向越流入渗补给的形式；在该条件下，由于渗透系数随深度衰减和局部渗透性差异较大而形成的非均质各向异性，中间地层完整段对上部含水层水向下渗透起到减压作用，垂向水力梯度逐渐减小，含水层内部不会出现水位整体疏降，而是表现出含水层下段疏降较为明显，上段水位有一定下降但降幅有限。对于导水裂隙带波及区域，形成“大井”效应，周围含水层水以水平向渗流模式进入裂隙带为主；对于导水裂隙带未波及区域，含水层水向下渗流，对下部形成的降落漏斗进行补充。由于含水层内部结构特征，垂向渗流强度较低，容易形成补给平衡，并使含水层上部水位稳定。

4) 递进渗流充水模式现场验证

彬长矿区在多年实际开采过程中，建立了完整的顶板洛河组含水层水文动态观测系统，在煤层开采过程中观测含水层不同层位水位，收集了大量的实际观测资料。

(1) 含水层水位动态变化实测。亭南煤矿 304 工作面回采前在地面施工水文动态观测孔 TC2 钻孔，用于观测洛河组含水层上部 100m 范围水位标高，工作面回采过程中，TC2 钻孔水位标高动态变化如图 5-37 所示。

由图 5-37 可以看出，在工作面回采过钻孔一段时间后，钻孔内水位标高出现明显下降，到工作面回采结束时，钻孔内水位标高为 765m，并基本保持稳定(由于施工“两带”观测孔，一段时间内未取得数据，对钻孔水位观测造成一定影响)。然而，在 304 工作面切眼以外 50m 位置的井下 WL1#水文孔，钻进到洛河组底部垂高为 97.9m，终孔水压为 2.9MPa，换算水位标高为 690m，两者水位标高差 75m。由此可见，在矿井开采影响下，井上、井下观测到的洛河组含水层上部 100m 与下段 100m 水头有明显的差异。

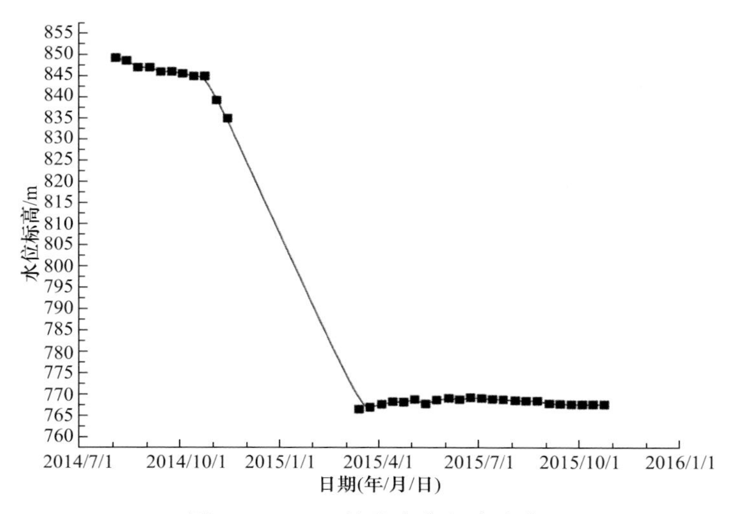

图 5-37　TC2 钻孔水位标高变化

胡家河煤矿在 41101 工作面回采过程中，位于工作面正上方的 T5 和 T6 钻孔分别进行含水层上段、下段水位观测，两钻孔平面距离相差 20m。工作面回采结束之后，T5 钻孔(监测含水层上段 254m)水位降深为 32m，T6 钻孔(监测含水层下段 41m)水位降深达 210m，上、下段水位差异极为明显(图 5-38)。

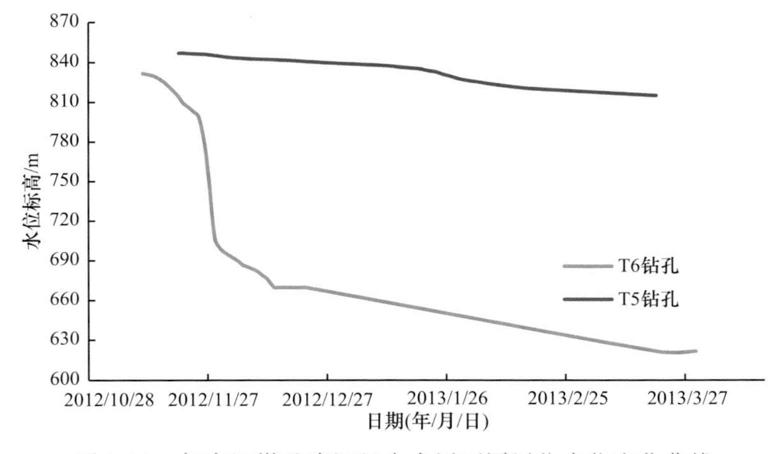

图 5-38　胡家河煤矿洛河组含水层不同层位水位变化曲线

(2) 工作面涌水量特征。彬长矿区各矿在建井期间均未考虑含水层内部渗透性差异特征，对工作面回采波及洛河组条件下涌水量进行了预测。在顶板裂隙带波及洛河组含水层时，采用解析法公式，计算含水层疏干条件下，工作面涌水量可达近 4000m^3/h，因此在矿区开发初期均认为导水裂隙带一旦波及洛河组含水层，将发生淹面、淹井等严重的水害事故。在递进渗流充水模式指导下，顶板导水裂隙带波及洛河组含水层时，其不同层位水位降幅不同，工作面涌水量相对较小。亭南煤矿 304 工作面和 206 工作面回采期间，结合工作面水位动态、采空区涌水水质特征等综合分析可以确定，两个工作面回采导水裂隙带均已经波及洛河组含水层。但是，304 工作面正常涌水量为 $302m^3/h$，206 工作面洛河组下段疏放水钻孔涌水量和采空区涌水量共约 $200m^3/h$，均远小于前期波及洛河组含水层条件下的涌水量预测结果。该现象在矿区范围内胡家河矿、小庄矿、大佛寺矿等众多矿井生产中均有体现，各矿井工作面回采导水裂隙带波及洛河组含水层条件下涌水量多为 $200\sim600m^3/h$，尚未出现顶板洛河组含水层溃水淹没工作面的灾害性事故。

通过洛河组含水层分层水位动态特征和工作面开采涌水量情况，可以进一步证明递进渗流充水模式的正确性，为矿井煤层顶板洛河组含水层水害防控提供了重要理论依据。

5.2.4 递进渗流充水模式下涌水量预测

由于巨厚砂岩含水层存在垂向分层与极限渗透的特征，在导水裂隙带波及含水层部分层位的条件下，含水层内部地下水渗流规律与常规条件有所不同，涌水量预测需综合考虑两个因素：①导水裂隙带影响范围与未波及段地下水渗流规律不同，需分开考虑；②含水层存在垂向渗透性差异特征，需分段考虑。该模式总体概化为非均质各向异性含水层部分充水模式，涌水量预测主要采用数值法计算。同时，为便于日常水害防控工作使用，进一步概化水文地质模型，建立了垂向入渗-侧向径流的解析公式。涌水量预测均以亭南煤矿为例。

1. 数值法预测涌水量

利用前期递进渗流充水模式研究结果，将巨厚洛河组砂岩含水层进行分段概化，应用地下水数值模拟软件 Visual MODFLOW，建立研究区的地下水三维数值模型。运用识别后的模型来预测矿井开采条件下地下水变化情况并进行涌水量预测。

1) 水文地质概念模型

通过水文地质条件的概化，确定模型的范围和边界条件、含水层内部结构及水力特征、水文地质参数、地下水初始流场、源汇项等，为建立地下水数值模型奠定基础。

(1) 水文地质地层模型概化。本模型建立的范围为亭南煤矿矿界，为避免人为边界对模型计算结果的影响，将矿界适当往外延伸，并将外部设置为非活动单元。

煤层开采主要影响其上覆多个含水层，分别为第四系全新统冲-洪积层孔隙潜水含水层(Ⅰ)、第四系中更新统黄土裂隙孔隙潜水含水层(Ⅱ)、新近系砂卵砾含水层段(Ⅳ)、白垩系下统洛河组砂岩裂隙孔隙含水层(Ⅵ)、白垩系下统宜君组砾岩裂隙孔隙含水层(Ⅶ)、侏罗系中统直罗组砂岩裂隙含水层(Ⅸ)、侏罗系中统延安组裂隙含水层(Ⅹ)。

侏罗系直罗组、延安组含水层富水性较弱，水文地质条件较为相似，模型中将其概化为同一含水层。此外，洛河组地层在部分区域有出露，需考虑大气降水和蒸发的影响。

模型中将研究范围内地下水系统在垂向上分为 7 层，自上而下分别为：第四系黄土裂隙孔隙潜水含水层、新近系红土隔水层、白垩系洛河组砂岩含水层上段、白垩系洛河组砂岩含水层中段、白垩系洛河组砂岩含水层下段、白垩系宜君组砂岩弱富水含水层和侏罗系砂岩裂隙弱富水含水层。

本次研究从以下几个方面进行地下水流系统概化：①含水层水文地质参数随岩性的不同而异，方向上存在差异性，因此将含水介质概化为 7 层结构的非均质各向异性；②地下水流系统输入、输出随时间变化，为非稳定流；③含水层分布广，厚度大、水力坡度小，地下水运动符合达西定律。

综上所述，将研究区地下水系统概化为非均质各向异性、具有 7 层结构的三维非稳定地下水流系统，同时考虑降水入渗、蒸发和地表河流的影响。

(2) 井田边界条件概化。根据井田周边地质、水文地质条件，将模型四周边界条件概化如下：南部、北部、西部均无明显水文地质边界，设置为一般边界条件；东部洛河组地层受泾河和黑河切割，河流冲刷强度较大，设置为定水头边界；顶部第四系接受大气降水补给，并有一定蒸发，底部为 4 煤，设为隔水边界；计算过程中调整导水裂隙带边界处渗透系数，利用排水沟模型概化导水裂隙带内边界。总之，模型将模拟区概化为南部、西部为补给，东部为排泄边界的水文地质单元体，主要通过导水裂隙带排泄。

(3) 水文地质参数和源汇项处理与确定。由于洛河组含水层属于非均质各向异性巨厚含水层，本次模型考虑现有资料的基础上将其分为上、中、下三段。含水层参数确定时先通过全段抽水试验成果进行分区，然后通过分段抽水试验结果对各段进行赋值调整。含水层参数主要是根据研究区的水文地质条件和抽水试验结果确定，主要采用 W1、西风井井检孔，TC3、TC4 钻孔进行洛河组含水层分区，西风井井检孔和 W2 井检孔分别进行宜君组和延安组地层赋值。建模中，首先根据水文地质条件给出参数初值，其次通过抽水试验水位拟合进行参数识别，最后确定各分区的水文参数值。研究区的源汇项主要包括补给项和排泄项。研究区地下水的补给来源主要为地下水含水层的侧向补给。研究区地下水排泄方式主要为生产的矿井排水和含水层向区域外的排泄。

2) 建立数学模型

依据渗流的连续性方程和达西定律，结合研究区地下水系统水文地质概念模型，对应的三维非稳定流数学模型为

$$\frac{\partial}{\partial x}\left(K_{xx}\frac{\partial H}{\partial x}\right)+\frac{\partial}{\partial y}\left(K_{yy}\frac{\partial H}{\partial y}\right)+\frac{\partial}{\partial z}\left(K_{zz}\frac{\partial H}{\partial z}\right)+\zeta=S_{\mathrm{s}}\frac{\partial H}{\partial t},\ (x,y,z)\in\Omega,t>0$$

$$H(x,y,z,t)\big|_{t=0}=H_0(x,y,z)$$

$$H(x,y,z,t)\big|_{(x,y,z)\in B_1}=H_1(x,y,z,t)$$

$$k\frac{\partial H}{\partial t}\bigg|_{(x,y,z)\in B_2}=q(x,y,z,t)$$

式中，H 为地下水水头(m)；H_0 为含水层初始水头(m)；H_1 为各层边界水头(m)；K_{xx}、K_{yy}、K_{zz} 分别为 x、y、z 方向的渗透系数(m/d)；S_{s} 为含水层储水率；q 为含水层第二类边界单位面积过水断面补给流量(m/s)；ζ 为源汇项强度；Ω 为渗流区域；B_1 为水头边界；B_2 为流量边界。

采用向后有限差分法，对上述地下水流数学模型进行离散，可得计算单元(i,j,k)地下水渗流计算的有限差分公式。

数值模拟属于求解非稳定渗流问题，其定解条件包括边界条件和初始条件。在研究的渗流区，边界条件概化为流量边界条件，初始条件只需选定模拟时段初始时刻含水层水头。

3) 建立数值模型

(1) 模型剖分与空间离散。在水文地质条件立体概念模型和数学模型的基础上，运用地下水数值模拟软件 Visual MODFLOW，建立符合研究区的矿井地下水系统可视化三维渗流数值模型。采用等间距有限差分的离散方法对含水层进行自动剖分，网格单元行×列×层先设置为 100×100×7，然后对预测工作面区域进行细化。同时，通过钻孔资料生成三维地质模型，如图 5-39 所示。

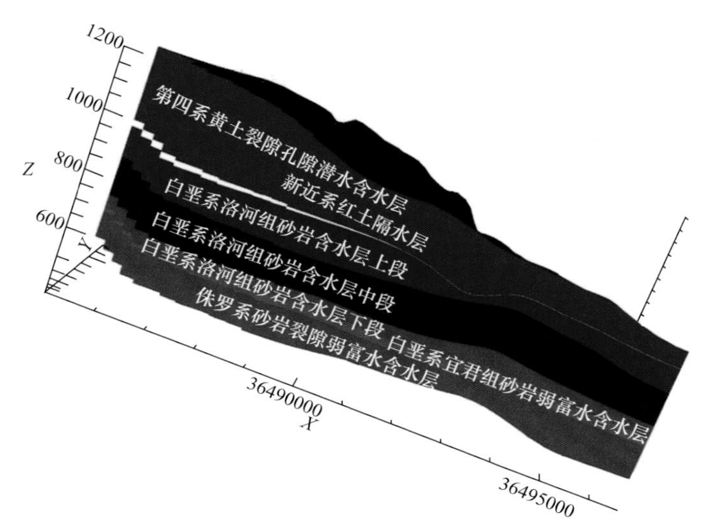

图 5-39　三维地质模型

(2) 数值模型水文地质参数输入。水文地质参数的选取对模型计算至关重要，直接影响到模型计算的精度和结果的可靠性。根据含水层的岩性、富水性、埋深条件、厚度及水位动态对研究区进行分区，设置不同的渗透系数和储水率。根据亭南煤矿 W1、W2、西风井井检孔，TC1、TC2、TC3、TC4 钻孔，结合其他混合抽水试验结果，对各个含水层分区进行计算。洛河组含水层平面渗透系数分区如图 5-40 所示。

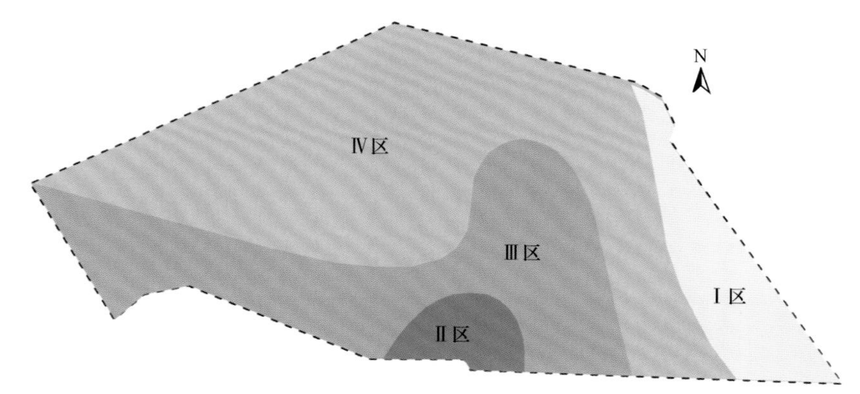

图 5-40　洛河组含水层平面渗透系数分区图

(3) 模拟期与定解条件。为了能更好地描述地下水在一个完整水文年内的变化，同时能较好地控制单孔抽水试验期间的水位动态，确定模拟期为 10 年(3650d)，分成若干时间段，每个时间段内包括若干时间步长，时间步长模型自动控制。以 2014 年 12 月各观测孔的地下水水位作为模型目标含水层的初始水位,同时采用内插法和外推法获得各个含水层的初始水位;各流量边界的参数主要考虑模拟期的初始渗流场，拟合边界流入流出量。

(4) 模型的识别与验证。水文地质模型建立的数值模型必须反映实际流场的特点。在进行模拟预测之前，必须对数值模型进行校正，即校正其方程、参数及边界条件等是否能够确切地反映研究区的实际水文地质条件。利用已知的水文地质观测资料与模型运行的计算结果进行比较分析，确认模型的正确性。若校验结果较好，则可以进行矿井水文地质条件的预测分析；否则，需要重新调试模型。

本次研究采用单孔抽水试验期间的水位资料进行模型识别与验证，使计算和地质条件的分析相结合，及时指导参数调整，以取得最佳拟合效果。经反复多次计算，拟合结果较为满意。同时，在利用抽水试验拟合完毕之后，再利用工作面回采过程中水位变化进行采后渗透性变化拟合。洛河组、宜君组和直罗组含水层抽水试验各钻孔拟合结果见图 5-41。

由图 5-41 可知，抽水试验各钻孔拟合程度较好，拟合度基本上都在 95%以上，说明数学模型是正确的，调整的模型是可靠的。利用软件内置排水沟边界条件模拟工作面开采，并通过水均衡模块进行水量分析。调整开采后受波及含水层渗透系数，达到盘区和工作面涌水量与现阶段较为吻合，从而预测出现开采条件下矿区洛河组含水层地下水流场。

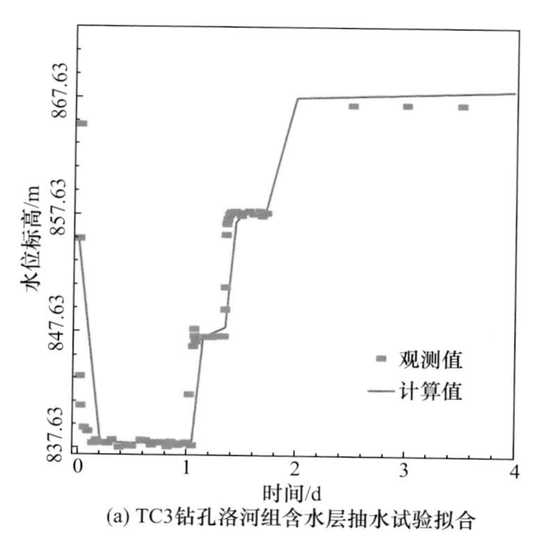

(a) TC3钻孔洛河组含水层抽水试验拟合

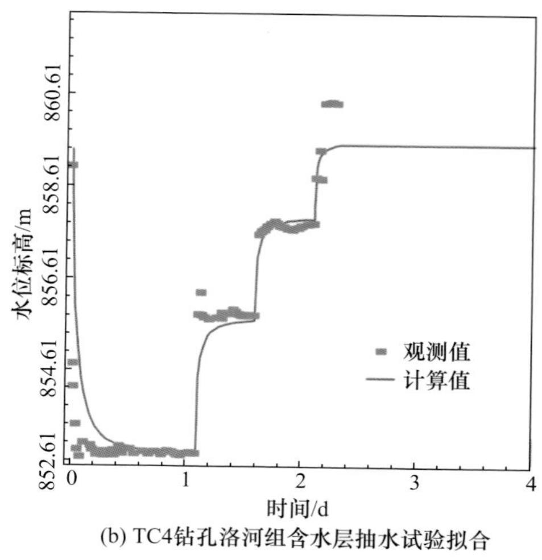

(b) TC4钻孔洛河组含水层抽水试验拟合

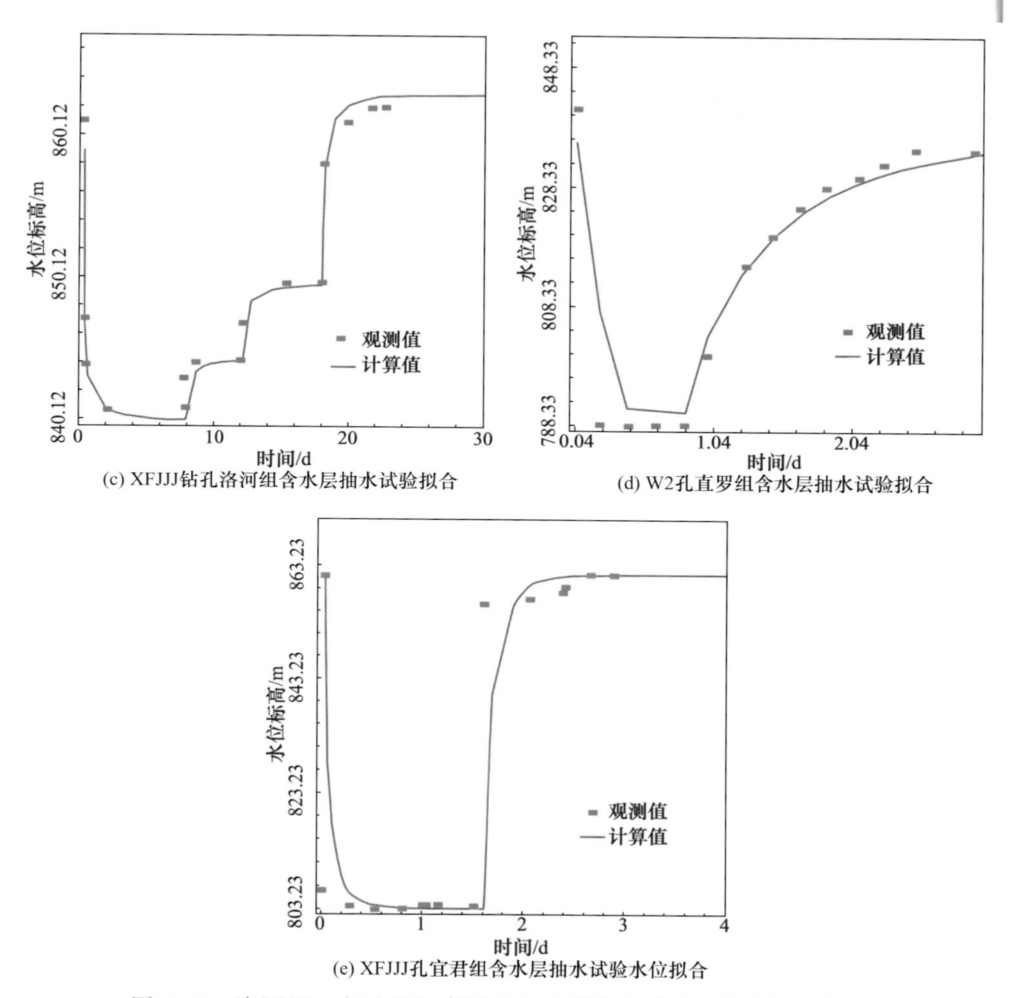

图 5-41　洛河组、宜君组和直罗组含水层抽水试验各钻孔拟合结果

4) 矿井工作面及盘区涌水量预测

(1) 304 工作面涌水量预测。采用上述方法对 304 工作面涌水量进行预测。在含水层流场基本稳定之后，计算得出 304 工作面洛河组中段含水层水位等值线图(图 5-42)，同时利用排水沟内边界和水均衡模块计算出工作面涌水量。

通过计算得到，进入 304 工作面的水量为 6477.8m^3/d，可知在工作面开采之后正常涌水量为 6477.8m^3/d，即 269.9m^3/h。

(2) 矿井三盘区涌水量预测。通过设置三盘区的采掘范围进行盘区涌水量预测。由于三盘区范围较大，开采周期长，参数调整过程中采用一盘区参数调整结果进行三盘区涌水量预测。在含水层流场基本稳定之后，可以预测

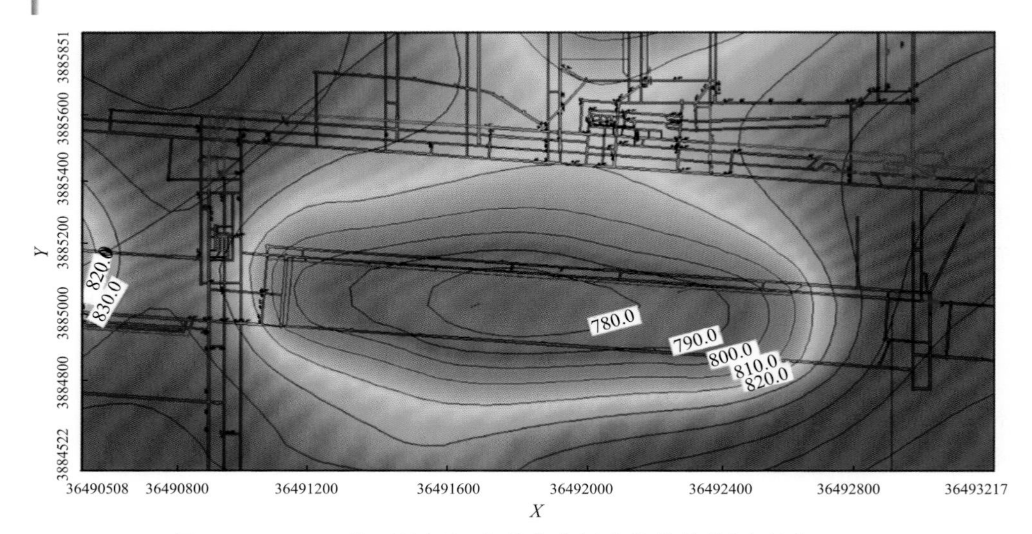

图 5-42 304 工作面洛河组中段含水层水位等值线图(单位：m)

出三盘区开采条件下含水层水位(图 5-43)，利用水均衡模块计算得出盘区回采完毕后正常状态下采空区总涌水量。

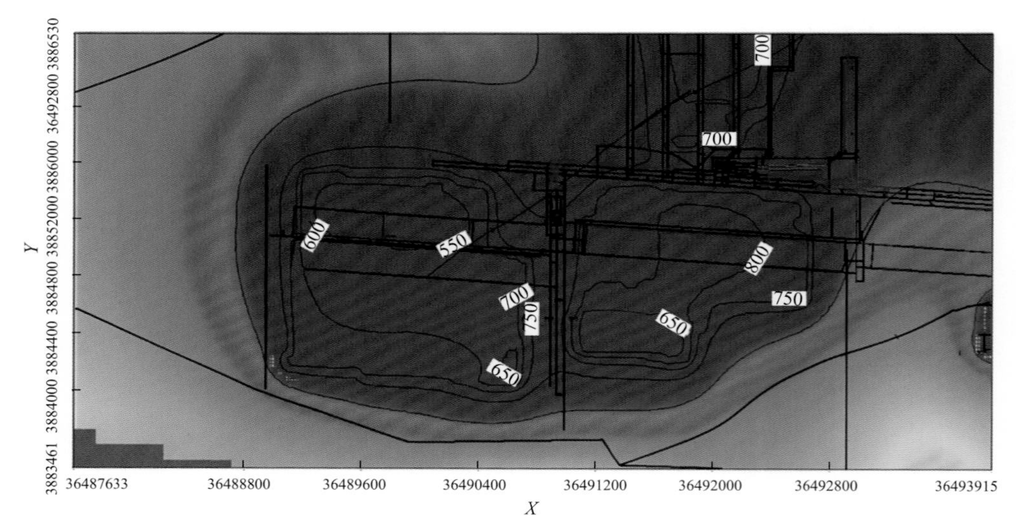

图 5-43 三盘区开采后洛河组下段含水层水位等值线图(单位：m)

由图 5-43 可知，随着工作面采掘范围的增大，地下水漏斗范围逐渐增大，洛河组含水层三盘区与二盘区影响范围逐渐重合，形成以采空区为中心的区域性大的降落漏斗。但是，在开采范围达到一定面积之后，含水层进入采掘空间水量逐渐稳定，最终盘区正常涌水量约 17216m^3/d，即 717.3m^3/h。

对整个盘区进行水均衡计算过程中，忽略了工作面开采顺序、含水层弹性释水、采掘区域含水层重力释水等因素，计算结果为工作面开采结束，含水层内部流场稳定之后采空区涌水量,因此计算结果在一定程度上相对偏小。考虑到盘区开采过程中正在回采工作面涌水量相对较大，需在此稳定涌水量基础上增加一个工作面的正常涌水量作为盘区涌水量总和。综合分析涌水量预测结果得出，三盘区后期工作面开采正常涌水量为 987.2m³/h。

2. 解析法预测涌水量

本小节采用介质分段思维，假设顶板递进渗流充水模式下，在导水裂隙带顶部水头为 0，但保持水流连续，将洛河组含水层受导水裂隙带波及和未受到导水裂隙带波及的两部分分开研究。

1) 计算模型建立

借鉴地下水动力学中裘布依假设的成立条件，将含水层概化为水平、均质各向同性岩层，加之顶板含水层内部地下水渗流场分析，对亭南煤矿顶板含水层部分受导水裂隙带波及下水文地质模型进行概化。未波及段基本符合达西定律假设，在采空区上方呈现出垂向导水裂隙带范围渗透。由于岩体垂向渗透系数较大，对于导水裂隙带波及范围，采用“大井法”思路将其概化为井壁进水的承压完整井进水。总之，工作面开采之后，顶板含水层涌水模型可概化为井壁进水的井流模型和顶部渗透进水的面状补给模型的叠加，如图 5-44 所示。

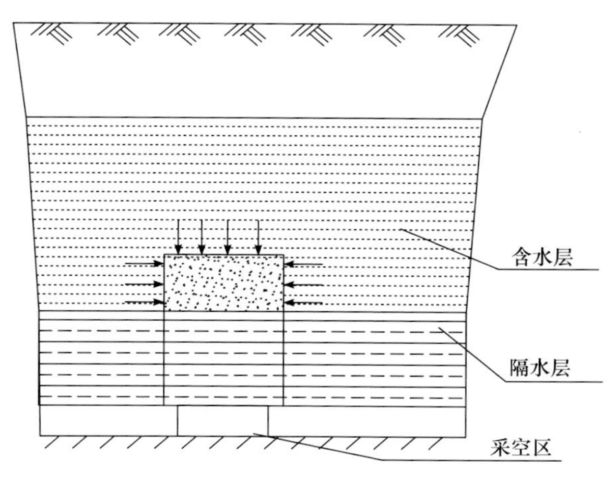

图 5-44　工作面开采水文地质概化模型

依据达西定律，含水层内部受水头差影响，在含水层内部存在垂向入渗

流动，得出未受导水裂隙带波及段水量渗透公式为

$$Q_1 = K_{V1} A \frac{H_1 - H_2}{M_1} \tag{5-15}$$

式中，Q_1为未受导水裂隙带波及段含水层涌水量(m³/d)；K_{V1}为未受导水裂隙带波及段含水层垂向渗透系数(m/d)；A为导水裂隙带波及范围等效面积(m²)；H_1为未受导水裂隙带波及段含水层顶部水头(m)；H_2为受导水裂隙带波及段含水层顶部水头(m)；M_1为未受导水裂隙带波及段含水层厚度(m)。

采用完整井井壁进水裘布依公式对导水裂隙带波及区域涌水量进行计算：

$$Q_2 = \frac{2.73 K_2 M_2 S_2}{\lg R_0 - \lg r_0} \tag{5-16}$$

式中，Q_2为受导水裂隙带波及段含水层涌水量(m³/d)；K_2为受波及段含水层水平渗透系数(m/d)；M_2为受导水裂隙带波及段含水层厚度(m)；S_2为受导水裂隙带波及段含水层水位降深(m)；R_0为引用半径(m)；r_0为预测区折算半径(m)。

由式(5-15)和式(5-16)，综合得出顶部进水型涌水量预测模型为

$$Q = Q_1 + Q_2 \tag{5-17}$$

式中，Q为工作面总涌水量(m³/d)。

在单个工作面或是相邻工作面开采涌水量预测中，若工作面间留设煤柱较薄，煤层开采之后，两个工作面形成一个“大井”，对工作面含水层水进行疏放，采用以上模型直接对工作面涌水量进行预测。

若两个工作面相距较远，不能等效为同一个“大井”进行预测，需要考虑互相影响情况下涌水量情况。通过地下水流叠加原理，将两个工作面等效为两个“大井”，当工作面参数基本相同时，计算模型中式(5-16)可以转换为如下涌水量计算公式：

$$Q_2 = \frac{2\pi M_2 K_2 S_2}{\ln \frac{R_0^2}{r_0 L}} \tag{5-18}$$

式中，L为两个工作面距离(m)。

2) 工作面涌水量预测

304 工作面长度为 1485m，宽度为 204m。4 煤顶板至洛河组含水层平均厚度为 112m，工作面平均采高约 7.8m。侏罗系和宜君组含水层渗透系数取 4591m/d，平均厚度为 49.54m，水位降深为 506.03m。

(1) 侏罗系和宜君组含水层涌水量预测。工作面主采煤层(4 煤)直接充水含水层为直罗组砂岩含水层(通过导水裂隙进入煤层及矿井)及延安组 4 煤顶板砂岩含水层，为无限承压含水层。随着井巷开拓及矿坑水的疏排，承压水头降至含水层顶界面以下，则为承压转无压，因此选用承压转无压公式计算。

$$Q=\frac{1.366K\left[\left(2H-M\right)M-\left(H-S\right)^{2}\right]}{\lg R_{0}-\lg r_{0}} \tag{5-19}$$

式中，Q 为涌水量(m^3/d)；K 为渗透系数(m/d)；H 为水头(m)；M 为含水层厚度(m)；S 为水位降深(m)；r_0 为“大井”引用半径(m)，$r_0=\eta\frac{a+b}{4}$，a 为采宽，b 为走向长度；R_0 为引用影响半径(m)。

侏罗系地层含水层涌水量预测过程中水文地质参数与涌水量计算如表 5-14 所示。

表 5-14　侏罗系地层含水层水文地质参数与涌水量计算

含水层	渗透系数/(m/d)	水头/m	含水层厚度/m	水位降深/m	影响半径/m	“大井”引用半径/m	引用影响半径/m	涌水量/(m^3/h)
侏罗系	0.00459	506.03	49.544	506.03	108.41	457.05	565.47	13.5

(2) 洛河组含水层涌水量预测。304 工作面导水裂隙带高度为 202.8m，进入洛河组含水层厚度为 90.8m。根据前期研究结果，采用改进的涌水量预测模型进行涌水量预测洛河组含水层水文地质参数和涌水量计算如表 5-15 所示。

表 5-15　洛河组含水层水文地质参数和涌水量计算

含水层层段	渗透参数/(m/d)	含水层厚度/m	水头差/m	影响半径/m	“大井”引用半径/m	面积/m^2	引用影响半径/m	涌水量/(m^3/h)	总涌水量/(m^3/h)
未波及部分	0.0175	223.2	100.2	—	—	302940	—	99.2	248.7
波及部分	0.0150	90.8	95.2	116.6	457.1	302940	573.67	149.5	

304 工作面总涌水量为各含水层涌水量之和，即工作面涌水量为 248.7m^3/h。304 工作面实际回采过程中，实际正常涌水量为 290m^3/h 左右，与预测结果较为接近，说明改进的计算公式概化合理，计算结果较为可靠。

5.3 巨厚砂岩含水层水害防控技术

根据洛河组含水层水害成因分析，适当波及洛河组含水层下段条件下其涌水量、含水层水位处于可控状态。鉴于该认识，制定黄陇煤田巨厚砂岩含水层水害防控技术体系，用以指导区域内矿井水害防控工作开展。

5.3.1 水害防控思路与技术体系

由黄陇煤田导水裂隙带高度研究结果可知，区域内煤层开采导水裂隙带高度与我国多数矿区相比明显偏大，且限高开采对导水裂隙带发育高度的控制效果不明显，采用控制导水裂隙带的防控方法将限制矿井高效生产，且难以实现导水裂隙带不波及洛河组含水层，防控效果较差。

1. 水害防控思路

根据对洛河组含水层结构与充水模式的认识，可充分利用洛河组下段低渗砂岩含水层的阻水能力和递进渗流模式，以控制工作面涌水量和含水层中、上段水位降深为核心，允许导水裂隙带适当波及洛河组下部弱富水段，避免波及上部强富水段，形成了“适当波及、主动防控”的技术理念。水害防控总体思路为：以洛河组含水层精细探查工作为基础，重点建立完善工作面、盘区、矿井排水系统，优化控制工作面回采参数，合理控制覆岩破坏高度及工作面涌水强度，以采空区自然疏排为主、局部预疏放为辅的总体方案进行顶板洛河组含水层水害防控，辅以井下疏放水综合利用，实现矿井安全、高效生产。

基于洛河组含水层水文地质特征、煤层开采覆岩破坏发育规律、洛河组含水层递进渗流充水模式的研究，结合矿井实际揭露水文地质情况，制定的矿井“主动防控”水害防控总体思路区别于以往“以防为主”的思路，即不刻意采用限高开采、条带开采控制覆岩导水裂隙带高度，而是在洛河组含水层精细探查的基础上，综合考虑覆岩隔水层、含水层、煤层发育特征等因素的前提下，依据经济性、技术方面因素的考虑，通过制定合理的工作面回采参数，允许导水裂隙带适当波及洛河组下段，控制工作面涌水强度，前瞻性地建立完善井下工作面、盘区排水系统，进行矿井顶板洛河组水害防控。

2. 水害防控技术体系

依据“适当波及、主动防控”的技术理念，制定洛河组含水层水害防控的技术体系，主要在工作面回采前进行精细化探查与预测，采用精细探查、参数优化、精准预测、局部预疏、临排强化的技术手段，达到预测合理，超前预防的目标。回采过程中进行动态调整、控制水量并实现疏供结合，保障洛河组含水层充水强度处于预期可控范围内，实现矿井的安全高效开采。巨厚洛河组砂岩含水层水害防控技术体系如图 5-45 所示。

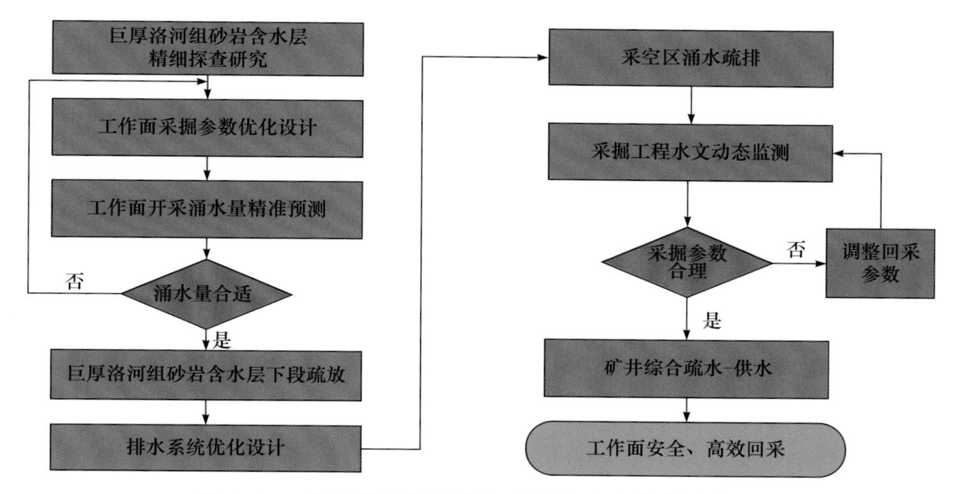

图 5-45　巨厚洛河组砂岩含水层水害防控技术体系

5.3.2　主动防控关键技术

主动防控技术体系的核心在于查明水文地质条件、准确预测矿井涌水量并采取超前疏排水措施，回采过程中进行回采参数动态调整与疏水–供水相结合的措施。

1. 含水层精细探查研究技术

利用地面及井下精细探查工程，查明洛河组含水层垂向富水层段，掌握富水层段与煤层位置关系。其中，地面精细探查方法主要有岩心详细编录、分层抽(注)水试验、常规测井、流量测井、岩石力学性质测试、水理性质测试、水化学分析等手段，井下精细探查主要是基于钻孔施工过程中的水压、涌水量、水质等资料进行分析。

1) 分层抽水试验

(1) 分层抽水试验原理。基于分层抽水试验设备，采用双封隔器分段封堵并对封隔中间段进行抽水，探查含水层不同层段水文地质参数，研究不同垂向深度含水层渗透性、水化学、水温、水位等特征，并将特征相似的层位进行整合。

(2) 洛河组分层抽水参数计算。以地下水流动系统基础理论为指导，对洛河组含水层进行垂向等间距划分，封隔钻孔内各分层的顶底界面，精细化刻画具有统一水力联系的洛河组含水层在不同分层的差异性特征，分层抽水试验可概化为单孔非完整井稳定流抽水模型。

2) 配套试验与测试

钻孔施工过程中和施工结束后需对含水层进行精细探查研究，并进行试验与测试工作。

(1) 岩心编录：钻探施工过程中全孔取心，描述岩心情况，包括岩性、胶结程度、分化情况、裂隙分布等，详细记录厚度达 10cm 的泥岩层、砾岩层。

(2) 水文地质试验：含水层分层抽水试验(或注水试验)、多孔抽水试验、多孔不同层位水力连通试验。

(3) 测井工作：进行常规地球物理测井、常规流量测井、钻孔电视窥视。

(4) 测试工作：全孔岩石物理力学性质测试、全孔岩石水理性质测试和岩矿成分分析、垂向分段水质全分析测试及水温测试，有条件的可进行同位素分析。

3) 井下探查工程

(1) 井下钻孔结构设计：依据相关试验要求进行钻孔结构设计，有条件的情况下终孔层位一般进入洛河组垂深为 70～80m。井下探查钻孔相关参数及结构分别如表 5-16 和图 5-46 所示。

表 5-16　井下探查钻孔相关参数

钻孔结构(孔径/mm，层位)			套管结构(管径/mm)		
第一级	第二级	第三级	第一级	第二级	第三级
Φ190mm 钻孔前 20m	Φ133mm 进入洛河组 3m	Φ75mm 进入洛河组 80m	Φ146mm	Φ108mm	—

(2) 配套试验与测试：钻孔施工过程中和施工结束后需对含水层进行精细探查研究，并进行试验与测试工作。钻孔施工过程中，在进入洛河组含水层后进行水量和水温实时观测，每隔 10m 进行水压观测，及时采集水样进行全分析测试；钻孔进入洛河组含水层进行全孔取心，细致描述岩心情况，包括岩性、胶结程度、分化情况、裂隙分布等，详细记录厚度达到 10cm 的泥岩层、砾岩层。

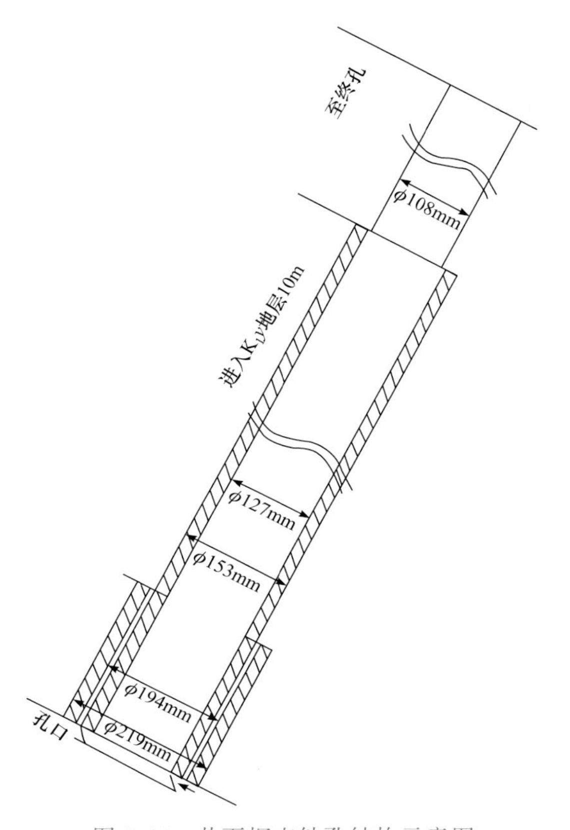

图 5-46　井下探查钻孔结构示意图

(3) 含水层水文地质条件判识指标：简化承压含水层完整井抽水模型，根据承压水井的 Dupuit 公式可知，钻孔内水位降深一定时，均质含水层内钻孔涌水量与含水层厚度呈正相关关系，如式(5-20)所示：

$$Q = 2.73\frac{KMs_{\mathrm{w}}}{\lg\dfrac{R}{r_{\mathrm{w}}}} \tag{5-20}$$

式中，Q 为抽水井流量($\mathrm{m^3/h}$)；s_{w} 为井中水位降深(m)；M 为含水层厚度(m)；K 为渗透系数(m/d)；r_{w} 为井的半径(m)；R 为影响半径(m)。

简化的承压含水层井壁进水的非完整井模型，放水孔涌水量与钻孔长度关系可用式(5-21)表示：

$$Q = \frac{2\pi Kls_{\mathrm{w}}}{\lg\dfrac{1.32l}{r_{\mathrm{w}}}} \tag{5-21}$$

进一步分析可知，含水层均质、水位降深一定的前提下，钻孔涌水量与钻孔长度关系如图 5-47 所示。

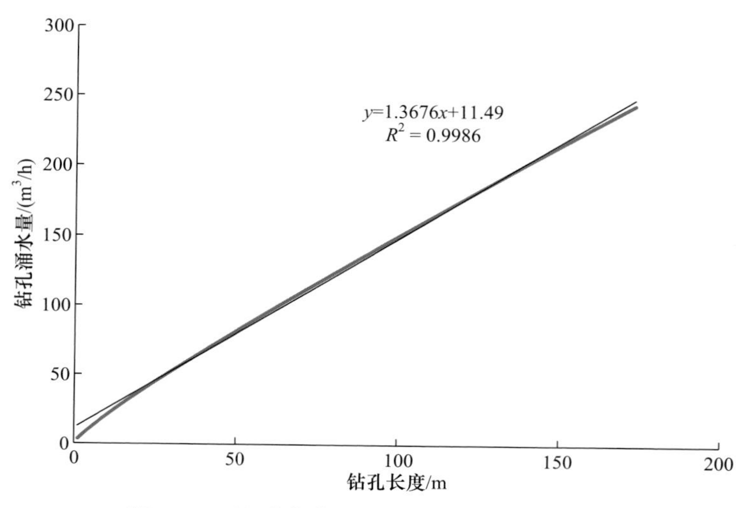

图 5-47　均质含水层涌水量与钻孔长度关系

由此可知，将钻孔概化为完整井或非完整井，钻孔揭露含水层厚度和钻孔涌水量均为近似线性关系，在钻进过程中，涌水量与钻孔长度呈现出固定倍数的线性增加。钻进过程中若涌水量随孔深出现非线性关系，一般是由含水层非均质现象造成，可利用变化后的直线斜率评价含水层渗透性差异。

选取同一钻孔，以 1m 为标准长度单位统计钻孔施工过程中涌水量变化，不同深度单位进尺涌水量增加值作为水文地质条件的评价标准，具体表述如式(5-22)所示：

$$\Delta K_{1-2}=\frac{\Delta Q_1}{\Delta l_1}\bigg/\frac{\Delta Q_2}{\Delta l_2} \tag{5-22}$$

式中，ΔK_{1-2} 为后序探查段与前序探查段渗透系数的比值；Δl_1 为前序施工的段长(m)；Δl_2 为后序施工的段长(m)；ΔQ_1 为前序施工的 Δl_1 段涌水量增加值(m^3/h)；ΔQ_2 为后序施工的 Δl_2 段涌水量增加值(m^3/h)。

由此，可定性评价煤层顶板不同含水层富水性特征：

(1) 当 $\Delta K_{1-2}>1$，表明随着孔深增加，含水层后段单位厚度富水性弱于前段。

(2) 当 $\Delta K_{1-2}<1$，表明随着孔深增加，含水层后段单位厚度富水性强于前段。

(3) 当 $\Delta K_{1-2}=1$，表明随着孔深增加，含水层后段单位厚度富水性与前段相同。

2. 工作面采掘参数优化设计

采掘参数优化是根据覆岩含水层发育特征综合确定采高、采宽及工作面布设方式、回采顺序等，降低工作面充水强度。根据本章对洛河组含水层精细勘探成果可知，洛河组含水层垂向非均质性较强，不同垂深的渗透性差异较大，可以在一定程度上允许导水裂隙带波及洛河组含水层下部，工作面涌水量整体可控。研究结果表明，工作面回采导水裂隙带高度与采宽、采高有一定关系，可利用顶板导水裂隙带高度研究结果，结合煤层赋存条件、煤炭开采技术、矿井采掘计划、经济技术指标，综合确定工作面采宽、采厚和巷道布设。在初步设计参数条件下，利用递进渗流涌水量预测模型进行涌水量预测，对采宽、采高等参数进行相应调整。

3. 工作面开采涌水量精准预测技术

由于巨厚砂岩含水层存在垂向分层与渗透性减小的特征，递进渗流充水模式在导水裂隙带波及含水层部分层位的条件下，含水层内部地下水渗流规律与常规条件有所不同，涌水量预测综合考虑两个因素：①顶板导水裂隙带影响范围与未影响段的地下水渗流规律不同，需分开考虑；②含水层存在垂向渗透性差异特征，洛河组含水层不同层位渗透性有所差异，需分段考虑。

同时，通过数值模型，在非均质各向异性条件下采用有限差分原理进行涌水量预测，综合考虑导水裂隙带发育影响和洛河组含水层内部分层渗透性差异，预测结果可靠性较高。解析法模型是采用二分法原则，将未波及段采用垂向渗流原理、受波及段采用水平井流原理，利用已有勘探成果中水文地质参数进行涌水量预测。预测方法较为简单，但是未能较好地考虑含水层上部渗透性差异，计算结果仅供参考。

根据工作面回采参数，结合工作面地质和水文地质条件，预测工作面覆岩导水裂隙带高度，分析工作面采动影响洛河组含水层的程度，进行工作面涌水量预测。矿井结合涌水量预测结果和现有排水系统情况，综合确定井下采掘参数的设置是否合理，并进行参数优化设计。

4. 含水层下段疏放水技术

以往对洛河组含水层区域补径排条件、水文地质边界条件、矿井涌水情况、白垩系含水层水文地质特征等因素的综合分析可知：含水层地下水补给条件较好；含水层厚度大，储量较为丰富；含水层连续性较好，无大型隔水边界；含水层水头较高，疏降成本高，因此含水层整体而言疏降可行性较差。

对洛河组含水层垂向非均质结构差异的认识，洛河组含水层底部 80m 左右富水性相对较弱，且与上部地层之间水力联系弱，整个含水层具有明显的垂向非均质各向异性，水平方向导水性明显强于垂向。受含水层结构影响，洛河组含水层对矿井充水表现为递进渗流的充水模式，在导水裂隙带波及含水层下段时，中段和上段水位降深相对有限。

鉴于以上对含水层结构和充水模式的认识，可利用洛河组含水层下段水文钻孔进行含水层下段疏放，消耗含水层静储量，达到控制顶板出水及对矿井水“削峰平谷”的目的。

洛河组含水层下段疏放水钻孔主要布设在盘区首采工作面或回采工作面的非临空侧，疏放层位以洛河组下段 60～70m 为宜，将精细探查钻孔与疏放水钻孔相结合，达到一孔多用的目的。

5. 采空区涌水高效疏排技术

工作面煤层开采后，由于导水裂隙带波及顶板洛河组含水层，会造成采空区涌水现象。采空区涌水疏放直接影响到矿井安全与生产效率，是水害防控工作的核心。根据“清浊分离、压力自流、综合利用”的排水系统建设原则，需开展盘区、工作面排水系统优化与相关设备配备。

1) 盘区布局、优化排水

在盘区布设过程中，充分考虑煤层起伏情况，设计泄水巷进行采空区和工作面涌水集中、自流疏排，实现盘区的高效排水。优化措施主要包括以下几个方面：

(1) 盘区集中泄水巷高效排水措施。

(2) 优化设计，利于排水。根据煤层赋存情况保证各工作面回风巷低于运输巷，使涌水通过回风巷流出，不直接影响运输系统，减少涌水对工作面生产的影响。

(3) 加强煤泥管控措施。采取优化巷道层位控制、“波浪式”采煤工艺、煤泥“四级沉淀”、老空水“两顺分流、分区排放”和大角度俯采条件下水煤自动分离等综合措施，切实减少涌水携带煤泥对排水的影响。

2) 完善排水系统

结合递进渗流充水特征，工作面回采后由于洛河组含水层影响，整体上工作面涌水量较大，矿井后续生产中需加强矿井、盘区、工作面排水系统建设，保障各环节排水安全。

工作面回采过程中要注意完善工作面排水系统。掘进工作面需综合考虑生产用水、局部小裂隙涌水、洛河组下段疏放水量，综合确定排水能力。回采工作面需优化排水系统，充分利用煤层起伏变化情况，合理设计水仓、水泵和排水管路。煤层起伏不利于工作面排水时，巷道布设过程中可损失部分底煤来调整巷道高差，确保工作面顺利排水。

排水系统均需按照《煤矿防治水细则》相关要求，设立备用、检修水泵和管路。设计工作面环形水仓，增加水仓容水效果，也在一定程度上降低了水仓开挖成本。保证每台水泵均有备用泵，且每组水泵配备两趟电源，保证水泵不出现故障。

6. 采掘工程水文动态监测技术

该技术主要包括回采过程中水文动态监测和工作面采后“两带”发育高度探查技术。

(1) 水位动态监测技术。充分利用矿井建立的水文动态监测系统，生产过程中需切实利用好地面洛河组水文长期观测系统，保障系统稳定性。同时，可采用洛河组含水层一孔多层监测的技术手段，进行同径(不同径)分隔止水并分别安装监测设备，进行不同层段的水文长期观测。

(2) 井下涌水动态监测技术。工作面回采过程中通过工作面排水沟、盘区集中连续泄水巷进行优化排水，在井下水沟集中排水口埋设三角堰，定时观测工作面、盘区涌水量动态变化。工作面涌水量出现异常、含水层水位明显下降时，利用矿井自备的便携式水质监测仪进行涌水水质监测，作为矿井突水水源判识与水害防控措施开展的主要参考依据。

7. 矿井综合优化疏水-供水技术

洛河组含水层水质与下部直罗组、延安组地层水质相比较为优良，含水层下段地下水矿化度多小于 4000mg/L，部分矿井仅为 500～1500mg/L，是煤矿井下生产用水的良好供水水源。

利用含水层下段疏放水钻孔和现有的井下供水管路，综合优化控制疏、供水量，达到井下洛河组含水层疏水-供水一体化，实现水害防控与井下供水的统一。

5.4 应用实例

亭南煤矿自投产以来，多次受到顶板白垩系洛河组含水层水害影响，主要表现为限高开采控制导水裂隙带高度效果不理想，部分回采工作面淋水、涌水现象较为明显。通过对洛河组含水层涌水机理的深入研究，采用主动防控的技术思路，并有针对性地在206工作面施工水害防控工程，取得了较好效果。

5.4.1 工作面概况

206工作面位于亭南煤矿二盘区东部，以东为已经回采的205工作面，间隔煤柱30m，以西为未采区，以南为轨道大巷保护煤柱，以北为井田边界。回采长度为2230m，面宽为200m。主采煤层为4煤，煤层倾角为0°～6°，平均为3°，煤层厚度为13.6～20.2m，平均为18.3m。工作面采用综采放顶煤开采方法，平均采高为7.5m。工作面横跨南玉子向斜轴部，地层起伏较为明显，向斜轴部局部裂隙比较发育。

工作面范围内主要含(隔)水层自上而下为：第四系松散层孔隙含水层、白垩系下统宜君洛河组裂隙孔隙承压含水层组、中侏罗统安定组隔水层、中侏罗统直罗组裂隙孔隙承压含水层组、中侏罗统延安组裂隙孔隙承压含水层组和下侏罗统富县组相对隔水层组。其中，洛河组承压含水层是该煤矿主要充水含水层，其他含水层富水性较弱。

5.4.2 煤矿水害防控工程

矿井以主动防控技术体系为指导，开展了洛河组含水层精细探查技术研究，采用分层抽水技术查明了洛河组含水层垂向三段富水结构。下段富水性较弱，水平向渗透系数为0.0075～0.0458m/d，平均为0.02397m/d，垂向渗透系数远小于水平向渗透系数。

矿井开展了多期次的导水裂隙带高度实测工作，在204、304工作面分别进行长壁开采条件下导水裂隙带高度实测研究，发现综放开采条件下煤层开采导水裂隙带可波及洛河组含水层下段。同时，适当提高放顶煤厚度时，导水裂隙带高度增长趋势减小，多数区域不会波及洛河组含水层中段强富水层段。

5.4.3 工作面煤矿水害防控工程

工作面开采前进行排水系统优化、洛河组含水层下段疏放工程，同时将疏放水钻孔兼顾井下生产用水的供水系统。

(1) 涌水量精准预测。206工作面采用“垂向入渗-侧向径流”的解析计算方法进行了涌水量预测，预测结果表明洛河组含水层充水影响下，工作面涌水量为185m^3/h。

(2) 工作面排水系统建立。206工作面共设计2个排水点，分别位于206灌浆巷5#联络巷和206回风巷道5#联络巷。

206灌浆巷5#联络巷排水点：安装55kW离心泵6台，每台泵流量为162m^3/h，扬程为81.9m，安设PE280排水管路3趟，其中一趟管路为206灌浆巷5个疏放水钻孔专用排水管路。另外，工作面敷设两趟Φ150mm管路，作为辅助排水。运输巷道掘砌700mm×700mm水沟，将工作面涌水流至206工作面临时水仓外排。

排水路线：206灌浆巷→206灌浆巷1#联络巷→206施工道→西翼轨道大巷水沟→西翼水仓。

206工作面回风巷道5#联络巷排水点：安装55kW离心泵6台，PE280排水管路两趟。工作面敷设一趟Φ150mm管路，作为辅助排水，将水排至回风巷道五号联络巷处。当206工作面推采至接近回风巷道5#联络巷附近，5#联络巷受回采影响时，根据两巷道高程差，及时将5#联络巷排水点每隔50m或100m前移。

排水路线：205灌浆巷→205灌浆巷1#联络巷→205施工道→西翼轨道大巷水沟→西翼水仓。

(3) 工作面疏放水工程。在206工作面灌浆巷道施工5个顶板洛河组疏放水钻孔，具体参数如表5-17所示。

表5-17　206工作面灌浆巷道疏放水钻孔参数表

钻孔号	钻孔相对位置	孔深/m	倾角/(°)	进入洛河组垂距/m	终孔疏放水量/(m^3/h)
4#疏放水钻孔	距离切眼230m	325.5	55	85.6	126
3#疏放水钻孔	距离切眼428m	316.5	55	74.1	82
206-SF1#钻孔	距离切眼660m	318.5	55	72.8	65
206-SF2#钻孔	距离切眼860m	317.5	50	53.5	60
206-SF3#钻孔	距离切眼1070m	325.0	56	80.6	37

206工作面防治水工程布设如图5-48所示。

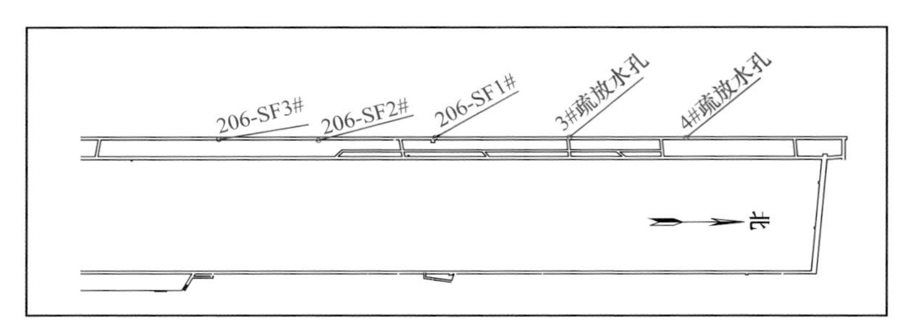

图 5-48　206 工作面防治水工程布设

5.4.4　水害防控效果

206 工作面回采至 237.9m 时，工作面第一次出水，涌水量为 15m³/h。工作面进入仰采阶段后，在工作面灌浆巷 5#联络巷处进行排水，与 205 采空区混合涌水量约 251m³/h，其中 206 工作面涌水量约 140m³/h。采空区涌水通过工作面后部的联络巷和泄水巷进入临时水仓，通过 206 工作面灌浆巷 5#联络巷处泵房外排，工作面无明显积水。对比 204、205 工作面初次出水位置，在同等开采条件下，206 工作面出水时间明显延迟，延迟距离为 136m(表 5-18)。同时，206 工作面最大涌水量约 140m³/h，明显小于 204 工作面的 200m³/h 和 205 工作面的 504m³/h，且工作面涌水情况稳定，未出现涌水量突然增大的情况。

表 5-18　工作面出水位置及涌水量对比表

工作面	首次出水位置/m	首次出水涌水量/(m³/h)	回采至 237.9m 处涌水量/(m³/h)
204	102.0	10	143
205	97.0	12	120
206	237.9	15	15

由图 5-49 可以看出，205 工作面出水时间明显滞后于前期开采工作面，且涌水量明显减小。由于含水层内部结构及渗透特征，巨厚洛河组含水层水不会整体进入井下，而是在钻孔疏放条件下含水层下段形成明显的降落漏斗。因此，在导水裂隙带发育初期仅波及洛河组含水层下段时，含水层基本无水，延缓了工作面出水时间。同时，在工作面回采后期，洛河组部分地下水经钻孔排出，减小了工作面涌水量。由于 206 工作面前 740m 为俯采段，该防治水工程对该工作面洛河组水害防控有较大意义，经济效益明显。

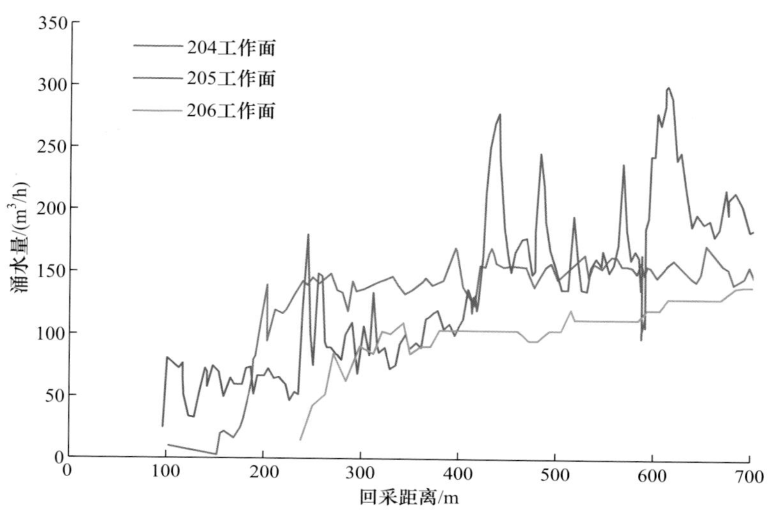

图 5-49　工作面前期涌水量变化

206 工作面与以往工作面相比，平均采高增加了 2.5m 左右，增加收入近亿元，同时延缓出水和合理疏排水措施提高了原煤质量，售价提高约 2400 万元。

“主动防控”的技术思路打破了煤层开采对洛河组含水层不可波及的认识，实现了预测准确、应对有序，保障了工作面安全、高效开采。对含水层下段的局部预疏放工作延缓了工作面出水时间，消减涌水量峰值，保证了工作面安全回采。同时，采用综放开采工艺提高煤层采高，为矿井取得了巨大的经济和社会效益。

第 6 章　侧向补给型烧变岩水害成因与防控技术

近地表易燃煤层在适当外因条件下会发生自燃，自燃过程中煤层燃烧，部分或全部变为煤灰外，其围岩也因烘烤形成烧变岩。鄂尔多斯盆地北部，尤其是陕北黄土高原与毛乌素沙漠接壤地带广泛分布烧变岩，该地区以风沙滩地、河谷和黄土丘陵沟壑地貌为主，各煤层在露头处大部分发生过自燃，烧变岩在沟谷区广为出露。煤层自燃后上部岩石受到烘烤变质直至熔融，并产生大量气孔，垮落后又形成大量的裂隙空洞，直径最大可达 0.3m，个别地点裂隙率高达 15%(常家沟南沟)，为地表水、大气降水的渗入和地下水的储存、径流创造了有利条件。烧变岩的富水性差异极大，主要受补给条件、隔水顶底板发育程度及地貌形态控制，并与裂隙的发育程度密切相关。当煤层开采影响范围内存在富水性强、径流条件好、补给水源充沛的烧变岩含水层时，会对回采产生重大安全隐患。同时，烧变岩涌水对地下水造成严重破坏，激化矿区水资源供需矛盾，违背西部矿区保水采煤的理念。

6.1　烧变岩水害特征

烧变岩是由煤层等地层中的有机质自燃，使围岩受热、烘烤而形成的碎裂结构岩石，在鄂尔多斯盆地北部广泛分布。裂隙、孔隙在烧变岩中发育，烧变岩岩体多呈碎裂结构，属于软岩类，其中发育的裂隙、孔隙为地下水径流和储存提供了良好的空间条件。烧变岩中地下水的水化学类型多为 HCO_3-Ca 型，矿化度通常小于 500mg/L。

据测量，烧变岩的裂隙宽度一般为 3～50mm，个别孔洞可达 400mm，渗透系数一般大于 100m/d，最大可达 1631.30m/d。因此，烧变岩含水层渗透性好，可作为良好的充水通道；同时，当烧变岩底板处于低洼位置，其产状与地形产状相反时，又可形成良好的储水构造，若上覆为松散沙层，可接受大气降水的良好补给，形成较强的充水水源(范立民等，2016)。根据野外观测和资料分析，各类煤层烧变岩剖面如图 6-1 所示。

当烧变岩分布在煤层上部或其侧边时，易产生烧变岩水害，对煤矿的安全开采造成巨大威胁，如榆卜界煤矿、人民煤矿受烧变岩含水层影响发生淹

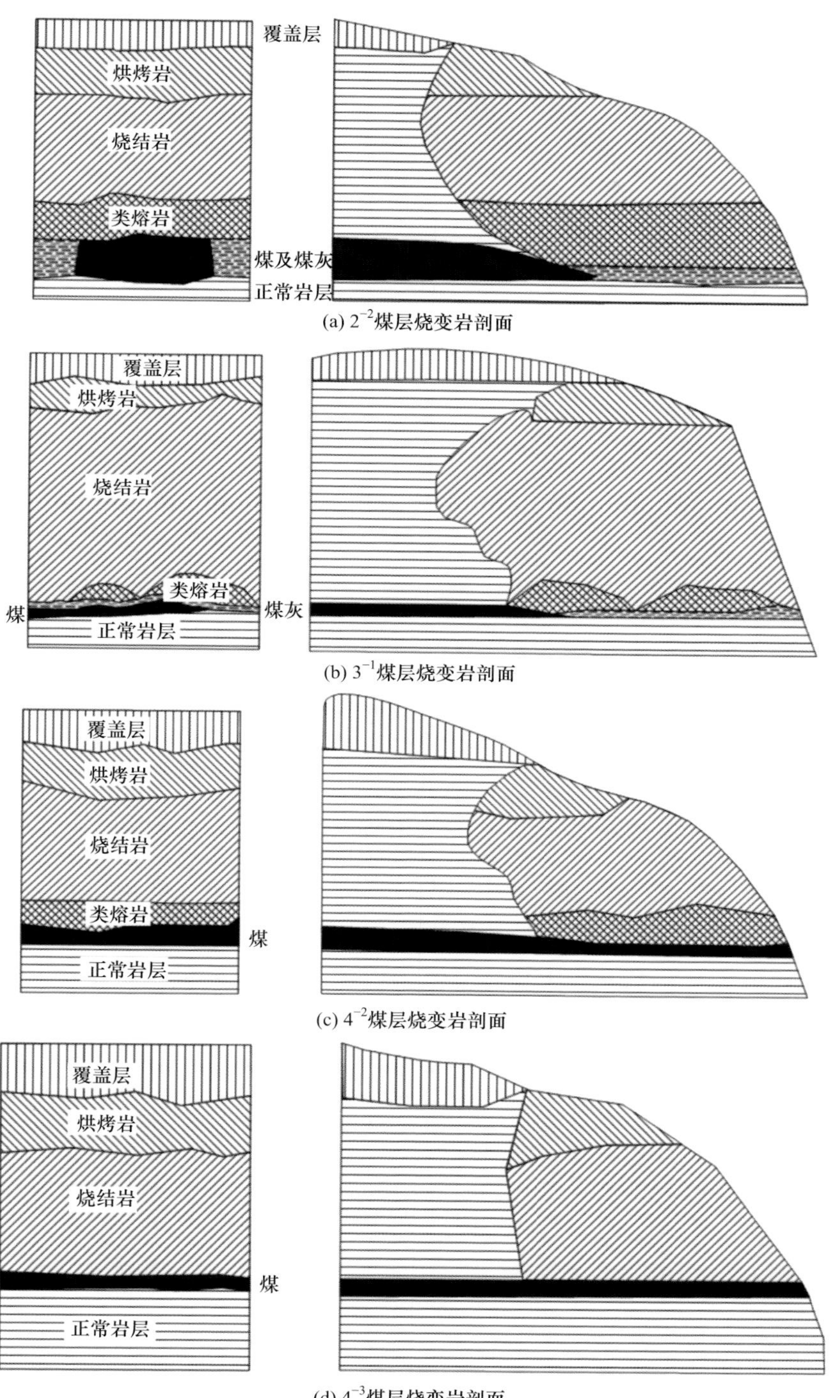

(a) 2^{-2}煤层烧变岩剖面

(b) 3^{-1}煤层烧变岩剖面

(c) 4^{-2}煤层烧变岩剖面

(d) 4^{-3}煤层烧变岩剖面

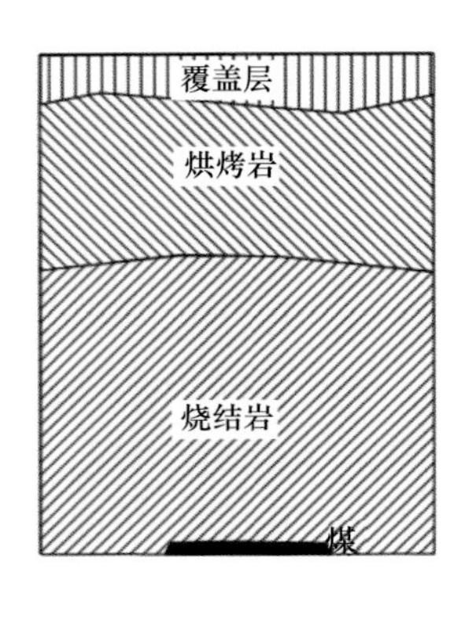

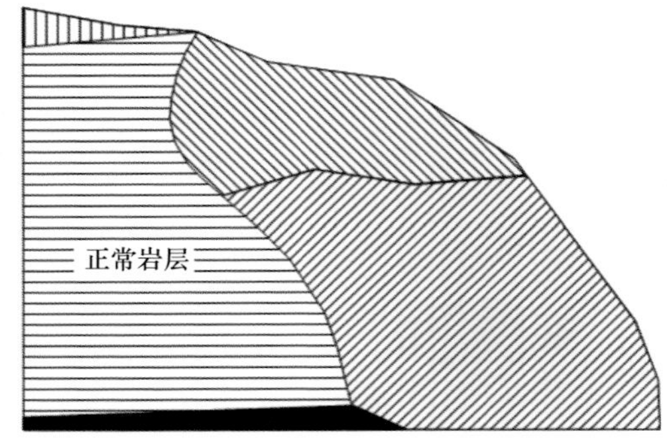

(e) 4^{-4}煤层烧变岩剖面

图 6-1 各煤层烧变岩剖面图

各分图左为纵剖面，右为横剖面

井，永乐煤矿、上河煤矿受烧变岩影响限制了边界煤开采。神府矿区的张家峁煤矿、何家塔煤矿等也面临烧变岩水害。本章以神府矿区张家峁煤矿为例，探讨侧向补给型烧变岩水害成因与防控技术。

6.2 侧向补给型烧变岩水害形成机制

6.2.1 烧变岩水害概况

张家峁煤矿位于神木市北部，是一座年产千万吨煤的特大型现代化矿井，主采 5^{-2} 煤、4^{-2} 煤及 3^{-1} 煤，按照采掘接续规划，该煤矿于 2017 年年初开采 15207 工作面，2018 年年初开采 15208 工作面(图 6-2)。根据前期磁法探查结果及采掘工程平面布置图，15207 工作面及 15208 工作面南部 5^{-2} 煤顶板上部覆盖有 4^{-2} 煤火烧区，15207 工作面的火烧区发育范围南北方向上约为 774m，东西方向几乎全部覆盖，15208 工作面的火烧区发育范围南北方向上约为 690m，东西方向主要在南侧 200m 范围内。4^{-2} 煤底板距离 5^{-2} 煤顶板 70～80m，5^{-2} 煤厚度约 6m，按照陕北侏罗纪煤田导水裂隙带发育规律，5^{-2} 煤工作面回采后导水裂隙带导通至 4^{-2} 煤底板，若 4^{-2} 煤烧变岩中有水，下段 5^{-2} 煤回采一定会受烧变岩水害威胁。

2016 年 5 月，张家峁煤矿技术人员在野外踏勘时发现在 15206 工作面回采约 150m，距离 15206 工作面运输巷西侧约 90m 处地面的陈家塔沟谷中谷底有涌水现象，涌水量约 $30m^3/h$，该处出水点位于拟开采的 15207 工作面内部，距离 15207 工作面切眼约 555m，距离 15207 工作面回风巷约 60m。初步分析，该处出水的水源为常家沟水库，出水的通道为 5^{-2} 煤顶部的 4^{-2} 煤烧

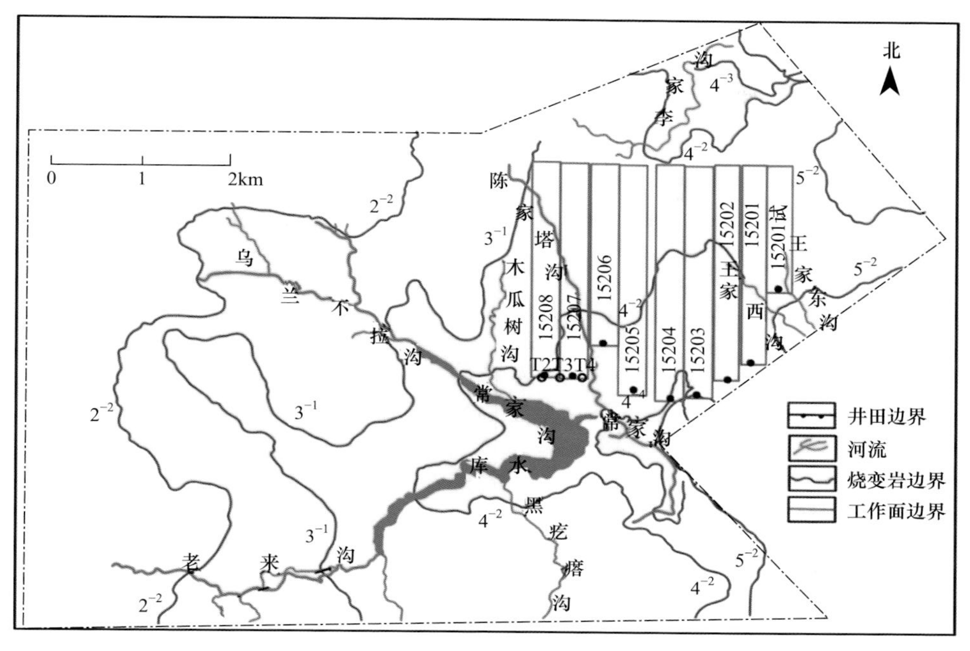

图 6-2　张家峁煤矿示意图

变岩裂隙。

陈家塔沟谷中出水点层位基本处于 4^{-2} 煤火烧区，平面距离 15206 工作面运输巷约 90m，若水源为烧变岩水且与常家沟水库水有联系，将对 15206 工作面回采产生巨大威胁。更为重要的是，若 15207、15208 工作面上覆 4^{-2} 煤烧变岩中有水且水源与水库水有关，将严重威胁和影响 15207、15208 工作面的安全生产和采掘布置。15207、15208 工作面南侧的常家沟水库是神木市最大的蓄水水库，水库汇水面积约 $44km^2$，容水面积约 $0.3km^2$，最大容量约 $1.2\times10^7m^3$。常家沟水库为下游三万亩农田提供灌溉用水和人畜饮用水，同时还承担着相关电厂的供水任务，是保障神木市工农业发展和人民正常生活的重要水源。若 15207、15208 工作面回采过程中水库发生较大的地表水泄漏，不仅严重威胁张家峁煤矿的安全生产，而且将损失宝贵的地表水资源，严重影响神木市工农业生产和人民生活。

6.2.2　水文地质条件探查

1. 水文地质调查

15206 工作面回采前，张家峁煤矿地测人员对 15206 工作面附近顶部地表塌陷、出水等情况进行野外调查。2016 年 5 月 12 日，发现陈家塔沟底有出水现象，出水点涌水量约为 $30m^3/h$，根据测量资料，该处出水点水位标高约为 1134.5m。该出水点有多处烧变岩出露痕迹，沟底可见崩塌碎岩，岩面新鲜尖锐(图 6-3)。

图 6-3 陈家塔沟谷出水点

张家峁煤矿 15207、15208 工作面切眼区域在常家沟水库范围内，小型沟谷较多，主要为乌兰不拉沟、陈家塔沟和吃开沟等。野外水文地质调查工作按地质点、泉点、水塘、小煤窑、河流和水井等 6 种不同的调查项目进行分类，通过对调查范围内约 $50km^2$ 的调查，共完成调查点 41 个。野外调查中共采集水样 14 组，其中地下水样 6 组，河流及水塘水样 5 组，泉水水样 3 组。水文地质调查主要获得以下成果：

(1) 调查范围内 2^{-2} 煤、3^{-1} 煤和 4^{-2} 煤烧变岩均有出露，其中 3^{-1} 煤烧变情况最为严重，其次为 2^{-2} 煤，4^{-2} 煤烧变情况一般。

(2) 乌兰不拉沟和吃开沟上游均有 3^{-1} 煤烧变岩，烧变剧烈，在烧变岩底部均有泉水出露(图 6-4)。

(3) 15207 工作面东侧的陈家塔沟谷两侧 4^{-2} 煤烧变岩裂隙发育，但无水。

(4) 2017 年 11～12 月，常家沟水库水位标高以 2～3cm/d 的速度上涨(图 6-5)。主要的补给源为乌兰不拉沟、吃开沟及青草界沟的管道补水，补给量约为 $2.8\times10^4m^3/d$；主要的排泄源为向电厂供水，供水量约为 $1.6\times10^4m^3/d$。

(a) 吃开沟烧变岩

(b) 泉水出露

图 6-4　吃开沟烧变岩及泉水出露

2. 水文地质探查

本次探查工程的目的是查明 15207、15208 工作面回采影响范围内(包括陈家塔出水点)5^{-2} 煤顶板烧变岩含水区的分布范围和富水性，分析烧变岩水

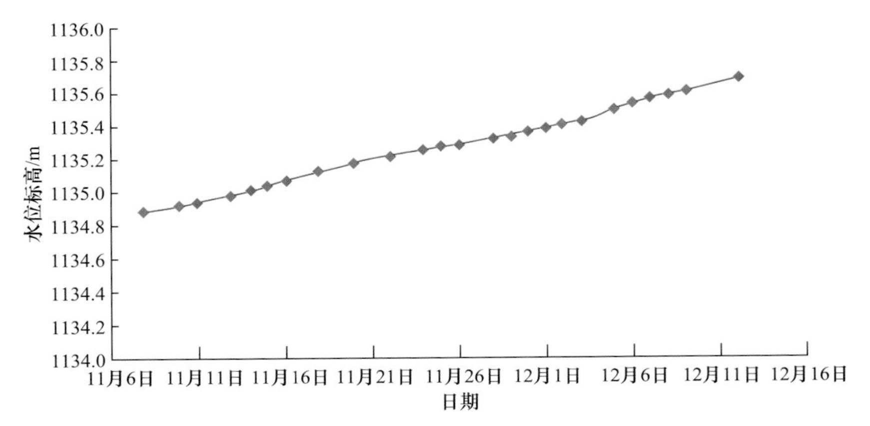

图 6-5　常家沟水库水位标高变化

和常家沟水库地表水的水力联系，为 15207、15208 工作面的防治水工作提供依据，主要包含磁法探测、水文地质钻探和抽水试验等手段。

1) 磁法探测

(1) 物探方法选择：考虑到勘探区地表起伏较大，同时目标地层烧变岩空隙均被地下水充填，因此选择磁法探测较为可靠。

(2) 物探仪器：本次磁法勘探采用 ENVI-PRO 质子磁力仪。该磁力仪具有多项测量功能，其中包括较先进的磁力仪/磁梯度仪(ENVImAG/ENVI GRAD)测量和甚低频(ENVI VLF)测量(图 6-6)。

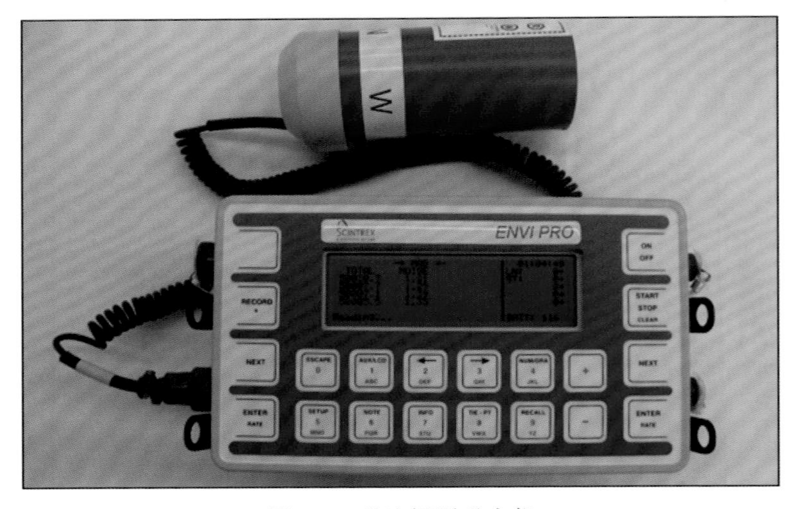

图 6-6　磁法探测磁力仪

(3) 物探工作量：本次磁法勘探共完成物理点探测 9861 个，勘探面积约 $0.93km^2$。

(4) 磁法成果资料分析与解释：包括磁异常剖面曲线图分析与解释、磁异常平面图分析与解释、烧变区边界综合推断。

①磁异常剖面曲线图分析与解释，本节列举两种具有代表性的测线磁异常剖面曲线图(图 6-7)。图中横轴为沿测线方向横向距离，纵轴为磁异常信号幅值(ΔT)。

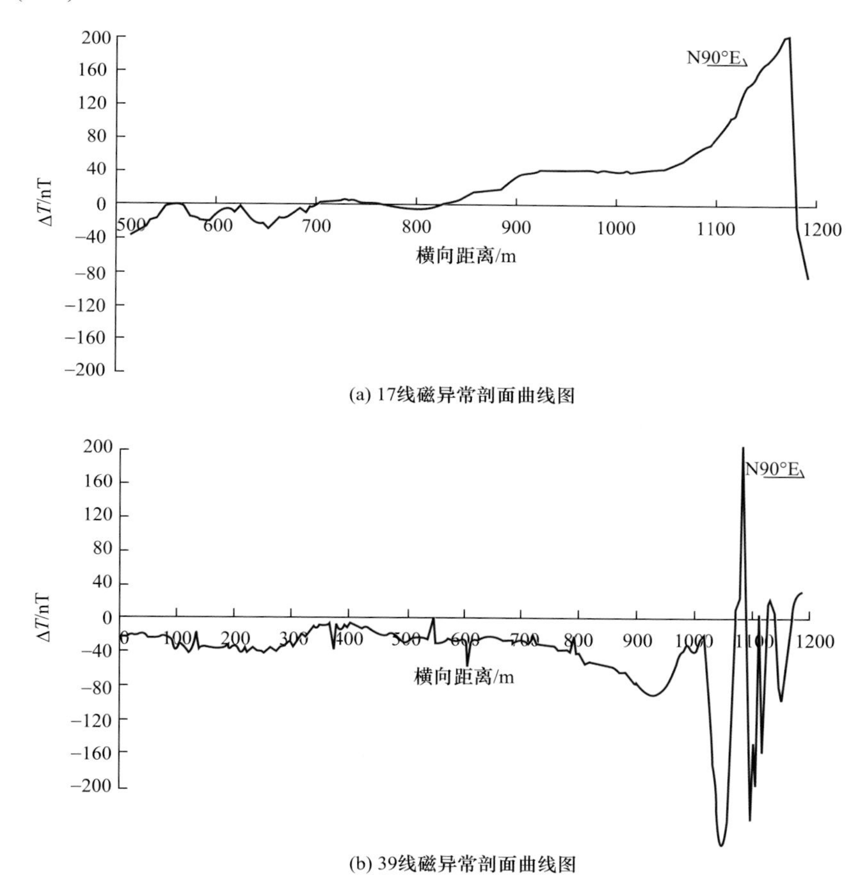

图 6-7　两种代表性的测线磁异常剖面曲线图

图 6-7(a)为 17 线磁异常剖面曲线图。横向距离 0～870m 的磁异常信号幅值ΔT集中在−40～37nT，曲线较光滑，为正常地层磁异常曲线；横向距离 870～880m 的ΔT为 37～40nT，磁异常持续保持均匀大值，该特征表明此

处有异于正常地层的剩磁异常存在，横向距离 900～1180m 的ΔT绝对值为40～200nT，磁异常持续增大，该特征表明此处有异于正常地层的强磁异常存在。

图 6-7(b)为 39 线磁异常剖面曲线图。曲线中个别突刺的点疑为随机噪声干扰引起。横向距离 0～780m 的ΔT 主要集中在 0～−40nT，曲线较为光滑，为正常地层磁异常曲线；横向距离 810m 处ΔT 曲线出现跳变，ΔT 值首先跳变为−60nT，至绝对值最大的−300nT，后逐渐转正，出现正负交替的强磁异常现象，跳变段主要集中在横向距离的 950～1200m。这种正负交替的强磁异常现象表明此处地层剩磁性较强，且磁化方向不均一，与煤层烧变岩剩磁性规律吻合。

②磁异常平面图分析与解释。图 6-8 为磁法勘探异常区域平面图，表示磁异常在平面上分布规律，适于反映磁异常的走向、连续性、分布范围等整体特征。图中绿色—青色为正常地层磁异常区域；深黄色—红色表示剩磁异常较强的区域，其中颜色越深表示剩磁异常越强，将其称为煤层烧变异常区。图 6-8 较为直观地反映了正常地层背景场和强磁异常区域的分布范围。

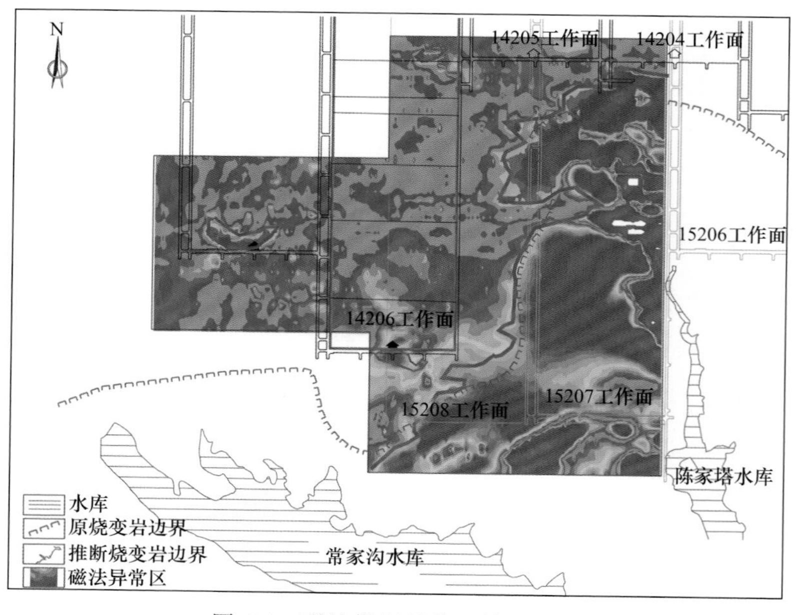

图 6-8　磁法勘探异常区域平面图

在测区西北部区域，大面积呈现绿色—青色填充的大范围区域，该区域绝大部分磁异常变化均匀，没有出现明显的跳变现象，磁异常等值线变化平缓，颜色过渡自然，对比磁异常曲线，也没有出现突变现象。该区域内有火 3 钻孔和 7-4 钻孔，两处钻孔在终孔深度范围内未见烧变岩，与磁法探测结果吻合。该区域中 28 线、29 线、30 线 10～30 号测点和 51 线、52 线 63～68 号测点附近存在小面积的磁异常，推断与 3^{-2} 煤层烧变有关。

在测区东南部，填充的颜色呈阶梯状突变，即在较短的距离范围内出现绿色-青色区域向深黄色区域的突变现象，等值线较密集，推断该处应为正常地层向煤层烧变区过渡的区域，此过渡区域向东、南和北方向呈现的红色应为煤层烧变区，即前述的烧变异常区。在烧变异常区内，填充颜色变化不均匀，应与煤层燃烧程度和其埋深有关系。根据钻孔实际揭露地层资料，认为其主要反映的是 4^{-2} 煤层的烧变情况，综合推断为 4^{-2} 煤层的烧变区边界。

③烧变区边界综合推断结果。最终结果的推断解释过程中，结合了剖面曲线图、磁异常化极平面图、地质和钻孔资料，各煤层烧变区边界图和瞬变电磁法成果资料。推断的 4^{-2} 煤层烧变区边界结果如图 6-8 所示，图中洋红色粗实曲线为本次磁法探测推断的烧变区边界，红色虚线为原烧变区边界线。经统计，本次推断的 4^{-2} 煤层烧变区边界与原边界延伸趋势大致相似，局部存在重合和相交的区域，但仍有部分区域存在差异，最大处达到了约 110m。鉴于本次勘探过程中可供参考的已知资料较之前有所增加，且磁法测点密度较大，因此本次推断的 4^{-2} 煤层烧变区边界在精度上要大于原烧变区边界。

煤层烧变后存在一定宽度的熄灭带，熄灭带延伸越长，其剩磁异常特征可能越弱，为磁法探测其边界带来困难。根据本次勘探资料反映的特征可见，部分测线磁异常由背景场向强磁异常场过渡距离较长，即与煤层熄灭带的存在有一定联系。因此，在使用该资料时，要考虑熄灭带存在的可能性，在烧变区边界附近作业前，可采用钻探开展定性或验证性探测。

2）水文地质钻探

(1) 钻孔布置：水文地质钻探共施工 3 个钻孔和 1 个探坑，钻孔编号分别为 T2、T3 和 T4，T6 为探坑，各钻孔工程布置平面如图 6-9 所示。

(2) 钻孔结构及参数：地面探查钻孔结构及参数如图 6-10 所示。

(3) 水文地质测井：本次水文地质测井采用电阻率法测井，目的主要是判定烧变岩和煤层位置，并得到钻孔测井柱状。

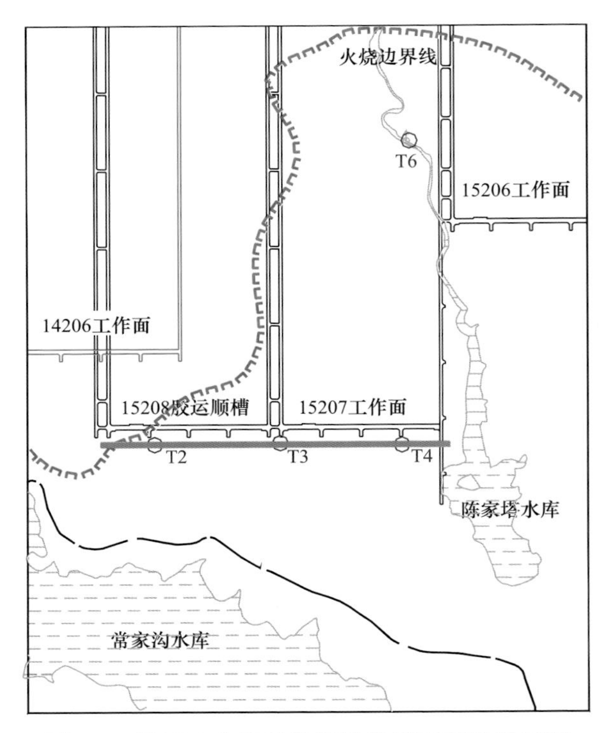

图 6-9　地面水文地质钻探钻孔工程布置平面图

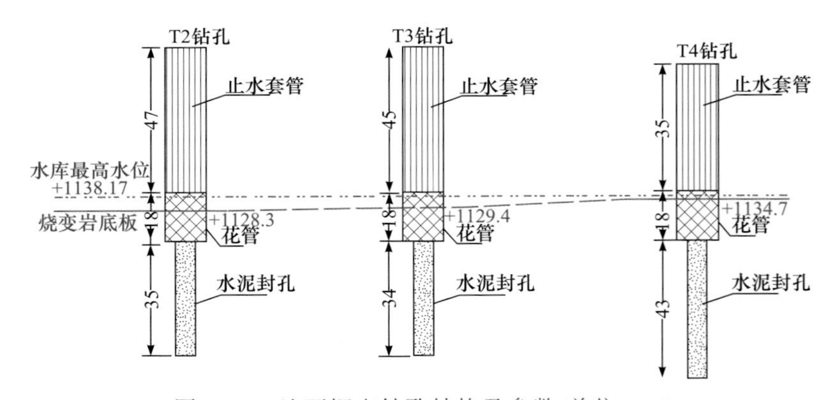

图 6-10　地面探查钻孔结构及参数(单位：m)

3) 抽水试验

抽水试验目的是查明 15207、15208 工作面回采影响范围内 5^{-2} 煤顶板烧变岩含水区的富水性和渗透性，为 15207、15208 工作面烧变岩水害防控工作提供科学依据。施工的 3 个钻孔仅 T2 和 T3 钻孔有水，因此仅对这 2 个钻孔开展抽水试验。

(1) T2 钻孔抽水试验：T2 钻孔在经过 36h 的抽水后，水位降深基本稳定。停止抽水后，水位降深迅速恢复。T2 钻孔抽水量和水位降深历时曲线详见图 6-11。

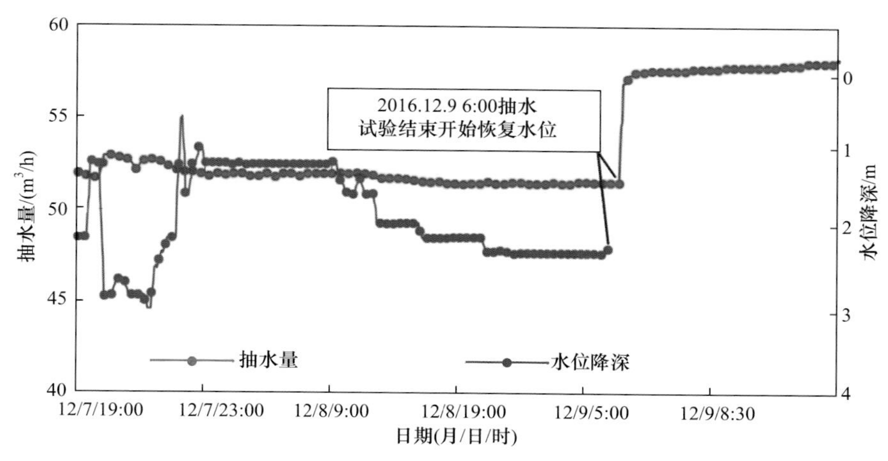

图 6-11　T2 钻孔抽水量和水位降深历时曲线

(2) T3 钻孔抽水试验：T3 钻孔抽水泵额定泵量为 $65m^3/h$，在抽水管路安装了流量控制阀，通过控制阀门，对 T3 钻孔进行了 3 次降深的抽水试验，3 次抽水试验最大水位降深为 8.07m。T3 钻孔抽水量和水位降深历时曲线详见图 6-12。

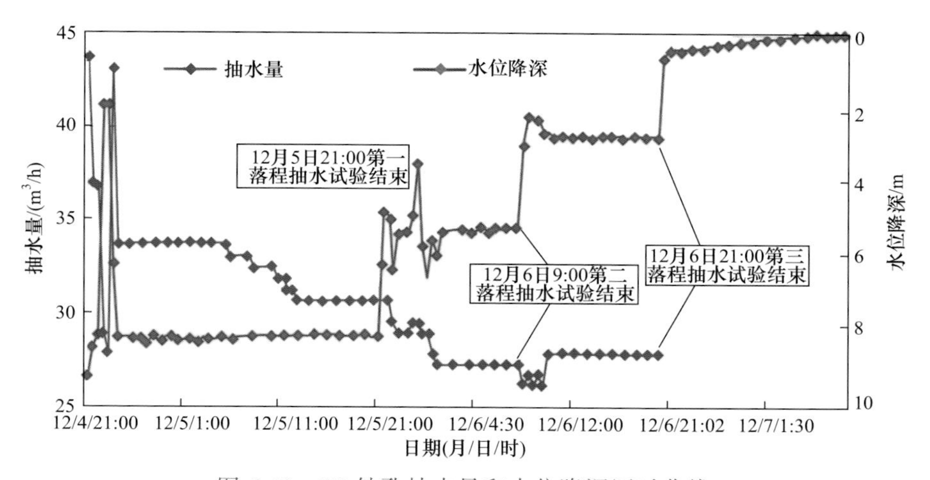

图 6-12　T3 钻孔抽水量和水位降深历时曲线

(3) 水文地质参数计算：T2 钻孔抽水量为 48.10m^3/h，水位降深为 1.34m，单位涌水量为 9.98L/(s · m)，富水性极强，渗透系数为 148.7m/d；对 T3 钻孔做 3 次抽水试验，平均单位涌水量为 1.77L/(s · m)，富水性强，渗透系数为 27.3m/d，表明地下水径流条件较好。

(4) 观测孔水位降深分析：T2 钻孔正式进行抽水试验时，T3 观测孔水位降深未发生变化。T3 钻孔正式进行抽水试验时，T2 观测孔在 6h 后水位降深仅下降 1cm，随后不再发生变化。观测孔水位变化不明显再次验证了烧变岩含水层富水性较强的特征。

4) 涌水量预测

(1) 计算方法。达西定律描述饱和介质中水的渗流速度与水力坡降之间线性关系的规律，又称线性渗流定律。根据达西定律，涌水量与上下游水头差 h_2-h_1 和垂直于水流方向的截面积成正比，而与渗流长度成反比，即

$$Q=\frac{K\times A\times(h_2-h_1)}{L} \tag{6-1}$$

式中，Q 为涌水量；K 为渗透系数；A 为过水断面面积；h_2-h_1 为水头差；L 为渗流长度。

(2) 参数的选取。①渗透系数 K 的确定。根据 T2 和 T3 钻孔抽水试验结果，其渗透系数分别为 148.7m/d 和 27.3m/d，15207 工作面计算时取 T2 和 T3 钻孔渗透系数的平均值，15208 工作面计算时取 T2 钻孔数值。②水头为自然水位标高至烧变岩底板标高的差值，自然水位标高为 1135.56m，烧变岩底板在 T2 钻孔处标高为 1128.3m，在 T3 钻孔处标高为 1129.4m。

(3) 计算结果。15207 工作面单独回采时，涌水量计算结果为 651m^3/h；若将 15207 和 15208 工作面作为一个整体计算两个工作面的总涌水量时，计算结果为 1064m^3/h。

计算结果表明：①以上计算涌水量指水位标高为 1135.56m 时的涌水量；②计算所得涌水量为正常涌水量，而不是工作面顶板初次垮落时的瞬间最大涌水量，瞬间最大涌水量远大于正常涌水量；③以上计算涌水量是建立在本次抽水试验所得的水文地质参数基础上。

3. 井下疏放水试验

1) 井下钻探

(1) 钻孔布置：由于地面能进行抽水试验的钻孔只有 T2 和 T3 钻孔，为深入张家峁煤矿水文地质条件研究，在井下施工了 11 个烧变岩疏放水钻孔，

钻孔平面位置见图 6-13。

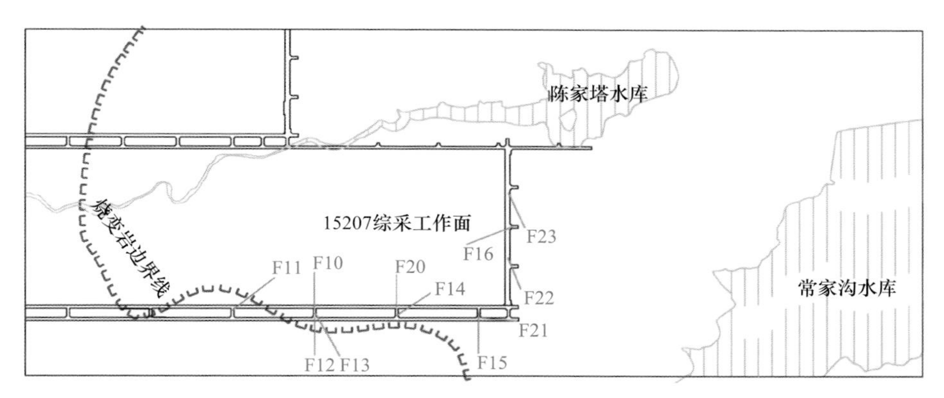

图 6-13　井下疏放水钻孔平面位置

(2) 钻孔参数及钻孔结构。井下烧变岩放水钻孔参数及钻孔结构如表 6-1 所示。

表 6-1　井下烧变岩放水钻孔参数及钻孔结构

序号	孔号	开孔位置	烧变岩标高/m	仰角/(°)	方位角/(°)	孔深/m
1	F10	胶辅运巷道 12 联巷	—	40	40	—
2	F11	胶辅运巷道 15 联巷	+1135.888	38	142	132.0
3	F12	胶辅运巷道 16 联巷	+1139.468	48	270	120.5
4	F13	胶辅运巷道 16 联巷	—	39	240	160.0
5	F14	胶辅运巷道 17 联巷	+1135.880	45	146	146.5
6	F15	胶辅运巷道 18 联巷	+1161.714	50	270	140.0
7	F16	切眼第二调车硐	+1145.538	40	338	137.0
8	F20	胶辅运巷道 17 联巷	+1145.995	53	90	112.5
9	F21	胶辅运巷道 18 联巷	+1148.907	49	185	138.0
10	F22	切眼	—	45	115	—
11	F23	切眼	—	45	115	—

井下钻孔全部为上仰斜孔，开孔位置在 15207 工作面 5^{-2} 煤或 5^{-2} 煤顶板中，设计终孔位置在 4^{-2} 煤烧变岩中。钻孔施工采用 Φ152mm 钻头开孔，下设管长 6m 的 Φ108mm 孔口管，之后采用 Φ75mm 钻头变径钻进至孔底。

2) 疏放水试验

(1) 钻孔初始涌水量。11 个钻孔中，F22 钻孔的初始涌水量高达 138m³/h，F20 钻孔的初始涌水量高达 134m³/h，证明烧变岩含水层的富水性较强。

(2) 钻孔放水试验。从表 6-2 及图 6-14 中可知，放水过程中 F10、F22 钻孔 2d 后涌水量衰减较快，之后涌水量趋于稳定，符合一般情况下的含水层放水规律。F16、F23 钻孔放水时初始涌水量很小，分别为 2.3m³/h、1.5m³/h，放水过程中涌水量变化不大，研究价值不高。F21 钻孔放水时初始涌水量为 39.0m³/h，最后涌水量为 31.2m³/h，涌水量衰减缓慢，表明烧变岩富水性强。受井下条件限制，F20 和 F14 钻孔共用 1 个放水管路，因此涌水量为混合水量，涌水量由最初的 62.0m³/h 衰减至最终的 35.6m³/h。

表 6-2　不同日期疏放水中钻孔的涌水量

钻孔	当日涌水量/(m³/h)					
	12 日	14 日	15 日	16 日	17 日	19 日
F10	42.0	9.1	4.9	4.4	4.2	8.4
F16	2.3	3.5	3.5	3.5	3.7	3.6
F20+F14	62.0	53.9	63.6	33.1	57.3	35.6
F21	39.0	46.9	48.5	40.4	48.5	31.2
F22	130.0	74.0	64.5	62.8	69.0	58.0
F23	1.5	1.3	1.2	1.3	1.2	1.2
合计	276.8	188.7	186.2	145.5	183.9	138.0

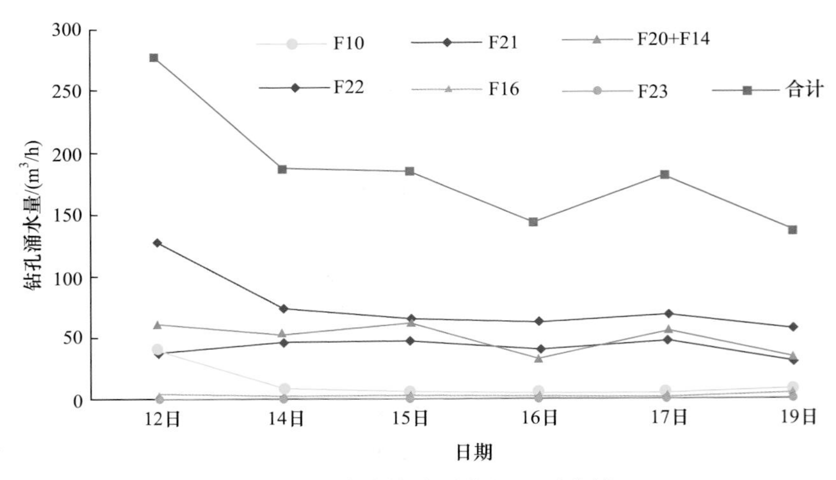

图 6-14　放水钻孔涌水量历时曲线

从放水钻孔的总涌水量看，放水试验 7d 后钻孔涌水量有所衰减且趋于稳定，大约衰减了一半，总涌水量仍高达 138.0m³/h(图 6-14)，表明 5^{-2} 煤上覆 4^{-2} 烧变岩含水层水量充沛，补给丰富。

(3) 地面观测孔水位标高：在进行烧变岩水井下钻孔疏放的同时，对地面 T2 和 T3 钻孔进行了水位标高观测，观测结果如图 6-15 所示。井下联合放水过程中，T2 和 T3 钻孔水位标高略有下降，但下降幅度较小。

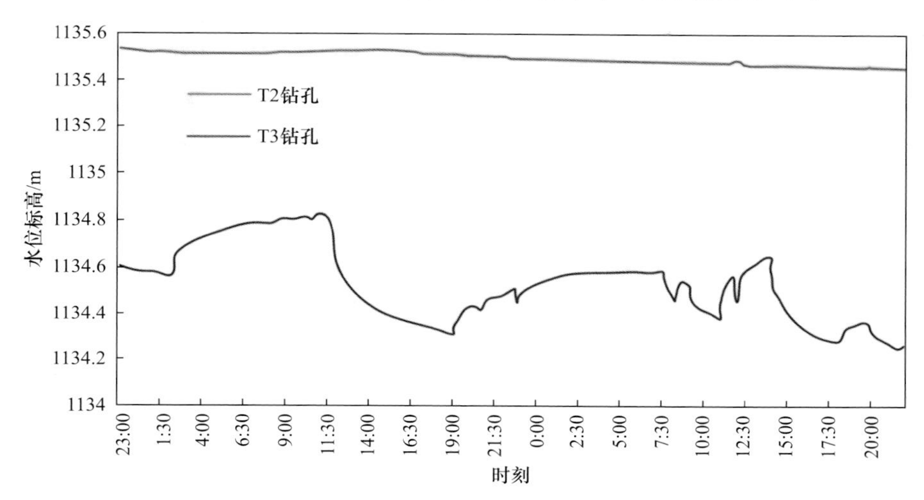

图 6-15　钻孔疏放水过程中地表钻孔水位标高观测曲线

4. 水文地质化探

1) 水样采集

水文地质调查、钻孔施工及井下放水试验期间，在研究区的沟谷、水井、疏放水钻孔和采空区共计采集了 27 个水样。

2) 水质分析

将采集的 27 个水样送到实验室进行室内测试，检测内容包括：阳离子(K^+、Na^+、Ca^{2+}、Mg^{2+})、阴离子(OH^-、CO_3^{2-}、HCO_3^-、SO_4^{2-}、Cl^-、F^-)，常规阴阳离子利用高效型离子色谱仪检测；pH 的检测采用标准电极法。用典型水样水化学测试结果绘制水化学 Piper 三线图，如图 6-16 所示。

由图 6-16 可知，常家沟水库水、沟谷水、泉水、井水和疏放水钻孔涌水的阴阳离子基本位于同一位置，阳离子以 Ca^{2+}、Mg^{2+}为主，阴离子以 HCO_3^-为主，水质类型均为 HCO_3-Ca · Mg 型，表明烧变岩地下水和水库水的来源一致。3^{-1} 煤采空区、4^{-2} 煤采空区等水样阳离子以 Na^+、Ca^{2+}为主，阴离子以 SO_4^{2-} 和 Cl^-为主，水质类型以 SO_4 · Cl-Na 为主。

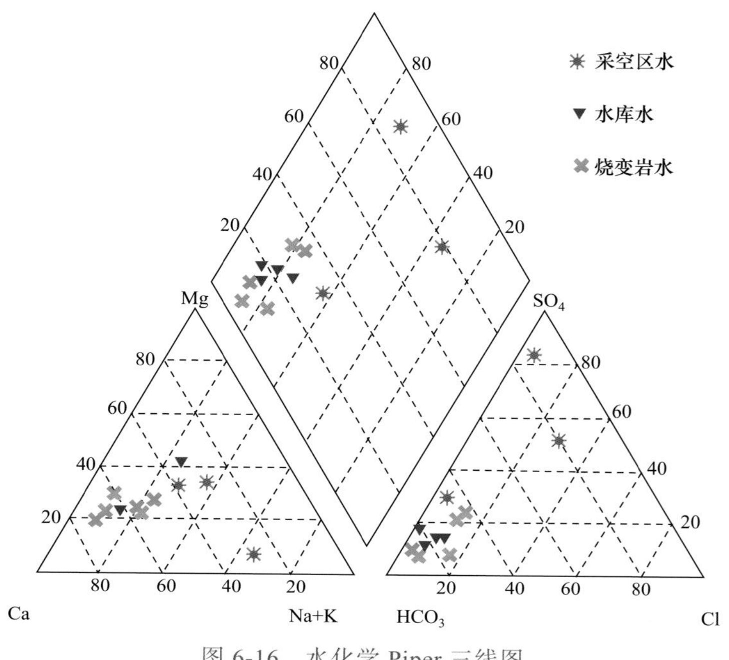

图 6-16 水化学 Piper 三线图

5. 主要结论

通过以上水文地质调查与探查、井下疏放水试验及水文地质化探，可以得出以下主要结论。

(1) F16、F20、F21、F22 等井下探放水钻孔均有涌水，其中 F20 钻孔涌水量达 130m³/h，F21 及 F22 钻孔涌水量达 40m³/h，说明 15207 工作面顶部 4^{-2} 煤烧变岩中贮水；4^{-2} 煤烧变岩水水质与常家沟水库水水质相似，说明烧变岩水和水库水的来源一致。

(2) 常家沟水库水对 4^{-2} 煤烧变岩的动态补给丰富，若不进行治理，预计工作面回采后涌水量较大。具体分析如下：①抽水试验中，单位涌水量为 1.77～9.98L/(s · m)，渗透系数为 27.3～148.7m/d，表明 4^{-2} 煤烧变岩渗透性好、富水性强；②正常条件下，15207 回采后的预测涌水量为 651m³/h，15207、15208 工作面预测总涌水量达 1064m³/h，预计工作面初次垮落时瞬间涌水量更大；③抽水试验中钻孔抽水量随时间呈增大趋势，表明烧变岩骨架不稳定，随着烧变岩中泥质组分的流失，抽水量将越来越大；④井下联合放水试验的涌水量为 220m³/h，距离较近的 T2、T3 观测孔水位标高下降幅度极小，说明烧变岩含水层富水性极强。

6.2.3　烧变岩水与水库水水力联系

5^{-2} 煤上覆含隔水层段包括第四系风积沙、离石组黄土与保德组红土隔水层、延安组基岩风化带与基岩含水层和烧变岩强-极强富水含水层，连接陈家塔沟出水点(泉点)、4^{-2} 煤烧变岩及常家沟水库的水文地质剖面如图 6-17 所示。

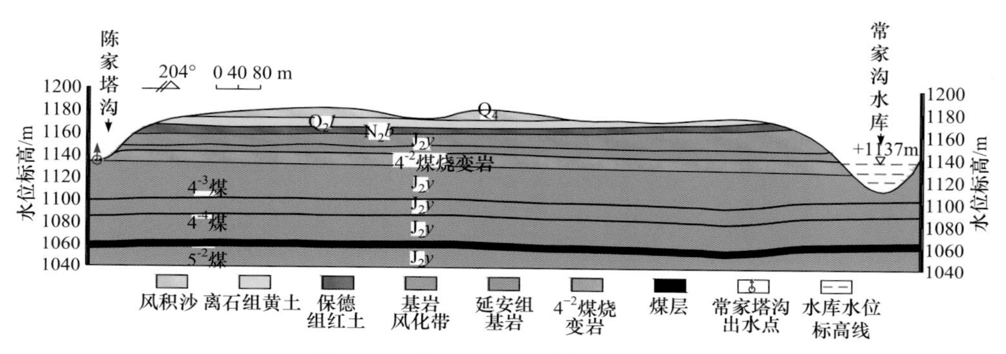

图 6-17　典型水文地质剖面示意图

4^{-2} 煤烧变岩与常家沟水库直接接触，存在密切水力联系。以 4^{-2} 煤火烧区+1137m 烧变岩底板等高线为界，在分界线以上，4^{-2} 煤烧变岩为透水不含水地层，在分界线以下，4^{-2} 煤烧变岩为强-极强富水含水层，单位涌水量最大接近 10L/(s · m)，渗透系数最大为 148.7m/d。由表 6-3 可知，从 2016 年 5 月 12 日～6 月 3 日，泉点涌水量从 30m³/h 逐步减小至 0m³/h，5 月 12 日水库水位标高为+1136.20m，高出泉点标高 1.70m，之后水库水位标高逐步下降，至 6 月 3 日水位标高降至+1135.66m，高于泉水点标高 1.16m 时，泉点涌水量减少至 0m³/h，说明陈家塔沟泉点消显与常家沟水库水位标高升降存在较好的对应关系。同时，水文地质条件探查发现，4^{-2} 煤烧变岩水与常家沟水库水位标高及水化学特征一致，也证明了 4^{-2} 煤烧变岩水与常家沟水库水存在密切水力联系的观点。

表 6-3　陈家塔沟泉点涌水量与水库水位标高观测记录表

观测日期	泉点涌水量/(m³/h)	水库水位标高/m	水位标高下降/m	高出泉点标高/m
2016 年 5 月 12 日	30	+1136.20	—	1.70
2016 年 5 月 28 日	13	+1135.90	0.30	1.40
2016 年 6 月 3 日	0	+1135.66	0.54	1.16

续表

观测日期	泉点涌水量/(m^3/h)	水库水位标高/m	水位标高下降/m	高出泉点标高/m
2016年6月13日	0	+1135.44	0.76	0.94
2016年6月30日	0	+1134.70	1.50	0.20
2016年7月6日	0	+1134.50	1.70	0.00

煤层开采过程中，导水裂隙带高度是确定保水开采对象和保水开采方法的主要依据。邹友峰等(2003)对我国缓倾斜煤层开采导水裂隙带高度研究表明，导水裂隙带高度与采高呈近似正相关关系，软弱顶板时为采高的 8～12 倍，中硬顶板时为采高的 12～18 倍，坚硬顶板时为采高的 18～28 倍。王双明等(2010c)对陕北榆神府矿区煤层覆岩“三带”高度发育规律的研究结果也证实了上述研究结论。5^{-2}煤与上覆 4^{-2} 煤烧变岩及常家沟水库关系见图 6-18。15207、15208 工作面切眼位于火烧区下方，距离 4^{-2} 煤底板平均距离为 75m。5^{-2} 煤的厚度约 6m，5^{-2} 煤顶板属于中硬-坚硬岩层，采用裂采比为 18 预测 5^{-2} 煤导水裂隙带高度为 108m，导水裂隙带可发育至 4^{-2} 煤烧变岩。

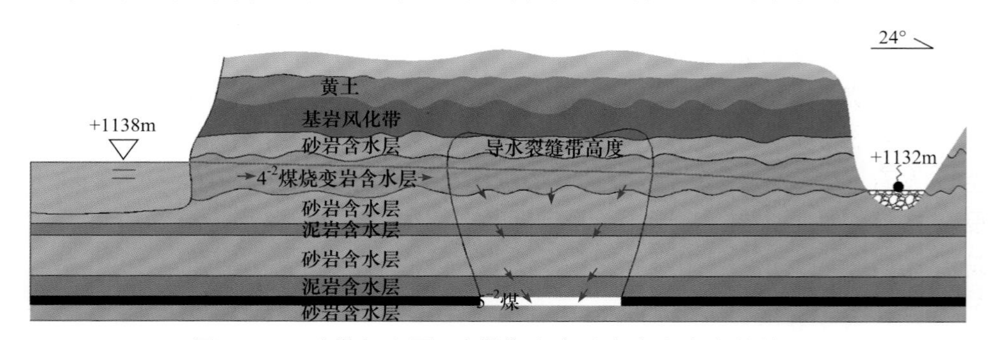

图 6-18　5^{-2} 煤与上覆 4^{-2} 煤烧变岩及常家沟水库的关系

通过对陈家塔沟泉点和水库空间关系分析可知，在水头差 1.7m、直线距离 930m 的情况下，陈家塔沟泉点涌水量达到了 30m^3/h。由此可知，工作面裂隙带影响区域水头差达 5m，而与水库距离仅有 300m，且裂隙带过水断面远大于泉点，在不采取防治措施的条件下，其工作面涌水量将远大于陈家塔沟泉点涌水量，且随着泥质充填物的流失，涌水量会逐渐增大，严重威胁到 15207、15208 工作面安全生产，常家沟水库面临水资源流失的局面。为此，本章提出烧变岩注浆帷幕截流保水开采技术，通过地面钻孔注浆建造帷幕墙，切断 4^{-2} 煤烧变岩水与常家沟水库水的水力联系，截断 4^{-2} 煤烧变岩水的动态补给量，并利用井下钻孔对 4^{-2} 煤烧变岩水静储量进行预疏放，达到同时实现最大限度地安全开采 5^{-2} 煤资源和保护烧变岩水资源及常家沟水库水资源的目的。

6.3 侧向补给型烧变岩水害防控技术

6.3.1 注浆帷幕条件分析

1. 注浆帷幕墙建造条件分析

注浆帷幕墙建造的目的是帷幕截流，截断或减少墙体外的地下水向井下的入渗量。因此，注浆帷幕墙建造的首要条件是查清矿坑充水的补给源和补给通道，其次是查清帷幕墙建造地段的构造条件和其两端及顶底板的围岩性质，以确保帷幕墙建成以后，地下水不会通过帷幕墙与嵌入的围岩接缝裂隙或其他构造绕流入渗对井下充水，最后查清受注体是否具备可注性。

首采地段保水限采区 5^{-2} 煤开采的充水水源为 4^{-2} 煤烧变岩水，主要补给来源为常家沟水库水，补给通道为 4^{-2} 煤烧变岩空隙介质，充水断面为 4^{-2} 煤烧变岩全过水断面，断面顶底板为延安组稳定基岩，断面两端分别为 4^{-2} 煤烧变岩的隐伏露头和直接露头，帷幕区构造条件简单，无断裂等其他导水构造。4^{-2} 煤烧变岩受注体为砖红色碎裂结构岩石，无泥质充填，空隙发育且连通性较好，空隙率为8%～15%，渗透系数为65.3～148.7m/d，受注体可注性好。综合上述 3 个帷幕墙建造条件分析，通过地面钻孔注浆建造帷幕墙，可保证墙体四周嵌入稳定的隔水层中，形成闭合隔水墙体，实现 5^{-2} 煤的安全回采。

2. 注浆帷幕墙布置方式

根据 4^{-2} 煤烧变岩边界条件、展布特征及地表地形条件，本次注浆帷幕工程的平面和剖面布置分别见图 6-19 和图 6-20。图 6-19 中帷幕墙东西向长度为625m，西侧与 4^{-2} 煤烧变岩边界搭接，东侧至 15207 工作面底板水位控制线。帷幕墙采用双排钻孔布置。

(1) 墙体宽度、高度、深度和厚度。①$4^{-2}$ 煤烧变岩水接受常家沟水库水的补给方向为南北方向，对 5^{-2} 煤工作面的充水断面为东西方向的全过水断

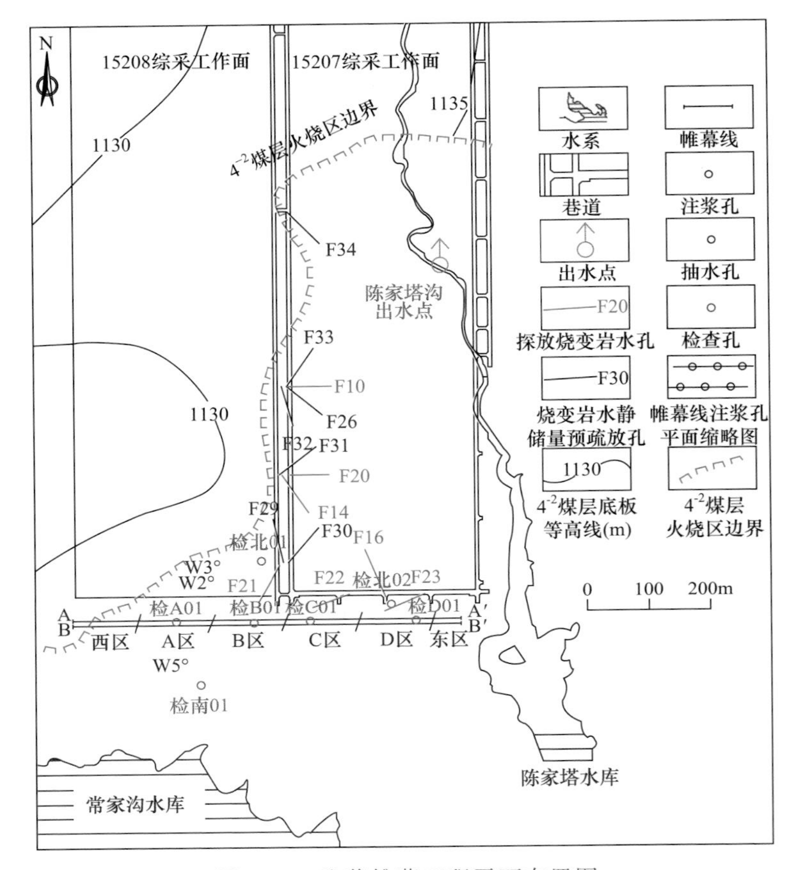

图 6-19　注浆帷幕工程平面布置图

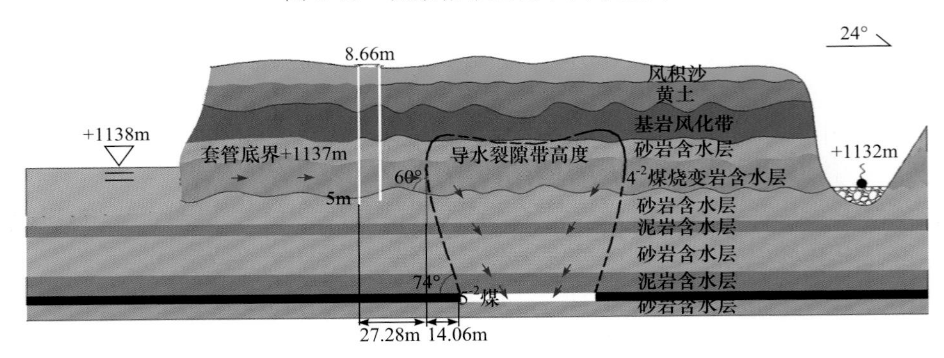

图 6-20　注浆帷幕工程剖面布置图

面，因此设计帷幕墙整体为东西方向的一字形态，东接 4^{-2} 煤烧变岩的直接露头，西接 4^{-2} 煤烧变岩的隐伏露头，其中东边界直接露头处 4^{-2} 煤烧变岩顶板标高不得低于帷幕墙顶界面设计标高，平面上形成全封闭帷幕。②为防止地下水通过帷幕墙顶端翻墙入渗，设计帷幕墙顶界面标高不得低于常家沟水库水位标高+1137m。③$4^{-2}$煤烧变岩含水层空隙率大、连通性好，为防止帷幕墙底端生根不稳，设计帷幕墙底界面嵌入4^{-2}煤烧变岩底板基岩5m，垂向上形成接底式帷幕墙。④保水限采区4^{-2}煤烧变岩底板标高最低为+1127m，帷幕墙需承受的烧变岩水水头压差为10m，为保证帷幕墙截流防渗效果，设计双排帷幕墙AA'和BB'，确保帷幕墙厚度可抵抗墙体内外水头压差。

(2) 帷幕线位置、排距和注浆孔间距、结构。①由于受注体烧变岩空隙介质的复杂性和浆液扩散本构方程的复杂性，很难根据已有注浆理论预测浆液扩散半径。因此，参考新疆大黄山七号井烧变岩注浆帷幕经验，在注浆总压力为4MPa时，浆液在烧变岩中的扩散半径可确保在5m以上，故设计单排帷幕墙注浆孔间距为10m，双排帷幕墙注浆孔呈梅花形布置，各相邻注浆孔间呈边长为10m的正三角形，双排帷幕墙的排间距为8.66m。②张家峁井田实测5^{-2}煤开采顶板基岩岩层移动角为74°，松散层岩层移动角为45°，4^{-2}煤烧变岩因空隙率大、连通性好，取烧变岩移动角介于两者之间为60°，依据5^{-2}煤顶板至设计帷幕墙顶界面的层间距，预计导水裂隙带发育至与采面外延的设计帷幕墙顶界面交点时，距采面切眼的水平距离为27.28m，为防止帷幕墙被采动裂隙破坏，内排帷幕墙距该交点间应留设足够的安全距离，为方便现场施工，最终水平距离取14.06m，计算外排帷幕墙距5^{-2}煤采面切眼的水平距离为50m。③为确保帷幕墙顶界在+1137m以上，设计注浆孔套管底界不得低于+1137m，为防止帷幕墙底端地下水绕流入渗，设计注浆孔终孔层位进入4^{-2}煤烧变岩底板基岩5m，以保证注浆孔的注浆段满足设计的帷幕墙顶底界面要求。

3. 烧变岩帷幕特点

国内外关于注浆帷幕工程方面的文献较多，包括金属矿、隧道、水利、房建、公路等领域均采用过注浆帷幕技术，但关于烧变岩注浆帷幕的相关文献非常少，目前仅有新疆大黄山煤矿白杨河七号井成功进行过烧变岩注浆帷幕。张家峁4^{-2}煤火烧区控水注浆帷幕工程具有如下特点。

(1) 控水帷幕的规模大，张家峁煤矿5^{-2}煤上覆烧变岩控水帷幕的规模大，帷幕墙长度约620m，高度约20m。

(2) 地形地质及水文地质条件复杂，控水帷幕所在地为黄土峁梁地貌，地形高差大，沟谷发育，切割严重，各处直接出露的地层既有风积沙和黄土等松散层，也有基岩、基岩风化带及烧变岩。由于水位和地层倾角关系，并不是所有4^{-2}煤烧变岩裂隙中都富水，只有水库水位标高以下的烧变岩才能储水。

(3) 帷幕工程断面是一个完整的烧变岩发育断面，本次帷幕工程为一字形帷幕墙，由于地形地质条件复杂，帷幕墙的东侧为陈家塔沟谷 4^{-2} 煤烧变岩直接露头，帷幕墙西侧为 4^{-2} 煤烧变岩尖灭端的隐伏露头，烧变岩隐伏露头与实煤体直接接触，使帷幕工程断面构成一个完整的烧变岩发育断面。

(4) 控水帷幕拦截目标为水库水，5^{-2} 煤上覆火烧区烧变岩中的水来自常家沟水库，神木市水资源十分匮乏，控水帷幕的目的不仅仅是张家峁煤矿的安全生产，还有保护常家沟水库水资源的重要任务，因此对帷幕治理的效果要求非常严格。

6.3.2 注浆帷幕关键技术

1. 帷幕钻探技术

按照本次钻探工程的目的，共施工 4 种钻孔，分别是注浆孔、探查孔、检查孔和抽水孔。根据前期探查工作的勘探程度，注浆孔是可以直接布置进行注浆的钻孔；探查孔是探查帷幕线上帷幕工程边界的钻孔，其中西部探查孔是探查烧变岩在西部的尖灭边界，东部探查孔是探查烧变岩在东侧沟边的底板标高；检查孔是检查注浆帷幕效果；抽水孔的目的是检验帷幕注浆的效果。

1) 钻孔布置

注浆孔布置及分序示意图见图 6-21。注浆帷幕共布置 2 排钻孔，排距为 8.66m，孔间距为 10m，两排之间钻孔呈梅花形布置，各相邻钻孔呈正三角

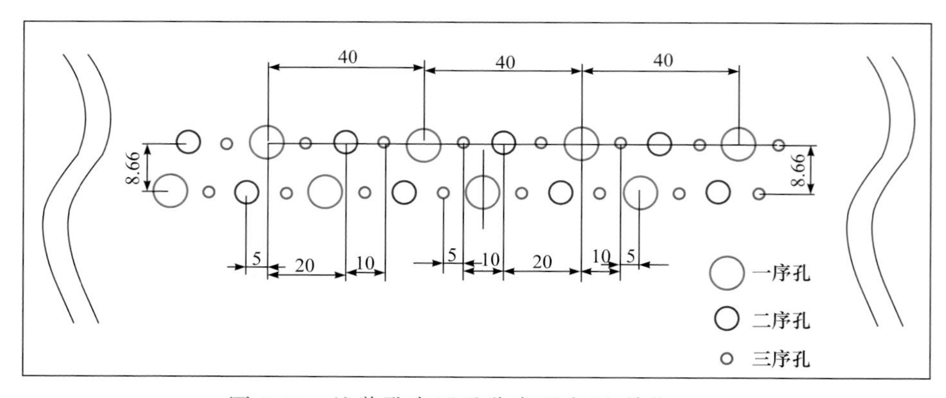

图 6-21　注浆孔布置及分序示意图(单位：m)

形。注浆孔布置 2 排钻孔，帷幕西侧烧变岩厚度较大，注浆量大，局部可增加布置钻孔。为了注浆孔的浆液能相互搭接，提高帷幕墙的隔水效果，每排钻孔共分为 3 个序次，第一序次孔间距 40m，第二序次孔间距 20m，第三序次孔间距 10m，施工中按序次穿插式施工。

探查孔分为探查帷幕西边界的西区探查孔和探查帷幕东边界的东区探查孔。西区施工 9 个探查孔，东区施工 8 个探查孔，东区探查孔结束探查任务后，按注浆孔的要求进行注浆；同时，布设 3 个抽水孔。

2) 钻孔结构

(1) 注浆孔。注浆孔结构示意图见图 6-22，探查孔和检查孔与注浆孔的钻孔结构基本一致。一开孔口直径 219mm，一开套管直径 190mm，长度约 22m，要求进入基岩 1m，以隔开上部土层，本层套管的作用是防止上部土层坍塌。二开钻孔直径 153mm，套管直径 127mm，长度约 45m，要求进入烧变岩内部，以套管长度能满足注浆压力为原则，但套管底部不得低于+1137m 标高。之后的裸孔段以直径为 108mm 的孔径钻进至烧变岩底板基岩 5m。二开套管为注浆管，要求固结后耐压试验压力不低于 5MPa。

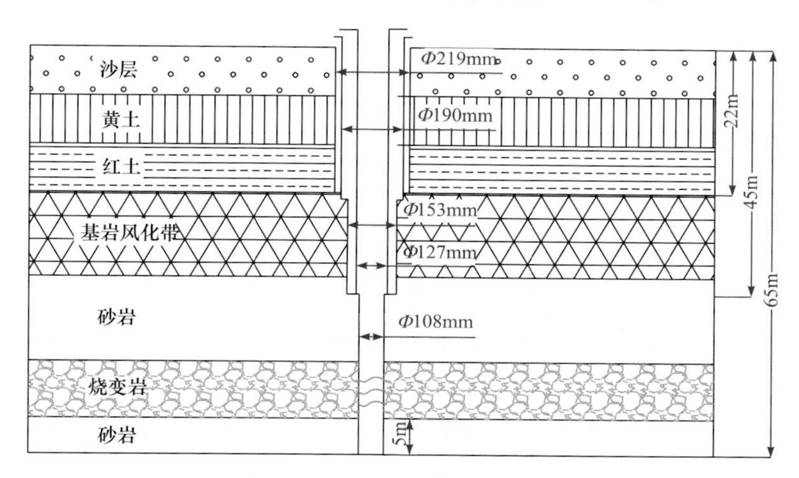

图 6-22　注浆孔结构示意图

(2) 抽水孔。抽水孔终孔要求进入烧变岩底板以下 5m，裸孔段孔径为 91mm。抽水孔结构示意图见图 6-23。

3) 钻探技术要求

(1) 注浆孔。①钻孔的开孔处平面偏差不超过 20cm；②钻孔终孔偏斜不得大于 1°；③二开 Φ127mm 孔口管必须采用无缝钢管，壁厚 6mm；④二开孔口管固井后耐压要求暂定为 5MPa；⑤一般情况下不要求采集岩心，部分

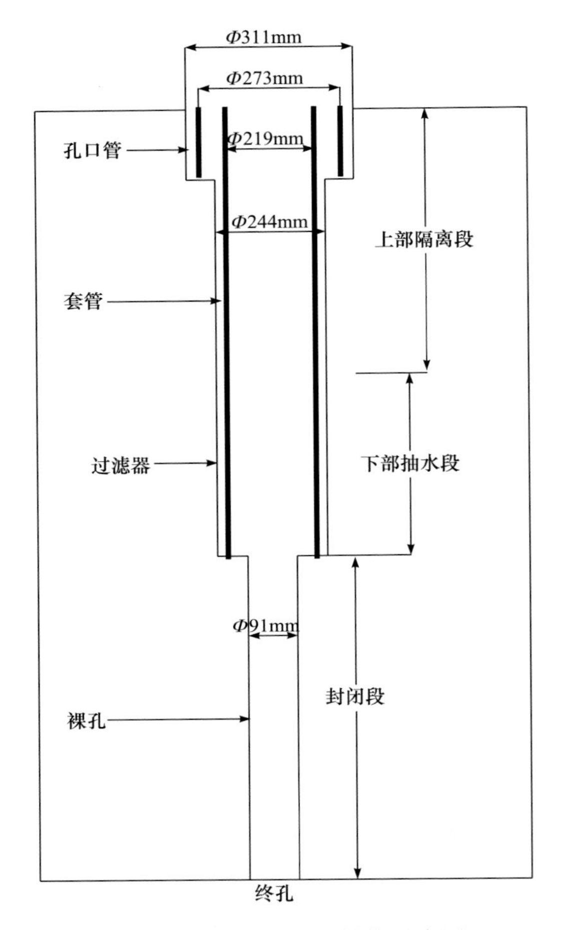

图 6-23　抽水孔钻孔结构示意图

探查孔及检查孔要求采集岩心；⑥所有钻孔必须做好简易水文观测；⑦所有钻孔必须进行岩屑录井，为层位判断提供依据；⑧钻孔原始记录要按规范的格式认真填写，内容要全面、准确、可靠，如遇有漏(涌)水、掉块、塌孔、缩(扩)径、逸气、掉钻、窜浆等现象时，要详细记录其发生的层位、深度及量值，对换径变层等重要环节要进行详细记录。由于钻孔结构一致，检查孔及探查孔的钻探技术要求与注浆孔相同。

(2) 抽水孔。①钻孔取心：进入基岩后开始取心至终孔，岩心直径≥80mm。取心完成后严格按照煤田地质勘探岩心鉴定标准的要求，仔细描述岩心的岩性、结构、构造、裂隙性质、密度、岩石的风化程度和深度等，并统计所揭露岩层的质量指标值。②岩屑录井：钻进过程中必须全段进行岩屑录井，根据钻进的岩屑返出情况对地层进行判层。③简易水文观测：上钻后及下钻前各观测一次孔内水位标高，时间间隔不少于 5min；钻进过程中每半小时观测一次冲洗液消耗量，若回次时间小于半小时则每回次观测一次；若消耗量突变则加密观测，必要时观测近似稳定水位。④终孔时要求孔斜不超过 1.0°。⑤过滤管固管后，破除井壁泥皮，要求抽水孔以水清砂净为准，确保抽水试验资料的可靠性。⑥钻孔终孔并完成相关试验后，均留作抽水孔，不抽水时在孔口安装自动观测系统，作为水文长观孔，并对钻孔水位标高进行自动观测。

4) 钻探施工顺序

在帷幕墙的建造中，钻探工程的施工顺序非常重要，决定了注浆工程的顺序。由于注浆中烧变岩水动力条件对浆液运移有很大的影响，为了提高帷幕墙的隔水效果，需利用天然水动力条件，同时要人为创造有利于帷幕墙建造的人工干扰水动力条件。人工干扰水动力条件可通过井下钻孔放水和地面钻孔抽水实现。本次钻探施工的整体顺序如下：①为充分利用 15207 工作面采前对 4^{-2} 煤烧变岩水静储量的预疏放，设计先施工内排注浆孔，后施工外排注浆孔；②单排帷幕线上注浆孔按 3 个序次施工，一序孔间距 40m，二序孔间距 20m，三序孔间距 10m，后序孔的钻探注浆特征可以评价前序孔的注浆效果。

5) 钻孔施工工艺

针对注浆孔与检查孔，主要包括以下施工工艺。

(1) 钻孔孔位确定：利用 GPS 划定了施工区域，场地全部平整后，用实时动态测量仪确定了西区、A 区全部的孔位，以及 B 区、C 区、D 区和东区的钻孔孔位；注浆帷幕工程钻孔数量多，每个钻孔均制作统一的孔口标识牌。

(2) 开孔：钻孔开孔前，先编写单孔设计书，并在现场进行技术交底。上部沙层、黏土段与基岩风化带需要下孔口管，均采用无心钻头开孔钻进。

(3) 固管：根据烧变岩位置的不同，各钻孔设计了不同深度的套管长度，在钻进至预定深度后，提钻，用钻机向孔内下入 Φ127mm×6mm 套管，套管单根长度 6m。套管最上端焊接好法兰盘，然后搅拌水灰比为 0.8 的纯水泥浆，利用钻机泥浆泵从套管内压入孔内，直至孔口返出水泥浆，固管完成。

(4) 打压试验：根据设计要求，每个注浆孔在注浆固管待凝 48h 后，可以进行打压试验。试验前先扫孔至套管下端 1m，然后向孔内注入清水，同时观测孔口压力表的变化情况，要求孔口压力表压力不小于 5MPa，持续时间不小于 15min 为合格，之后才能继续钻进。

(5) 钻进终孔：在打压试验合格后，钻进进入注浆段，要求采用清水钻进，根据孔内岩屑返出情况判断钻进层位，同时记录漏失层位与漏失量，在穿过烧变岩底板下 5m 后，即可进行终孔。之后对钻具长度进行测量，确定终孔深度。现场实测 118 个注浆孔和 10 个检查孔终孔深度，共计 7592.2m。

(6) 扫孔：根据注浆工程的技术需要，在完成一次注浆后，因注浆压力或单位时间内注浆量未达到设计注浆结束标准，或由于窜浆、注浆量过大等原因人为停注后，需要扫孔后进行二次注浆；扫孔前测量扫孔起始孔深，扫孔过程中同样记录冲洗液消耗等钻探情况，扫孔结束后通过钻具测量确定扫孔深度。在 118 个注浆孔中，共有 89 个钻孔进行了扫孔工作，累计扫孔进尺共计 8028.81m。

(7) 封孔：在注浆结束后，对注浆孔及检查孔进行了集中封孔，封孔采用纯水泥浆，封孔位置从孔底封堵至孔口，要求水泥浆最后凝固收缩后，距离孔口不大于 1m。

抽水孔的施工工艺不同于注浆孔，钻孔在孔位测量和技术交底后，开孔一般采用 Φ113mm 钻头，钻进至基岩 5m 后，通过 Φ220mm 和 Φ300mm 钻头逐级扩孔；然后对下段采用 Φ113mm 钻头钻进，再逐步扩孔至 Φ300mm；抽水孔在下部抽水段下入 Φ219mm 桥式过滤器，上部第四系下入 Φ219mm 钢管用以保护井壁，抽水孔不进行固管和打压。

观测孔主要用于观测烧变岩水位标高。帷幕墙形成前、形成中和形成后，帷幕墙两侧烧变岩水位标高有所不同，井下放水试验时，帷幕墙两侧烧变岩水水位标高变化也不一致，以此可评价帷幕墙截流效果。观测孔的施工工艺与注浆孔或检查孔类似，但由于不注浆，未进行注浆固管与打压试验。观测孔在用实时动态测量仪确定位置后，施工时先用 Φ160mm 钻头开孔，钻进至基岩下 5m 后，下入 Φ127mm×6mm 套管，然后直接钻进至烧变岩底板下 5m，终孔。

6) 钻孔取心与冲洗液观测

(1) 钻孔取心。钻孔取心是钻探中的一项重要工作，通过钻孔取心，既可以观察烧变岩原始状态下的裂隙发育情况，又可以观察烧变岩注浆后的裂隙注浆充填情况，对注浆帷幕效果进行评价。本次注浆帷幕施工共在 21 个钻孔(包括注浆孔和探查孔)中进行了取心工作。检北 01 和 D21 钻孔岩心照片见图 6-24。

(2) 冲洗液观测。钻探过程中的冲洗液观测可为注浆工程提供依据，确定漏失层位与漏失量可以在压水前确定钻孔的注浆量，部分钻孔冲洗液大量漏失点位置如图 6-25 所示。从整个帷幕墙注浆孔的漏失情况看，A 区与西区

图 6-24　检北 01 和 D21 钻孔岩心照片

的单孔平均注浆量最大，而在该区段，钻进时 A 区与西区的漏失量也最大，注浆量与漏失量在区域上有一定的相关性。在北排孔注浆结束后，南排孔施工时基本未见漏失，说明北排孔注浆已经对帷幕墙的大部分裂隙起到了很好的充填。

2. 注浆帷幕技术

本次烧变岩控水注浆帷幕的工程量大，需要在现场建设临时注浆站，注浆站采用散装水泥送入水泥罐，利用螺旋上料机将水泥倒入坑式搅拌机，在地面进行制浆。

1) 注浆顺序

本注浆顺序总体上和钻探施工顺序一致：①先试验性注浆，再工程性注浆；②先注北排帷幕孔，再注南排帷幕孔，南排注浆帷幕中要结合井下疏放水的垂向引流工作；③对于同排帷幕孔，施工顺序采用跳孔施工方法，先注一序孔，再插花注二序孔，最后穿插注三序孔；④同排帷幕孔采用平行引流方法，15207 工作面外侧帷幕孔注浆中以井下引流为主、地面引流为辅的方法，15208 工作面外侧帷幕孔采用地面引流方法，在引流孔抽放水的同时进行注浆。

2) 注浆工艺

(1) 本次注浆帷幕的帷幕墙距离长，钻孔数量多，钻孔深度小，根据整个注浆系统条件，注浆帷幕的工艺为孔口封闭注浆法。

(2) 注浆前先进行压水，注浆中若进浆量大，可用黏稠浆液进行注浆或采用间歇式注浆法。若进浆量小，可用稀浆进行注浆。

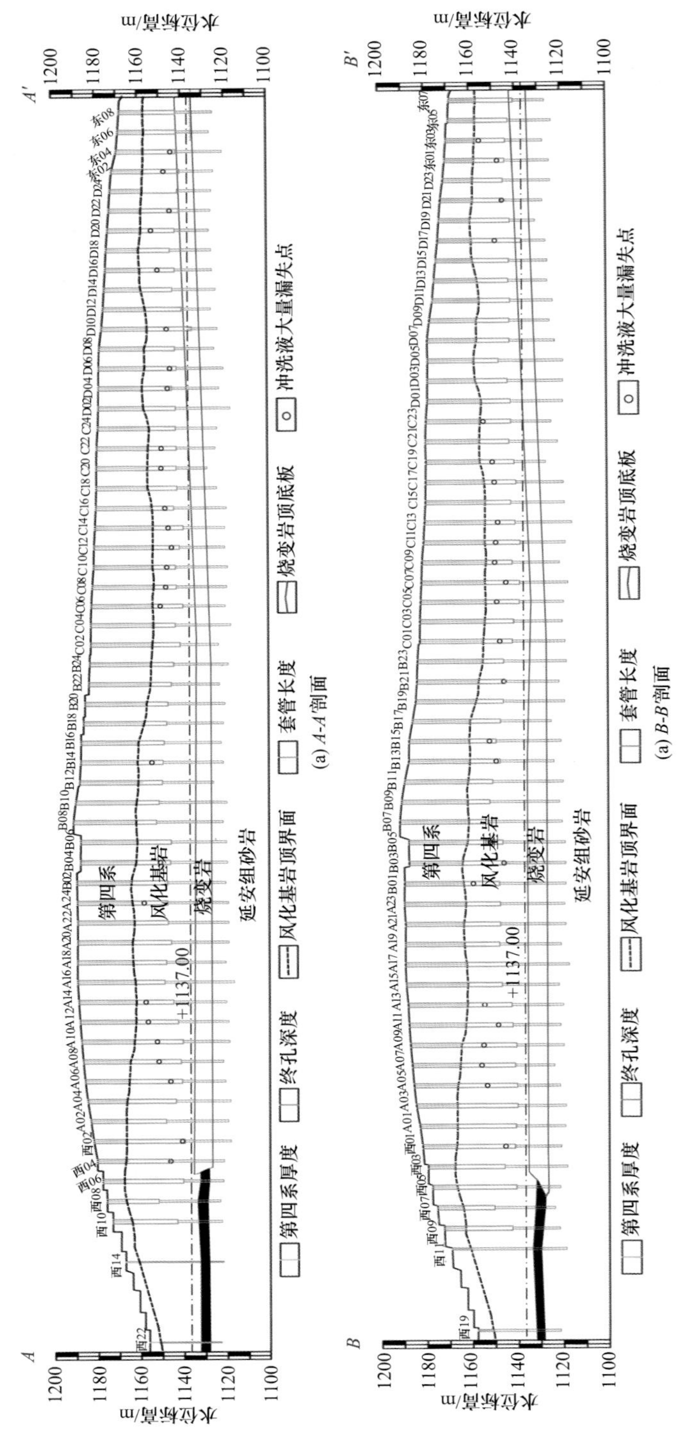

图6-25　部分钻孔冲洗液大量漏失点位置图

(3) 单次注浆起压等凝后要进行扫孔再注浆，若能进浆还需继续注浆，然后再扫孔，直至扫孔后不吃浆。

(4) 根据钻孔分区和分序情况，采用分段注浆法。钻孔孔口管固结后，孔口管之下的钻孔深部为裸孔段，裸孔段上部为基岩风化带和 4^{-2} 煤烧变岩，下部为 4^{-2} 煤烧变岩受注层。注浆期间，常家沟水库的水位标高为+1137～+1138m，注浆孔+1138m 以上烧变岩中不含水，下部烧变岩中含水，烧变岩含水层为半饱水含水层。对于半饱水含水层，若采用一次性全段注浆法，+1138m 以上烧变岩中浆液扩散距离大，以下饱水段扩散距离小，饱水段烧变岩裂隙难以被浆液充分充填。为了解决烧变岩含水层下部受注地层的浆液扩散不充分的问题，北排帷幕孔的一序钻孔采用分段注浆法，第一段注浆深度为 1138m 以上，钻探中先钻进至 1138m，然后起钻进行注浆，注浆起压后再钻至预定孔深，进行饱水受注地层注浆。

(5) 根据水动力条件对浆液运移方向和扩散距离的影响，采用人工干扰引流注浆法，具体包括：①垂向引流方法。先进行北排注浆帷幕，再进行南排注浆帷幕，注浆中 15207 工作面进行井下钻孔疏放水，利用天然和人工水力坡度形成从南到北的水动力条件，使后期南排注浆浆液能填充北排帷幕墙未搭接的空白区，提高帷幕墙的隔水性。②平行引流方法。同排帷幕孔注浆中，隔开一定距离在井下疏放水或在地面抽水，加速浆液在帷幕平行线的扩散距离，为后序帷幕孔插花式补充注浆创造基础条件。

3) 注浆材料

(1) 在东西帷幕墙边界间区域，主要使用 PO42.5 普通硅酸盐水泥制成的水泥单浆液。

(2) 帷幕墙西侧烧变岩隐伏露头处采用水泥-粉煤灰混合浆液。根据钻探揭露情况，西 05 钻孔在钻进至 50m 时，钻孔出现掉钻现象，掉钻长度达 1m，表明烧变岩中存在大的孔洞和过水通道。西 05 钻孔在注浆中采用单液黏稠浆，间歇性注浆多次，总注浆量超过 1500t，但每次注浆中孔口均没有压力显现。根据现场烧变岩受注介质的注浆条件，注浆材料变更为水泥-粉煤灰混合浆液。研究区粉煤灰产量较大、价格低廉，注浆中容易沉淀，扩散距离小。注浆时混合浆液的水固比为 1∶1，水泥与粉煤灰的质量比为 2∶3～3∶2。根据注浆反馈情况，若水泥-粉煤灰混合浆液的注浆量仍较大，可增加粉煤灰在混合浆液中的质量比。

(3) 帷幕墙东侧烧变岩直接露头处使用水泥-水玻璃双浆液。在东区及 D 区注浆中，由于注浆孔距离东部沟谷 4^{-2} 煤烧变岩露头近，水泥单浆液多次出现跑浆现象，即使采用稠水泥浆液注浆和间歇式注浆仍多次跑浆。为了减少浆液的无效消耗，尽快完成帷幕墙建造工作，东区及D区东侧的注浆材料变更为水泥-水玻璃双液浆。水玻璃和水泥浆液混合后能快速凝固，通过调整配比，水泥-水玻璃双液浆最快可在数秒内凝固。双液浆注浆中水玻璃为35波美度，使用时先将1体积水玻璃加入3.33倍体积的水进行稀释，然后和同体积水泥浆液在钻孔混合后注入烧变岩层位中。

4) 注浆参数

(1) 终孔注浆压力：本次注浆帷幕时，地面注浆孔的孔口压力不低于4MPa，以保证浆液在注浆孔周围的扩散半径不小于5m。

(2) 终孔泵量和稳定时间：注浆终止时，注浆泵的泵量不大于60L/min，且稳定时间不小于15min。

5) 注浆实施情况

常家沟水库防渗漏注浆帷幕工程，共对122个钻孔注浆231回次，注浆累计时间5814.2h，共注入水泥42208.35t，注入二级粉煤灰4777.77t，注入水玻璃76.52t。大规模注浆的施工时间为2月3日～4月18日，3月19日注浆量最大，当日共注入水泥610t，粉煤灰720t，总注浆量为1330t(图6-26)。

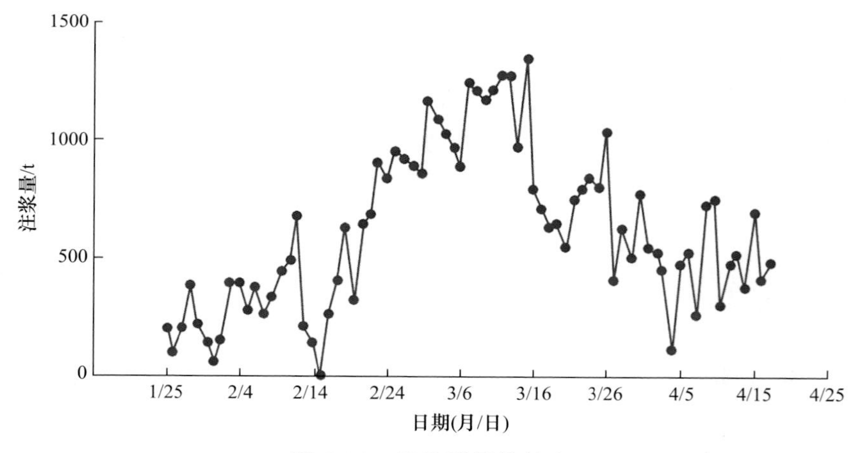

图6-26 日注浆量统计表

3月11日前，以水泥单浆液注浆为主；3月11日～4月2日，在注浆量较大的钻孔中，采用了水泥-粉煤灰混合浆液注浆；3月30日开始，对东区及D区东部向陈家塔沟跑浆严重的钻孔注入了水泥-水玻璃双液浆(图6-27)。

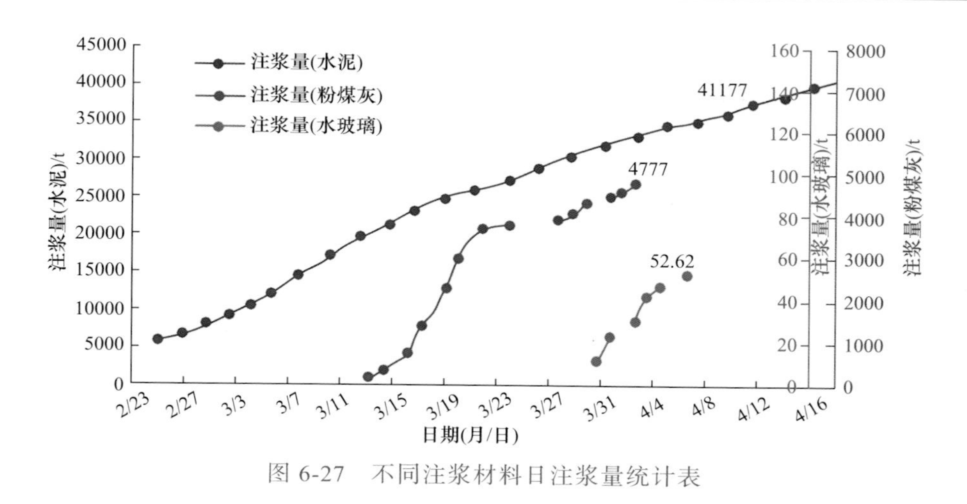

图 6-27　不同注浆材料日注浆量统计表

6.4　烧变岩水害治理效果检验

6.4.1　治理效果即时检验

1. 泉点观测

注浆过程中，对陈家塔沟出水点涌水量进行了持续观测。在 2 月末至 3 月初，陈家塔沟泉点一直有出水，涌水量约为 $15m^3/h$。随着注浆工程的进行，出水点涌水量逐渐减少(此时水库水位处于上升期)。3 月 19 日，陈家塔泉水出水点完全干涸，3 月 13 日，陈家塔沟陡崖处出现断流，分别见图 6-28 和图 6-29。

(a) 2月27日

(b) 3月19日

图 6-28　陈家塔沟泉点变化情况

(a) 2月27日

(b) 3月13日

图 6-29　陈家塔沟陡崖水流变化情况

2. 水位标高对比

常家沟水库防渗漏注浆帷幕工程以封堵水库与张家峁煤矿之间的过水通道为主要目的，项目实施期间，对水库水位标高及帷幕墙内外钻孔水位标高进行长期动态观测，结果见图 6-30。

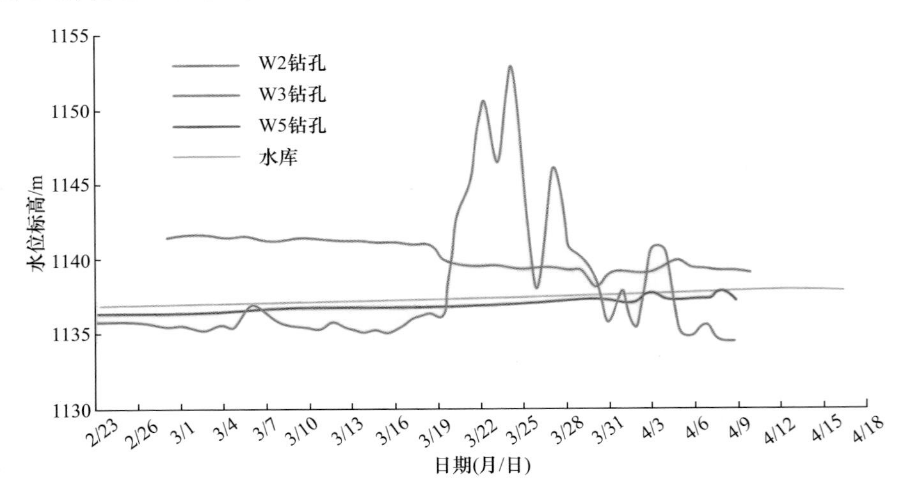

图 6-30　水位标高观测历时曲线

根据水库水位标高观测数据，从工程开工开始，水库水位标高一直处于上升中，上升速度约 2cm/d，至 4 月 13 日水库水位标高到达最高值(1137.96m)，比水库建库以来历史最大水位标高(1138.17m)仅低 0.21m。从 4 月 13 日开始，水库上游芦草沟关闸后水库水位标高开始下降，下降速度为 1～2cm/d；5 月 24 日停止观测时，水库水位标高降低至 1137.20m，共下降 0.76m。根据回采观测资料，15207 工作面老顶在 4 月 29 日发生垮落，期间水库水位标高一直高于 1137m，工作面涌水量一直小于 20m³/h。

帷幕工程开始后施工了 3 个抽水孔，同时用作水文长期观测孔。其中，W5 钻孔在帷幕墙外，W2 和 W3 钻孔在帷幕墙内。帷幕墙外的 W5 钻孔水位比水库水位标高低；至 4 月 9 日，水位标高一直处于上升中，上升趋势与水库水位一致，表明帷幕墙外的水位与水库水位同步上升；W2 和 W3 钻孔水位后期总体呈波动式下降趋势，这与帷幕墙切断了墙内外的水力联系有关。

3. 检查孔钻探

注浆帷幕施工中，根据现场工程进展情况和技术需要，共施工了 7 个检查孔，分别为 JA01、JB01、JC01、JD01、检北 01、检北 02 及检南 01；钻孔施工中，JA01、JC01 施工时间较早，钻探中冲洗液有一定消耗，表明帷幕墙未完全形成，注浆帷幕堵水尚未达到预期效果。但终孔岩心中能见到烧变岩裂隙被水泥浆液充填，表明注浆已起到一定的充填和封堵作用。检查孔 JD01 和 JB01 钻探时，注浆帷幕工程已基本完成，钻探过程中冲洗液基本没有消耗，岩心中烧变岩裂隙充填固结较好，表明帷幕墙带已达到预期效果，起到了充填裂隙和隔离堵水的作用。

4. 后序孔注浆

除了 7 个检查孔外，所有的后续注浆孔也都是前序注浆孔的检查孔。注浆帷幕施工过程中，北排钻孔一序孔钻探中冲洗液明显消耗，钻进过程中基本不返水，注浆时进浆量大且进浆时间长。到二序孔、三序孔注浆时，部分钻孔能返水，注浆时进浆量变小；南排帷幕孔注浆时，冲洗液消耗量明显变少，同时注浆量明显变小，部分钻孔几乎不进浆。表明北排帷幕孔注浆完成后，已起到一定的隔离封堵作用，后续的南排帷幕孔主要起到补充注浆充填裂隙的作用。

6.4.2 采前疏放水效果检验

以上检验技术均为帷幕实施过程中的效果即时检验技术，帷幕结束后工作面回采前还需要进行采前帷幕效果检验，效果达标方可进行回采。

由于 5^{-2} 煤工作面生产接续紧张，帷幕注浆工程即将结束时就进行了井下钻孔疏放水工作。疏放水钻探工作在前期井下钻探的基础上，在 15207 工作面 14、16、17、18 联巷施工了钻孔，根据钻孔涌水量，选择 9 个钻孔作为疏放水试验孔。在疏放水试验时有 7 个钻孔兼观测孔，各钻孔初始涌水量如表 6-4 所示。

表 6-4　疏放水试验时各钻孔初始涌水量

位置	钻孔	施工日期	孔深/m	终孔位置/m	初始涌水量/(m^3/h)	备注
14 联巷	F34	3 月 8 日	122	4^{-2}煤烧变岩	115	—
16 联巷	F32	3 月 22 日	120	4^{-2}煤烧变岩	130	兼观测孔
	F26	3 月 9 日	110	4^{-2}煤烧变岩	50	兼观测孔
	F10	—	122	4^{-2}煤烧变岩	40	兼观测孔
	F33	3 月 23 日	—	4^{-2}煤烧变岩	50	兼观测孔
17 联巷	F20	—	110	4^{-2}煤烧变岩	50	兼观测孔
	F31	—	—	4^{-2}煤烧变岩	60	兼观测孔
18 联巷	F30	3 月 14 日	129	4^{-2}煤烧变岩	110	兼观测孔
	F29	3 月 16 日	117	4^{-2}煤烧变岩	55	—

通过观测井下疏放水钻孔涌水量，从最初 4 月 6 日 502.4m^3/h 减少至 4 月 17 日的 16.0m^3/h(图 6-31)，钻孔涌水量衰减极快，表明钻孔放水区域(帷幕墙内)烧变岩含水层地下水以静储量为主，动态补给量很小，帷幕效果显著。

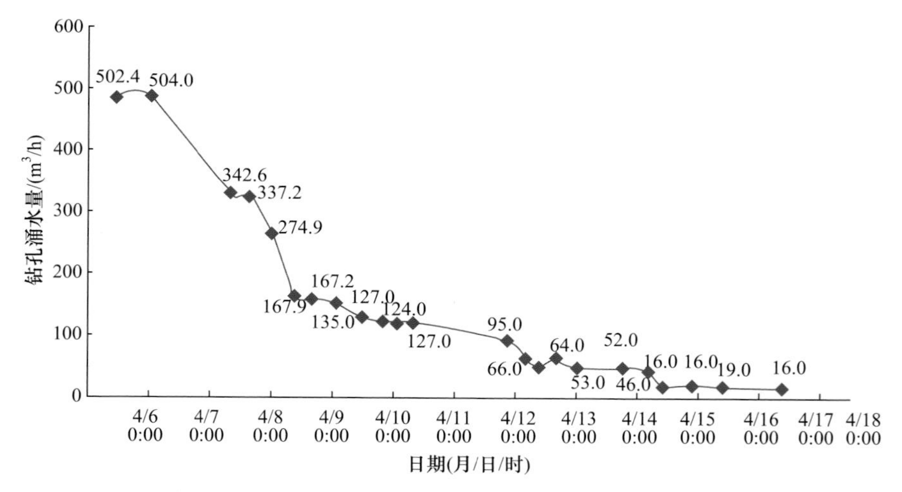

图 6-31　15207 工作面采前预疏放水涌水量衰减曲线

由图 6-32 可知，F10、F30 和 F31 观测孔在放水过程中水位标高出现明显下降，且停止放水后水位标高不能恢复到原来的值，一定程度上表明烧变岩含水层补给条件变差。

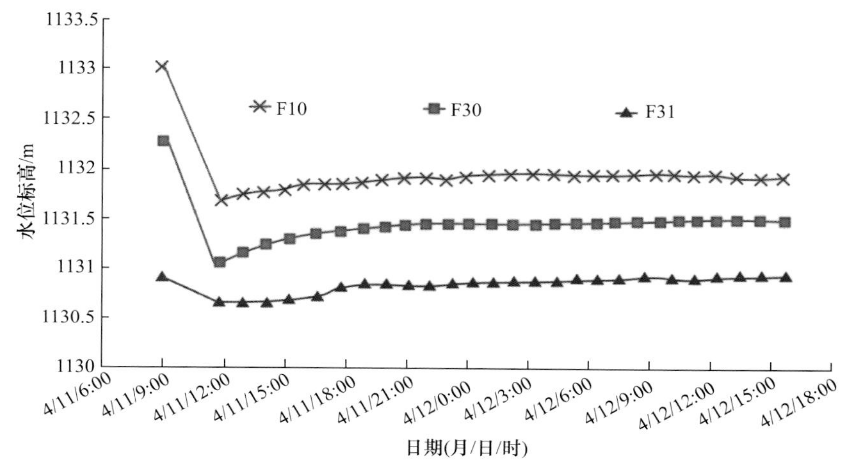

图 6-32　F10、F30、F31 观测孔水位标高变化曲线图

6.4.3　采后效果验证

截至 2018 年 12 月，15207 和 15208 工作面已回采结束，工作面涌水量均不超过 $5m^3/h$，实现了首采地段 5^{-2} 煤的安全回采，同时保护了常家沟水库的宝贵水资源，实现了张家峁煤矿安全、绿色开采。

第7章 结论与展望

7.1 主要结论

本书以鄂尔多斯盆地煤炭开采工程为背景，在查明矿区地质、水文地质条件的基础上，系统总结出鄂尔多斯盆地煤层开采面临的离层水害、薄基岩溃水溃沙灾害、巨厚砂岩含水层水害和烧变岩水害四种典型顶板水害类型，研究了各类水害的特征及形成机理，并提出了各类水害的探查、预防、治理措施，主要取得以下成果。

(1) 鄂尔多斯盆地煤炭和地下水同时赋存的现状，使得盆地内侏罗系煤层开采普遍受到顶板水害威胁，其中离层水害分布于宁东煤田、黄陇煤田、桌子山煤田和陇东煤田，薄基岩溃水溃沙灾害主要发生在陕北侏罗纪煤田，巨厚砂岩含水层水害属于砂岩含水层的一种特殊情况，对黄陇煤田、宁东煤田、东胜煤田影响较为严重，烧变岩水害在陕北侏罗纪煤田部分矿区呈条带状分布。

(2) 本书分析了砂泥岩叠合型离层水害形成机理，提出束状钻孔疏放为核心的离层水害防控技术。通过综合分析离层水害发生矿井的煤层顶板岩层组合和水害特征，提出直罗组砂岩含水层富水性评价主控因素，采用灰色关联度法、三角形隶属度函数、语气算子比较法和模糊综合评判法构建富水性评价模型，并对工作面充水的直罗组含水层进行富水性分区；利用 RFPA 和 FLAC^{3D} 软件数值模拟研究了工作面开采覆岩破坏规律，结合莫尔-库伦破坏准则、数值模拟、相似材料物理模拟，对工作面回采过程中离层发育层位和形成条件进行判别，从而揭示了砂泥岩叠合型离层水害发生机理，即“工作面回采—砂泥岩层非协同变形产生离层—离层空间充水—泥岩层破断透水—泥岩层闭合隔水—后部砂泥岩层非协同变形产生离层”，并提出了红柳煤矿具备离层水害形成条件的临界泥岩层厚度为 19m。以充水含水层富水性、泥岩层厚度为主要判识指标，对离层水害危险性进行分区。基于工作面来压步距、推进速度、离层发育位置和钻孔施工速度，形成了“束状钻孔、靶向探放”的致灾离层水害精准防控技术，并在红柳煤矿 010201 工作面取得了良好的应用效果。

(3) 分析了顶板薄基岩回采工作面溃水溃沙灾害形成机理，提出了“四项控制法”为核心的溃水溃沙灾害防控技术。通过分析浅埋煤层顶板垮落特征，从溃水溃沙灾害防控角度出发，提出了竖“两带”、横“两区”理论和“导水沙裂隙带”概念；以垮落性裂隙带、网络性裂隙带及导水裂隙带高度为分类依据，提出了超薄基岩、薄基岩可通过注浆加厚、含水层疏放等措施实现溃水溃沙灾害的防控；建立了“导水沙拱”力学模型，推导出导水沙裂隙带高度理论计算公式，为判别薄基岩回采工作面是否发生溃水溃沙灾害提供理论依据。通过分析水沙流突出类型影响因素，得出溃水溃沙灾害发生时水沙源、通道、动力源和流动空间这四个必要条件，建立了溃水溃沙发生的临界水力坡度与临界水头判别公式，为受溃水溃沙灾害威胁的薄基岩回采工作面含水沙层水头疏降提供理论支撑。根据竖“两带”、横“两区”理论，针对垮落性裂隙带、网络性裂隙带所引发的溃水溃沙灾害的特征和类型，提出了条件探查、基本因素确定、溃水防控、溃沙防控的“四项控制法”防灾措施，并将研究成果应用于哈拉沟煤矿薄基岩富水沙层工作面，通过排水系统设置、井下疏降水及地面拦截水、塌陷区铺膜等方法，实现了薄基岩工作面的安全回采。

(4) 提出了巨厚砂岩含水层分层抽水精细探查技术，提出了“适当波及、主动防控”的水害防控新理念与技术体系。创新性地采用双封隔器分层抽水系统对巨厚洛河组砂岩含水层进行分层抽水、取样、测试，以地下水动力学基础理论为指导，建立了双封隔器抽水的非完整井流参数求解模型，并计算出彬长矿区分层抽水的各层参数；以分层抽水成果为主，结合分层水化学测试、非同层抽水试验，查明了彬长矿区巨厚洛河组砂岩含水层为非均质各向异性含水层，垂向可分为上、中、下三段，且下段富水性较弱；形成了煤层开采全过程的导水裂隙带综合探查方法，并在彬长矿区综放开采工作面进行裂隙带高度实测，辅助开展覆岩破坏 FLAC^{3D} 软件数值模拟和相似材料物理模拟，综合确定彬长矿区煤层综放开采导水裂隙带高度可达采高的 22.3 倍，多数区域均可波及洛河组含水层下段；概化出裂隙带仅波及洛河组砂岩含水层下段的水文地质概念模型，采用有限差分模拟软件 Visual MODFLOW 模拟该水文地质条件下含水层渗流规律，发现导水裂隙带仅波及洛河组含水层下段时，含水层水位不会整体下降，且充水强度也小于初始认识；以此为基础提出了巨厚砂岩含水层仅下段受裂隙带波及条件下的递进渗流充水模式，该模式的形成条件为含水层非均质各向异性、垂向渗透性低、裂隙带部分波及。在渗流规律认识基础上，提出了“适当波及、主动防控”的巨厚砂岩含水层水害防控思路，以控制涌水量为核心，允许裂隙带适当波及含水层，并建立涌水量精准预测方法与配套的防、排、控水综合技术体系。

(5) 分析了侧向补给型烧变岩水害形成机制，提出了以帷幕墙构建为核心的烧变岩水害防控技术。利用水文地质钻探、物探、化探、地面抽水和井下疏放水试验等手段查明了研究区烧变岩分布范围与水文地质特征，弄清了 5^{-2} 煤的主要充水水源和充水通道，揭示了水库水与烧变岩水的水力联系，建立了烧变岩注浆帷幕截流保水开采新技术。5^{-2} 煤开采的充水水源为 4^{-2} 煤烧变岩水，主要补给源为常家沟水库水，补给通道为 4^{-2} 煤烧变岩空隙介质，充水断面为 4^{-2} 煤烧变岩全过水断面；4^{-2} 煤烧变岩受注体为砖红色碎裂结构岩石，空隙率为 8%～15%，渗透系数为 65.3～148.7m/d，受注体可注性好；帷幕墙东西向长度为 625m，采用双排钻孔布置，顶界面标高不低于常家沟水库水位标高+1137m；制定了科学的钻探和注浆施工工序和工艺。实施的双位双向引流注浆、烧变岩全断面分区注浆、防渗截流效果即时检验等注浆帷幕关键技术效果较好。目前，15207 和 15208 工作面已回采结束，工作面涌水量不超过 $5m^3/h$，实现了 5^{-2} 煤的安全、绿色开采。

本书汇集了研究团队多年来在鄂尔多斯盆地煤层顶板水害防控的重要成果，在总结大量的水害实例和防控经验的基础上，综合了理论研究、模拟测试、现场试验、工程示范等手段，分析了水害形成机理并构建防控技术体系，是鄂尔多斯盆地水害防控的重要理论与技术成果，对我国鄂尔多斯盆地及类似地区的煤炭资源安全、高效、绿色开发具有重要的借鉴意义。

7.2 展　望

随着“一带一路”倡议的提出及我国煤炭资源开发战略西移，鄂尔多斯盆地千万吨矿井群进一步开发建设，能源基地地位更加凸显。由于盆地内煤炭资源丰富、开采强度和开采规模巨大、地下水赋存条件优良，煤层开采将始终受到顶板水害的严重威胁，并面临着水资源保护的艰巨任务，煤炭资源开发与水资源和生态环境保护之间的协调难度大。为此，鄂尔多斯盆地水害防控工作将任重道远，未来顶板水害防控有以下几个重点发展方向。

(1) 推进防治水工作治保结合，研发煤层顶板采动岩体裂隙修复矿井减水技术。厚层砂岩含水层的高强度涌水不仅威胁矿井安全，而且破坏了地下水环境。在综合研究不同岩性组合下导水裂隙闭合规律的基础上，研发大型工程性人为干预方法，减小采动裂隙导水能力、促进裂隙的修复愈合，切断顶板含水层水向采空区流动的导水通道，避免含水层向采空区持续大量充水，减小矿井涌水量，同时有效保护地下水资源。

(2) 推进防治水工作治用结合，形成水害防控-矿井水资源综合利用-生态环境保护一体化技术。鄂尔多斯盆地多数矿井位于我国的生态脆弱区，区域水资源匮乏，生态环境脆弱。基于水害防控、矿井水资源综合利用与生态环境保护的综合需求，进行控水开采设计，减少矿井涌水；基于“分质利用”理念，开展矿井水资源化利用，缓解西部矿区富煤贫水的矛盾；以水为纽带，形成面向矿区生态环境保护的地质保障技术体系。

(3) 推进防治水工作智能化进程，搭建水害预警与防控智能化平台。随着我国煤矿智能化建设进程的加速，可依托智能矿山在监测监控、数据传输等方面的优势，开发“水害防控专家决策系统”，实现基础数据自动监测与存储、排水路径辅助设计、水情自动监测、水患智能感知、排水系统自主控制等目标，推进煤矿防治水工作的智能化建设。

(4) 推进全生命周期的矿井水防控工作，形成关闭(废弃)矿井水害风险评估与污染防控技术。随着鄂尔多斯盆地煤炭资源的持续高强度开发，部分矿井面临着煤炭资源的枯竭与停产闭坑，顶板含水层持续充水，使得闭坑矿井水位抬升，威胁周边矿井安全并污染上覆含水层。因此，亟须制定闭坑矿井的管理办法与相关法规，构建闭坑矿井水害与水环境风险评价方法，形成闭坑水害控制与水污染超前治理成套技术。

参 考 文 献

曹代勇，魏迎春，等，2019. 鄂尔多斯盆地煤系矿产赋存规律与资源评价[M]. 北京：科学出版社.

曹海东，2017. 老虎台井田离层裂隙发育特征探讨[J]. 煤炭技术，36(12): 108-110.

陈建文，程立柱，赵文广，等，2013. 极浅埋薄基岩含水沙层工作面溃水溃沙防治技术研究[J]. 科技资讯，(1): 73.

陈凯，王文科，商跃瀚，等，2020. 生态脆弱矿区烧变岩研究现状及展望[J]. 中国矿业，29(3): 171-176.

陈练武，冯富成，1991. 陕西神府煤田新民区煤层自燃及其烧变特征[J]. 西安矿业学院学报，(3): 53-58.

陈琳，2011. 基于 GMS 的矿井涌水量预测分析[D]. 大连：辽宁师范大学.

陈实，董书宁，李竞生，等，2016. 煤矿工作面顶板倾斜钻孔疏放水井流计算方法[J]. 煤炭学报，41(6): 1517-1523.

陈守煜，1998. 工程模糊集理论与应用[M]. 北京：国防工业出版社.

陈愈炯，1994. 压密与劈裂灌浆加固地基的原理和方法[J]. 岩土工程学报，16(2): 22-28.

程新明，赵团芝，李小琴，等，2007. 离层积水存在的矿井工作面涌水量预计[J]. 煤田地质与勘探，35(4): 34-37.

崔安义，2012. 基于 EH-4 大地电磁法探测导水裂缝带发育高度[J]. 煤炭科学技术，40(8): 97-99.

董东林，王存社，陈书客，等，2010. 典型煤矿地下水运动及污染数值模拟：Feflow 及 Modflow 应用[M]. 北京：地质出版社.

董书宁，2010. 对中国煤矿水害频发的几个关键科学问题的探讨[J]. 煤炭学报，35(1): 66-71.

董书宁，2020. 煤矿安全高效生产地质保障的新技术新装备[J]. 中国煤炭，46(9): 15-23.

董书宁，虎维岳，2007. 中国煤矿水害基本特征及其主要影响因素[J]. 煤田地质与勘探，35(5): 34-37.

董书宁，姬亚东，王皓，等，2020a. 鄂尔多斯盆地侏罗纪煤田典型顶板水害防控技术与应用[J]. 煤炭学报，45(7): 2367-2375.

董书宁，王皓，周振方，2020b. 我国煤矿水害防治工作现状及发展趋势[J].劳动保护，(8): 58-60.

董书宁，杨志斌，姬中奎，等，2019. 神府矿区大型水库旁烧变岩水保水开采技术研究[J]. 煤炭学报，44(3): 709-717.

杜中宁，党学亚，卢娜，2008. 陕北能源化工基地烧变岩的分布特征及水文地质意义[J]. 地质通报，27(8): 1168-1172.

范立民，1996. 神府矿区矿井溃砂灾害防治技术研究[J]. 中国地质灾害与防治学报，7(4): 35-38.

范立民，2002. 榆神矿区的供水水源选择[J]. 煤田地质与勘探，30(3): 37-39.

范立民，2010. 生态脆弱区烧变岩研究现状及方向[J]. 西北地质，43(3): 57-65.

范立民，仵拨云，向茂西，等，2016. 我国西部保水采煤区受保护烧变岩含水层研究[J]. 煤炭科学技术，44(8): 1-6.

方刚，靳德武，2016. 铜川玉华煤矿顶板离层水突水机理与防治[J]. 煤田地质与勘探，44(3): 57-64.

高召宁，孟祥瑞，王向前，2010. 矿井涌水量时间序列的长程相关性分析及分维数估算[J]. 水文地质工程地质，37(3): 31-35.

国家安全生产监管总局, 国家煤矿安监局, 国家能源局, 等, 2017. 建筑物、水体、铁路及主要井巷煤柱留设与压煤开采规范[S]. 北京: 煤炭工业出版社.
郭小铭, 2020. 基于排水沟数值模型的工作面涌水量预测[J]. 煤矿安全, 51(1): 206-210.
郭小铭, 董书宁, 2019. 深埋煤层开采顶板基岩含水层渗流规律及保水技术[J]. 煤炭学报, 44(3): 805-812.
郭映忠, 2005. 复杂岩溶矿床延深水平涌水量的预测[J]. 地球与环境, 33(3): 19-28.
韩克勇, 2012. 上湾煤矿 51208 面防止突水溃沙技术方案探讨[J]. 中国煤炭工业, (3): 44-45.
韩树青, 1989. 陕北萨拉乌苏组的地下水[J]. 煤田地质与勘探, (1): 45-46, 71.
贺卫中, 2002. 神府矿区活鸡兔矿井烧变岩水害防治工程研究[J]. 中国煤田地质, 14(2): 43-44.
侯恩科, 童仁剑, 冯洁, 等, 2017. 烧变岩富水特征与采动水量损失预计[J]. 煤炭学报, 42(1): 175-182.
侯光才, 梁永平, 尹立河, 等, 2009. 鄂尔多斯盆地地下水系统及水资源潜力[J]. 水文地质工程地质, 36(1): 18-23.
侯光才, 张茂省, 2008. 鄂尔多斯盆地地下水勘查研究[M]. 北京: 地质出版社.
虎维岳, 2016. 浅埋煤层回采中顶板含水层涌水量的时空动态预测技术[J]. 煤田地质与勘探, 44(5): 91-96.
虎维岳, 田干, 2010. 我国煤矿水害类型及其防治对策[J]. 煤炭科学技术, 38(1): 92-96.
黄雷, 2008. 鄂尔多斯盆地北部延安组烧变岩特征及其形成环境[D]. 西安: 西北大学.
黄雷, 刘池洋, 2008. 烧变岩岩石学及稀土元素地球化学特征[J]. 地球科学-中国地质大学学报, 33(4): 515-522.
黄庆享, 2002. 浅埋煤层的矿压特征与浅埋煤层定义[J]. 岩石力学与工程学报, 21(8): 1174-1177.
黄庆享, 2010. 榆神府矿区覆岩隔水岩组的隔水性与保水开采研究[C]//刘长友, 吴维权.煤炭开采新理论与新技术: 中国煤炭学会开采专业委员会 2010 年学术年会论文集. 徐州: 中国矿业大学出版社.
姬中奎, 薛小渊, 杨志斌, 等, 2019. 神府煤田张家峁煤矿烧变岩与水库水力联系研究[J]. 中国煤炭地质, 31(4): 57-61.
贾金凤, 2020. 辛置矿 2-208 工作面顶板离层水机理分析及防治[J].煤炭与化工, 43(9): 50-52, 58.
蒋泽泉, 王建文, 王宏科, 2011. 浅埋煤层关键隔水层隔水性能及采动影响变化[J]. 中国煤炭地质, 23(4): 26-31.
黎灵, 舒宗运, 冯宇锋, 2018. 特厚煤层综放开采覆岩离层水突水机理分析及防治[J]. 煤炭科学技术, 46(1): 175-182.
李超峰, 2019. 黄陇煤田综放采煤顶板导水裂缝带高度发育特征[J]. 煤田地质与勘探, 47(2): 129-136.
李明星, 2018. 塔里木盆地北缘侏罗系烧变岩富水性精细探测[J]. 煤矿开采, 23(5): 15-17, 9.
李树刚, 钱鸣高, 石平五, 2000. 综放开采覆岩离层裂隙变化及空隙渗流特性研究[J]. 岩石力学与工程学报, 19(5): 604-607.
李小琴, 2011. 坚硬覆岩下重复采动离层水涌突机理研究[D]. 徐州: 中国矿业大学.
梁燕, 谭周地, 李广杰, 1996. 弱胶结砂层突水、涌砂模拟试验研究[J]. 西安公路交通大学学报, 16(1): 19-22.
林青, 乔伟, 2016. 崔木煤矿顶板离层水防治技术[J]. 煤炭科学技术, 44(3): 129-134.
刘宏源, 毛善君, 王振荣, 等, 2010. 基于 GIS 的矿井溃水溃沙预警方法[J]. 煤炭科学技术, 38(4): 86-89.
刘楠, 柴光运, 肖永福, 2010. 榆神府矿区溃水溃沙事故安全评价[J]. 陕西煤炭, 29(4): 10-12.
刘世勋, 石显新, 2004. 神东矿区溃水溃沙地质灾害防治技术及其应用研究[C]. 中国煤炭学会煤矿安全专业委员会 2004 年学术年会, 三亚, 中国: 137-139.
刘爽, 2017. 井下定向钻孔技术在红柳煤矿顶板水害防治中的应用研究[D]. 西安: 西安科技大学.

刘天泉, 1984. 我国“三下”采煤技术的现状及发展趋势[J]. 煤炭科学技术, (10): 24-28.
刘洋, 2011. 韩家湾煤矿三盘区开采突水溃砂可能性分析[J]. 煤炭工程, (11): 94-96, 99.
刘洋, 2015a. 富水松散沙层下开采安全水头高度研究[J]. 煤矿开采, 20(3): 129-132.
刘洋, 2015b. 突水溃沙通道分区及发育高度研究[J]. 西安科技大学学报, 35(1): 72-77.
刘洋, 2016. 浅埋开采工作面水沙溃涌灾害预测及防治对策[J]. 西安科技大学学报, 36(6): 775-781.
刘英锋, 郭小铭, 2016. 导水裂缝带部分波及顶板含水层条件下涌水量预测[J]. 煤田地质与勘探, 44(5): 97-101, 107.
刘志坚, 1959. 论烧变岩的特征、成因及地下火燃烧的规律性[J]. 地质论评, (5): 209-211, 243.
娄金福, 徐刚, 林青, 等, 2018. 永陇矿区松软富水顶板灾变机理与防控研究[J]. 煤炭科学技术, 46(7): 10-18.
骆祖江, 王琰, 陆顺, 等. 2010. 基于矿井生产过程的涌水量预测三维数值模拟模型[J]. 煤炭学报, 35(S1): 145-149.
吕兆海, 张艺耘, 赵长红, 等, 2015. 富水砂层巷道溃水溃沙因素分析及防治对策[J]. 煤炭工程, 47(6): 73-75.
马立强, 张东升, 乔京利, 等, 2008. 浅埋煤层采动覆岩导水通道分布特征试验研究[J]. 辽宁工程技术大学学报(自然科学版), 27(5): 649-652.
马莲净, 赵宝峰, 徐会军, 等, 2019. 特厚煤层分层综放开采断层-离层耦合溃水机理[J]. 煤炭学报, 44(2): 567-575.
煤炭科学研究院北京开采研究所, 1981. 煤矿地表移动与覆岩破坏规律及应用[M]. 北京: 煤炭工业出版社.
穆鹏飞, 2012. 黄陵-彬长矿区地下水赋存规律研究[D]. 西安: 西安科技大学.
潘生平, 2012. 薄基岩浅埋煤层含水层下放顶煤开采实践[J]. 中州煤炭, (1): 34-36, 46.
彭辉才, 徐卫东, 付青, 等, 2013. 贵州绿塘煤矿涌水量预测研究[J]. 南水北调与水利科技, 11(2): 58-61.
齐跃明, 2009. 矿区岩溶地下水动态的随机模拟及应用研究[D]. 徐州: 中国矿业大学.
钱鸣高, 缪协兴, 许家林, 1996. 岩层控制中的关键层理论研究[J]. 煤炭学报, 21(3): 225-230.
乔伟, 黄阳, 袁中帮, 等, 2014. 巨厚煤层综放开采顶板离层水形成机制及防治方法研究[J].岩石力学与工程学报, 33(10): 2076-2084.
师本强, 2011. 陕北浅埋煤层砂土基型矿区保水开采方法研究[J]. 采矿与安全工程学报, 28(4): 548-552.
施龙青, 辛恒奇, 翟培合, 等, 2012. 大采深条件下导水裂隙带高度计算研究[J]. 中国矿业大学学报, 41(1): 37-41.
舒宗运, 何标庆, 黎灵. 2020. 关键层突变破断的冲击能诱发离层突水机理研究[J].煤炭科学技术,48(5): 149-156.
宋业杰, 甘志超, 2019. 榆神矿区烧变岩水害防治技术[J]. 煤矿安全, 50(8): 92-96, 99.
宋志钢, 2019. 大气降水对西南山区煤矿涌水量的影响及预测分析[D]. 徐州: 中国矿业大学.
隋旺华, 蔡光桃, 董青红, 2007. 近松散层采煤覆岩采动裂缝水砂突涌临界水力坡度试验[J]. 岩石力学与工程学报, 26(10): 2084-2091.
隋旺华, 董青红, 2008a. 近松散层开采孔隙水压力变化及其对水砂突涌的前兆意义[J]. 岩石力学与工程学报, 27(9): 1908-1916.
隋旺华, 董青红, 蔡光桃, 等, 2008b. 采掘溃砂机理与预防[M]. 北京: 地质出版社.
隋旺华, 张改玲, 姜振泉, 等, 2008c. 矿井溃沙灾害化学灌浆治理技术现状及关键问题研究途径探讨[C]. 第八届全国工程地质大会, 上海, 中国: 73-77.

孙德全，鲁孟胜，张兆民，2014. 新疆大南湖北露天煤矿首采区Ⅲ火烧区地下水资源的数值模拟[J]. 煤田地质与勘探，42(4): 64-68.

孙家齐，马瑞士，舒良树，2001. 新疆乌鲁木齐煤田自燃烧变岩岩石特征[J]. 南京建筑工程学院学报(自然科学版)，(4): 15-19.

孙魁，王英，李成，等，2018. 巨厚煤层顶板离层水致灾机理研究[J]. 河南理工大学学报(自然科学版)，37(2): 14-21.

孙学阳，付恒心，寇规规，等，2017. 综采工作面顶板次生离层水害形成机理分析[J]. 采矿与安全工程学报，34(4): 678-683.

檀双英，吴劲松，2006. 祁东煤矿 7-1 煤层 7-114 工作面出水原因分析[J]. 煤矿开采，11(3): 64-67.

汤爱平，董莹，谭周地，等，1999. 振动作用下矿井突水涌砂机理的研究[J]. 地震工程与工程振动，19(2): 132-135.

汤琳，杨永国，徐忠杰，2007. 非线性时间序列分析及其在矿井涌水预测中的应用研究[J]. 工程勘察，(5): 28-30, 72.

滕永海，2011. 综放开采导水裂缝带的发育特征与最大高度计算[J]. 煤炭科学技术，39(4): 118-120.

涂敏，刘泽功，2004. 综放开采顶板离层裂隙变化研究[J]. 煤炭科学技术，32(4): 44-47.

王宏科，白有社，2009. 注浆技术在治理烧变岩区煤层涌水中的应用[J]. 中国煤炭地质，21(8): 39-41, 76.

王经明，喻道慧，2010. 煤层顶板次生离层水害成因的模拟研究[J]. 岩土工程学报，32(2): 231-236.

王梅，张建民，肖海红，等，2004. 超大规模煤田开采中突水溃沙灾害预测分析方法研究[C]. 全国国土资源与环境遥感技术应用交流会，武汉，中国: 214-216.

王庆，刘卫卫，崔岩波，等，2017. 定向钻进技术在煤层顶板软弱岩层疏放水中的应用[J]. 煤矿安全，48(5): 152-154.

王世东，沈显华，牟平，2009. 韩家湾煤矿浅埋煤层富水区下溃砂突水性预测[J]. 煤炭科学技术，37(1): 92-95.

王双明，1996. 鄂尔多斯盆地聚煤规律及煤炭资源评价[M]. 北京: 煤炭工业出版社.

王双明，2017. 鄂尔多斯盆地叠合演化及构造对成煤作用的控制[J]. 地学前缘，24(2): 54-63.

王双明，范立民，2010a. 生态水位保护——西部地区科学采煤新思路[C]//张少春. 安全高效矿井建设与开采技术: 陕西省煤炭学会学术年会论文集(2010). 北京: 煤炭工业出版社.

王双明，范立民，黄庆享，等，2010b. 基于生态水位保护的陕北煤炭开采条件分区[J]. 矿业安全与环保，37(3): 81-83.

王双明，黄庆享，范立民，等，2010c. 生态脆弱矿区含(隔)水层特征及保水开采分区研究[J]. 煤炭学报，35(1): 7-14.

王洋，武强，丁湘，等，2019. 深埋侏罗系煤层顶板水害源头防控关键技术[J]. 煤炭学报，44(8): 2449-2459.

魏秉亮，1996. 神府矿区突水溃砂地质灾害研究[J]. 中国煤田地质，8(2): 28-30.

伍永平，卢明师，2004. 浅埋采场溃沙发生条件分析[J]. 矿山压力与顶板管理，(3): 57-58, 61.

武强，许珂，张维，2016. 再论煤层顶板涌(突)水危险性预测评价的“三图-双预测法”[J]. 煤炭学报，41(6): 1341-1347.

武强，江中云，孙东云，等，2000. 东欢坨矿顶板涌水条件与工作面水量动态预测[J]. 煤田地质与勘探，28(6): 32-35.

夏斐，关汝清，魏捐鹏，2008. 柠条塔井田烧变岩的地质特征[J]. 陕西煤炭，(2): 7-10.

徐华, 李天斌, 2009. 岩土体注浆技术初探及展望[J]. 探矿工程(岩土钻掘工程), 36(1): 38-42.
徐建国, 赵东良, 贺江辉, 2020. 白垩系巨厚砂岩下覆岩离层水涌突机理研究[J]. 煤矿安全, 51(2): 58-63.
许家林, 朱卫兵, 王晓振, 2012. 基于关键层位置的导水裂隙带高度预计方法[J]. 煤炭学报, 37(5): 762-769.
许敬立, 2010. 采煤地面注浆充填减沉试验研究[J]. 矿业安全与环保, 37(6): 51-52, 55.
许延春, 2008. 含黏砂土流动性试验[J]. 煤炭学报, 33(5): 496-499.
许延春, 李俊成, 刘世奇, 等, 2011. 综放开采覆岩“两带”高度的计算公式及适用性分析[J]. 煤矿开采, 16(2): 4-7, 11.
薛禹群, 朱学愚, 1979. 地下水动力学[M]. 北京: 地质出版社.
《岩土注浆理论与工程实践》协作组, 2001. 岩土注浆理论与工程实践[M]. 北京: 科学出版社.
杨国栋, 2019. 永陇矿区麟北郭家河煤矿离层水形成典型地质条件与防治关键技术研究[D]. 西安: 西安科技大学.
杨吉平, 李学华, 2012. 工作面顶板离层水积水量预测及探放方案[J].湖南科技大学学报(自然科学版), 27(3): 1-4.
杨庆, 乔伟, 乐建, 等, 2014. 巨厚煤层综采工作面顶板离层水形成条件分析及危险性评价[J]. 矿业安全与环保, 41(3): 64-66, 70.
伊茂森, 朱卫兵, 李林, 等, 2008. 补连塔煤矿四盘区顶板突水机理及防治[J]. 煤炭学报, 33(3): 241-245.
尹尚先, 徐斌, 徐慧, 等, 2013. 综采条件下煤层顶板导水裂缝带高度计算研究[J]. 煤炭科学技术, 41(9): 138-142.
张保建, 2015. 基于 Visual Modflow 的台格庙勘查区矿井涌水量预测[J]. 煤炭科学技术, 43(S1): 146-149, 172.
张蓓, 张桂民, 张凯, 等, 2015. 钻孔导致突水溃沙事故机理及防治对策研究[J]. 煤炭学报, 32(2): 219-226.
张泓, 何宗莲, 晋香兰, 等, 2005. 鄂尔多斯煤盆地地质构造图[M]. 北京: 地质出版社.
张杰, 侯忠杰, 马砺, 2006. 浅埋煤层老顶岩块回转过程中的溃沙分析[J]. 西安科技大学学报, 26(2): 158-160, 166.
张敏江, 张丽萍, 姜秀萍, 等, 2002. 弱胶结砂层突涌机理及预测研究[J]. 金属矿山, (10): 48-50.
张培森, 闫奋前, 孙亚楠, 等, 2020. 特厚煤层开采覆岩离层水形成及涌突风险[J]. 煤矿安全, 51(7): 36-41.
张文义, 2004. 浅埋深、薄基岩、厚松散含水层下煤层综合机械化开采防治水技术应用[J]. 中国煤田地质, 8(4): 43-45.
张玉君, 2005. 铁北煤矿松软砂岩含水层下综放开采覆岩破坏及溃砂预测研究[D]. 北京: 煤炭科学研究总院.
张玉君, 康永华, 刘秀娥, 2006. 松软砂岩含水层下煤矿开采溃砂预测[J]. 煤炭学报, 31(4): 429-432.
赵宝峰, 2013a. 灰色关联度在井下钻孔疏放水效果分析中的应用[J]. 辽宁工程技术大学学报(自然科学版), 32(3): 289-292.
赵宝峰, 2013b. 基于 MATLAB 模糊聚类分析法治理矿井水害[J]. 煤炭科学技术, 41(7): 89-92.
赵德深, 王忠昶, 张文泉, 2009. 覆岩离层注浆充填效果的综合评价[J]. 辽宁工程技术大学学报(自然科学版), 28(5): 766-769.
赵庆彪, 马念杰, 刘斯筠, 2002. 注浆治理冲积层放顶煤综采工作面冒顶溃砂[J]. 煤矿安全, 33(10): 33-35.
周建军, 李超峰, 刘英锋, 等, 2018. 崔木煤矿顶板突水致灾机理及防控技术体系研究[R]. 西安: 中煤科工集团西安研究院有限公司.

周振方，靳德武，虎维岳，等，2018. 煤矿工作面推采采空区涌水双指数动态衰减动力学研究[J]. 煤炭学报, 43(9): 2587-2594.

朱卫兵，王晓振，孔翔，等，2009. 覆岩离层区积水引发的采场突水机制研究[J]. 岩石力学与工程学报, (2): 306-311.

朱愿福，王长申，李彦周，等，2014. 改进的灰色系统理论预测矿井涌水量[J]. 煤田地质与勘探，42(4): 44-49, 54.

邹友峰，邓喀中，马伟民, 2003. 矿山开采沉陷工程[M]. 徐州：中国矿业大学出版社.

“973”计划(2013CB227900)“西部煤炭高强度开采下地质灾害防治与环境保护基础研究”项目组, 2017. 西部煤炭高强度开采下地质灾害防治理论与方法研究进展[J]. 煤炭学报, 42(2): 267-275.

ARDEJANI F D, SINGH R N, BAAFI E, et al., 2003. A finite element-model to: 1. predict groundwater inflow to surface-mining excavations[J]. Mine Water and the Environment, 22(1): 31-38.

BOOTH C J, 1986. Strata-movement concepts and the hydrogeological impact of underground coalmining[J]. Groundwater, 24(4): 507-515.

FOIT F F, ROSENBERG P E, HOOPER R L, 1987. An unusual pyroxene, melilite, and iron oxide mineral assemblage in a coal-fire buchite from Buffalo, Wyoming[J]. American Mineralogist, 72(1/2): 137-147.

GANDY C J, YOUNGER P L, 2007. Predicting groundwater rebound in the South Yorkshire Coalfield, UK[J].Mine Water and the Environment, 26(2): 70-78.

HOOPER R L, 1987. Factors affecting the-magnetic susceptibility of baked rocks above a burned coal seam[J]. International Journal of Coal Geology, 9(2): 157-169.

JONES A H, GEISSMAN J W, COATES D A, 2013. Clinker deposits, Powder River Basin, Wyoming and Montana: A new source of high-fidelity paleomagnetic data for the Quaternary[J]. Geophysical Research Letters, 11(12): 1231-1234.

LINDQVIST J K, HATHERTON T, MUMME T C, 1985. Magnetic anomalies resulting from baked sediments over burnt coal seams in southern New Zealand[J]. New Zealand Journal of Geology and Geophysics, 28(3): 405-412.

LU Q, LI X, LI W, et al., 2018. Risk evaluation of bed-separation water inrush: A case study in the Yangliu Coalmine, China[J].Mine Water and the Environment, 37(2): 288-299.

SUN K, FAN L, XIA Y. et al., 2020. Impact of coal mining on groundwater of Luohe Formation in Binchang mining area[J]. International Journal of Coal Science & Technology, 8(1): 88-102.

SURINAIDU L, RAO V V S G, RAMESH G, 2013. Assessment of groundwater inflows into Kuteshwar Limestone Mines through Flowmodeling study, Madhya Pradesh, India[J]. Arabian Journal of Geosciences, 6(4): 1153-1161.

WANG H, LUO A, CHAI R, et al., 2015. Application of GM model in coal mine water inflow prediction[C]. 7th International Conference on Measuring Technology and Mechatronics Automation, Nanchang, China: 192-195.